无机化学

INORGANIC CHEMISTRY

下册

主　编　覃　松

副主编　朱宇萍　翟好英　李道华　王福海

四川大学出版社

项目策划：李思莹　蒋　玙
责任编辑：蒋　玙
责任校对：胡晓燕
封面设计：墨创文化
责任印制：王　炜

图书在版编目（CIP）数据

无机化学．下册 / 覃松主编．— 成都 ：四川大学出版社，2020.5
ISBN 978-7-5614-7825-7

Ⅰ．①无… Ⅱ．①覃… Ⅲ．①无机化学－教材 Ⅳ．①O61

中国版本图书馆 CIP 数据核字（2020）第 066777 号

书名　无机化学·下册
WUJI HUAXUE · XIACE

主　　编	覃　松
出　　版	四川大学出版社
地　　址	成都市一环路南一段 24 号（610065）
发　　行	四川大学出版社
书　　号	ISBN 978-7-5614-7825-7
印前制作	四川胜翔数码印务设计有限公司
印　　刷	四川盛图彩色印刷有限公司
成品尺寸	185mm×260mm
插　　页	2
印　　张	18.25
字　　数	450 千字
版　　次	2020 年 9 月第 1 版
印　　次	2022 年 7 月第 2 次印刷
定　　价	60.00 元

◆ 读者邮购本书，请与本社发行科联系。
电话：(028)85408408/(028)85401670/(028)86408023　邮政编码：610065
◆ 本社图书如有印装质量问题，请寄回出版社调换。
◆ 网址：http://press.scu.edu.cn

四川大学出版社
微信公众号

前 言

2015年，在出版了一本有关无机化学实验的教材之后，我有了编写《无机化学》教材的想法。但是，在系统地翻阅了目前较为流行的《无机化学》教材，梳理了从事“无机化学”教学积累的经验，觉得可以推陈出新之后，编书的想法仍然停留在想想而已的层面上。因为在我看来，编写《无机化学》教材是一项崇高而巨大的工程，内心的谦卑和畏惧令人踌躇、难下决心。事情就是这样奇妙，编写《无机化学》教材的想法一旦产生，就好比中了魔法，无法放下。更重要的是，无机化学散发出无穷魅力，悄无声息地将你摄向着它，令人发自内心地热爱它。

热爱化学，是对真知的热爱。化学的发现都是建立在实验基础上的，大自然的奇妙存在化为化学家的精彩发现，鼓励我们去探索未知世界。热爱化学，还是对理性思维的热爱。个别看似独立的实验事实在化学家缜密的逻辑思维前，规律被发现，学说被创立。天地万物变化无常，但万变不离其宗。化学理论的博大精深，彰显了人类的卓越智慧，是人类高贵的理性和伟大的力量的颂歌。热爱化学，更是对真理的热爱。实践是检验真理的唯一标准，在实验事实面前，所有伪科学都会露出原形，遭到唾弃。越学习化学，越探究自然的奥秘，就越接近真理。无机化学知识体系是化学这门自然科学的沃土，最能体现化学之美。众多伟大的先贤，无数奇妙的发现，各种天才的理论，撑起了无机化学的巍巍高山，拓展了人类认知的边界。

本教材为大学一年级新生编写，更为所有喜欢化学并愿意在完成高中化学学习之后继续学习化学的人编写。本教材秉承无机化学知识系统的逻辑性，将各种理论按逻辑关系逐个呈现，元素部分紧密联系理论部分，彰显了自然科学的无穷魅力。本教材的特点是把书本知识讲透彻，将学生在学习无机化学中感到困惑、理解困难的知识清晰地呈现出来。目前广泛使用的《无机化学》教材，许多内容需要老师讲解学生才能理解、掌握，但在本教材中，这样的内容会非常少。简而言之，本教材非常易于学生自学。

感谢编写团队的各位老师，他们热情地投入编写教材的辛劳工作中，殚精竭虑。编撰本教材，指导思想是把知识点讲透以便于学生自学，并以此贯彻素质教育和创新性教育理念，更好地培养学生的探究精神和科学思维。本教材是由具有多年无机化学教学经验，同时又能结合教学新理念的老师编撰而成，是集体智慧的产物。本教材分为上、下两册，共22章，包含无机化学理论部分（原子结构、分子结构、配位化合物、晶体结构、化学热力学、化学动力学以及水溶液中的化学反应等）和元素部分（单质及其化合物的结构、性质和制备）。本教材编撰情况如下：

覃松：绪论和第 1、2、3、4、7、8、9、10、11、13、14、15、16、17 章；

李道华：第 5、6 章；

翟好英：第 12、19 章；

王福海：第 18 章；

朱宇萍：第 20、21、22 章；

覃松对全稿进行了修改和审定，朱宇萍对全稿进行了校正。

感谢付孝锦老师指导内江师范学院化学化工学院 2017 级学生唐凡丁和朱李霞完成本教材绝大部分插图的制作。两位同学对图形制作精益求精的态度令人敬佩，她们制作的精美插图令本教材熠熠生辉。朱宇萍老师和覃泫对本教材制图亦有贡献，在此一并感谢。本教材的其他图片部分来自网络。感谢王福海老师对本教材附录部分资料的制作。感谢内江师范学院化学化工学院 2015 级学生刘开兴、邱富裕和王维力对本教材提出的修改意见。

感谢四川省第二批地方普通本科高校应用型示范专业项目“应用化学”（YZ18002）、四川省第二批卓越教师教育培养计划改革试点项目“卓越中学化学教师协同培养模式研究”（zy17001）、内江师范学院本科教学工程卓越教师计划项目“化学”（zy15001）、内江师范学院本科教学工程教材建设项目“无机化学”（jc17005）和内江师范学院本科教学工程教学团队项目“基础化学教学团队”（jt15002）对本教材出版的资助。

感谢四川大学出版社编辑李思莹和蒋玙为本教材付出的辛劳。

由于时间仓促，书中不足之处在所难免，希望读者不吝赐教。

覃　松
2019 年 10 月 19 日

目 录

第 12 章　氢和稀有气体

12.1　氢

氢是宇宙中最丰富的元素。同时，氢也是地球上最常见的元素，是地球表面除氧和硅以外最丰富的元素。除大气中含有少量自由态的氢以外，绝大部分氢以化合态的形式存在。在地壳和海洋中，化合态的氢以原子计约占 15.4%，若以质量计，氢在丰度序列中居第 9 位(0.9%)。在地壳岩石中，氢在丰度序列中以质量计居第 10 位(0.15%)。

氢有三种同位素：$^{1}_{1}H$(氕，符号 H)、$^{2}_{1}H$(氘，符号 D)和$^{3}_{1}H$(氚，符号 T)。同一元素的几种同位素由于质子数和核外电子数相同，化学性质相同，很难用化学方法将其分开，因此，通常同一元素的不同同位素并没有特别命名。但是氢的两种较重同位素都有特殊的名称。原因在于，氢原子三种同位素的质量差异相对其本身质量而言有较大的变化，由此导致三种同位素的物理性质有较为明显的差异，进而可以实现三种同位素的分离或测量。如重水($2H_2O$，或写成 D_2O)和轻水($1H_2O$)在物理性质上就存在差异，并能以此分离。

氢元素常以双原子分子存在，最主要的存在形式是 H_2。此外，也有 D_2、T_2、HD、HT、DT。

12.1.1　氢的成键特征

氢的价电子构型为 $1s^1$，由此决定了其成键的三种得失电子方式：

(1) 失去价电子。

氢失去 1s 价电子，生成氢离子 H^+，即为质子。H^+ 离子半径非常小(约 1.5×10^{-13} cm)，且有一个单位正电荷，具有使其他原子的电子云变形的能力。除在气态离子束中外，H^+ 易与其他原子或分子结合，如在水溶液中，H^+ 以 H_3O^+ 形式存在；在液氨中，H^+ 以 $NH_4{}^+$ 形式存在。

(2) 获得电子。

氢原子获得一个电子，达到 He 原子的 $1s^2$ 结构，形成 H^-。由于 H^- 离子半径较大

(208 pm)，易发生变形，故 H^- 只存在于电正性极强的金属所形成的离子型氢化物的晶体中。

(3) 形成共价键。

大多数非金属元素与氢原子形成的含氢化合物都含有共价键。例如，H_2分子、HCl分子等。

此外，氢原子还具有一些独特的成键，如与金属元素形成非化学计量的化合物(金属氢化物，如 $LaH_{2.87}$、$ZrH_{1.30}$等)；在缺电子化合物或过渡金属配合物中，形成氢桥键(如B_2H_6、$H[Cr(CO)_5]_2$中都存在氢桥键)；氢键。

12.1.2 氢的性质和用途

1. 单质氢

单质氢，即为氢气，是由两个氢原子以共价单键的形式结合而成的双原子分子。氢气的主要物理性质见表 12－1。

表 12－1 氢气的主要物理性质

熔点/℃	沸点/℃	密度/g·cm^{-3}	熔化热/J·mol^{-1}	汽化热/J·mol^{-1}
−259.23	−252.77	8.988×10^{-5}	117.15	903.74

氢气是无色、无臭、无味的气体，是所有气体中最轻的，常用以填充气球。氢气球可以携带仪器做高空探测。在农业上，用氢气球携带干冰、碘化银等在云层中喷洒，进行人工降雨。

氢气的扩散性最好，导热性强。氢气在所有分子中分子质量最小，分子间作用力很弱，很难液化。通常将氢气压缩在钢瓶中以供使用。氢气只有被冷却到 20 K 时，才能被液化。液态氢是超低温制冷剂，可将除氦气外的所有气体冷却成固体。液态氢又是重要的高能燃料，美国宇宙航天飞机和我国“长征”五号火箭均使用了液氢燃料。

氢在液态溶剂中仅有很低的溶解度。273 K 时，1 dm^{3}的水只能溶解 0.02 dm^{3}的氢。但氢能大量地被过渡金属镍、钯、铂等吸收。在真空中把吸有氢气的金属进行加热，氢气即可放出。利用此性质可以获得极纯的氢气。

氢气在室温下不活泼，但氢与氟即使在暗处也能化合，而且氢能迅速还原氯化钯(Ⅱ)的水溶液：

$$PdCl_2(aq)+H_2 \longrightarrow Pd(s)+2HCl(aq)$$

该反应可用作氢的灵敏检验反应。在较高的温度下，氢与许多金属和非金属剧烈反应，甚至发生爆炸式反应，得到相应的氢化物。

氢重要的工业应用包括许多有机化合物加氢，以及用钴的化合物作催化剂，在高温加压下使烯加氢酰化，形成醛和醇：

$$RCH=CH_2+CO+H_2 \xrightarrow[\text{钴催化剂}]{\text{高温、高压}} RCH_2CH_2CHO \xrightarrow[\text{催化剂}]{H_2} RCH_2CH_2CH_2OH$$

由于氢原子特别小，又无内层电子，氢分子中共用电子对直接接受核的作用，形成的σ键相当牢固，故 H_2 的解离能相当大，为 436 kJ·mol^{-1}。当已解离的氢原子重新结合为分子时，将放出同样多的热量，利用此性质可以设计能获得 3500℃高温的原子氢吹管，用以熔化最难熔的金属(如 W、Ta 等)。

氢气在氧气或空气中燃烧时，火焰温度可以达到 3273 K 左右，工业上利用此反应切割和焊接金属。在点燃氢气或加热氢气时，必须确保氢气的纯净，以免发生爆炸事故。使用氢气的厂房要严禁烟火，加强通气。

2. 原子氢

高温下(如 2000 K 以上)，氢分子可分解为原子氢。太阳中存在的主要是原子氢。原子氢不稳定，仅存在半秒钟即可重新结合为氢分子，同时放出大量热。

原子氢具有独特的价电子构型 $1s^1$，所以它既可能获得一个电子成为 H^-(具有氦构型 $1s^2$)，也可能失去一个电子变成质子 H^+。因此，氢原子像卤素能获得一个电子成为稀有气体构型 $1s^2$，并且像碱金属能失去一个电子成为 $M^+(1s^0)$。

原子氢比分子氢性质活泼得多，可与锗、锡、砷、锑、硫等直接作用生成相应的氢化物：

$$As+3H \longrightarrow AsH_3$$

$$S+2H \longrightarrow H_2S$$

还能在常温下将铜、铁、铋、汞和银等的氧化物和氯化物还原为金属：

$$CuCl_2+2H \longrightarrow Cu+2HCl$$

甚至可以还原含氧酸盐：

$$BaSO_4+8H \longrightarrow BaS+4H_2O$$

12.1.3　氢的制备

实验室中，常用锌与稀盐酸(或硫酸)作用制取氢气：

$$Zn+2H^+ \longrightarrow Zn^{2+}+H_2\uparrow$$

军事上，常用离子型氢化物与水作用制取氢气：

$$CaH_2+2H_2O \longrightarrow Ca(OH)_2+2H_2\uparrow$$

工业上，制取氢气的方法主要有以下几种：

(1) 水煤气法。

主要利用天然气(主要成分为 CH_4)或焦炭与水蒸气作用，得到水煤气(CO 和 H_2 的混合气)：

$$CH_4+H_2O \xrightarrow{\text{高温}} CO+3H_2$$

$$H_2O+C \xrightarrow{\text{高温}} CO+H_2$$

在铁铬催化剂作用下，水煤气又与水蒸气反应，生成二氧化碳和氢气的混合气：

$$H_2O+CO \xrightarrow{\text{催化剂}} CO_2+H_2$$

除去 CO_2 后即可得到比较纯的氢气。此方法较廉价，是目前工业上氢气的主要来源。

(2) 电解法。

利用直流电电解质量分数为 15%～20%的氢氧化钠或氢氧化钾溶液：

$$阴极：2H^+ + 2e^- \longrightarrow H_2\uparrow$$

$$阳极：4OH^- - 4e^- \longrightarrow 2H_2O + O_2\uparrow$$

此方法得到的氢气纯度为99.5%～99.9%，但耗电量大，生产每千克氢气耗电50～60 kW·h。

在氯碱工业中，氢气是电解食盐水溶液制取氢氧化钠的副产物。

电解法制得的氢气比较纯净，但该法的电解质为碱性物质，腐蚀性强，电解槽须经常维修，使用不便，效率低。因此，美、英、法、日等国陆续研究用固体聚合物(如全氟磺酸聚合物薄膜)电解质电解制取氢。

12.2 稀有气体

稀有气体以前称惰性气体。讨论稀有气体有两个人必须提及，一是英国人莱姆赛(W. Ramsay)，他的功绩是使惰性气体被发现；二是英国人巴特勒(Neil Bartlett)，他的功绩是使关于惰性气体的化学得以建立，并由此将惰性气体改称为稀有气体。

元素周期表中零族的六个元素氦(He)、氖(Ne)、氩(Ar)、氪(Kr)、氙(Xe)、氡(Rn)是在1894—1900年被陆续发现的。当时在科学界，人们普遍认为对空气已经研究得较清楚了，正因为如此，惰性气体的发现震动了当时的科学界，具有划时代的意义。按时间顺序，发现的惰性气体分别为Ar、He、Ne、Kr、Xe、Rn。至此，元素周期表的零族得以建立。

元素周期表中零族的存在，相当于在电负性相对最强的卤素和电负性相对最弱的碱金属之间架起了桥梁，对元素周期表起到了改善的作用。零族元素明显的化学惰性，使它们在路易斯的共价键理论和柯塞尔的离子键理论中占有重要地位，认为达到“稳定八隅体”是原子间成键的准则(参见第2章相关内容)。

零族较轻的一些元素并非稀少，而较重的一些元素又不完全是惰性的，故称该族元素为“稀有气体”较恰当。

2016年6月8日，国际纯粹与应用化学联合会(IUPAC)宣布，将美国劳伦斯利弗莫尔国家实验室和俄罗斯的科学家联合合成化学元素第118号(Og)提名为化学新元素。为向超重元素合成先驱者、俄罗斯物理学家尤里·奥加涅相致敬，研究人员将第118号元素命名为Oganesson(缩写Og)。2017年5月，中国科学院、国家语言文字工作委员会、全国科学技术名词审定委员会在北京联合召开发布会，正式向社会发布118号元素，中文名称为鿫(音同“奥”)。

鿫是人类目前合成的最重元素。

12.2.1 稀有气体的性质

表12−2给出了稀有气体的一些基本性质。

表 12−2　稀有气体的基本性质

稀有气体	He	Ne	Ar	Kr	Xe	Rn
原子序数	2	10	18	36	54	86
价电子构型	$1s^2$	$2s^22p^6$	$3s^23p^6$	$4s^24p^6$	$5s^25p^6$	$6s^26p^6$
原子半径/pm	93	112	154	169	190	214
第一电离能/$kJ \cdot mol^{-1}$	2372	2080	1520	1351	1170	1037
理论电子亲合能/$kJ \cdot mol^{-1}$	−21	−29	−35	−39	−40	−40
沸点/K	4.215	27.07	87.29	119.7	165.04	211
熔点/K	—	24.56	83.78	115.90	161.30	202
20℃在水中溶解度/$cm^3 \cdot kg^{-1}$	8.61	10.5	33.6	59.4	108.1	230

稀有气体都有稳定的价电子构型($1s^2$或ns^2np^6)。

在正常环境下，稀有气体为无色、无臭、无味的单原子气体，微溶于水。原子间的相互作用只存在弱的范德华力(色散力)，并随着原子序数的增加而增大。因此，稀有气体的物理性质随着原子序数的增加呈现出相当有规律的变化，如熔点、沸点和溶解度的递变。在0~1 K，25倍以上标准压力下，氦才能凝固，其熔点极低，为−272.15 K。氦的沸点是所有已知物质中最低的。

稀有气体元素的电离能在元素周期表中最高，表明了该族元素电子结构的稳定性。在同族中，随着原子体积的增加，电离能数值依次减小，较重稀有气体的电离能比第二周期元素(如O和F)小，使得它们具有化学性质。稀有气体与其他原子化学结合的能力极为有限，迄今知道的仅有Kr、Xe、Rn能够如此，并且仅与F和O的键才是稳定的。

稀有气体的化学惰性和某些物理特性使得它们具有很多用途。例如，其在光学上的广泛应用，在冶金、医学以及一些重要的工业部门也有使用。

12.2.2　氙的化学

稀有气体具有稳定的“八隅体”结构，性质不活泼，早期人们企图诱发它们发生化学反应，但均不成功，故稀有气体的惰性得到进一步确认。直到1962年巴特勒制成第一个稀有气体化合物$Xe[PtF_6]$。之后，氙的化学得到广泛的研究。目前，氙的化合物主要是氟化物和含氧化物。

1. 氟化物

在高温和高压下，氙可与氟直接反应，通过控制Xe和F_2的相对量，分别生成XeF_2、XeF_4、XeF_6：

$$Xe+F_2 = XeF_2$$
$$Xe+2F_2 = XeF_4$$
$$Xe+3F_2 = XeF_6$$

XeF_2是直线型结构，XeF_4是平面四方形结构，XeF_6是变形八面体结构。杂化轨道理论的解释如图 12－1 所示。

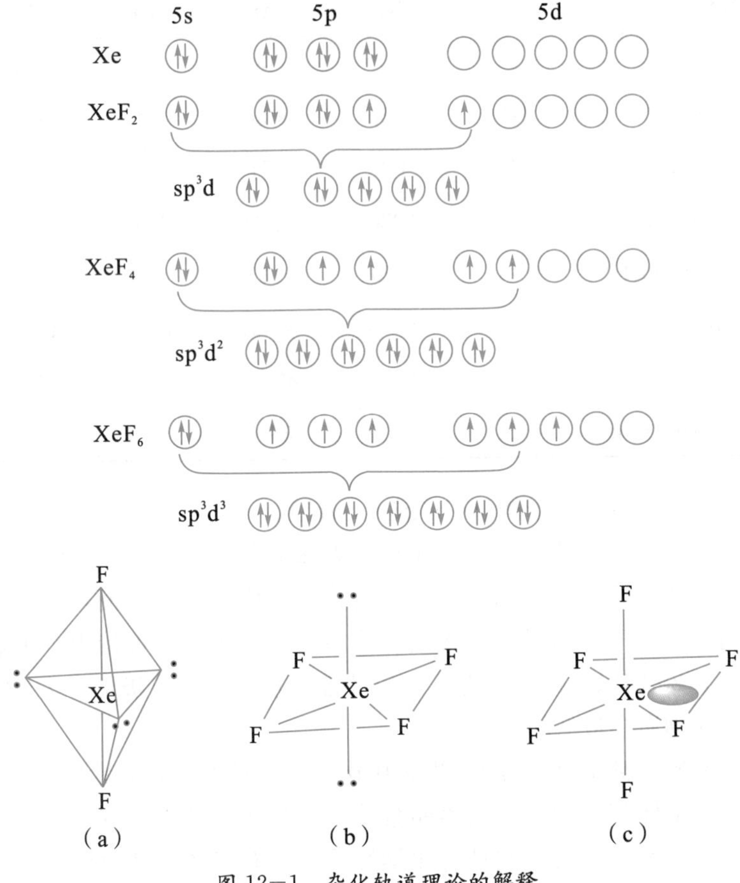

图 12－1 杂化轨道理论的解释

Xe 原子的 5p 电子激发之后分别发生 sp^3d、sp^3d^2、sp^3d^3 杂化，形成 XeF_2、XeF_4 和 XeF_6。

分子轨道理论也可以解释 XeF_2、XeF_4 和 XeF_6 的成键。例如，XeF_2 的成键如图 12－2 所示。

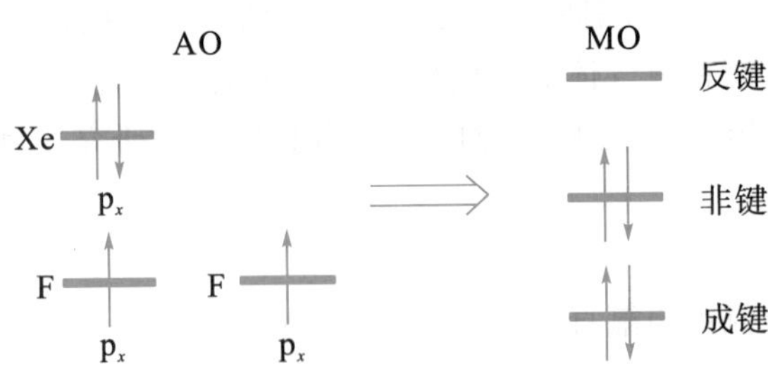

图 12－2 XeF_2 的成键

一个 Xe 原子的 $5p_x$ 轨道和两个 F 原子的两个 $2p_x$ 轨道组合成三个分子轨道(一个成键分子轨道、一个反键分子轨道和一个非键分子轨道)，四个电子分别填充在成键分子轨道和非键分子轨道，成键分子轨道填充的一对电子形成一个 σ 键，整个分子键级为 1。

XeF_2、XeF_4和XeF_6与水反应的程度有较大差异。XeF_2溶于水，在稀酸中缓慢水解，但在碱性溶液中迅速水解：

$$XeF_2+2OH^- \longrightarrow Xe+\frac{1}{2}O_2+2F^-+H_2O$$

XeF_4能迅速水解，生成包括XeO_3在内的多种产物：

$$XeF_4+2H_2O \longrightarrow \frac{1}{3}XeO_3+\frac{2}{3}Xe+\frac{1}{2}O_2+4HF$$

XeF_6遇水猛烈水解（低温时较为平稳），不完全水解得到$XeOF_4$，完全水解得到XeO_3：

$$XeF_6+H_2O \longrightarrow XeOF_4+2HF$$

$$XeF_6+3H_2O \longrightarrow XeO_3+6HF$$

XeF_2、XeF_4和XeF_6都是强氧化剂。例如：

$$XeF_2(aq)+2H^++2e^- \longrightarrow Xe+2HF(aq) \qquad \varphi^\ominus=2.64\ V$$

典型反应如下：

$$XeF_2+IF_5 \longrightarrow IF_7+Xe$$

$$Pt+XeF_4 \longrightarrow Xe+PtF_4$$

$$2SF_4+XeF_4 \longrightarrow Xe+2SF_6$$

$$2XeF_6+SiO_2 \longrightarrow 2XeOF_4+SiF_4$$

2. 含氧化物

XeO_3是白色固体，易潮解，易爆炸。XeO_3可溶于水，不导电，表明它在水溶液中是以XeO_3分子存在的。

在水溶液中，XeO_3是一种极强的氧化剂，但反应速度较慢：

$$XeO_3+6H^++6e^- \rightleftharpoons Xe+3H_2O \qquad \varphi^\ominus=2.10\ V$$

典型反应如下：

$$XeO_3+6H^++9I^- \longrightarrow Xe+3H_2O+3I_3^-$$

碱性溶液中，XeO_3可以生成$HXeO_4^-$：

$$XeO_3+OH^- \rightleftharpoons HXeO_4^- \qquad K=1.5\times10^3$$

$HXeO_4^-$会缓慢歧化生成高氙酸根离子和Xe气体：

$$2HXeO_4^-+2OH^- \longrightarrow XeO_6^{4-}+Xe+O_2+2H_2O$$

若向XeO_3水溶液中通入O_3，可得到高氙酸：

$$XeO_3+O_3+2H_2O \longrightarrow H_4XeO_6+O_2$$

若向碱性XeO_3溶液中通入O_3，可得到高氙酸盐：

$$XeO_3+O_3+4NaOH+6H_2O \longrightarrow Na_4XeO_6\cdot 8H_2O+O_2$$

不溶性高氙酸盐能从溶液中沉淀出来，如$Na_4XeO_6\cdot 8H_2O$、$Na_4XeO_6\cdot 6H_2O$、$Ba_2XeO_6\cdot 15H_2O$。

高氙酸盐溶液在酸性水溶液中几乎瞬时被还原为$HXeO_4^-$：

$$H_2XeO_6^{2-}+H^+ \longrightarrow HXeO_4^-+\frac{1}{2}O_2+H_2O$$

XeO_4是冷的浓 H_2SO_4作用于高氙酸钡所生成的极不稳定的爆炸性气体。

12.2.3 其他稀有气体的化学

He、Ne 或 Ar 的化合物均不稳定。Rn 生成一种二氟化物和某些配合物，仅限于辐射化学示踪技术，因为 Rn 没有稳定的同位素。Kr 的新兴化学不及 Xe 的新兴化学广泛。KrF_2是由 Kr 和 F_2混合物温度冷却至近−196℃，再经过放电，或以高能量电子或 X 射线照射而制得的。KrF_2为挥发性的白色固体，具有线形分子结构，对热不稳定，在室温下缓慢分解，是高活性氟化剂。

习 题

1. 氢作为能源，其优点是什么？目前开发中的困难是什么？

2. 试说明稀有气体的熔沸点和密度等性质的变化趋势和原因。

3. 利用分子轨道理论解释 HeH、HeH^+、He_2、He_2^+等分子和离子存在的可能性。

4. 利用 VSEPR 理论推测 XeF_2、XeF_4、XeF_6及 $XeOF_4$的空间构型，并用杂化轨道理论作解释。

第 13 章　卤素

元素周期表第ⅦA 主族元素氟(F)、氯(Cl)、溴(Br)、碘(I)、砹(At)和鿬(Ts)，通称卤素。由于氟、氯、溴、碘可以和很多金属形成盐类，因此，卤素英文 Halogen 来源于希腊语 Halos(盐)和 Gennan(形成)两个词，就是成盐的意思。古代中文里，卤一般指盐碱地，亦指制盐时剩下的黑色汁液盐卤。可以看出，把 Halogen 翻译成卤素，颇得信达雅之精髓。

砹是放射性元素，主要是镭、锕、钍衰变的产物，在自然界中仅以微量短暂存在。目前对砹的研究不多，但已确定它与碘的性质相似。

2010 年，俄罗斯杜布纳联合核子研究所成功合成 117 号元素，国际纯粹与应用化学联合会(IUPAC) 最终确定 117 号元素由美国劳伦斯利弗莫尔国家实验室、橡树岭国家实验室和俄罗斯杜布纳联合核子研究所的科学家共同合成。117 号元素以美国田纳西州的英文地名(Tennessee)拼写为开头，命名为 Tennessine，元素符号 Ts。2017 年 1 月 15 日，全国科学技术名词审定委员会联合国家语言文字工作委员会确认了 117 号元素中文汉字为新造元素字鿬(音同“田”)。

本章讨论氟(F)、氯(Cl)、溴(Br)、碘(I)。

13.1　卤素的性质

卤素的性质见表 13−1。

表 13−1　卤素的性质

卤素	氟	氯	溴	碘
原子序数	9	17	35	53
价电子构型	$2s^2 2p^5$	$3s^2 3p^5$	$4s^2 4p^5$	$5s^2 5p^5$
原子共价半径/pm	64	99	114	133
电离能/kJ · mol^{-1}	1681	1251	1140	1008

续表13－1

卤素	氟	氯	溴	碘
电子亲合能/$kJ \cdot mol^{-1}$	322	348.7	324.5	295
电负性 χ_P	4.0	3.0	2.8	2.5
氧化数	－1	－1、＋1、＋3、＋5、＋7	－1、＋1、＋3、＋5、＋7	－1、＋1、＋3、＋5、＋7

卤素的价电子构型通式为 ns^2np^5。

与同周期的其他元素相比，卤素原子有最大的核电荷数(稀有气体除外)，最小的原子半径，由此导致卤素原子有最大的电离能、最大的电子亲合能和最大的电负性。这意味着与同周期其他元素相比，卤素原子最难失去电子，最容易获得电子，因此，卤素原子的非金属性最强。氟、氯、溴和碘都是典型的非金属。

同族元素相比，由于价电子构型通式为 ns^2np^5，外层电子结构相似，故卤素原子应性质相似，并呈现规律性的变化，即随着 n 值的增大，原子半径递增，电离能减小，电子亲合能减小，电负性减小，非金属性减弱。但是氟显示出特殊性。

氟的特殊性首先通过原子半径体现出来。和其他卤素原子相比，氟由于处于第二周期，没有 d 轨道，原子半径特别小。氟的原子半径特别小所带来的后果就是氟的第二个特殊性，即氟的电子亲合能不符合同族递变规律，小于氯的电子亲合能。这是因为氟的原子半径特别小，使得氟原子内电子密度较大，对获得电子有相对较大的排斥，导致氟原子获得电子时放出的能量相对较小，以致小于氯的电子亲合能，不符合递变规律。氟的这两个特殊性将使氟的单质和化合物在性质上区别于氯、溴、碘的单质和化合物，即卤素元素性质相似，主要表现在氯、溴、碘三个元素上，氟相对特殊。

这种第二周期元素原子由于半径特别小带来的性质特殊性也在氧族中的氧、氮族中的氮、碳族中的碳、硼族中的硼，以及碱土金属中的铍和碱金属中的锂中体现出来。

卤素的价电子构型通式为 ns^2np^5，非金属性很强，易于获得一个电子达到 ns^2np^6 的稳定结构，因此，氟、氯、溴、碘最常见的氧化数为－1。此外，由于氯、溴、碘的电负性不是最高的，都有空的 d 轨道(氟都不符合)，故还表现出正氧化数＋1、＋3、＋5、＋7。氟由于电负性最大，几乎不能表现出正氧化数。

卤素的元素电势图如图 13－1 所示。

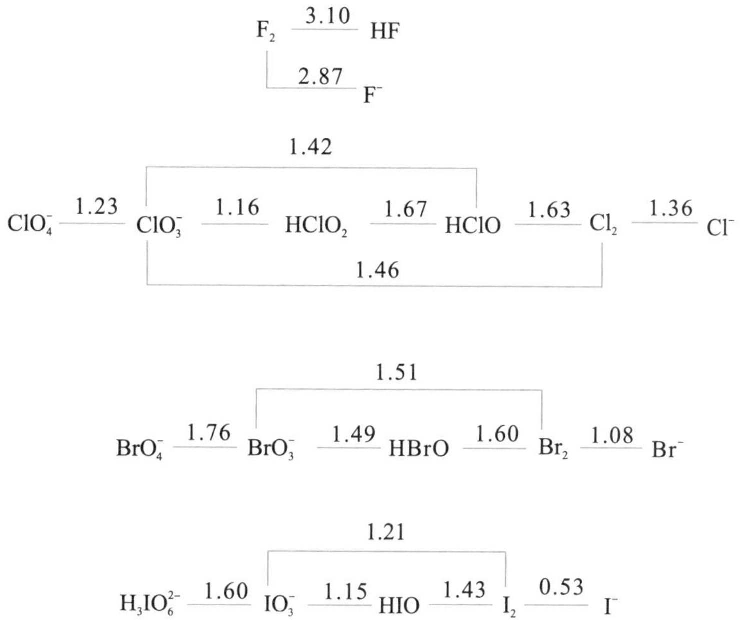

$F_2 \xrightarrow{3.10} HF$；$F_2 \xrightarrow{2.87} F^-$

$ClO_4^- \xrightarrow{1.23} ClO_3^- \xrightarrow{1.16} HClO_2 \xrightarrow{1.67} HClO \xrightarrow{1.63} Cl_2 \xrightarrow{1.36} Cl^-$（$ClO_3^-$—HClO：1.42；$ClO_3^-$—$Cl_2$：1.46）

$BrO_4^- \xrightarrow{1.76} BrO_3^- \xrightarrow{1.49} HBrO \xrightarrow{1.60} Br_2 \xrightarrow{1.08} Br^-$（$BrO_3^-$—$Br_2$：1.51）

$H_3IO_6^{2-} \xrightarrow{1.60} IO_3^- \xrightarrow{1.15} HIO \xrightarrow{1.43} I_2 \xrightarrow{0.53} I^-$（$IO_3^-$—$I_2$：1.21）

(a)酸性条件($\varphi^\ominus$/V)

$F_2 \xrightarrow{2.89} F^-$

$ClO_4^- \xrightarrow{0.40} ClO_3^- \xrightarrow{0.27} ClO_2^- \xrightarrow{0.68} ClO^- \xrightarrow{0.42} Cl_2 \xrightarrow{1.36} Cl^-$（$ClO_3^-$—$Cl_2$：0.47；$ClO_3^-$—$ClO^-$：0.48；$ClO^-$—$Cl^-$：0.89）

$BrO_4^- \xrightarrow{0.93} BrO_3^- \xrightarrow{0.54} BrO^- \xrightarrow{0.46} Br_2 \xrightarrow{1.08} Br^-$（$BrO^-$—$Br^-$：0.76；$BrO_3^-$—$Br_2$：0.52；$BrO_3^-$—$Br^-$：0.61）

$H_3IO_6^{2-} \xrightarrow{0.70} IO_3^- \xrightarrow{0.17} IO^- \xrightarrow{0.40} I_2 \xrightarrow{0.53} I^-$（$IO_3^-$—$I_2$：0.22；$IO_3^-$—$I^-$：0.29）

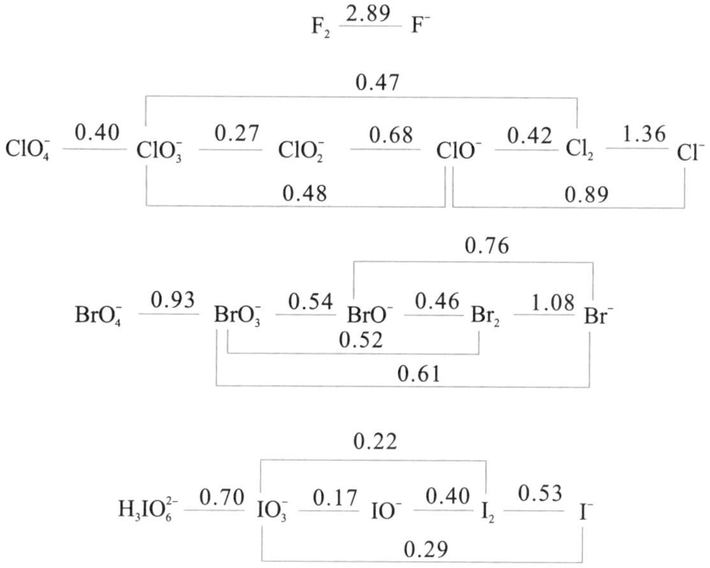

(b)碱性条件($\varphi^\ominus$/V)

图 13－1 卤素的元素电势图

由图 13－1 可以看出，卤素各氧化态涉及电对的电极电势值都是正值，表明它们都具有一定的氧化性，且酸性条件比碱性条件氧化能力更强。此外，中间氧化态几乎都要歧化，不稳定。

13.2 卤素单质

无论是按照价键理论，还是按照分子轨道理论，两个相同的卤素原子之间都生成了一个 σ 键，进而形成共价双原子分子。其基本性质见表 13－2。

表 13－2 卤素单质的基本性质

卤素单质	F_2	Cl_2	Br_2	I_2
颜色	浅黄色	黄绿色	红棕色	紫色
键长/pm	128	199	228	266
键能/kJ·mol^{-1}	155	243	193	151
X^-半径/pm	136	181	195	216
X^-水合热/kJ·mol^{-1}	−515	−381	−347	−305
熔点/℃	−219.6	−101.5	−7.3	113.6
沸点/℃	−188.1	−34.0	58.8	185.2
$\varphi^\ominus(X_2/X^-)$/V	2.87	1.36	1.09	0.54

氟原子半径特别小的后果在氟分子中体现了出来。从表 13－2 可以看出，氟分子的键长相对于氯、溴、碘分子的键长要短很多。按照键长越短、键能越大的规律，氟、氯、溴、碘分子的键能应该逐渐降低，但显然，氟是例外。原因在于氟的原子半径特别小，使得氟分子键长特别短，导致两个氟原子核外电子之间距离太近以至于相互排斥，使得共价键不稳定，键能减小。

氟原子半径特别小还导致氟离子半径也特别小。氟离子是最小的阴离子之一，这为氟离子带来了许多特性：氟离子的水合热很大，水合能力强，这是氟分子非常活泼的原因之一；能够和体积较小的中心离子形成高配位数的配离子（BF_4^-、AlF_6^{3-}、SiF_6^{2-} 等），从而表现出特别强的配位能力；等等。

13.2.1 卤素单质的物理性质

卤素分子 X_2作为共价分子，其物理性质主要由分子间力决定。

X_2是非极性分子，分子间仅有微弱的色散力。

色散力大小变化顺序为 $F_2<Cl_2<Br_2<I_2$。这种变化顺序决定了卤素的某些物理性质的变化顺序，如熔点、沸点等，进而决定了卤素分子在常态下的存在状态：F_2和 Cl_2为气态，Br_2为液态，I_2为固态。

颜色：卤素单质的颜色按 F_2、Cl_2、Br_2、I_2的顺序逐渐加深，呈现有规律的变化。对卤素气态吸收光谱的研究表明，卤素单质颜色的变化规律与从反键轨道 π_{np}^*激发一个电子

到反键轨道 σ_{np}^* 上所需能量的变化是一致的：

$$(\sigma_{np})^2(\pi_{np})^4(\pi_{np}^*)^4 \rightarrow (\sigma_{np})^2(\pi_{np})^4(\pi_{np}^*)^3(\sigma_{np}^*)^1$$

随着卤素原子半径增大，激发电子所需能量降低，对于激发半径小的 F_2 分子，需要吸收高能量、短波长的紫光，因而呈现浅黄色；对于激发半径较大的 I_2 分子，只需吸收低能量、长波长的黄光，因而呈现紫色；而 Cl_2、Br_2 则分别呈黄绿色和红棕色。

溶解度：由于 X_2 分子是非极性分子，因此在极性溶剂中的溶解度很小，在非极性溶剂中的溶解度较大。即在水中的溶解度很小，在非极性有机溶剂中的溶解度较大。

在水中溶解时，卤素都有不同程度的反应：

$$2X_2+2H_2O \rightleftharpoons 4H^+ +4X^- +O_2\uparrow$$

上述反应以 F_2 进行的程度最大，以至于 F_2 在水中完全反应而不存在 F_2 分子。Cl_2、Br_2 进行上述反应的程度很小，故能得到氯水、溴水。I_2 不能进行上述反应，但由于其在水中溶解度太小，以至于可认为单纯的溶解不能得到碘水。当水溶液中存在 I^- 时，I_2 的溶解度会得到很大提高，原因在于 I_2 分子与 I^- 之间相互极化并加合形成 I_3^-，促进了 I_2 分子的溶解：

$$I_2+I^- \rightleftharpoons I_3^-$$

Cl_2、Br_2 虽然也能形成类似的离子 Cl_3^-、Br_3^-，但程度太小，远远不及 I_3^-，故一般认为只有 I_2 能形成 I_3^-。溴和碘都易溶于有机溶剂。溴在乙醇、乙醚、氯仿、四氯化碳和二硫化碳等溶剂中有较好的溶解性，溶液颜色随溶解溴的浓度增大而呈现由黄色到棕红色的变化。碘在介电常数较小的溶剂中以分子状态存在，为紫色溶液，如四氯化碳、二硫化碳等；碘在介电常数较大的溶剂中能够形成溶剂合物而导致颜色变化为棕色，如乙醇、乙醚等。

13.2.2　卤素单质的化学性质

非金属单质的化学活泼性通常由其获得电子的能力体现出来。

以卤素为例，对应下列过程：

$$\frac{1}{2}X_2(g)+e^- \rightleftharpoons X^-(aq)$$

由标准电极电势可以得出其活泼性的情况，见表13-3。

表13-3　卤素单质的标准电极电势

	F_2/F^-	Cl_2/Cl^-	Br_2/Br^-	I_2/I^-
$\varphi^\ominus(X_2/X^-)/V$	2.87	1.36	1.07	0.54

卤素单质的活泼顺序及氧化能力顺序为 $F_2>Cl_2>Br_2>I_2$。这个顺序符合电负性逐渐减小、非金属性逐渐减弱的递变规律，但是这个事实还可以从热力学的角度进行定量解释。

考虑下面的反应：

$$\frac{1}{2}X_2(g)+\frac{1}{2}H_2(g) \longrightarrow X^-(aq)+H^+(aq)$$

由下式进行计算：

$$\Delta_r G^\ominus = -nFE^\ominus$$

$$\Delta_r G^\ominus = -nF[\varphi^\ominus(X_2/X^-) - \varphi^\ominus(H^+/H_2)] = -nF\varphi^\ominus(X_2/X^-)$$

由吉布斯一亥姆霍兹公式可知：

$$\Delta_r G^\ominus = -nF\varphi^\ominus(X_2/X^-) = \Delta_r H^\ominus - T\times\Delta_r S^\ominus$$

$\Delta_r G^\ominus$或 $\varphi^\ominus(X_2/X^-)$的数值大小主要受 $\Delta_r H^\ominus$的影响，即能量因素。

考虑上述反应标准氢电极不变，故分别从两部分进行讨论。

其一：

$$\frac{1}{2}H_2(g) + e^- \longrightarrow H^+(aq)$$

$$\downarrow \text{离解} \qquad\qquad \uparrow \text{水合}$$

$$H(g) \xrightarrow{\text{电离}} H^+(g)$$

上述过程，$\Delta_r H^\ominus = 439.2\ kJ\cdot mol^{-1}$，$\Delta_r S^\ominus = -65.29\ J\cdot mol^{-1}\cdot K^{-1}$。

其二：

$$\frac{1}{2}X_2(g) + e^- \longrightarrow X^-(aq)$$

$$\downarrow \text{离解} \qquad\qquad \uparrow \text{水合}$$

$$X(g) \xrightarrow{\text{电子亲合}} X^-(g)$$

就 $\Delta_r H^\ominus$而言，涉及下列过程：

$F_2(g)$、$Cl_2(g)$：$\Delta_r H^\ominus = \frac{1}{2}$键能+电子亲合能+水合热；

$Br_2(l)$：$\Delta_r H^\ominus = \frac{1}{2}$蒸发热+$\frac{1}{2}$键能+电子亲合能+水合热；

$I_2(s)$：$\Delta_r H^\ominus = \frac{1}{2}$熔化热+$\frac{1}{2}$蒸发热+$\frac{1}{2}$键能+电子亲合能+水合热。

上述能量中，只有电子亲合能和水合热是放热，其余皆为吸热。其 $\Delta_r H^\ominus$的计算见表13－4。

表 13－4　$\Delta_r H^\ominus$的计算

卤素单质	F_2	Cl_2	Br_2	I_2
熔化热/$kJ\cdot mol^{-1}$	—	—	—	15/2
蒸发热/$kJ\cdot mol^{-1}$	—	—	31/2	44/2
键能/$kJ\cdot mol^{-1}$	155/2	243/2	193/2	151/2
电子亲合能/$kJ\cdot mol^-$	322	348.7	324.5	295
X^- 水合热/$kJ\cdot mol^{-1}$	－515	－381	－347	－305
$\Delta_r H^\ominus$/$kJ\cdot mol^{-1}$	－759.5	－608.2	－559.5	－495

结合上述过程的 $\Delta_r S^\ominus$和标准氢电极的 $\Delta_r H^\ominus$、$\Delta_r S^\ominus$数据，计算结果见表13－5。

表 13－5　$\varphi^\ominus(X_2/X^-)$的计算

卤素单质	F_2	Cl_2	Br_2	I_2
标准氢电极的 $\Delta_r H^\ominus$/kJ・mol^{-1}	439.2	439.2	439.2	439.2
标准氢电极的 $\Delta_r S^\ominus$/J・mol^{-1}・K^{-1}	－65.29	－65.29	－65.29	－65.29
卤素电极的 $\Delta_r H^\ominus$/kJ・mol^{-1}	－759.5	－608.2	－559.5	－495
卤素电极的 $\Delta_r S^\ominus$/J・mol^{-1}・K^{-1}	－115.14	－166.23	－69.39	－9.44
总反应的 $\Delta_r H^\ominus$/ kJ・mol^{-1}	－320.3	－169	－120.3	－55.8
总反应的 $\Delta_r S^\ominus$/J・mol^{-1}・K^{-1}	－180.43	－231.51	－134.68	－74.73
总反应的 $\Delta_r G^\ominus$/ kJ・mol^{-1}	－266.53	－100.01	－80.17	－33.53
$\varphi^\ominus(X_2/X^-)$/V	2.76	1.04	0.83	0.35

注意：由于表中各项数据的来源问题，部分计算结果与实际查表数据有差异。

影响卤素单质活泼顺序及氧化能力的主要因素是 $\Delta_r H^\ominus$，从上述数据可以看出，氟的电极电势非常高，这是由于 F_2键能相对不太大且 F^- 水合热放热很多，而这两个因素的成因都是氟原子半径特别小。

卤素最突出的化学性质是氧化性，而氧化能力顺序带来的差异既体现在反应对象的多少上，又体现在反应的剧烈程度上。

13.2.2.1　与金属、非金属的反应

与金属的反应：按 F_2、Cl_2、Br_2、I_2的顺序，能与之反应的金属种类减少，反应的剧烈程度降低。氟能与所有金属反应生成高价氟化物，其中，氟与铜、镍和镁作用时能够在其表面生成氟化物薄层而阻止反应继续，因此，氟可以储存在铜、镍和镁或其合金制成的容器中。氯能与大多数金属反应，在干燥的环境下不与铁反应，因此，氯气可以储存在铁罐中。溴和碘在常温下可以与活泼金属反应，与其他金属反应需要加热。

与非金属的反应：按 F_2、Cl_2、Br_2、I_2的顺序，能与之反应的非金属种类减少，反应的剧烈程度降低。氟几乎能够与所有非金属单质反应(氧、氮除外)，反应剧烈。氯能够与大多数非金属单质直接化合，作用程度不及氟。溴、碘较氯又差一些。

典型反应如下：

$$H_2+Cl_2 \xrightarrow{h\nu} 2HCl$$

该反应在常温及暗处时进行速度较慢，但在点燃或光照时发生爆炸性反应。这种可由光引起的反应叫光化学反应，其反应历程为

$$①Cl_2+h\nu \longrightarrow 2Cl^*\text{(活化原子)}$$

$$②Cl^*+H_2 \longrightarrow HCl+H^*$$

$$③H^*+Cl_2 \longrightarrow HCl+Cl^*$$

如此循环往复，如同形成一个连续反应的链，这类反应叫链锁反应。

13.2.2.2 与水、碱的反应

1. 与水的反应

卤素与水的反应有两种类型：氧化水、水解。

（1）氧化水。

$$2X_2+2H_2O = 4H^+ +4X^- +O_2\uparrow$$

前面已讨论到，F_2与水反应的程度最大，Cl_2、Br_2与水反应的程度很小，I_2不能进行上述反应。

卤素电势—pH 图如图 13-2 所示。

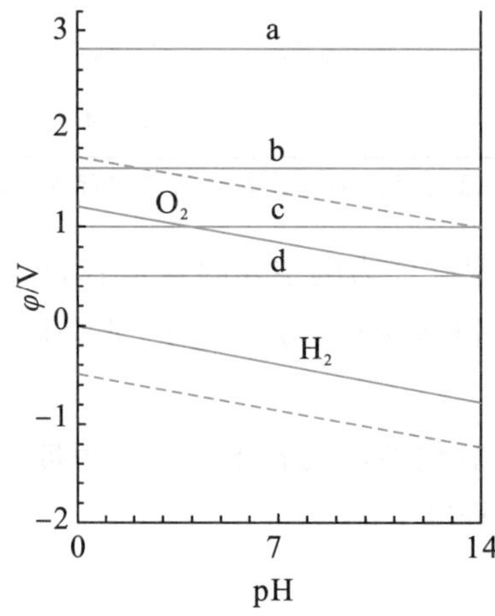

图 13-2　卤素电势—pH 图

注：a、b、c、d 分别是 F、Cl、Br、I 的 X_2/X^- 电极电势线。

由图 13-2 可以看出，当 pH=7 时，F_2、Cl_2、Br_2可氧化水；当水溶液酸性发生变化时，F_2、Cl_2在酸性溶液中就能氧化水，Br_2可在 pH>3 时氧化水，I_2可在 pH>12 时氧化水。

（2）水解(歧化)。

$$X_2+H_2O = H^+ +X^- +HXO$$

F_2不进行此反应。Cl_2、Br_2、I_2进行此反应的程度不大，298 K 时，其平衡常数值分别为

$$Cl_2:\ K=4.2\times10^{-4}$$

$$Br_2:\ K=7.2\times10^{-9}$$

$$I_2:\ K=2\times10^{-13}$$

由此可见，除 Cl_2有较小程度的反应外，Br_2、I_2可认为不反应。

2. 与碱的反应

Cl_2、Br_2、I_2与碱反应，实际上是卤素在碱性介质中的歧化反应。由图 13-2 可知，在酸性条件下，Cl_2、Br_2、I_2皆不歧化；在碱性介质中，Cl_2、Br_2、I_2都要歧化。

$$X_2+2OH^- = X^- +XO^- +H_2O$$

不仅如此，碱性条件下，XO^-还会进一步歧化成 X^-、XO_3^-：

$$3XO^- \rightleftharpoons 2X^- + XO_3^-$$

实际进行的反应是，Cl_2、Br_2在低温下可进行第一个歧化反应，受热时可继续进行第二个歧化反应。I_2在低温时也可进行第二个歧化反应，因此 I_2的歧化产物没有 IO^-。总歧化反应为

$$3X_2 + 6OH^- \rightleftharpoons 5X^- + XO_3^- + 3H_2O$$

F_2与碱反应：氧化 OH^-，依 $c(OH^-)$不同，产物不同。

$$2F_2 + 2OH^-(2\%) = 2F^- + OF_2\uparrow + H_2O$$

$$2F_2 + 4OH^-(\text{较浓}) = 4F^- + O_2\uparrow + 2H_2O$$

13.2.2.3　与饱和烃及不饱和烃的反应

除 I_2之外，X_2与有机化合物的反应有两类：取代反应和加成反应。前者针对饱和烃，后者针对不饱和烃。

这类有机反应不属于本书讨论内容。

13.2.3　卤素单质的制备

自然界中卤素的主要存在形式为－1 氧化态，因此其制备涉及以下过程：

$$2X^- - 2e^- \longrightarrow X_2$$

由于 X^-的还原能力差异较大，故卤素单质的制备方法各异。如果还原能力较强或不太弱，就可以使用适当的氧化剂进行氧化，比如，溴离子和碘离子都可以通过适当的氧化剂进行氧化来制备单质。如果还原能力太弱，虽然能够找到强氧化剂进行氧化，但是强氧化剂通常不稳定，大量使用造价高昂，且对环境污染大，所以只适用于在实验室小量制备，工业上要大量制备通常选用电解法。例如，氯离子还原能力很弱，虽然强氧化剂二氧化锰、高锰酸钾等能够对其进行氧化，但只适用于实验室制备氯气使用，工业制备使用电解法。如果还原能力极弱，无法找到氧化剂对其进行氧化，那就只能使用电解法。例如，氟离子是最弱的还原剂，不能采用化学方法制备，只能通过电解法制备。可见，随着卤素离子还原能力的增强，按 F^-、Cl^-、Br^-、I^-的顺序，制备方法越趋于简单。类似的，碱金属的制备也有这样的规律。

13.2.3.1　氟的制备

由于 $\varphi^\ominus(F_2/F^-)=2.87\ V$，$F^-$是已知最弱的还原剂，还没有发现比 F_2更强的氧化剂来氧化 F^-。因此，F_2的常用制备方法是电解法。

电解反应：

$$2KHF_2 = 2KF + F_2\uparrow + H_2\uparrow$$

阳极反应：

$$2F^- - 2e^- = F_2\uparrow$$

阴极反应：

$$2HF_2^- + 2e^- = 4F^- + H_2\uparrow$$

1986 年，化学家克里斯特(Karl Christe)成功提出了运用化学方法制备氟。步骤如下：

(1) 制备 K_2MnF_6：

$$2KMnO_4+2KF+10HF+3H_2O_2 = 2K_2MnF_6+3O_2\uparrow+8H_2O$$

(2) 制备 SbF_5：

$$SbCl_5+5HF = SbF_5+5HCl\uparrow$$

(3) 制备 MnF_4：

$$K_2MnF_6+2SbF_5 \xrightarrow{423\ K} 2KSbF_6+MnF_4$$

(4) 制备 F_2：

$$2MnF_4 = 2MnF_3+F_2\uparrow$$

13.2.3.2 氯的制备

由于 $\varphi^\ominus(Cl_2/Cl^-)=1.36\ V$，$Cl^-$ 的还原能力很弱，但不是最弱，可以由强氧化剂氧化。因此，Cl_2 的制备分两种情况：少量 Cl_2 用氧化剂氧化制备(实验室)，大量 Cl_2 用电解法制备(工业)。

实验室制备：强氧化剂氧化。

$$MnO_2+4HCl(浓) \xrightarrow{\triangle} MnCl_2+Cl_2\uparrow+2H_2O$$

$$K_2Cr_2O_7+14HCl(浓) = 2KCl+2CrCl_3+3Cl_2\uparrow+7H_2O$$

$$2KMnO_4+16HCl(浓) = 2KCl+2MnCl_2+5Cl_2\uparrow+8H_2O$$

工业制备：电解饱和食盐水。

$$2NaCl+2H_2O \xrightarrow{电解} 2NaOH+Cl_2\uparrow+H_2\uparrow$$

阳极反应：

$$2Cl^- - 2e^- = Cl_2\uparrow$$

阴极反应：

$$2H_2O+2e^- = 2OH^- + H_2\uparrow$$

13.2.3.3 溴的制备

无论是实验室制备溴还是工业制备溴，都采用普通氧化剂氧化的方法。

实验室制备：氧化剂氧化溴化物。

$$MnO_2+2NaBr+3H_2SO_4 = MnSO_4+Br_2+2NaHSO_4+2H_2O$$

工业制备：以浓缩海水为原料，用氯气将溴离子氧化成溴单质，并用空气吹出，再通过碱性条件下溴单质的歧化反应和酸性条件下的反歧化反应得到溴单质。

$$2Br^- + Cl_2 \xrightarrow{pH=3.5} Br_2+2Cl^-$$

$$3Br_2+3Na_2CO_3 = 5NaBr+NaBrO_3+3CO_2\uparrow$$

$$5HBr+HBrO_3 = 3Br_2+3H_2O$$

13.2.3.4 碘的制备

与溴一样，无论是实验室制备碘还是工业制备碘，都采用普通氧化剂氧化的方法。

实验室制备：氧化剂氧化碘化物(氧化剂不能过量)。

$$2NaI+MnO_2+3H_2SO_4 = I_2+MnSO_4+2NaHSO_4+2H_2O$$

工业制备：将智利硝石里的碘酸盐用亚硫酸盐还原，或将海藻里的碘离子氧化(氧化剂不能过量)。

$$2NaIO_3+5NaHSO_3 = I_2+2Na_2SO_4+3NaHSO_4+H_2O$$

$$2I^-+Cl_2 = I_2+2Cl^-$$

13.3　卤化氢和氢卤酸

氢化物是非金属元素的重要化合物之一。

卤化氢是卤素与氢形成的二元化合物 HX，其水溶液就是氢卤酸。

13.3.1　卤化氢的性质

卤化氢分子的成键可以用价键理论或分子轨道理论很好地进行说明，分子内原子间形成一个 σ 键。

卤化氢常见性质见表 13－6。

表 13－6　卤化氢的性质

卤化氢	HF	HCl	HBr	HI
核间距/pm	92	127.6	141.0	162
键能/ $kJ\cdot mol^{-1}$	568	432	366	298
1273 K 时的分解率/%	忽略	0.014	0.5	33
摩尔生成焓/$kJ\cdot mol^{-1}$	−271	−92	−36	26
水合热/$kJ\cdot mol^{-1}$	−48.14	−17.58	−20.93	−23.02
气化热/$kJ\cdot mol^{-1}$	30.31	16.12	17.62	19.77
熔点/K	189.58	158.97	186.28	222.35
沸点/K	292.67	188.1	206.44	238.05
常压下恒沸溶液的沸点/K	393	383	399	400
常压下恒沸溶液的密度/$g\cdot cm^{-3}$	1.138	1.096	1.482	1.708
常压下恒沸溶液的质量百分数/%	35.35	20.24	47	57

卤化氢性质的递变在氟化氢上显示出特殊性，原因仍然是氟的原子半径特别小。氟的原子半径特别小，导致氟化氢核间距非常小，使键能特别大，以致氟化氢热稳定性很高，生成焓放热特别多，等等。

13.3.1.1 卤化氢的物理性质

卤化氢是共价分子，其物理性质主要由分子间力决定。

卤化氢是极性分子，分子间存在取向力、诱导力和色散力，其中，色散力是主要作用力。同类型分子的色散力主要由分子量决定，因此，卤化氢的分子间力大小顺序为HI>HBr>HCl。

HF分子间有很强的氢键，使其分子间的作用力额外增大，导致其熔沸点、水合热和气化热等都显示出特殊性，不符合递变规律。

HF分子间的较强作用力还导致其形成缔合分子，常态下主要存在形式为双聚分子$(HF)_2$和三聚分子$(HF)_3$；固态时，则形成锯齿形长链(详见第2章)。

在常压下蒸馏卤化氢水溶液，溶液的组成和沸点都会不断地改变。例如，加热盐酸溶液时，氯化氢和水蒸气会同时逸出，当盐酸浓度较小时，水蒸气逸出速度比氯化氢快，这样，随着加热的继续，稀溶液的浓度逐渐增大，按照稀溶液的依数性，沸点相对于纯水的沸点将会逐渐升高。如图13−3所示，T_{H_2O}为纯水的沸点，随着盐酸浓度的增大，沸点升高。当盐酸浓度增大到某一数值时，氯化氢逸出速度与水蒸气一致，此时，沸点将不再变化，即图13−3中的T_0点。

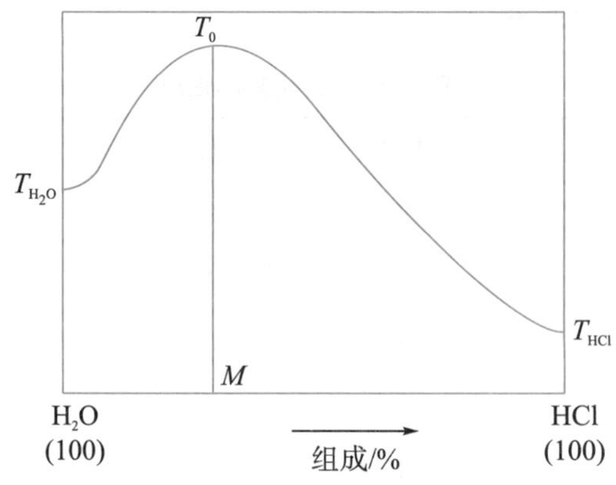

图13−3　盐酸的沸点与组成的关系

同样，观察图13−3中的T_{HCl}，其为纯液态盐酸的沸点，随着加入水量的增加，沸点升高。不断蒸馏，最终将达到这样的浓度：氯化氢逸出速度与水蒸气一致，沸点不再变化，对应T_0点。对于盐酸，$T_0=383$ K，对应盐酸组成为20.24%，即图13−3中的M点。从这种溶液中逸出的氯化氢与水蒸气的分子数比值和溶液的组成相同，这时溶液的组成和沸点将保持恒定不变的状态，此时的溶液叫作恒沸溶液。显然，外界压力的改变会改变恒沸溶液的组成和沸点。从理论上讲，二元液体混合物都能够形成恒沸溶液，但事实并非如此。实践证明，只有沸点相差不太大的二元液体才会形成恒沸溶液。卤化氢的水溶液氢卤酸都能够形成恒沸溶液，其恒沸溶液的组成、沸点等见表13−6。

13.3.1.2 卤化氢的化学性质

卤化氢的化学性质主要通过其溶于水之后得到的氢卤酸体现出来。

卤化氢在水中电离产生 H^+ 和 X^-，因此，HX 的化学性质主要由 H^+ 和 X^- 体现，H^+ 表现出酸性，X^- 主要表现出还原性。

1. 酸性

无论是酸碱电离理论还是酸碱质子理论，都以给出质子的能力来衡量酸性的强弱。实验证明，氢卤酸的酸性强弱递变顺序为 HI>HBr>HCl>HF。

（1）对氢卤酸酸性递变规律的定性解释。

酸的强度由酸分子给出质子的难易程度来衡量，由于质子带正电荷，从静电作用考虑，与质子直接相连的原子的负电荷密度即电子密度是决定无机酸强度的直接原因。与质子直接相连的原子的电子密度越小，对质子的吸引力越弱，质子越易释放出来，酸性越强；与质子直接相连的原子的电子密度越大，对质子的吸引力越强，质子越难释放出来，酸性越弱。

原子的电子密度大小与原子所带负电荷数及原子体积有关：原子所带负电荷越多，体积越小，原子电子密度越大。

由此可以解释氢卤酸酸性强弱递变顺序。氢卤酸直接与氢原子连接的就是卤素原子，因此，要考察卤素原子的电子密度。卤素原子与氢原子以极性共价键结合，共用电子对偏向卤素原子，导致卤素原子带部分负电荷，氢原子带部分正电荷。卤素原子所带负电荷多少与其电负性大小有关，电负性越大，共用电子对偏向卤素原子程度越大，负电荷越多。卤素原子电负性大小顺序为 F>Cl>Br>I，因此，卤素原子所带负电荷多少顺序为 F>Cl>Br>I。考虑到卤素原子半径递变顺序为 F<Cl<Br<I，因此，卤素原子的电子密度大小顺序为 F>Cl>Br>I。由于氢卤酸中与氢原子连接的卤素原子的电子密度大小顺序为 F>Cl>Br>I，而电子密度越小，氢离子越易释放，酸性越强，则氢卤酸酸性强弱递变顺序为 HF<HCl<HBr<HI。

氢卤酸酸性递变规律可以总结为一般规律：同族元素氢化物的酸性随原子序数的增大而增强。例如：

$$H_2O<H_2S<H_2Se<H_2Te$$

$$NH_3<PH_3<AsH_3<SbH_3<BiH_3$$

（2）对氢卤酸酸性递变规律的定量计算。

对氢卤酸酸性递变规律也可进行定量讨论，即利用热力学数据定量计算其电离常数 K_a，由 K_a 的大小定量说明酸性强弱和递变规律。

$$HX(aq) \xlongequal{} H^+(aq)+X^-(aq) \qquad K_a$$

由下式计算：

$$\Delta_r G^\ominus=\Delta_r H^\ominus-T\Delta_r S^\ominus=-RT\ln K_a$$

式中，$\Delta_r H^\ominus$ 是决定 $\Delta_r G^\ominus$ 的主要因素，$T\Delta_r S^\ominus$ 是决定 $\Delta_r G^\ominus$ 的次要因素。因此，分析影响 $\Delta_r H^\ominus$ 大小的因素：

$$
\begin{array}{lllll}
HX(aq) & \xlongequal{\quad} & H^+(aq) & + & X^-(aq) \\
\downarrow -\text{水合热}(HX) & & & & \\
HX(g) & & \uparrow \text{水合热}(H^+) & & \uparrow \text{水合热}(X^-) \\
\downarrow \text{离解能}(HX) & & & & \\
H(g) + X(g) & \xrightarrow{I(H)+E(X)} & H^+(g) & + & X^-(g)
\end{array}
$$

$\Delta_r H^\ominus$=−水合热(HX)+离解能(HX)+电离能(H)+电子亲合能(X)+水合热(H^+)+水合热(X^-)

氢卤酸的各项能量数据以及计算得到的 $\Delta_r H^\ominus$、$T\Delta_r S^\ominus$、$\Delta_r G^\ominus$和 $K_a^\ominus$值见表 13−7。

表 13−7　氢卤酸的各项能量数据（单位：kJ · mol⁻¹）

氢卤酸	−水合热(HX)	离解能(HX)	电子亲合能(X)	水合热(X^-)	$\Delta_r H^\ominus$	$T\Delta_r S^\ominus$	$\Delta_r G^\ominus$	$K_a^\ominus$
HF	48	566	−333	−515	−14	−29	15	2.3×10^{-3}
HCl	18	431	−348	−381	−60	−13	−47	1.7×10^{8}
HBr	21	366	−324	−347	−64	−4	−60	3.3×10^{10}
HI	23	299	−295	−305	−58	4	−62	7.4×10^{10}

由表 13−7 可以看出，HCl、HBr、HI 都是强酸，且酸性逐渐增强。HF 是弱酸，从热力学角度分析有两方面的原因：其一，HF 的 $\Delta_r H^\ominus$比其他 HX 的 $\Delta_r H^\ominus$小得多，这是由于 HF 的水合热、离解能吸热相对较多，而电子亲合能放热相对较小，虽然离子水合热放热较多，但不足以使总能量放热较多；其二，HF 的 $T\Delta_r S^\ominus$有较大的负值，这是由于氟离子半径很小，水化程度很高，形成有方向性的氢键，导致有序程度大。追根溯源，都是因为氟原子半径特别小。

2. 氢氟酸的特性

HF 为弱酸，但其浓溶液(5～15 mol · L⁻¹)是强酸。这是由于浓溶液中 F^- 通过氢键与 HF 分子形成缔合离子 HF_2^-：

$$HF+F^- \xlongequal{\quad} HF_2^- \qquad K^\ominus=5.1$$

类似的还有 $H_2F_3^-$、$H_3F_4^-$ 等。缔合离子的存在使 HF 的电离平衡强烈右移，解离度显著增大，从而成为强酸。

HF 作为酸还有一个特殊性质，即与 SiO_2或硅酸盐反应生成 SiF_4气体：

$$4HF+SiO_2 \xlongequal{\quad} SiF_4\uparrow+2H_2O$$

$$6HF+CaSiO_3 \xlongequal{\quad} CaF_2+SiF_4\uparrow+3H_2O$$

由于玻璃的主要成分就是 SiO_2或硅酸盐，故 HF 可腐蚀玻璃。

3. 还原性

卤素阴离子还原能力递变顺序为 $F^-<Cl^-<Br^-<I^-$。其中，I^- 的还原能力最强，以至于在常温下可以被溶液中溶解的氧气氧化：

$$4H^++4I^-+O_2 \xlongequal{\quad} 2I_2+2H_2O$$

HBr 也可进行上述反应，但程度很小，速度也慢。HCl 不能进行上述反应，但可被一些强氧化剂氧化。HF 还原能力极弱，没有氧化剂能氧化它。

I^- 被氧化成 I_2 的过程或逆过程快速，定量关系好，易于判断（I_2 使淀粉溶液变蓝），因此，该过程可用于检测某些氧化性物质或还原性物质，在分析化学中应用较多。

氢卤酸中以 HCl 最重要，是常见强酸之一。

13.3.2 卤化氢的制备

卤化氢的制备主要采取单质还原和卤化物置换两种方法，辅以其他方法。由于 X^- 还原能力的差异，其在制法上有区别。

1. 直接合成

制备 HCl：

$$H_2+Cl_2 = 2HCl$$

工业制备盐酸就采用直接合成。

2. 复分解反应

利用卤化氢易挥发的特性，使用强酸置换，通式为

$$MX+H^+ \longrightarrow M^+ +HX\uparrow$$

显然，该反应使用的酸是不易挥发的高沸点酸。同时，考虑到 HBr、HI 具有一定的还原性，该反应使用的酸不能是氧化性的酸。因此，制备 HF、HCl 时使用 H_2SO_4，制备 HBr、HI 时使用 H_3PO_4。

$$CaF_2+H_2SO_4(\text{浓}) \xrightarrow{\triangle} CaSO_4+2HF\uparrow$$

$$NaCl+H_2SO_4(\text{浓}) = NaHSO_4+HCl\uparrow$$

$$NaBr+H_3PO_4 \xrightarrow{\triangle} NaH_2PO_4+HBr\uparrow$$

$$NaI+H_3PO_4 \xrightarrow{\triangle} NaH_2PO_4+HI\uparrow$$

如果制备 HBr、HI 时使用 H_2SO_4，则会导致 HBr、HI 继续被氧化。

$$NaBr+H_2SO_4(\text{浓}) = NaHSO_4+HBr\uparrow$$

$$NaI+H_2SO_4(\text{浓}) = NaHSO_4+HI\uparrow$$

$$2HBr+H_2SO_4(\text{浓}) = SO_2\uparrow+Br_2+2H_2O$$

$$8HI+H_2SO_4(\text{浓}) = H_2S\uparrow+4I_2+4H_2O$$

3. 非金属卤化物水解

非金属氟化物、氯化物水解剧烈，故只能制 HBr、HI。

$$PBr_3+3H_2O = H_3PO_3+3HBr\uparrow$$

$$PI_3+3H_2O = H_3PO_3+3HI\uparrow$$

上述反应可以简化成把溴滴在磷和少许水的混合物中，或者把水逐滴加入磷和碘的混合物中即可产生 HBr 和 HI。

$$2P+5Br_2+8H_2O = 2H_3PO_4+10HBr\uparrow$$

$$2P+5I_2+8H_2O = 2H_3PO_4+10HI\uparrow$$

4. 其他方法

卤化氢的制备还可以运用碳氢化物的卤化反应，氟、氯、溴与饱和烃或芳烃的产物之一是卤化氢。由于 I^- 具有较强的还原性，故此类反应不能制备 HI。

此外，还有许多反应可以制备卤化氢。

13.4 卤化物

卤化物是卤素与电负性小于卤素的元素形成的二元化合物。

除较轻的稀有气体外，其他元素的卤化物都已制得。

卤化物分两类：金属卤化物和非金属卤化物。

金属卤化物一般是离子型化合物，但由于离子极化作用的存在，考虑到卤素离子按顺序体积增大，变形性增大，极化作用增大，从而导致从 MF 到 MI 离子键中共价键的成分逐渐增加，以致有的金属卤化物是过渡型甚至是共价型化合物。离子极化作用的递变会带来一系列性质的递变，包括颜色、溶解度、熔沸点和晶格构型等。对于金属氯化物，要判断其是离子型化合物还是共价型化合物，有一个经验判据可以使用：沸点高于 673 K 为离子型化合物；沸点低于 673 K 为共价型化合物。

非金属卤化物都是共价型化合物。

无论是金属卤化物还是非金属卤化物，都是各元素的重要化合物，其主要性质包括水解、氧化还原等。

13.5 卤素互化物、多卤化物和拟卤素

13.5.1 卤素互化物

卤素互化物是卤素原子间相互化合形成的一系列化合物。

通式为 XX'_n，$n=1$，3，5，7，电负性 $X<X'$，X 显正氧化数。

卤素互化物及常温时的聚集状态见表 13-8。

表 13-8 卤素互化物及常温时的聚集状态

XX'	IF(g)	BrF(g)	ClF(g)	ICl(g)	BrCl(g)	IBr(s)
XX'_3	IF_3(s)	BrF_3(l)	ClF_3(g)	ICl_3(l)		
XX'_5	IF_5(l)	BrF_5(l)	ClF_5(g)			
XX'_7	IF_7(l)					

由表 13-8 可以看出，卤素互化物的形成与两个卤素原子半径的相对大小有关。X 原子越大，周围能容纳越多的 X′原子，形成的卤素互化物就越多。典型卤素互化物的空间

构型如图 13−4 所示。

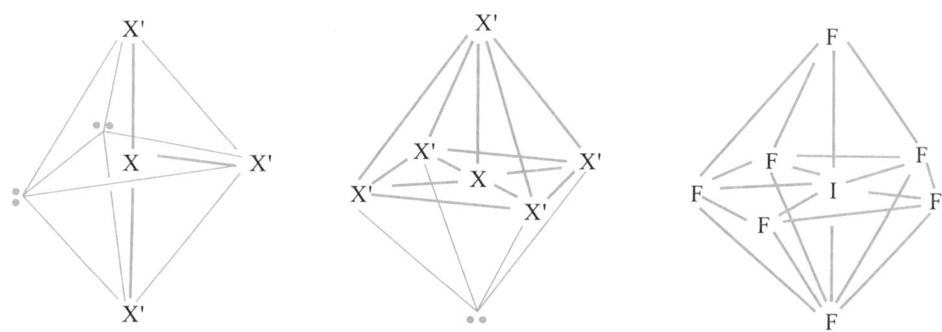

图 13−4　典型卤素互化物的空间构型

卤素互化物的空间结构都可以用价层电子对互斥模型来判断，用杂化轨道理论解释其成键过程。

XX'_3：X 原子显+3 氧化态，一个成对 p 电子被激发到空的 d 轨道，从而得到三个成单电子，然后进行 sp^3d 杂化。sp^3d 杂化轨道的形状为三角双锥形，三个成单电子与 X'的一个成单电子成键，分子空间构型为“T”字形。

XX'_5：X 原子显+5 氧化态，在+3 氧化态的基础上，一个成对 p 电子被激发到空的 d 轨道，从而得到五个成单电子，然后进行 sp^3d^2 杂化。sp^3d^2 杂化轨道的形状为八面体，五个成单电子与 X'的一个成单电子成键，分子空间构型为四方形(稍有变形)。

XX'_7：X 原子显+7 氧化态，在+5 氧化态的基础上，一个成对 s 电子被激发到空的 d 轨道，从而得到七个成单电子，然后进行 sp^3d^3 杂化。sp^3d^3 杂化轨道的形状为双五角锥形，七个成单电子与 X'的一个成单电子成键，分子空间构型为双五角锥形。

卤素互化物可以在一定条件下直接合成。卤素互化物绝大多数都不稳定，是氧化剂，能与大多数金属和非金属猛烈反应生成相应的卤化物，在水中水解成卤素离子和卤素含氧酸根。

$$6ClF+S = 3Cl_2\uparrow+SF_6$$

$$6ClF+2Al = 3Cl_2\uparrow+2AlF_3$$

$$IF_5+3H_2O = H^++IO_3^-+5HF$$

13.5.2　多卤化物

多卤化物是金属卤化物与卤素单质(或卤素互化物)加合生成的化合物。例如：

$$I_2+KI = KI_3$$

$$IBr+CsBr = CsIBr_2$$

多卤化物的形成可看成是卤化物与极化的卤素分子相互反应的结果，只有当分子的极化能超过卤化物的晶格能时，反应才能进行。卤化物中，碘化物的晶格能最小，故常见的多卤化物一般是多碘化物，尤以 I_3^- 常见。例如以下反应的平衡常数：

$$I_2+I^- = I_3^- \qquad K^\ominus=725$$

$$Br_2+Br^- = Br_3^- \qquad K^\ominus=17.8$$

$$Cl_2+Cl^- \longrightarrow Cl_3^- \quad K^\ominus=0.01$$

多卤化物不稳定。

13.5.3 拟卤素

由两个或两个以上电负性较大的元素的原子组成的原子团，在游离状态时与卤素单质性质相似，称为拟卤素，包括氰$(CN)_2$、硫氰$(SCN)_2$、氧氰$(OCN)_2$等。拟卤素的－1价阴离子也与卤素阴离子性质相似，称为拟卤素离子，包括氰根离子(CN^-)、硫氰根离子(SCN^-)、氰酸根离子(OCN^-)等。

拟卤素之所以与卤素单质性质相似，原因在于拟卤素原子团与卤素原子一样，在形成游离分子或拟卤化物时，无论是共价键还是离子键，为达到8电子稳定结构，所需的共用电子对或得失电子数都是完全一样的。拟卤素离子的负电荷与卤素离子相同，离子半径也相近，如CN^-的离子半径为177 pm，SCN^-的离子半径为199 pm，介于卤素离子的离子半径之间，从而导致拟卤素离子与卤素离子性质相似。

拟卤素的分子结构如图13－5所示。

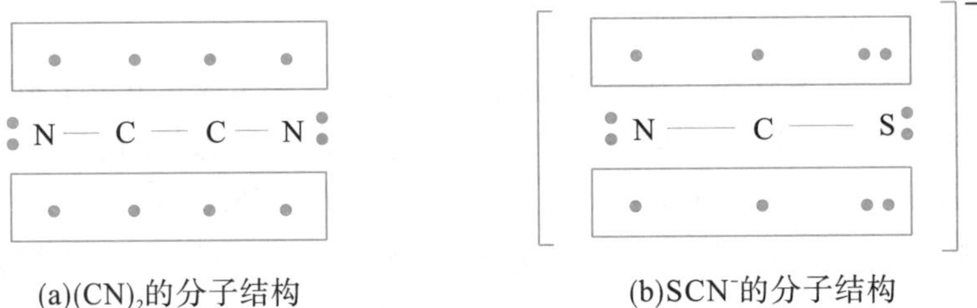

(a)$(CN)_2$的分子结构　　(b)SCN^-的分子结构

图13－5　拟卤素的分子结构

$(CN)_2$分子结构式通常写成N≡C—C≡N，但其成键与之有差异。两个C原子的2s轨道电子都被激发到2p轨道，都取sp杂化，然后以sp杂化轨道相互结合，同时结合两个N原子，两个C原子和两个N原子余下的两个p电子相互形成两个四中心四电子的共轭大π键Π_4^4。$(CN)_2$分子中C—C键长为138 pm，远小于C—C单键键长(154 pm)，与C—C双键键长(134 pm)相近，证实了分子内大π键的存在。

$(SCN)_2$分子结构式通常写成N≡C—S—S—C≡N，其成键一样具有大π键。SCN^-中，C原子的2s轨道电子都被激发到2p轨道进行sp杂化，然后以sp杂化轨道分别结合N原子和S原子，C原子余下的两个成单p电子、N原子余下的两个成单p电子、S原子余下的三个p电子(一个成单、一个成对)再加上阴离子的一个电子分别相互形成两个三中心四电子的共轭大π键Π_3^4。

$(OCN)_2$、OCN^-的成键与$(SCN)_2$、SCN^-相似。

拟卤素与卤素性质相似主要表现在以下几个方面：

(1) 游离状态是双聚的易挥发分子。

(2) 拟卤素与许多金属反应生成盐，其Ag^+、Hg_2^{2+}、Pb^{2+}盐难溶于水。例如：

$$Ag^+ +SCN^- \longrightarrow AgSCN\downarrow$$

$$Hg_2^{2+}+2CN^- \longrightarrow Hg_2(CN)_2\downarrow$$

$$Pb^{2+}+2CN^{-}=Pb(CN)_2\downarrow$$

(3) 拟卤素的氢化物 HX 的水溶液都是酸，见表 13－9。

表 13－9　拟卤素的氢化物

拟卤素的氢化物	HCN	HSCN	HOCN
$K_a^\ominus$	6.2×10^{-10}	6.3×10^{1}	3.5×10^{-4}

(4)拟卤素在碱水中发生歧化反应。例如：

$$(CN)_2+H_2O=HCN+HOCN$$

$$(CN)_2+2OH^{-}=CN^{-}+OCN^{-}+H_2O$$

(5) 拟卤素离子与各种金属离子配位形成配离子。例如：

$$AgCN+CN^{-}=Ag(CN)_2^{-}$$

$$AgI+2CN^{-}=Ag(CN)_2^{-}+I^{-}$$

$$Fe^{3+}+6SCN^{-}=Fe(SCN)_6^{3-}$$

(6) 拟卤素离子具有一定的还原性。

$$(CN)_2+2H^{+}+2e^{-}=2HCN \qquad \varphi^\ominus=0.37\ V$$

$$(SCN)_2+2e^{-}=2SCN^{-} \qquad \varphi^\ominus=0.77\ V$$

例如：

$$Pb(SCN)_2+Br_2=PbBr_2+(SCN)_2$$

13.6　卤素的含氧化合物

含氧化合物包括氧化物、含氧酸、含氧酸盐。对大多数元素来说，其含氧化合物都是主要化合物。

卤素的含氧化合物中，卤素显正氧化数，氯、溴、碘的正氧化数有+1、+3、+5、+7，每一种正氧化数都有对应的含氧化合物。

由于氟不显正氧化数，故一般认为没有含氧化合物。氟与氧形成的二元化合物 OF_2，因为电负性和氧化数，所以是氟化物。同样，虽然 1971 年化学家斯图尔杰(N. H. Stuider)和阿佩里曼(E. H. Appelman)首次成功制得次氟酸(HOF)，结构与次卤酸相似(“V”字形，键角 101°)，但由于电负性，氢与氧之间的电子对偏向氧，氧与氟之间的电子对偏向氟，故氢的氧化数为+1，氧的氧化数为 0，氟的氧化数为－1，所以，次氟酸虽然是含氧酸，但和一般意义上的含氧酸有本质的不同。因此，有命名 HOF 为氟氧酸的观点。

以下讨论卤素仅限于氯、溴、碘的含氧化合物。

13.6.1　卤素的氧化物

卤素可以形成各种正氧化态的氧化物，见表 13－10。

表 13-10 卤素的氧化物

氯	溴	碘
Cl_2O	Br_2O	I_2O_4
Cl_2O_3	BrO_2	I_4O_9
ClO_2	Br_3O_8	I_2O_5
Cl_2O_6		
Cl_2O_7		

大多数的卤素氧化物是不稳定的，易于发生爆炸性的分解。其中，碘的氧化物最稳定，氯、溴的氧化物在常温下即全部分解。

相对重要的氧化物是 ClO_2、I_2O_5。

ClO_2：分子结构为"V"字形。∠OClO=118°，d(O—Cl)=147 pm。其价电子数为奇数(7+6×2=19)，称为奇电子分子。显然，奇电子分子有一个电子不能配对，这就导致奇电子分子具有一些特性：顺磁性，有颜色，易于形成双聚体而使成单电子配对，同时由于成单电子成对倾向大，故奇电子分子反应活性高。ClO_2 分子是黄色气体，具有顺磁性，能双聚成 Cl_2O_4 分子，反应活性高，是强氧化剂。

I_2O_5：分子结构如图 13-6 所示。

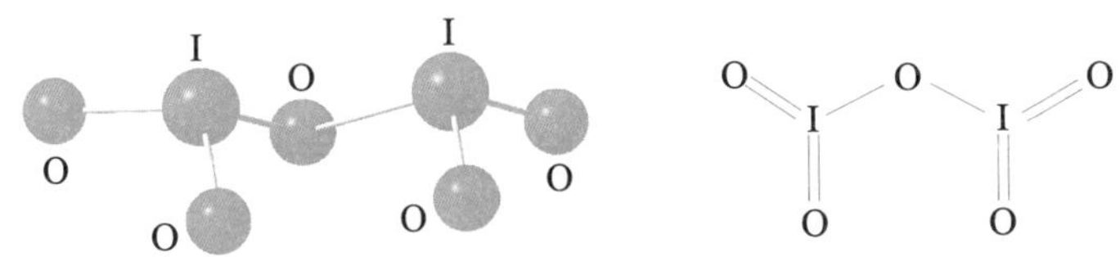

图 13-6 I_2O_5 的分子结构

两个 I 原子都采取 sp^3 杂化，其含成单电子的 sp^3 杂化轨道与中间取 sp^3 杂化的 O 原子成键(键长 195 pm)。然后碘原子另两个含成对电子的 sp^3 杂化轨道各自与两个重排之后有空的 p 轨道的氧原子形成配键，同时每个 I 原子的两个空的 d 轨道分别接受氧的两对成对 p 电子形成两个反馈 d—pπ 配键，即碘和氧之间形成一个配键和两个反馈 d—pπ 配键，共计三个键。但是，由于反馈 d—pπ 配键的不完全成键，故碘和氧的成键相当于双键，键长约为 178 pm。

I_2O_5 分子是碘酸的酸酐，是氧化剂，工业上利用其氧化性定量测定 CO 的含量。

$$I_2O_5 + 5CO = 5CO_2\uparrow + I_2$$

13.6.2 卤素的含氧酸及其盐

与卤素正氧化数+1、+3、+5、+7 相对应，卤素的含氧酸依次有次卤酸(XOH)、亚卤酸(HXO_2)、卤酸(HXO_3)、高卤酸(HXO_4)。其中，高碘酸有两种形式：正高碘酸(H_5IO_6)、偏高碘酸(HIO_4)。

卤素的含氧酸的结构如图 13-7 所示。

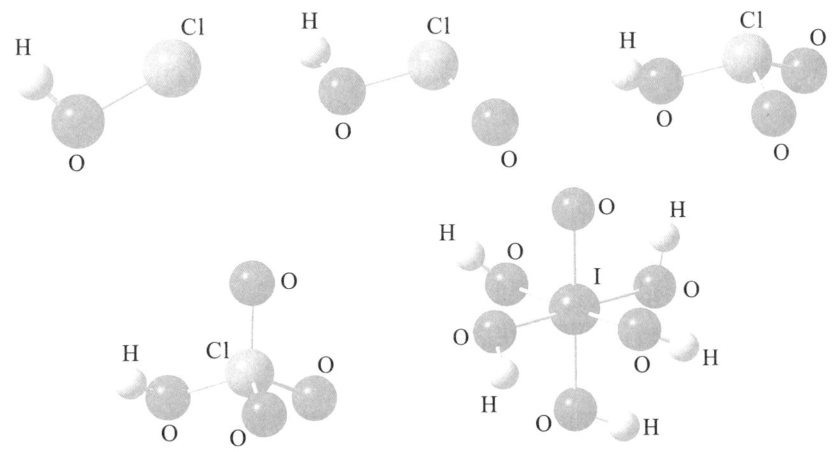

图 13-7 卤素的含氧酸的结构

除正高碘酸外，卤素的含氧酸有相似的成键。其中，X 原子都取不等性 sp^3 杂化，然后以两种不同成键方式结合氧原子：其一是结合羟基氧，含有成单电子的 sp^3 杂化轨道以正常共价键结合一个羟基 O 原子；其二是结合端基氧，含有成对电子的 sp^3 杂化轨道与重排后空出一个 p 轨道的氧原子以配位键结合，此时，X 原子空的两个 d 轨道再与 O 原子的两对成对的 p 电子分别形成两个反馈 d－pπ 配键，即 X 和 O 之间形成一个配位键和两个反馈 d－pπ 配键，由于反馈 d－pπ 配键的不完全成键，X 和 O 的成键相当于双键。

如果只结合羟基氧，不结合端基氧，则形成次卤酸；如果既结合羟基氧，又结合端基氧，则结合一个端基氧原子形成亚卤酸，结合两个端基氧原子形成卤酸，结合三个端基氧原子形成高卤酸。

相对于卤素的含氧酸，卤素的含氧酸根的成键是由一个端基氧原子取代一个羟基而得，同时，酸根阴离子的电子也参与到 X 原子的 sp^3 杂化中。

正高碘酸中的 I 原子先激发两个 5p 电子到 5d 轨道，再进行 sp^3d^2 杂化，其中五个含有成单电子的 sp^3d^2 杂化轨道以正常共价键分别结合五个羟基氧原子，然后结合一个端基氧原子，即一个含有成对电子的 sp^3d^2 杂化轨道以配位键结合一个重排后空出 p 轨道的氧原子。显然，该配键一样具有反馈 d－pπ 配键的成分。

13.6.2.1 次卤酸及其盐

次卤酸及其盐的性质主要表现在以下几个方面。

1. 稳定性

次卤酸不稳定，表现在既可以发生分解反应，又可以发生歧化反应。

HXO 分解：

$$2HXO = 2HX + O_2\uparrow$$

HXO 歧化：

$$3HXO = 2HX + HXO_3$$

分解反应和歧化反应是两个互不相干的平行的反应，以哪一个为主，主要看外界条件。

当有光照或有催化剂(NiO、Co_2O_3等)时，几乎完全按分解反应进行。分解过程中产生的原子氧具有强烈的氧化能力，因此，HXO都具有杀菌、漂白作用，以HClO最强。

如果受热，则按歧化反应进行。歧化反应的进行与溶液酸度密切相关：酸性条件下，仅次氯酸发生歧化反应；碱性条件下，次卤酸根离子都会发生歧化反应。碱性条件下的歧化反应速度与温度有关，在室温或低于室温时，次氯酸根离子歧化速度极慢；在348 K以上时，歧化速度显著提高。次溴酸根离子在常温下的歧化速度已经很快，只有在接近0℃的低温时才不发生歧化反应。次碘酸根离子即便在低温下也有很快的歧化速度，以至于在碱性条件下发生完全歧化而不存在次碘酸根离子。

2. 酸性

含氧酸在水溶液中通过羟基离解出氢离子而显示出酸性。因为次卤酸只有一个羟基，因此其是一元酸。

$$HXO \rightleftharpoons H^+ + XO^-$$

次卤酸的电离常数见表13－11。

表13－11　次卤酸的电离常数

次卤酸	HClO	HBrO	HIO
$K_a^\ominus$	4.0×10^{-8}	2.8×10^{-9}	3.2×10^{-11}

由表13－11可以看出，次卤酸都是弱酸。酸性递变顺序为HClO>HBrO>HIO。

3. 水解

由于次卤酸是弱酸，因此次卤酸盐易于水解。

$$XO^- + H_2O \rightleftharpoons HXO + OH^-$$

碱金属次卤酸盐水解尤其显著。漂白粉能够消毒杀菌，正是利用了$Ca(ClO)_2$水解生成的次氯酸具有杀菌、漂白作用。漂白粉制备反应如下：

$$2Cl_2 + 3Ca(OH)_2 \rightleftharpoons Ca(ClO)_2 + CaCl_2 \cdot Ca(OH)_2 \cdot H_2O\downarrow + H_2O$$

$Ca(ClO)_2$是漂白粉的主要成分。

4. 氧化性

次卤酸和次卤酸盐都表现出氧化性，数据见表13－12。

表13－12　次卤酸和次卤酸盐的氧化性

	Cl	Br	I
$\varphi^\ominus(HXO/X^-)/V$	1.49	1.33	0.99
$\varphi^\ominus(XO^-/X^-)/V$	0.81	0.70	0.49

可见，次卤酸和次卤酸盐氧化能力的大小顺序分别为：HClO>HBrO>HIO，$ClO^->BrO^->IO^-$。

次卤酸的氧化能力强于次卤酸盐，但是由于次卤酸不稳定，所以次卤酸盐作为氧化剂使用较多。最典型的盐NaClO是常见的碱性条件下的强氧化剂，为提高其氧化性，有时也在酸性条件下使用。

$$2I^- + ClO^- + H_2O \xlongequal{} I_2 + Cl^- + 2OH^-$$

$$2H^+ + C_2O_4^{2-} + ClO^- \xlongequal{} Cl^- + 2CO_2\uparrow + H_2O$$

5. 次卤酸及其盐的制备

制备次卤酸及其盐的方法主要有两种。

其一：

$$X_2 + H_2O \xlongequal{} H^+ + X^- + HXO$$

由于该反应进行程度很小，一般利用使 X^- 沉淀的方法提高 HXO 的浓度。例如：

$$2HgO + 2Cl_2 + H_2O \xlongequal{} HgO \cdot HgCl_2\downarrow + 2HClO$$

$$Ag_2O + 2Cl_2 + H_2O \xlongequal{} 2AgCl\downarrow + 2HClO$$

其二：

$$X_2 + 2OH^- \xlongequal{} X^- + XO^- + H_2O$$

然后加入硫酸蒸馏得到 HXO。

工业上通过电解法制得氯气通入碱液中得到次氯酸盐。

13.6.2.2　亚卤酸及其盐

卤素的含氧酸中，HXO_2是最不稳定的。$HClO_2$只能以稀溶液的形式存在，$HBrO_2$和HIO_2只能瞬间存在于溶液中。

$HClO_2$的不稳定性表现为以下三种分解方式：

$$5HClO_2 \xlongequal{} H^+ + Cl^- + 4ClO_2\uparrow + 2H_2O$$

$$3HClO_2 \xlongequal{} 3H^+ + Cl^- + 2ClO_3^-$$

$$HClO_2 \xlongequal{} H^+ + Cl^- + O_2\uparrow$$

$HClO_2$是弱酸，$K_a^\ominus = 1.1\times10^{-2}$，酸性强于次氯酸。

在碱性溶液中，利用 ClO_2的氧化性，使其与具有还原性的过氧化物反应可以制得亚氯酸盐。

$$Na_2O_2 + 2ClO_2 \xlongequal{} 2NaClO_2 + O_2\uparrow$$

亚氯酸盐不稳定，受热或撞击易发生爆炸性分解。

$$3NaClO_2 \xlongequal{} NaCl + 2NaClO_3$$

在碱性条件下，单质溴与次溴酸盐反应，缓慢蒸发结晶可得到亚溴酸盐。

$$2Br_2 + M(BrO)_2 + 4OH^- \xlongequal{} M(BrO_2)_2 \cdot 2H_2O + 4Br^-$$

式中，M=Ba、Sr。

13.6.2.3　卤酸及其盐

卤酸及其盐的性质主要表现在以下几个方面。

1. 稳定性

卤酸稳定性差，其中 $HClO_3$、$HBrO_3$只存在于水溶液中，受热易分解：

$$8HClO_3 \xlongequal{} 3O_2\uparrow + 2Cl_2\uparrow + 4HClO_4 + 2H_2O$$

$$6HClO_3 = Cl_2O\uparrow + 4HClO_4 + H_2O$$

$$4HBrO_3 = 5O_2\uparrow + 2Br_2 + 2H_2O$$

$$2HIO_3(s) \xrightarrow{473\ K} I_2O_5 + H_2O$$

$$4HIO_3(s) \xrightarrow{573\ K} 2I_2 + 5O_2\uparrow + 2H_2O$$

卤酸盐相对更稳定，受热时发生分解：

$$4KClO_3 \xrightarrow{668\ K} 3KClO_4 + KCl$$

$$2KClO_3 = 2KCl + 3O_2\uparrow \qquad \text{(Br、I 同)}$$

$KClO_3$通常进行前一种分解，后一种分解反应进行程度很小，但若存在 MnO_2作催化剂，则主要按后一个反应进行，且温度较低。

2. 酸性

卤酸都是强酸，酸性强度递变顺序为 $HClO_3 > HBrO_3 > HIO_3$。

3. 氧化性

卤酸和卤酸盐都表现出氧化性，数据见表 13－13。

表 13－13　卤酸和卤酸盐的氧化性

	Cl	Br	I
$\varphi^\ominus(XO_3^-/X^-)/V$	1.45	1.48	1.08
$\varphi^\ominus(XO_3^-/X^-)/V$	0.62	0.58	0.26

可见，酸性条件下，卤酸和卤酸盐都是强氧化剂；碱性条件下，氧化能力显著降低。氧化能力按 Cl、Br、I 的顺序降低，但酸性条件下 BrO_3^- 是例外。卤酸的氧化性体现在能将一些非金属单质氧化成高价含氧酸。

$$5HClO_3 + 6P + 9H_2O = 6H_3PO_4 + 5HCl$$

$$HClO_3 + S + H_2O = H_2SO_4 + HCl$$

$$5HClO_3 + 3I_2 + 3H_2O = 6HIO_3 + 5HCl$$

4. 卤酸及其盐的制备

酸化卤酸盐制 $HClO_3$、$HBrO_3$：

$$Ba(XO_3)_2 + H_2SO_4 = BaSO_4\downarrow + 2HXO_3$$

HIO_3的制备：

$$I_2 + 10HNO_3(浓) = 2HIO_3 + 10NO_2\uparrow + 4H_2O$$

卤酸盐的制备：

$$3X_2 + 6OH^- \xrightarrow{\triangle} 5X^- + XO_3^- + 3H_2O$$

卤酸盐中，较重要的是 $KClO_3$、$NaClO_3$。

13.6.2.4　高卤酸及其盐

高卤酸是已知氧化数最高的卤素的含氧酸。高卤酸及其盐的性质主要表现在以下几个方面。

1. 稳定性

无水高氯酸不稳定，易发生爆炸性分解：

$$4HClO_4 = 2Cl_2\uparrow + 7O_2\uparrow + 2H_2O$$

高卤酸的水溶液能够较稳定地存在。

正高碘酸常态下是固体，真空中加热会逐步失水转化为偏高碘酸，并进一步分解为碘酸。

$$H_5IO_6 \xrightarrow{353\ K} H_4I_2O_9(\text{偏高碘酸}) \xrightarrow{373\ K} HIO_4 \xrightarrow{413\ K} HIO_3$$

$$H_5IO_6 \xrightarrow{373\ K，真空} HIO_4 + 2H_2O$$

2. 酸性

$HClO_4$是最强的无机酸，$HBrO_4$是强酸，H_5IO_6是中强酸（$K_{a1}^{\ominus}=5.1\times10^{-4}$）。高碘酸在浓度较大的强酸性溶液中的存在形式是 H_5IO_6。

3. 氧化性

高卤酸都是强氧化剂。酸性条件下数据见表 13－14。

表 13－14　高卤酸的氧化性

电对	ClO_4^-/ClO_3^-	BrO_4^-/BrO_3^-	H_5IO_6/IO_3^-
$\varphi^{\ominus}/V$	1.19	1.74	1.60

典型反应如下：

$$2Mn^{2+} + 5IO_4^- + 3H_2O = 2MnO_4^- + 5IO_3^- + 6H^+$$

4. 盐的溶解性

高卤酸盐的溶解性比较特殊，常见的碱金属和铵的高卤酸盐的溶解度比较小，如高氯酸盐一般可溶，但 K^+、Cs^+、Rb^+、NH_4^+离子溶解度很小。而高碘酸盐都是难溶的。

5. 高卤酸的制备

高卤酸的制备主要有三种方法：酸化高卤酸盐、强氧化剂氧化和电解。

酸化高卤酸盐：

$$KClO_4 + H_2SO_4 = KHSO_4 + HClO_4$$

$$Ba_5(IO_6)_2 + 5H_2SO_4 = 5BaSO_4\downarrow + 2H_5IO_6$$

强氧化剂氧化：

$$BrO_3^- + F_2 + 2OH^- = BrO_4^- + 2F^- + H_2O$$

$$BrO_3^- + XeF_2 + H_2O = BrO_4^- + 2HF + Xe$$

在碱性的碘或碘酸盐溶液中通氯气得到高碘酸盐，然后加入硝酸银生成高碘酸银黑色沉淀脱离反应体系，再用氯气和水处理得到高碘酸。

$$IO_3^- + Cl_2 + 3OH^- = H_3IO_6^{2-} + 2Cl^-$$

$$5Ag^+ + H_3IO_6^{2-} = Ag_5IO_6\downarrow + 3H^+$$

$$4Ag_5IO_6 + 10Cl_2 + 10H_2O = 4H_5IO_6 + 20AgCl\downarrow + 5O_2\uparrow$$

电解：

$$KClO_3 + H_2O \xrightarrow{\text{电解}} KClO_4(\text{阳极}) + H_2\uparrow(\text{阴极})$$

碱性条件下，电解碘酸钠溶液的阳极反应为

$$IO_3^- + 3OH^- - 2e^- \xrightarrow{\text{电解}} H_3IO_6^{2-}$$

13.6.2.5 卤素的含氧酸性质的递变规律

1. 酸性的递变规律

卤素的含氧酸的酸性呈现明显的递变规律。

酸性强弱顺序为

$$HClO_n > HBrO_n > HIO_n$$

$$HXO_4 > HXO_3 > HXO_2 > HXO$$

前面讨论氢卤酸的酸性时已经知道，与质子直接相连的原子的负电荷密度即电子密度是决定无机酸强度的直接原因，与质子直接相连的原子的电子密度越小，酸性越强；与质子直接相连的原子的电子密度越大，酸性越弱。含氧酸显酸性的原因在于含氧酸中的羟基在水溶液中能够离解出氢离子，因此，含氧酸中与质子直接相连的原子是氧原子，考察羟基氧原子的电子密度能够解释上述两条递变规律。

（1）酸性强弱顺序：$HClO_n > HBrO_n > HIO_n$。

考察卤素的含氧酸的结构，因为是同类型含氧酸，所以直接考察 H—O—X 部分。由于氯、溴、碘的电负性递减，因此，按照氯、溴、碘的顺序，O—X 的共用电子对偏向 O 原子的程度增大，即 O 原子的电子密度逐渐增大，O 原子与 H 原子结合越紧密，H 越难离解出来，导致酸性逐渐减弱。

酸性强弱顺序为

$$HClO > HBrO > HIO$$

$$HClO_2 > HBrO_2 > HIO_2$$

$$HClO_3 > HBrO_3 > HIO_3$$

$$HClO_4 > HBrO_4 > HIO_4$$

上述卤素的含氧酸酸性递变规律可以推广为一般规律：同族元素中同类型的含氧酸，其酸性随原子序数增大而逐渐减弱。例如：

$$H_2SO_4 > H_2SeO_4 > H_2TeO_4$$

$$HNO_3 > H_3PO_4 > H_3AsO_4 > H_3SbO_4$$

$$H_2CO_3 > H_2SiO_3$$

$$H_3BO_3 > H_3AlO_3$$

（2）酸性强弱顺序：$HXO_4 > HXO_3 > HXO_2 > HXO$。

同样考察卤素的含氧酸的结构，从次卤酸、亚卤酸、卤酸到高卤酸，X 原子都只结合一个羟基氧原子，但结合端基氧原子的数目逐渐增多。

比较次卤酸 H—O—X 和亚卤酸 H—O—X—O，由于 O 原子的电负性强于 X 原子，因此 O 原子和 X 原子共价键的共用电子将偏向 O 原子。相比于次卤酸，亚卤酸多一个端基氧原子，则X原子与端基氧原子的共用电子将偏向端基氧原子，随着X原子的电子偏向端基氧原子，将引起X原子与羟基氧原子的共用电子相对于次卤酸更偏向X原子，进而导致亚卤酸羟基氧原子的电子密度减小，亚卤酸酸性增强，如图13－8所示。

$$\mathrm{H{-}O{-}X} \qquad \mathrm{H{-}O\overset{\rightarrow}{-}X\overset{\rightarrow}{-}O}$$

图13－8　次卤酸与亚卤酸分子中共用电子对的偏移

随着卤酸、高卤酸结合端基氧原子数目的递增，酸性必然逐渐增强。

酸性强弱顺序为

$$HClO_4>HClO_3>HClO_2>HClO$$

$$HBrO_4>HBrO_3>HBrO_2>HBrO$$

$$HIO_4>HIO_3>HIO_2>HIO$$

上述卤素的含氧酸酸性递变规律可以推广为一般规律：同一元素不同氧化数的含氧酸，其酸性随成酸元素氧化数的升高而增强。例如：

$$H_2SO_4>H_2SO_3$$

$$HNO_3>HNO_2$$

2. 氧化性的递变规律

由于卤素有不同氧化态的含氧酸，可能被还原成不同的低氧化态产物，且介质条件不同，氧化能力差异很大，因此，为方便讨论卤素的含氧酸氧化能力，以酸性条件下含氧酸被还原为单质的电极电势作为讨论的依据(表13－15)。

表13－15　含氧酸被还原为单质的电极电势

	Cl	Br	I
$\varphi^\ominus(HXO/X_2)/V$	1.63	1.60	1.45
$\varphi^\ominus(HXO_2/X_2)/V$	1.64		
$\varphi^\ominus(HXO_3/X_2)/V$	1.47	1.5	1.20
$\varphi^\ominus(HXO_4/X_2)/V$	1.39	1.58	1.34

可见，卤素的含氧酸的氧化性具有一定的递变规律，但规律性不强。

氧化能力强弱顺序为

$$HClO>HClO_2>HClO_3>HClO_4\text{（}HClO_2\text{略有例外）}$$

$$HClO>HBrO>HIO$$

$$HClO_n<HBrO_n>HIO_n\ (n=3,\ 4)$$

$$HXO_n>XO_n^-$$

卤素的含氧酸氧化性递变的多样性其实表明了影响卤素的含氧酸氧化性的因素的多重性。不仅卤素的含氧酸的氧化性如此，其他元素的含氧酸的氧化性也是如此。

影响含氧酸氧化能力的因素有以下几个方面：

（1）成酸元素结合电子的能力。

含氧酸 HXO_n 的氧化能力是通过 X 原子获得电子体现出来的，因此，成酸元素 X 原子的电负性越大，越容易获得电子，含氧酸氧化能力越强。比如氧化能力递变规律 HClO>HBrO>HIO 就体现了成酸元素电负性的影响。

成酸元素获得电子的能力还与其有效核电荷有关。成酸元素有效核电荷越大，对其他原子的电子的吸引力就越大，越容易获得电子，氧化能力越强。由于 d 电子对核的屏蔽能力弱，因此，d 电子数越多，有效核电荷越大，氧化能力越强。

例如，$HClO_{3-4}$ 和 $HBrO_{3-4}$ 相比，Cl 没有 d 电子，而 Br 具有 10 个 3d 电子，故 Br 的有效核电荷大，氧化能力更强。

类似的例子还有氧化能力 $H_3AsO_4>H_3PO_4$ 等。

（2）O—X 键的强弱。

X 原子获得电子被还原，意味着 O—X 键的断裂。因此，O—X 键越强，必须断裂的 O—X 键越多，则含氧酸的氧化能力越弱；O—X 键越弱，必须断裂的 O—X 键越少，则含氧酸的氧化能力越强。

①形成 d－pπ 配键的能力。

由于 O—X 键中存在不完全成键的 d－pπ 配键，因此，形成 d－pπ 配键的能力将影响 O—X 键的强弱。形成 d－pπ 配键的能力越强，O—X 键越强，含氧酸的氧化能力越弱；反之，形成 d－pπ 配键的能力越弱，O—X 键越弱，含氧酸的氧化能力越强。对卤素的含氧酸来说，形成 d－pπ 配键，Cl 原子使用的是 3d 轨道，Br 原子使用的是 4d 轨道，I 原子使用的是 5d 轨道。不同能层的 d 轨道形成 d－pπ 配键的能力顺序是 3d<4d<5d<…，即形成 d－pπ 配键的能力顺序是 Cl<Br<I，O—X 键的强弱顺序是 Cl<Br<I。

②O－X 键的数目。

同一元素的含氧酸随着成酸元素氧化数的升高，O—X 键的数目增多，氧化能力减弱。如氧化能力强弱顺序：$HClO>HClO_2>HClO_3>HClO_4$。

③H^+ 的反极化作用。

弱酸分子中的 H^+ 对成酸原子 X 的反极化作用也会削弱 O—X 键，这将导致弱酸（低氧化态）的氧化性强于强酸（高氧化态），如 $HNO_2>HNO_3$，$H_2SO_3>H_2SO_4$ 等。

（3）含氧酸被还原过程中伴随的其他能量效应。

含氧酸在被还原过程中有一些非氧化还原过程，如水的反应或生成、溶剂化或去溶剂化作用、离解、沉淀的生成或溶解、缔合的产生或破坏等。

若非氧化还原过程导致体系自由能降低，则氧化还原反应趋势增大，含氧酸的氧化能力增强；若非氧化还原过程导致体系自由能升高，则氧化还原反应趋势减小，含氧酸的氧化能力减弱。例如：

$$ClO_4^- + 8H^+ + 8e^- \xlongequal{} Cl^- + 4H_2O \quad \varphi^\ominus = 1.34\ V$$

$$ClO_4^- + 4H_2O + 8e^- \xlongequal{} Cl^- + 8OH^- \quad \varphi^\ominus = 0.51\ V$$

上面两个电极反应都是 ClO_4^- 获得电子被还原成 Cl^-，差异只是介质条件的不同。显然，酸性条件的氧化能力强于碱性条件的氧化能力，原因在于 ClO_4^- 被还原成 Cl^- 时的非氧化还原过程的差异。此时的非氧化还原过程是水的生成和离解，酸性条件是生成水，碱性条件是水离解。

$$H^+ + OH^- = H_2O \qquad \Delta_r G^\ominus = -79.7\ kJ \cdot mol^{-1}$$

水的生成使体系自由能降低，反应趋势增大，含氧酸的氧化能力增强；水的离解使体系自由能升高，反应趋势减小，含氧酸的氧化能力减弱。

一般结论：含氧酸在酸性条件下氧化能力更强，在碱性条件下氧化能力更弱。如 $HXO_n > XO_n^-$。

综上所述，影响含氧酸氧化能力的因素有很多，氧化能力的强弱是这些因素综合作用的结果。

习　题

1. 将下列各组物质按性质排序，并说明理由。

(1) Cl_2、Br_2、I_2的键能。

(2) HF、HCl、HBr、HI 的酸性强度。

(3) HClO、HBrO、HIO 的氧化性。

(4) $HClO_4$、$HClO_3$、$HClO_2$、HClO 的酸性强度。

2. 试解释下列现象：

(1) I_2单质溶解在CCl_4中得到紫色溶液，溶解在乙醚中却得到红棕色溶液。

(2) NH_4F 会腐蚀玻璃。

(3) Fe^{3+}能够被I^-还原为Fe^{2+}并生成I_2单质，但是如果在Fe^{3+}离子溶液中先加入一定量的氟化物，再加I^-时就不会发生相应反应。

3. 把氯水滴加到Br^-、I^-混合溶液中，会发生什么现象？写出相关反应方程式。

4. 简述X_2与碱溶液的反应，写出相关反应方程式。

5. 推断题：在淀粉 KI 溶液中加入少量 NaClO，得到蓝色 A。继续加入过量 NaClO，得到无色溶液 B。酸化 B 溶液后，加入少量固体 Na_2SO_3，则蓝色 A 复现。继续加入过量固体 Na_2SO_3，蓝色褪去得到无色溶液 C。在 C 中再加入 $NaIO_3$溶液，蓝色 A 再次出现。指出 A、B、C 为何种物质，解释原因，写出相关反应方程式。

6. 若用 MnO_2与盐酸反应制备氯气，盐酸的最低浓度是多少？

第 14 章　氧族元素

氧族元素是元素周期表第ⅥA 族元素，包含氧(O)、硫(S)、硒(Se)、碲(Te)、钋(Po)、鉝(Lv)六种元素，其中氧、硫是典型的非金属，硒、碲为准金属，钋、鉝为金属。本族元素从上至下表现出从典型非金属到金属的过渡。

钋(Po)是放射性元素，是目前已知最稀有的元素之一，在地壳中含量约为 100 万亿分之一。钋主要通过人工合成方式取得。

鉝(Lv)是俄罗斯杜布纳联合核子研究所和美国劳伦斯利弗莫尔国家实验室合作于 2000 年发现的。2012 年，国际纯粹与应用化学联合会(IUPAC)宣布将 116 号元素命名为鉝(Livermorium)，以纪念劳伦斯利弗莫尔国家实验室(Lawrence Livermore National Laboratory)对发现该元素作出的贡献。2012 年 5 月，全国科学技术名词审定委员会联合国家语言文字工作委员会确认了 116 号元素的中文汉字为新造元素字鉝(音同“立”)。

本章主要讨论氧(O)、硫(S)。

14.1　氧族元素的通性

氧族元素的性质见表 14−1。

表 14−1　氧族元素的性质

氧族元素	O	S	Se	Te
原子序数	8	16	34	52
价电子构型	$2s^2 2p^4$	$3s^2 3p^4$	$4s^2 4p^4$	$5s^2 5p^4$
原子共价半径/pm	66	104	117	137
第一电离能/kJ · mol^{-1}	1314	1000	941	869
第一电子亲合能/kJ · mol^{-1}	141	200	195	190
第二电子亲合能/kJ · mol^{-1}	−780	−590	−420	
电负性 χ_P	3.5	2.5	2.4	2.1
氧化数	−2、0	−2、0、+2、+4、+6	−2、0、+2、+4、+6	−2、0、+2、+4、+6

氧族原子的价电子构型通式为 ns^2np^4。

虽然氧族元素的结构相似、性质相似，但其性质相似程度远不及卤素。这是由于卤素都是典型的活泼非金属，而氧族元素则表现出从典型的非金属向金属的过渡，其变化是由卤素与氧族元素电负性差异造成的。因此，氧族元素不具有卤素在单质及化合物中表现出来的一些共性以及相应的递变规律。

从表 14－1 列出的氧族元素的某些性质可以看出，与卤素中氟的特殊性类似，氧在氧族元素中显出特殊性，即由于原子半径特别小，表现在电子亲合能、单键离解能上不符合同族元素的变化规律。氧族元素具有第二电子亲合能，且为负值，表明获得第二个电子要吸热，说明氧族原子要成为－2 价的阴离子相对较为困难。事实上，氧族元素以－2 价离子的形式形成离子型化合物的趋势很小，只有一些离子型氧化物和离子型的碱金属硫化物。另外，氧族元素都具有氧化数－2、0。此外，S、Se、Te 具有空的 d 轨道，电子被激发到 d 轨道之后与电负性更大的元素原子化合，从而显示正氧化数+2、+4、+6。O 原子的电负性不是最大，当它与 F 原子化合时会显出正氧化数。

氧、硫的元素电势图如图 14－1 所示。

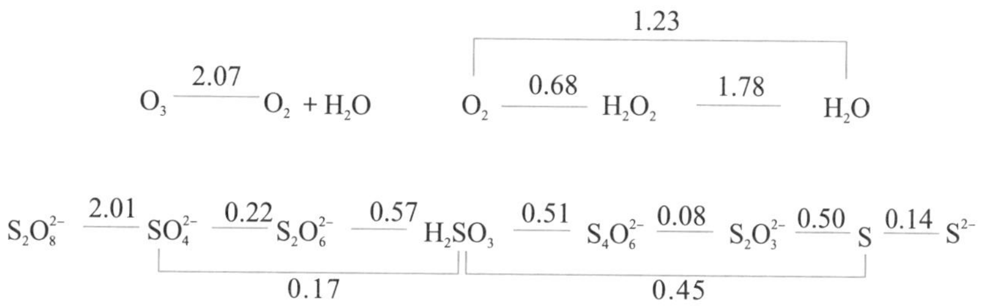

$$O_3 \xrightarrow{2.07} O_2 + H_2O$$

1.23

$$O_2 \xrightarrow{0.68} H_2O_2 \xrightarrow{1.78} H_2O$$

$$S_2O_8^{2-} \xrightarrow{2.01} SO_4^{2-} \xrightarrow{0.22} S_2O_6^{2-} \xrightarrow{0.57} H_2SO_3 \xrightarrow{0.51} S_4O_6^{2-} \xrightarrow{0.08} S_2O_3^{2-} \xrightarrow{0.50} S \xrightarrow{0.14} S^{2-}$$

0.17　　0.45

(a)酸性条件($\varphi^\ominus$/V)

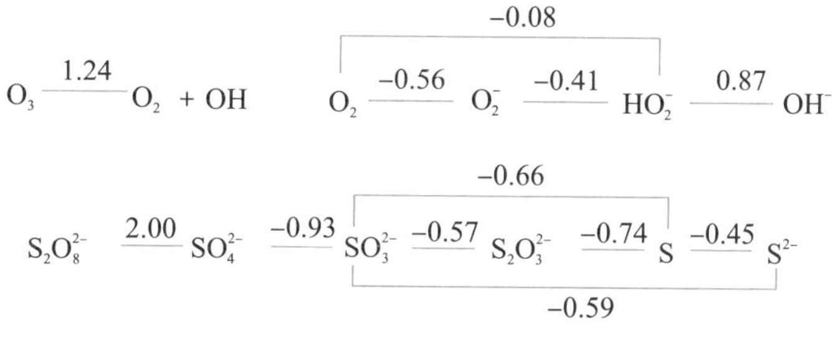

$$O_3 \xrightarrow{1.24} O_2 + OH$$

−0.08

$$O_2 \xrightarrow{-0.56} O_2^- \xrightarrow{-0.41} HO_2^- \xrightarrow{0.87} OH^-$$

−0.66

$$S_2O_8^{2-} \xrightarrow{2.00} SO_4^{2-} \xrightarrow{-0.93} SO_3^{2-} \xrightarrow{-0.57} S_2O_3^{2-} \xrightarrow{-0.74} S \xrightarrow{-0.45} S^{2-}$$

−0.59

(b)碱性条件($\varphi^\ominus$/V)

图 14－1　氧、硫的元素电势图

14.2　氧和臭氧

单质氧有两种同素异形体：氧(O_2)、臭氧(O_3)。

臭氧因具有特殊的腥臭味而得名。

14.2.1　氧和臭氧的分子结构

O_2的分子结构：价键理论或分子轨道理论都能解释O_2分子的成键。价键理论把两个O原子之间的成键描述成双键，O原子的两个成单p电子相互形成一个p－pσ键和一个p－pπ键。分子轨道理论描述O_2分子的成键如以下分子轨道排布式：

$$O_2\ KK(\sigma_{2s})^2(\sigma_{2s}^*)^2(\sigma_{2p})^2(\pi_{2p_y})^2(\pi_{2p_z})^2(\pi_{2p_y}^*)^1(\pi_{2p_z}^*)^1$$

氧分子形成一个σ键，两个三电子π键，表示成：$O\overset{\cdots}{\underset{\cdots}{-}}O$。分子轨道理论虽然把两个O原子之间的成键描述成三键，但键级为2，仍然相当于双键。O_2分子的分子轨道排布式表明，分子内存在两个成单电子，故能解释O_2分子具有顺磁性这一实验事实。

O_3的分子结构：分子空间构型为V字形。$d=127.8$ pm(介于单键149 pm和双键120.8 pm之间，更接近于双键)，∠OOO=116.8°。杂化轨道理论指出，O_3分子中形成了一个三中心四电子的大π键Π_3^4(参见2.3.3)。

14.2.2　氧和臭氧的性质

1. 氧和臭氧的物理性质

和氧相比，臭氧有更大的分子量和分子间力，由此带来二者物理性质的差异。氧和臭氧的部分物理性质见表14－2。

表14－2　氧和臭氧的部分物理性质

	氧	臭氧
气体颜色	无色	淡蓝色
液体颜色	淡蓝色	暗蓝色
熔点/K	54.6	21.6
沸点/K	90	160.6
临界温度/K	154	268
273 K时水中溶解度/mol·L^{-1}	49.1	494
磁性	顺磁性	反磁性

瑞典化学家卡尔·威尔海姆·舍勒
(Carl Wilhelm Scheele)1771年制取氧的装置。

2. 臭氧的化学性质

臭氧分子中的臭氧链 O—O—O 的化学键弱于氧分子，因此 O—O—O 不稳定，表现在臭氧的化学性质上就是不稳定性和氧化性。

不稳定性：O_3分子相对于 O_2分子不稳定可以从结构上看出来。O_3分子中的离域 π 键强度不及 O_2分子中的两个三电子 π 键，因此，O_3分子的键长(127.8 pm)相比 O_2分子的键长(120.8 pm)更长，键能更小，分子相对更不稳定。这种不稳定性可由下列过程说明：

$$2O_3 = 3O_2 \qquad \Delta_r H^{\ominus} = -284\ \text{kJ} \cdot \text{mol}^{-1}$$

氧化性：O_3的氧化能力很强。

$$O_3 + 2H^+ + 2e^- = O_2 + H_2O \qquad \varphi^{\ominus} = 2.07\ \text{V}$$

$$O_3 + H_2O + 2e^- = O_2 + 2OH^- \qquad \varphi^{\ominus} = 1.24\ \text{V}$$

O_3和 O_2都是氧元素的单质，该如何理解上述电极反应氧化数的变化呢？此时，可以把 O_3的三个氧原子的氧化数看成是 $O_2^{+1}O^{-2}$，即 $O^{+1}—O^{-2}—O^{+1}$，两个氧化数为+1 的 O 原子各获得一个电子得到 O_2，氧化数为−2 的 O 原子结合 H^+得到 H_2O。

O_3的强氧化能力表现在可以把一些元素氧化到不稳定的高价状态。例如：

$$2Ag + 2O_3 = Ag_2O_2(\text{过氧化银}) + 2O_2 \uparrow$$

$$PbS + 4O_3 = PbSO_4 + 4O_2 \uparrow$$

$$XeO_3 + O_3 + 2H_2O = H_4XeO_6(\text{高氙酸}) + O_2 \uparrow$$

$$2I^- + O_3 + 2H^+ = I_2 + O_2 \uparrow + H_2O$$

O_3与 I^-的反应迅速且定量进行，因此可将该反应用于测定 O_3含量。

臭氧的强氧化性使其在杀菌、消毒、漂白、脱色、除臭等方面获得广泛应用。

3. 臭氧层空洞

臭氧在地球表面大气中的含量极少，仅为 0.001 mg · L^{-1}，但在距离地球表面 20～40 km的高空大气中却较高，达到 0.2 mg · L^{-1}。由此，有较高臭氧含量的高空大气层称为臭氧层。

臭氧层中之所以有较高含量的臭氧，是因为臭氧层中存在化学反应：

$$3O_2 \xrightarrow{\lambda < 242\ \text{nm}} O + O,\quad O + O_2 \longrightarrow O_3$$

氧气吸收紫外光，转变成臭氧。

同时，臭氧也可以吸收紫外光再转化成氧气。

$$O_3 \xrightarrow{\lambda = 220 \sim 320\ \text{nm}} O + O_2$$

可见，臭氧层中存在着臭氧的生成和分解两种吸收紫外光的光化学反应，最终二者建立平衡，维持了臭氧较高浓度的存在。

臭氧层的存在对地球生命至关重要，正是因为臭氧层吸收了大部分太阳光中的紫外线，地球生命才免于紫外线的伤害。

20 世纪 50 年代末到 70 年代，科学家就已观测到大气中臭氧浓度有减少的趋势。1985 年，英国南极考察队在南纬 60°地区观测发现臭氧层空洞，引起世界各国的极大关注。臭氧层空洞的出现意味着臭氧层被破坏，大量紫外线将不再被吸收而直接辐射到地面。如果发生在人口稠密地区，大量紫外线的直接辐射将导致人类皮肤癌、白内障发病率增高，抑制人体免疫系统功能。同时，大量紫外线的直接辐射还将造成农作物减产，破坏海洋生态系统的食物链，破坏整个地球的生态平衡。

臭氧层空洞的形成主要源于人类活动。人类大量使用的氯氟烷烃化学物质(如制冷剂、发泡剂、清洗剂等)、工业排放的氮氧化物等在大气层中受到强烈紫外线照射，与臭氧发生化学反应，使臭氧浓度降低，从而造成臭氧层被严重破坏。氯氟烃(CF_2Cl_2)、NO_2对臭氧产生破坏的化学反应如下：

$$CF_2Cl_2 \xrightarrow{\lambda<221\ nm} CF_2Cl\cdot + Cl\cdot$$

$$Cl\cdot + O_3 \longrightarrow ClO\cdot + O_2$$

$$ClO\cdot + O \longrightarrow Cl\cdot + O_2$$

$$NO_2 \xrightarrow{\lambda<426\ nm} NO + O$$

$$NO + O_3 \longrightarrow NO_2 + O_2$$

$$NO_2 + O \longrightarrow NO + O_2$$

上述反应中，无论是Cl·还是NO，都可以循环再生，相当于臭氧分解成氧的催化剂。可见，CF_2Cl_2、NO_2能消耗大量的臭氧。

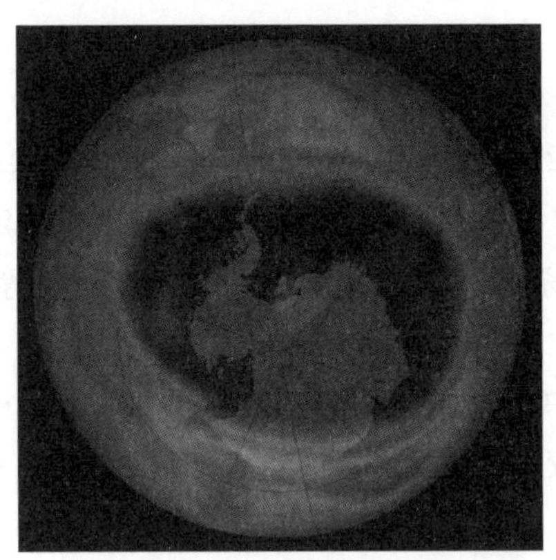

2014年9月美国国家航空航天局(NASA)公布的南极上空的臭氧层空洞。

显然，人类需要阻止臭氧层空洞的扩大，并尽可能使其消失。1987年9月，多个国家签署了《蒙特利尔破坏臭氧层物质管制议定书》(Montreal Protocol on Substances that Deplete the Ozone Layer)，简称《蒙特利尔议定书》，分阶段限制氯氟烃等破坏臭氧层的物质的使用，中国于1991年加入。1996年1月，氟利昂等氯氟碳化合物在全球正式被禁止生产。2015年7月8日，联合国新浪微博官方账号发布消息称，1990年以来，98%的消耗臭氧物质已消除。预计到21世纪中叶，臭氧层即可恢复。

14.3　氧化物

氧化物指氧元素与一种电负性更小的元素组成的二元化合物。

除了较轻的稀有气体外，其他元素的氧化物都已制得。

14.3.1　氧化物的分类

氧化物的分类依据可以是金属和非金属，可以是键型(离子、共价、过渡)，可以是酸碱性(酸性、碱性、两性、中性)，后两种分类方式有相互对应关系：

离子型氧化物——碱性、两性

过渡型氧化物——酸性、碱性、两性

共价型氧化物——酸性、两性、中性

14.3.2　氧化物的性质

氧化物最重要的性质是酸碱性。

大多数非金属氧化物和某些高氧化态的金属氧化物显酸性，大多数金属氧化物显碱性，一些金属氧化物(Al_2O_3、ZnO、Cr_2O_3、Ga_2O_3等)和少数非金属氧化物(As_2O_3、Sb_2O_3、TeO_2等)显两性，极个别氧化物(CO、NO 等)显中性。

1. 氧化物酸碱性的递变规律

(1) 同一主族元素从上至下相同氧化态的氧化物酸性减弱，碱性增强。例如：

$$N_2O_3、P_2O_3、As_2O_3、Sb_2O_3、Bi_2O_3$$

从左至右，酸性减弱，碱性增强。

(2) 同一周期元素从左至右最高氧化态的氧化物碱性减弱，酸性增强。例如：

$$Na_2O、MgO、Al_2O_3、SiO_2、P_2O_5、SO_3、Cl_2O_7$$

从左至右，碱性减弱，酸性增强。

(3) 同一元素的氧化物从低氧化态氧化物到高氧化态氧化物碱性减弱，酸性增强。例如，CO_2酸性强于 CO，P_2O_5酸性强于 P_2O_3，等等。

2. 氧化物酸碱性强弱的度量

氧化物酸碱性的强弱可以近似地通过同类型反应的 $\Delta_rG^\ominus$来判断，即

$$酸性氧化物+碱=产物\quad \Delta_rG^\ominus$$

$$碱性氧化物+酸=产物\quad \Delta_rG^\ominus$$

考察不同酸性氧化物与同一种碱反应的 $\Delta_rG^\ominus$，$\Delta_rG^\ominus$越小，酸性氧化物酸性越强；考察不同碱性氧化物与同一种酸反应的 $\Delta_rG^\ominus$，$\Delta_rG^\ominus$越小，碱性氧化物碱性越强。

如比较 Na_2O、MgO、Al_2O_3碱性的强弱：

$$Na_2O(s)+H_2O(l)═══2NaOH(s)\qquad \Delta_rG^\ominus=-148\ kJ\cdot mol^{-1}$$

$$MgO(s)+H_2O(l)═══Mg(OH)_2(s)\qquad \Delta_rG^\ominus=-27\ kJ\cdot mol^{-1}$$

$$\frac{1}{3}Al_2O_3(s)+H_2O(l)═══\frac{2}{3}Al(OH)_3(s)\qquad \Delta_rG^\ominus=7\ kJ\cdot mol^{-1}$$

Na_2O、MgO、Al_2O_3三种碱性氧化物在相同条件(标准状态)下与相同量(1 mol)的同一种酸(H_2O)反应，$\Delta_rG^\ominus$越小，碱性氧化物的碱性越强，即氧化物碱性的强弱顺序为 $Na_2O>MgO>Al_2O_3$。

同样，比较 P_2O_5、SO_3、Cl_2O_7的酸性强弱：

$$\frac{1}{3}P_2O_5(s)+H_2O(l)=\!=\!=\frac{2}{3}H_3PO_4(s) \qquad \Delta_rG^\ominus=-59\ kJ\cdot mol^{-1}$$

$$SO_3(l)+H_2O(l)=\!=\!=H_2SO_4(l) \qquad \Delta_rG^\ominus=-70\ kJ\cdot mol^{-1}$$

$$Cl_2O_7(g)+H_2O(l)=\!=\!=2HClO_4(l) \qquad \Delta_rG^\ominus=-329\ kJ\cdot mol^{-1}$$

P_2O_5、SO_3、Cl_2O_7三种酸性氧化物在相同条件(标准状态)下与相同量(1 mol)的同一种碱(H_2O)反应，$\Delta_rG^\ominus$越小，酸性氧化物的酸性越强，即氧化物酸性的强弱顺序为 $P_2O_5<SO_3<Cl_2O_7$。

14.4 水

水由两个氢原子和一个氧原子组成。自然界中，氢存在两种稳定同位素：^1H、$^2H(D)$，氧存在三种同位素：^{16}O、^{17}O、^{18}O，故自然界中存在九种水：

$$H_2^{16}O、H_2^{17}O、H_2^{18}O$$

$$HD^{16}O、HD^{17}O、HD^{18}O$$

$$D_2^{16}O、D_2^{17}O、D_2^{18}O$$

这九种水中，$H_2^{16}O$ 最多，所以普通水的性质即为 $H_2^{16}O$ 的性质，并以 H_2O 这一分子式来表示。此外，$D_2^{16}O$(重水)、$H_2^{18}O$(重氧水)相对最有用。

英国化学家卡文迪什(Henry Cavendish，1731—1810)
1784 年用于测定水的组成的仪器。

14.4.1 水的结构

实验证实，水分子的结构为“V”字形，d(H—O)=96 pm，∠HOH=104.5°。杂化轨道理论可以解释水的结构。

水分子由于其分子间氢键的存在而发生缔合，如图 14-2 所示。

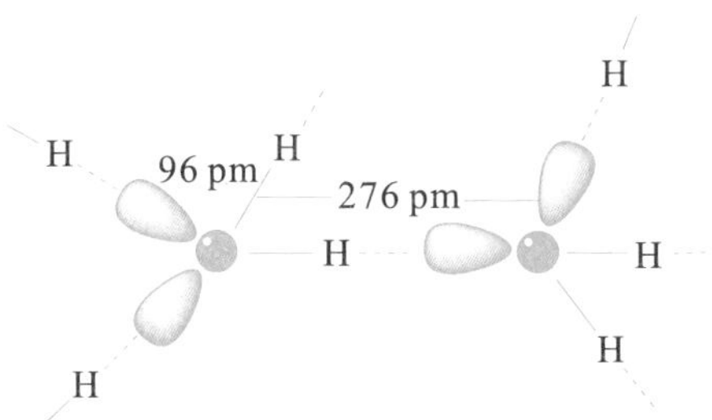

图 14－2　水分子因氢键的存在而缔合

过程为

$$nH_2O \longrightarrow (H_2O)_n + Q$$

该缔合过程放热。温度升高，缔合程度减小，n 值变小；温度降低，缔合程度增大，n 值变大。273 K 时，水凝结成冰，全部水分子缔合在一起成为一个巨大的缔合分子，如图 14－3 所示。

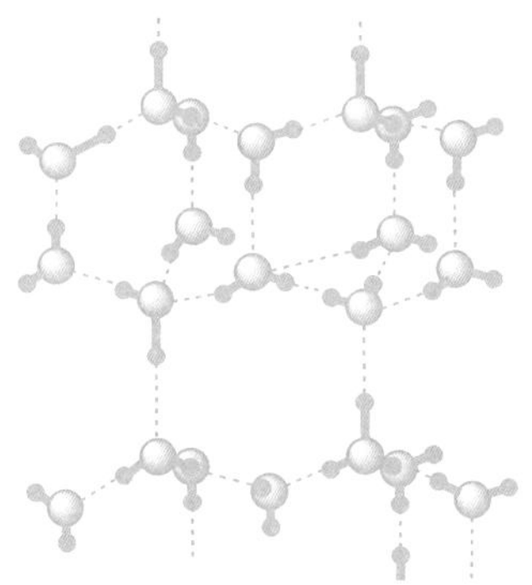

图 14－3　冰的结构

在冰的结构中，一个水分子周围结合了四个水分子。

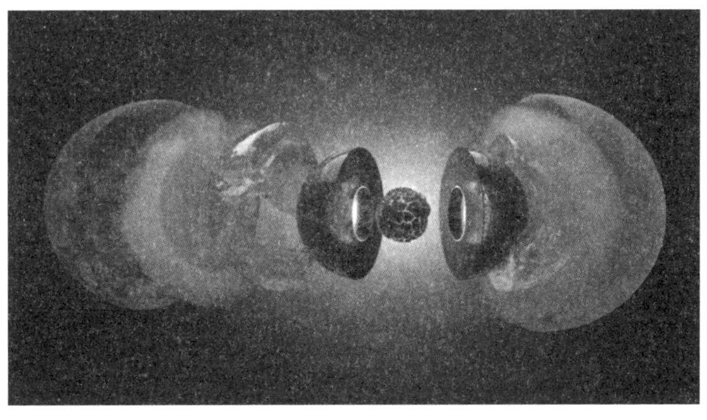

在极端温度、压力条件下，冰可以呈现出全然不同的面貌。2019 年 5 月《自然》杂志发表的论文中证实了超离子冰的存在。这是一种从未现身的晶体结构：一个立方晶格，每个角落和每个面的中央都有氧原子，氢原子电离成为带正电荷的质子，它们从一个位置跳到另一个位置，然后跳到下一个位置……由于速度太快，它们仿佛液体一样流动。科学家认为超离子冰可能在太阳系中广泛存在，它们在天王星和海王星的内部含量丰富。超离子冰的发现揭开了存在数十年的冰巨星成分之谜。

14.4.2 水的特殊物理性质

水分子间的缔合使水具有一些特殊的物理性质。

1. 比热

水的比热是所有液体和固体物质中最大的，为 1 cal·g^{-1}·℃$^{-1}$。这是由于水受热时需消耗更多的热量来破坏缔合分子，然后使温度升高。

2. 密度

物质具有热胀冷缩现象，水在 276.98 K 时密度最大。

图 14－4 中，水的密度变化曲线递变的特殊性在于，随着温度的下降，$(H_2O)_2$分子增多，分子间排列整齐，密度增大。到 276.98 K 时，$(H_2O)_2$分子最多，密度最大。温度低于 276.98 K 时，$(H_2O)_3$分子和$(H_2O)_4$分子等较大分子增多，它们结构疏松，体积庞大，导致密度减小。而在 273 K 即水的冰点时，水的密度突然大幅度降低，这是因为此时全部水分子缔合成一个巨大的缔合分子，冰的结构具有较大的空隙。

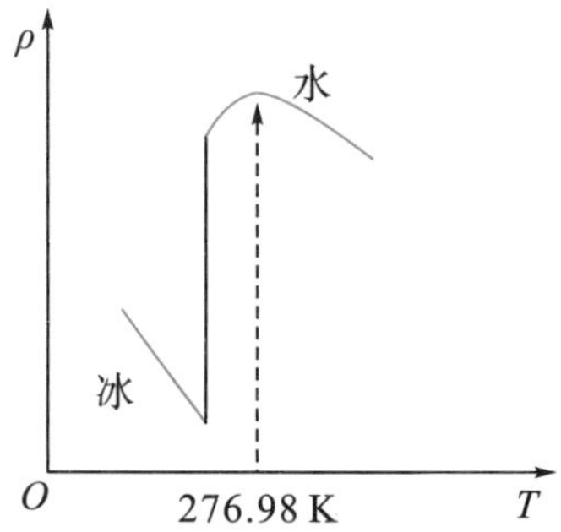

图 14－4 水、冰的密度变化曲线

14.4.3 水的相图

物质有固、液、气三相。无论体系是单组分还是多组分，当有多相存在而达到平衡时，各相之间的转换、旧相的消失或新相的产生，均与温度、压力或相中组分浓度等有密切关系。表示这种平衡关系的图称为相图。

先讨论冰的饱和蒸气压曲线，如图 14－5 所示。

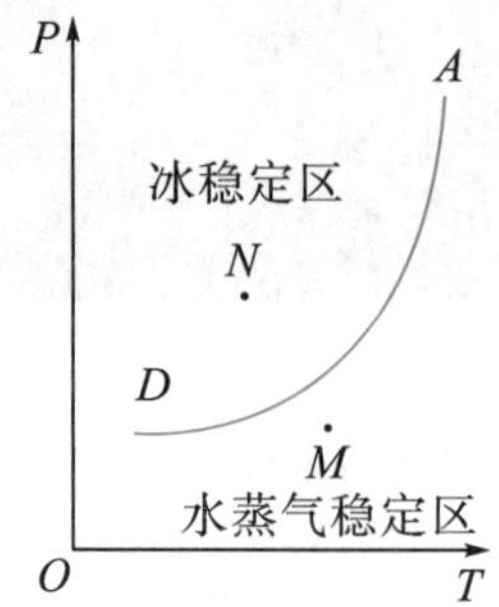

图 14－5 冰的饱和蒸气压曲线

在冰的饱和蒸气压曲线上，冰与水蒸气达到平衡状态，二者可以共存。

(1)如果将冰置于图 14－5 中的 M 点，此时相对于冰的饱和蒸气压曲线而言，如果从蒸气压的角度看，温度较高，或者从温度的角度看，蒸气压较低，冰和水蒸气没有处于平衡状态，二者不能共存。如果考虑温度不变，由于未达到平衡，冰会升华成水蒸气，直到蒸气压达到 M 点温度对应的饱和蒸气压为止。这表明冰在 M 点是不稳定的，会自发变成水蒸气。显然，只要是在图 14－5 中 AD 曲线的下方，冰都会升华成水蒸气，水蒸气则能稳定存在。即图 14－5 中 AD 曲线的下方是冰升华区、水蒸气稳定区。

(2) 如果将水蒸气置于图 14－5 中的 N 点，此时相对于冰的饱和蒸气压曲线而言，如果从蒸气压的角度看，温度较低，或者从温度的角度看，蒸气压较高，冰和水蒸气没有处于平衡状态，二者不能共存。如果考虑温度不变，由于未达到平衡，水蒸气会凝结成冰，使蒸气压降低，直到蒸气压达到 N 点温度对应的饱和蒸气压为止。这表明水蒸气在 N 点是不稳定的，会自发变成冰。显然，只要是在 AD 曲线的上方，水蒸气都会自发凝结成冰，冰则能稳定存在。即图 14－5 中 AD 曲线的上方是水蒸气凝结区、冰稳定区。

同样，把水的饱和蒸气压曲线也画入图中，如图 14－6。所示

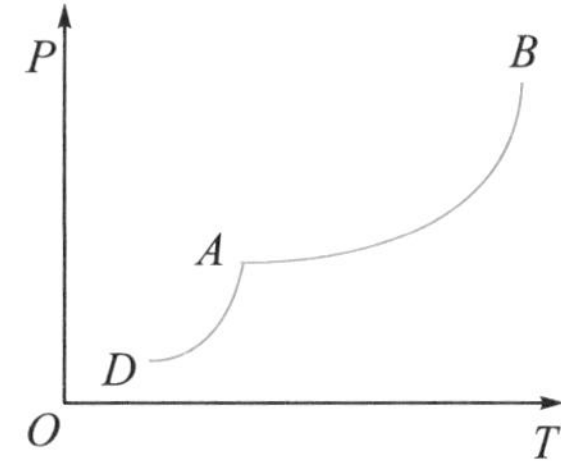

图 14－6　冰和水的饱和蒸气压曲线

图 14－6 中，AB 曲线是水的饱和蒸气压曲线，在这条曲线上，水和水蒸气处于平衡状态。与之前讨论的相似，在 AB 曲线的下方，水变为水蒸气，是水蒸气稳定区；在 AB 曲线的上方，水蒸气变为水，是水稳定区。

如果把冰的融化曲线(即水的凝固点曲线)也画出来，则可得到比较完整的水的相图，如图 14－7 所示。

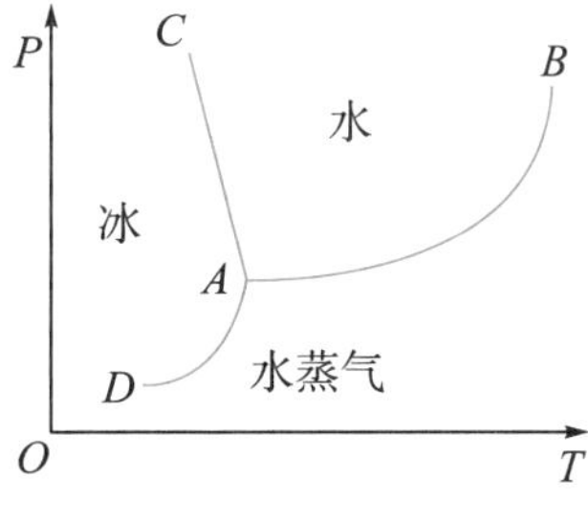

图 14－7　水的相图

图 14－7 中，AC 曲线为冰的融化曲线，在 AC 曲线上，冰和水可以共存。在 AC 曲线的右边，冰融化为水，是水稳定区；在 AC 曲线的左边，水凝结成冰，是冰稳定区。

整个三相图中，DAB 以下区域为水蒸气稳定区，水或冰在此区域会变成水蒸气；

CAB 围成的区域是水稳定区，水蒸气或冰在此区域会变成水；CAD 围成的区域是冰稳定区，水蒸气或水在此区域会变成冰。三个区域都只有一相能稳定存在，因此，三个区域都是单相区。三条曲线 AB、AC、AD 上都可以有两相稳定存在，所以这三条曲线称为两相平衡线。三条曲线的交汇点 A，气、液、固三相都可以稳定存在，则 A 点称为三相点。水的三相点为：$P=0.61$ kPa，$T=273.0098$ K。三相点是对纯水而言的，它与通常所说的水的冰点是有差异的，前者是单组分体系，是在它的蒸气压(610.48 Pa)下的凝固点，而后者是指被空气饱和了的水在 101 kPa 时凝结的温度。在单相区内，温度、压力可以自由改变而不引起相的变化；在两相平衡线上，只能自由改变温度、压力两个变量中的一个，另一个变量随前一个变量的改变而固定，不能任意变化，否则将导致相的变化而不能保持两相平衡。在三相点时，温度、压力都不能自由变动，否则三相不能共存。

14.5 过氧化氢

14.5.1 过氧化氢的分子结构

过氧化氢的分子结构如图 14－8 所示。

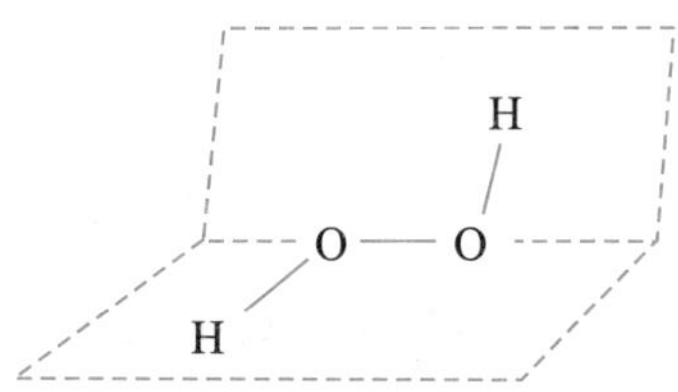

图 14－8 过氧化氢的分子结构

H_2O_2分子中存在过氧链—O—O—，每个 O 原子各连接一个 H 原子。d(O—H)＝97 pm，d(O—O)＝148 pm，键角∠HOO＝97°，二面角∠HOOH＝94°。其空间结构可用杂化轨道理论解释，成键情况与 H_2O 分子相似，可看作 H_2O 分子中的一个 H 原子被羟基(—OH)取代。

14.5.2 过氧化氢的性质

从过氧化氢的分子结构可以推测出过氧化氢的性质。由于过氧化氢分子是由水分子变化而来的，所以过氧化氢分子应该具有与水分子类似的性质，如 H_2O_2是极性分子，且极性强于 H_2O；H_2O_2分子间存在氢键，无论是固态还是液态都有强烈的缔合，其缔合程度高于 H_2O，其沸点(423 K)远大于 H_2O；H_2O_2分子中存在过氧链—O—O—，两个 O 原子之间是单键结合，键能为 142 kJ · mol^{-1}，比 O_3分子的臭氧链还要弱，因此，H_2O_2很不稳定性；H_2O_2分子中 O 原子的氧化数是－1，既能被氧化也能被还原，具有氧化还原性；H_2O_2分子中有两个羟基，故表现出酸性，且是二元酸。

1. 不稳定性

过氧化氢受热会歧化分解：

$$2H_2O_2 \xlongequal{} 2H_2O+O_2\uparrow$$

从元素电势图可以看出，无论是酸性条件还是碱性条件，过氧化氢都会发生歧化分解。该歧化反应具有三个特点：

其一，在碱性介质中的分解速度远大于在酸性介质中。

其二，电极电势为 0.68～1.78 V 的物质都会催化歧化反应。例如，电对 Fe^{3+}/Fe^{2+} 的 $\varphi^{\ominus}=0.77$ V，Fe^{2+} 可以催化歧化反应：

$$2Fe^{2+}+H_2O_2+2H^+ \xlongequal{} 2H_2O+2Fe^{3+}$$

$$2Fe^{3+}+H_2O_2 \xlongequal{} 2H^+ +2Fe^{2+}+O_2\uparrow$$

总反应：

$$2H_2O_2 \xrightarrow{Fe^{2+}} 2H_2O+O_2\uparrow$$

可见，电极电势为 0.68～1.78 V 的物质能催化歧化反应，其实就是电极电势低于 1.78 V，电对还原态物质能被 H_2O_2 氧化成氧化态物质；电极电势高于 0.68 V，电对氧化态物质又能氧化 H_2O_2 并被还原成还原态物质。在这个过程中，电对还原态物质起到帮助传递电子的作用，达到催化反应的目的。

其三，波长为 320～380 nm 的光催化分解反应。

可见，为了阻止 H_2O_2 分解，必须同时考虑热、光、介质、杂质的影响。一般实验室将 H_2O_2 溶液保存在棕色瓶中，并存放于阴凉处，有时也加入一些稳定剂。

2. 氧化还原性

从图 14－1 可以看出，酸性条件下，H_2O_2 是强氧化剂、弱还原剂；碱性条件下，H_2O_2 是中等强度的还原剂、稍弱的氧化剂。

比较重要的氧化还原反应如下：

$$H_2O_2+2I^- +2H^+ \xlongequal{} I_2+2H_2O$$

该反应用于 H_2O_2 的定性和定量分析。

$$Cr_2O_7^{2-}+4H_2O_2+2H^+ \xrightarrow{乙醚} 2CrO_5+5H_2O$$

过氧化铬（CrO_5）显蓝色，在乙醚中能存在一段时间，可借助此现象检验 H_2O_2 或 CrO_4^{2-}、$Cr_2O_7^{2-}$。如果没有乙醚，则蓝色迅速消失。

$$2CrO_5+7H_2O_2+6H^+ \xlongequal{} 2Cr^{3+}+7O_2\uparrow+10H_2O$$

H_2O_2 的氧化性，使其可用于漂白、消毒等。

3. 酸性

二元弱酸：$K_{a1}^{\ominus}=1.55\times10^{-12}$，$K_{a2}^{\ominus}=1.0\times10^{-25}$。

由于 H_2O_2 的不稳定性，其基本上不作为酸使用。

14.5.3　过氧化氢的制备

过氧化氢的制备有实验室制备和工业制备两种方法。

（1）实验室制备。

考虑 H_2O_2 作为弱酸，可通过酸化其盐来制备。例如：

$$BaO_2+CO_2+H_2O \xlongequal{} BaCO_3\downarrow+H_2O_2$$

(2) 工业制备。

①电解硫酸氢盐。

$$a.\ 2NH_4HSO_4 = (NH_4)_2S_2O_8 + H_2\uparrow$$

$$b.\ (NH_4)_2S_2O_8 + 2H_2O \xrightarrow{H_2SO_4} 2NH_4HSO_4 + H_2O_2$$

b 的反应历程为

$$(NH_4)_2S_2O_8 + 2H_2SO_4 = H_2S_2O_8 + 2NH_4HSO_4$$

$$H_2S_2O_8 + H_2O = H_2SO_5\text{(过一硫酸)} + H_2SO_4$$

$$H_2SO_5 + H_2O = H_2SO_4 + H_2O_2$$

合并 a、b 反应：

$$2H_2O = H_2O_2 + H_2\uparrow$$

可见，NH_4HSO_4可循环使用。

②乙基蒽琨法。

以乙基蒽琨和 Pd 为催化剂，由 H_2和 O_2直接合成 H_2O_2。

$$H_2 + O_2 \xlongequal{\text{催化剂}} H_2O_2$$

反应历程为：乙基蒽琨与 H_2在 Pd 作催化剂时反应生成乙基蒽醇，乙基蒽醇再与 O_2反应生成乙基蒽琨和 H_2O_2。反应式如下：

O, C$_2$H$_5$, O + H$_2$ =Pd= OH, C$_2$H$_5$, OH

OH, C$_2$H$_5$, OH + O$_2$ = O, C$_2$H$_5$, O + H$_2$O$_2$

14.6 硫及其化合物

14.6.1 硫的同素异形体

单质硫有接近 50 种同素异形体，其组成和结构较为复杂，各种同素异形体的性质有一定差异。最常见的是斜方硫(菱形硫、α－硫)和单斜硫(β－硫)。

斜方硫是室温下硫的唯一稳定存在形式，加热到 369 K 时转化成单斜硫。低于 369 K 时，单斜硫缓慢转变成斜方硫。

$$\text{斜方硫} \xrightarrow{>369\ K} \text{单斜硫}$$

斜方硫、单斜硫的晶体形状和硫的结晶如图 14－9 所示。

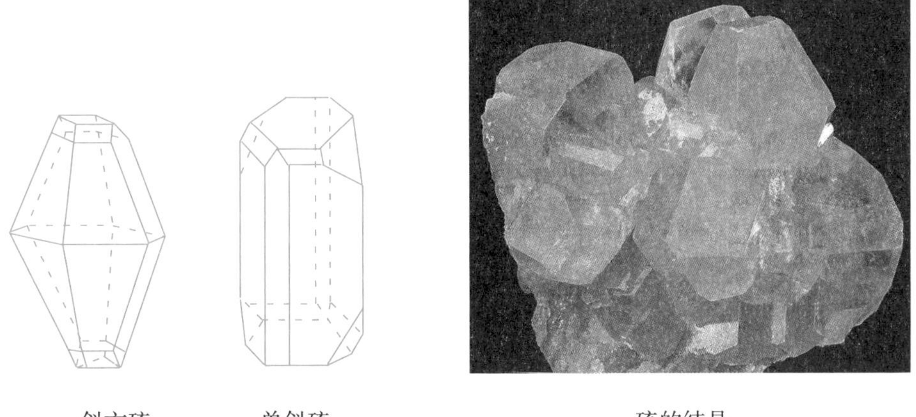

斜方硫　　单斜硫　　硫的结晶

图 14－9　斜方硫、单斜硫的晶体形状和硫的结晶

根据分子量的测定，斜方硫或单斜硫的分子量相当于分子式 S_8。这个分子具有环状结构，如图 14－10 所示。

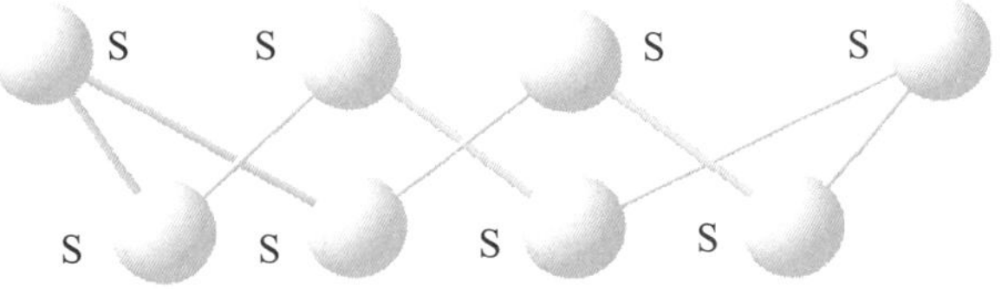

图 14－10　S_8 分子的环状结构

S_8 分子中，键长为 206 pm，内键角是 108°，S—S 单键键能为 268 kJ·mol^{-1}，对比 O—O 单键键能 142 kJ·mol^{-1}，可知 S—S 单键更强。原因在于 O 原子半径太小，以致 O—O 核间距太小，导致 O_2 分子内电子之间距离太近而相互排斥，使得共价键不稳定，键能减小。这与卤素单质氟分子键能小于氯分子的原因相同。S—S 单键相对较强，也是 S 原子自相成链能力比 O 原子更强的原因。价键理论可解释 S_8 分子成键：S 原子取不等性 sp^3 杂化，S 原子彼此之间具有成单电子的两个 sp^3 杂化轨道相互成键。

常态下，S 原子不能像 O 原子那样形成双原子分子，因为二者原子半径存在差异。价键理论描述 O_2 分子成键：O 原子具有成单电子的两个 2p 轨道，分别形成一个 σ 键和一个 π 键(注意，是两个 p 轨道形成的 π 键，即 p－pπ 键)。显然，S 原子具有成单电子的一个 3p 轨道，可以形成一个 σ 键，但是 S 原子具有成单电子的另一个 3p 轨道，却难以形成 p－pπ 键。观察 p－pσ 键和 p－pπ 键的电子云图(图 14－11)，可以发现两者的差异。

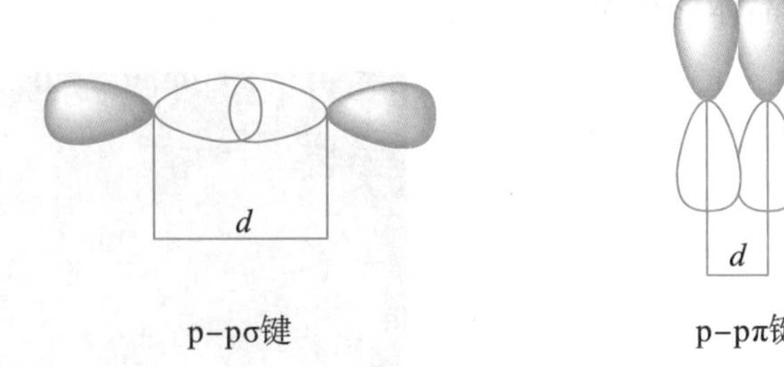

图 14−11　p−pσ 键和 p−pπ 键的电子云图

p 电子云呈双纺锤形状，分布在各自的对称轴上。从图 14−11 可以看出，p 电子云的细长分布，使得要形成 p−pπ 键需要较小的核间距 d，也就是要求原子半径很小。所以，原子半径很小的 O 原子可以形成 p−pπ 键，使两个 O 原子间能够形成双键而稳定存在；而原子半径较大的 S 原子难以形成 p−pπ 键，导致两个 S 原子之间难以形成双键，也就难以形成稳定双原子分子。

类似的例子还有，N 原子能形成 p−pπ 键，所以能够形成稳定双原子分子 N_2，但 P 原子半径较大，难以形成 p−pπ 键，从而难以像 N_2 分子那样以共价三键形成稳定双原子分子；C 原子之间能够形成 p−pπ 键，进而形成 C═C 双键或 C≡C 三键；Si 原子之间难以形成 p−pπ 键，从而难以形成 Si═Si 双键。

S 原子之间难以形成 p−pπ 键以至于难于形成 S═S ，但如果只有一个 S—S 单键，又不能维持两个 S 原子的稳定存在，如此 S 原子只能与另外两个 S 原子形成两个共价单键—S—，进而构成环状结构。S_8 分子是最稳定的 S 原子环，更多或更少的 S 原子环相对不稳定。

单质硫受热有下列递变：

$$S_8(s)\xrightarrow{>392\ K}S_8(l)\xrightarrow{>433\ K}S_n(l)(n>8)\xrightarrow{>473\ K}S_\infty(l)\xrightarrow{>523\ K}S_8,\ S_6,\ S_2(l)$$

$$\xrightarrow{\text{沸点 }717.6\ K}S_8,\ S_6,\ S_2(g)\xrightarrow{1273\ K}S_2(g)\xrightarrow{2000\ K}S(g)$$

当温度为 392 K 时，达到硫的熔点。当温度高于 433 K 时，环状结构被破坏，形成开链分子。当温度为 473 K 时，无限长链分子达到最大。当温度超过 523 K 时，长链变短。当温度为 717.6 K 时，达到沸点。当温度为 1273 K 时，链状分子都成为双原子分子 S_2，S_2 分子具有顺磁性，和 O_2 分子有相同的成键。当温度在 2000 K 以上时，成为单原子分子。

当上述过程处于液体时，随着温度的升高，开链的聚合，$S_n(l)$ 分子的 n 值增大，色散力越来越大，分子间力越来越大，液体黏度（黏度：液体内部产生的阻碍外力作用下的流动或运动的特性）增大，至 473 K 时达到最大。

14.6.2　硫化氢和氢硫酸

14.6.2.1　硫化氢的分子结构

作为同族元素同类型化合物，硫化氢分子的空间结构与水类似，但成键却显著不同。

空间结构："V"字形。

键参数：键长 133.4 pm，键角 92°。

如果像价键理论解释 H_2O 分子成键一样解释 H_2S 分子成键，则 S 原子取不等性 sp^3 杂化，有两对孤电子对，对 109.5°的轨道夹角进行压缩，为 92°。但这样的解释很难合理说明其键角，H_2O 分子中两对孤电子对只能将 109.5°的轨道夹角压缩成 104.5°，H_2S 分子为何能压缩成 92°？显然，用杂化轨道理论很难合理解释 H_2S 分子键角。

鉴于此，目前有这样一种观点：与 H_2O 分子相比，S 的电负性值(2.5)远小于 O 的电负性值(3.5)，这使得 S 原子对成键电子的吸引力相对较小，造成 H_2S 分子中成键电子离 S 原子相对较远，则 S 原子上的孤电子对(主要成分是 s 电子)与成键电子对的能量差相对较大，导致 s 电子参与杂化的趋势很小(杂化的条件是原子轨道能量相近)。S 原子的 s 电子参与杂化的趋势很小，故而 S 原子参与成键的基本上是两条纯 p 轨道。两条纯 p 轨道的夹角是 90°，极少的 s 轨道参与 sp^3 杂化的成分使得键角略有增大。

类似的讨论：H_2Se 分子键角为 91°，H_2Te 分子键角为 90°；PH_3 分子键角为 93°，AsH_3 分子键角为 91.8°，SbH_3 分子键角为 91.3°等。可以看出，按 H_2S、H_2Se、H_2Te 以及 PH_3、AsH_3、SbH_3 的顺序，键角越来越接近 90°，表明 s 轨道参与杂化的成分越来越少。

14.6.2.2　硫化氢的性质

常态下，硫化氢溶于水得到氢硫酸溶液，饱和浓度为 0.1 mol·L^{-1}。氢硫酸在水中电离产生 H^+ 和 S^{2-}，表现出酸性和还原性。

1. 酸性

二元弱酸：$K^\ominus_{a1}=1.07\times10^{-7}$，$K^\ominus_{a2}=1.26\times10^{-13}$。

由于是弱酸，氢硫酸基本上不作为酸使用，常作为提供 S^{2-} 的溶液。

2. 还原性

无论是酸性条件还是碱性条件，氢硫酸都具有较强的还原性。

酸性条件下：

$$S+2H^++2e^-=\!=\!=H_2S \quad \varphi^\ominus=0.142\ V$$

碱性条件下：

$$S+2e^-=\!=\!=S^{2-} \qquad \varphi^\ominus=-0.476\ V$$

氢硫酸或硫化钠是实验室中常见的还原剂。

氢硫酸溶液可以被溶液中的 O_2 氧化：

$$2H_2S+O_2=\!=\!=2S\downarrow+2H_2O$$

因此，实验室中的氢硫酸溶液必须在使用时配置，不能放置。

氢硫酸作为还原剂的典型反应如下：

$$H_2S+I_2=\!=\!=S\downarrow+2HI$$

$$H_2S+2Fe^{3+}=\!=\!=S\downarrow+2Fe^{2+}+2H^+$$

强氧化剂甚至能把氢硫酸氧化成硫酸：

$$H_2S+4Br_2+4H_2O = H_2SO_4+8HBr$$

14.6.2.3 硫化氢的制备

硫蒸气可与氢气直接化合生成 H_2S：

$$S+H_2 = H_2S$$

实验室用稀盐酸和硫化亚铁反应制得 H_2S：

$$FeS+2H^+ = Fe^{2+}+H_2S\uparrow$$

用 H_2S 作沉淀剂时，常用硫代乙酰胺水解制得 H_2S：

$$CH_3CSNH_2+2H_2O = CH_3COO^-+NH_4^++H_2S\uparrow$$

14.6.3 硫化物和多硫化物

14.6.3.1 硫化物

硫化物是硫与电负性小于它的元素原子形成的二元化合物。

硫化物分金属硫化物和非金属硫化物。对金属而言，硫化物是其主要化合物。金属硫化物也可以看成是氢硫酸的盐。

1. 金属硫化物的通性

（1）由于 S^{2-} 表现出较强的还原能力，因此，具有多种氧化态的元素在硫化物中往往表现出低氧化态。如酸性溶液中 Fe_2S_3 不存在。

（2）由于 S^{2-} 具有很强的变形性，所以如果阳离子有较强的极化作用，如 18 电子构型、18+2 电子构型、9−17 电子构型的阳离子，则在硫化物中会有显著的极化作用，结果就是大多数的硫化物有颜色，并且溶解度很小。第 9 章介绍了根据难溶金属硫化物 K_{sp} 的大小，得出一个由实验总结出来的经验规律：$K_{sp}>10^{-24}$，一般能溶于稀盐酸；$K_{sp}=10^{-25}\sim10^{-30}$，能溶于浓盐酸(不溶于稀盐酸)；$K_{sp}<10^{-30}$，溶于硝酸(不溶于盐酸)；$K_{sp}<10^{-50}$，不能溶于硝酸，可以溶于王水。

常见硫化物的颜色和溶解性见表 14−3。

表 14−3 常见硫化物的颜色和溶解性

硫化物	颜色	K_{sp}	水	稀盐酸	浓盐酸	硝酸	王水
MnS	肉色	1.4×10^{-15}	不溶	易溶	易溶	易溶	易溶
FeS	黑色	3.7×10^{-19}	不溶	易溶	易溶	易溶	易溶
ZnS	白色	1.2×10^{-23}	不溶	易溶	易溶	易溶	易溶
SnS	褐色	1.2×10^{-25}	不溶	不溶	易溶	易溶	易溶
PbS	黑色	3.4×10^{-28}	不溶	不溶	易溶	易溶	易溶
CdS	黄色	3.6×10^{-29}	不溶	不溶	易溶	易溶	易溶
CuS	黑色	8.9×10^{-45}	不溶	不溶	不溶	易溶	易溶
Ag_2S	黑色	1.6×10^{-49}	不溶	不溶	不溶	易溶	易溶
HgS	黑色	4.0×10^{-53}	不溶	不溶	不溶	不溶	易溶

典型反应如下：

$$ZnS+2H^{+}(稀)=H_2S\uparrow+Zn^{2+}$$

$$CdS+2H^{+}(浓)=H_2S\uparrow+Cd^{2+}$$

$$3CuS+8H^{+}+2NO_3^{-}=3Cu^{2+}+3S\downarrow+2NO\uparrow+4H_2O$$

$$3HgS+8H^{+}+2NO_3^{-}+12Cl^{-}=3HgCl_4^{2-}+3S\downarrow+2NO\uparrow+4H_2O$$

(3) 金属硫化物可看成氢硫酸的盐，由于氢硫酸是二元弱酸，因此，金属硫化物大多数易于水解。部分水解强烈的金属硫化物甚至不存在，如 Al_2S_3 由于强烈水解而在水溶液中不存在：

$$Al_2S_3+6H_2O=2Al(OH)_3\downarrow+3H_2S\uparrow$$

因为水解，碱金属的硫化物可以作为强碱使用。对于溶解度很小的硫化物，水解微弱。

2. 硫化物的酸碱性

与氧化物相似，硫化物一样表现出酸碱性。对大多数元素来说，氧化物和硫化物的酸碱性一致。如 NaOH、NaHS 为碱性，Na_2O、Na_2S 为碱性，Na_2O_2、Na_2S_2 为碱性，As_2O_3、As_2S_3 为两性，As_2O_5、As_2S_5 为酸性等。

同周期、同族以及同种元素硫化物的酸碱性递变规律与氧化物相似。

(1) 同周期元素最高氧化态硫化物从左至右酸性增强，碱性减弱。如 Sb_2S_5 酸性强于 SnS_2。

(2) 同族元素相同氧化态硫化物从上至下酸性减弱，碱性增强。如 As_2S_3 是酸性硫化物，Sb_2S_3 是两性硫化物，Bi_2S_3 是碱性硫化物。

(3) 同种元素不同氧化态硫化物随着氧化态增高，酸性增强。如 As_2S_5 酸性强于 As_2S_3，Sb_2S_5 酸性强于 Sb_2S_3。

与酸性氧化物可以和碱性氧化物反应生成含氧酸盐相同，酸性硫化物可以和碱性硫化物反应生成含硫酸盐，只是含硫酸习惯称为硫代酸，含硫酸盐习惯称为硫代酸盐。例如：

$$As_2S_3+3Na_2S=2Na_3AsS_3(硫代亚砷酸钠)$$

$$Sb_2S_5+3Na_2S=2Na_3SbS_4(硫代锑酸钠)$$

上述反应的进行意味着难溶的酸性硫化物可以溶于碱性硫化物溶液中。

14.6.3.2　多硫化物

含有多硫链—S_x—的化合物称为多硫化物。当 $x=2$ 时，习惯称为过硫化物，与过氧化物对应。

碱金属、碱土金属和硫化铵溶液可以溶解单质硫，生成多硫化物。例如：

$$Na_2S+(x-1)S=Na_2S_x$$

$$(NH_4)_2S+(x-1)S=(NH_4)_2S_x$$

式中，$x=2$，3，4，5，6，其中的多硫离子—S_x—具有链状结构，如图 14-12 所示。

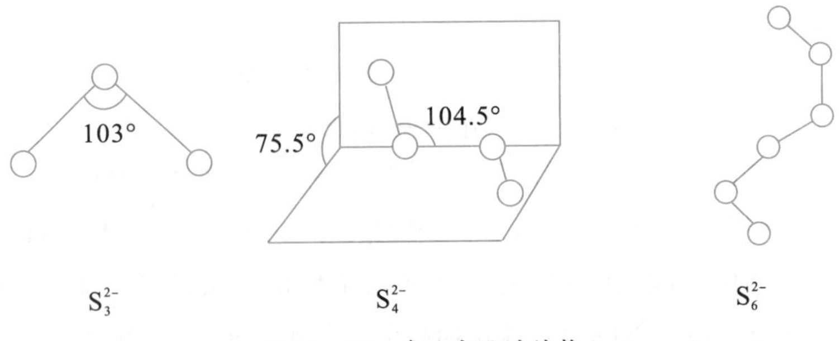

图 14－12　多硫离子的结构

需要说明的是，由于原子振动，多硫链中的键长 d_{S-S} 和键角∠SSS 不一定相等。多硫化物一般显黄色，随着 x 的增大，多硫化物的颜色逐渐加深，由黄色变至橙色甚至红色。

与过氧链不稳定易释放 O 原子而具有氧化性一样，多硫化物的多硫链也不稳定，易释放 S 原子而具有氧化性，因此，多硫化物的主要化学性质是不稳定性、氧化性。

多硫化物能够把具有还原性的硫化物氧化成硫代酸盐。例如：

$$SnS+(NH_4)_2S_2 = (NH_4)_2SnS_3$$

$$As_2S_3+3Na_2S_2 = 2Na_3AsS_4+S\downarrow$$

这意味着难溶的具有还原性的硫化物可以溶于多硫化物溶液中。

多硫化物在酸性条件下很不稳定，易发生歧化分解反应。例如：

$$S_x^{2-}+2H^+ = H_2S\uparrow+(x-1)S\downarrow$$

14.7　硫的含氧酸

硫能形成多种含氧酸，见表 14－4。

表 14－4　硫的多种含氧酸

名称	化学式	硫的氧化数	结构式
次硫酸	H_2SO_2	+2	H—O—S—O—H
亚硫酸	H_2SO_3	+4	H—O—S(→O)—O—H
硫酸	H_2SO_4	+6	H—O—S(→O)(→O)—O—H
硫代硫酸	$H_2S_2O_3$	+2	H—O—S(→O)(→S)—O—H

续表14－4

名称	化学式	硫的氧化数	结构式
焦硫酸	$H_2S_2O_7$	+6	H—O—S(→O)(→O)—O—S(→O)(→O)—O—H
连二亚硫酸	$H_2S_2O_4$	+3	H—O—S(→O)—S(→O)—O—H
连多硫酸	$H_2S_xO_6$		H—O—S(→O)(→O)—S—S(→O)(→O)—O—H　$x=3$
过一硫酸	H_2SO_5	+8	H—O—S(→O)(→O)—O—O—H
过二硫酸	$H_2S_2O_8$	+7	H—O—S(→O)(→O)—O—O—S(→O)(→O)—O—H

关于酸的一些概念如下：

某酸：某元素能生成几种含氧酸时以其中较稳定而常见的酸为某酸。如氯酸($HClO_3$)。

高某酸：较某酸多含一个氧原子的酸。如高氯酸($HClO_4$)。

亚某酸：较某酸少含一个氧原子的酸。如亚氯酸($HClO_2$)。

次某酸：较某酸少含两个氧原子的酸。如次氯酸(HClO)。

原酸：酸分子中氢氧基的数目和成酸元素的氧化数相等时的酸。如原硅酸(H_4SiO_4)、原碘酸(H_7IO_7)。

连酸($H_aA_bO_c$)：酸分子中成酸原子不止一个且直接相连的含氧酸，由 b 的数目不同而异，称为连 b 某酸。如连多硫酸($H_2S_xO_6$，$x=2$，3，4，5，6)、连二硫酸($H_2S_2O_6$)、连三硫酸($H_2S_3O_6$)等。

过酸：由简单的一个酰基(酸分子中去掉一个羟基所剩的部分)取代过氧化氢分子(H—O—O—H)中的 H 原子而得的酸。取代一个 H 原子称为过一某酸，取代两个 H 原子称为过二某酸。如过一硫酸(H_2SO_5)、过二硫酸($H_2S_2O_8$)。

硫代某酸：硫原子取代含氧酸中的氧原子所得的酸。如硫代硫酸($H_2S_2O_3$)、硫代砷酸(H_3AsS_4)。

多酸：酸分子中成酸原子不止一个但不直接相连的含氧酸，通过酸分子脱水而得。

n 个酸分子脱去($n-1$)个水分子形成的酸为多某酸。如多磷酸的形成：

$$nH_3PO_4 = H_{n+2}P_nO_{3n+1} + (n-1)H_2O$$

多磷酸的通式为 $H_{n+2}P_nO_{3n+1}$，$n \geqslant 2$。如二磷酸($H_4P_2O_7$)、三磷酸($H_5P_3O_{10}$)等。

多酸 n 值等于 2 时，习惯称为焦酸或重酸。如二磷酸($H_4P_2O_7$)称为焦磷酸，二硫酸($H_2S_2O_7$)称为焦硫酸，二铬酸($H_2Cr_2O_7$)称为重铬酸等。

n 个酸分子脱去 n 个水分子形成的酸为偏某酸。如偏磷酸的形成：

$$nH_3PO_4 = (HPO_3)_n + nH_2O$$

偏磷酸的通式为$(HPO_3)_n$，$n \geqslant 3$。如三偏磷酸[$(HPO_3)_3$]、四偏磷酸[$(HPO_3)_4$]等。

多酸中成酸元素相同的称为同多酸。如焦硫酸等。

多酸中成酸元素不相同的称为杂多酸。如十二钼酸[$H_4(SiMo_{12}O_{40})$]。

有赖于硫的性质，硫能形成多种含氧酸：由于有不同的正氧化态，能够形成次硫酸、亚硫酸和硫酸；由于存在多硫链，能够形成连酸；由于 S 原子与 O 原子同族结构相似，能够取代 O 原子形成硫代某酸；由于过氧链—O—O—和过硫链—S—S—相似，能够形成过酸；由于 S—O 键不是很强，能够脱水形成多酸。

由图 14-1 可以看出，酸性条件下，$S_2O_4^{2-}$、H_2SO_3、$S_2O_6^{2-}$（连二硫酸根）不稳定，要歧化。$S_2O_3^{2-}$ 既可歧化成 S、$S_4O_6^{2-}$，又可歧化成 S、H_2SO_3，实际进行后一歧化反应(这里涉及反应速度的不同)。H_2SO_3 虽有多种歧化可能，但实际上 H_2SO_3 的歧化反应很难进行，因为相较于歧化反应，其分解反应进行得更快。碱性条件下，S、SO_3^{2-} 不稳定，要歧化。

14.8 二氧化硫、亚硫酸及其盐

14.8.1 二氧化硫

1. 分子结构

二氧化硫的分子结构为“V”字形，d(S—O)=143 pm，∠OSO=119.5°。

按价键理论来解释，二氧化硫的成键方式与臭氧相同，即 S 原子相当于臭氧分子中间的 O 原子，取 sp^2 杂化，与两个 O 原子形成共价单键，再形成一个大 π 键 Π_3^4。

2. 物理性质

SO_2能与有机色素形成无色的加合物，所以具有漂白作用。但加合物不稳定，易分解，因此漂白效果不持久。SO_2是极性分子，易溶于水，液态 SO_2是良好的溶剂。

3. 化学性质

SO_2 处于中间价态，既具有氧化性，又具有还原性，但以还原性为主。

还原性典型反应如下：

$$Br_2 + SO_2 + 2H_2O = 2HBr + H_2SO_4$$

$$2SO_2 + O_2 \xrightarrow{V_2O_5,\ 723\ K} 2SO_3$$

氧化性典型反应如下：

$$SO_2+2H_2S=\!=\!=3S+2H_2O$$

该反应在气态时也能进行，是火山口天然硫的成因。

$$SO_2+2CO\xrightarrow{\text{铝矾土，773 K}}S+2CO_2$$

上述反应用于烟道气分离回收硫。

SO_2是酸性氧化物，溶于水生成亚硫酸。

$$SO_2+H_2O=\!=\!=H_2SO_3$$

4. 制备

实验室制备：

$$Zn+2H_2SO_4(\text{浓})=\!=\!=ZnSO_4+SO_2\uparrow+2H_2O$$

$$SO_3^{2-}+2H^+=\!=\!=SO_2\uparrow+H_2O$$

工业制备：

$$S+O_2=\!=\!=SO_2\uparrow$$

$$4FeS_2(\text{黄铁矿})+11O_2=\!=\!=8SO_2\uparrow+2Fe_2O_3$$

14.8.2　亚硫酸和亚硫酸盐

14.8.2.1　分子结构

亚硫酸的分子结构如图 14－13 所示。

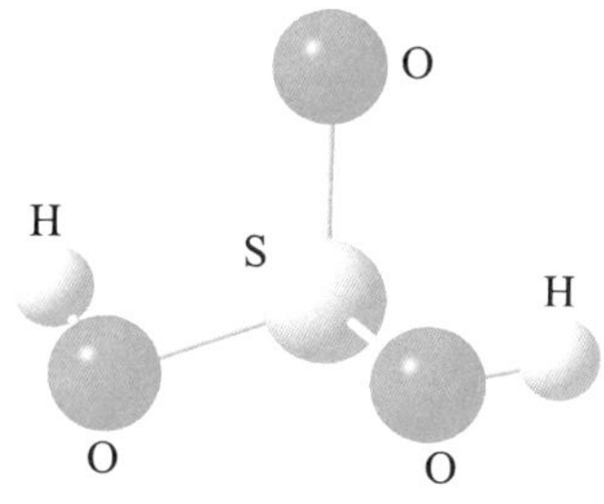

图 14－13　亚硫酸的分子结构

由价键理论解释成键：亚硫酸和亚硫酸根与卤素含氧酸和含氧酸根的成键方式相同。S 取不等性 sp^3 杂化，两个成单电子分别结合两个羟基氧原子，一个成对电子以配位键形式结合一个端基氧原子，该配位键存在反馈 d－pπ 配键的成分。

亚硫酸根的结构为三角锥形，SO_3^{2-} 的两个负电荷也参与到 S 原子 sp^3 杂化中，以配位键形式结合三个端基氧原子，该配位键存在反馈 d－pπ 配键的成分。

14.8.2.2　性质

1. 不稳定性

亚硫酸易分解，尤其是在强酸环境下。

$$SO_3^{2-}+2H^+=\!=\!=H_2O+SO_2\uparrow$$

2. 酸性

中等强度的二元酸：$K^\ominus_{a1}=1.54\times10^{-2}$，$K^\ominus_{a2}=1.02\times10^{-7}$(291 K)。

3. 氧化还原性

亚硫酸既具有氧化性，也具有还原性。

$$SO_4^{2-}+4H^++2e^-=\!=\!=H_2SO_3+H_2O \qquad \varphi^\ominus=0.20\ V$$

$$H_2SO_3+4H^++4e^-=\!=\!=S+3H_2O \qquad \varphi^\ominus=0.45\ V$$

相对而言，H_2SO_3有较强的还原性，氧化能力稍弱。

$$2MnO_4^-+5SO_3^{2-}+6H^+=\!=\!=2Mn^{2+}+5SO_4^{2-}+3H_2O$$

$$I_2+SO_3^{2-}+H_2O=\!=\!=2I^-+SO_4^{2-}+2H^+$$

碱性条件下，亚硫酸盐一样表现出氧化还原性。

$$SO_4^{2-}+H_2O+2e^-=\!=\!=SO_3^{2-}+2OH^- \qquad \varphi^\ominus=-0.92\ V$$

$$SO_3^{2-}+3H_2O+4e^-=\!=\!=S+6OH^- \qquad \varphi^\ominus=-0.59\ V$$

SO_3^{2-} 具有很强的还原能力，氧化能力很弱。亚硫酸盐在水溶液中会被氧化，甚至固体在空气中也会被氧化，例如：

$$2Na_2SO_3+O_2=\!=\!=2Na_2SO_4$$

4. 亚硫酸盐的溶解性

碱金属离子和铵根离子的亚硫酸正盐易溶于水，其他金属离子的亚硫酸正盐微溶于水；酸式盐都易溶于水。该结论具有普遍性，因为酸式酸根相较于酸根，电荷低、半径大，降低了正、负离子间的吸引力，导致溶解度增大。

14.9 三氧化硫、硫酸和硫酸盐

14.9.1 三氧化硫

1. 分子结构

三氧化硫在气态、液态和固态时有不同的结构。

气态：平面三角形，d(S—O)=141 pm，∠OSO=120°。S原子取 sp^2 杂化，与三个O原子形成两个正常σ键，一个σ配键(配键结合的O原子将先进行重排空出一个空的p轨道)，余下的一对p电子与三个O原子的两个成单p电子、一对成对p电子形成大π键 Π_4^6。

液态：单分子的 SO_3 和三聚体的$(SO_3)_3$处于平衡状态。三聚体的$(SO_3)_3$的结构如图14—14所示。

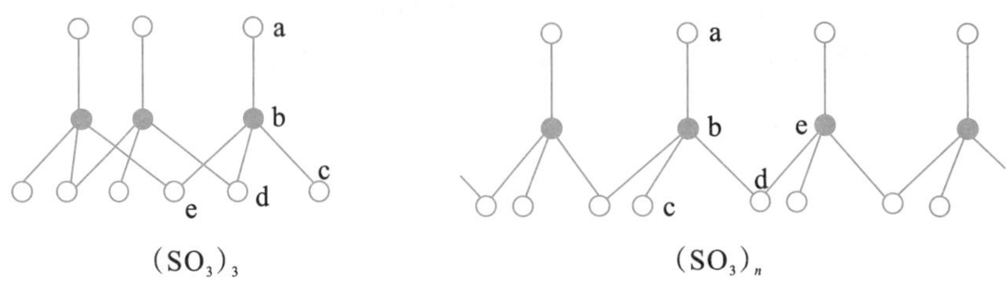

图 14—14 $(SO_3)_3$和$(SO_3)_n$的结构

键参数为：d(a—b)＝143 pm，d(b—d)＝162 pm，∠abd＝100°，∠dbe＝109°，∠abc＝122°。价键理论的解释为，S 原子取 sp^3 杂化，三个 S 原子通过三个 O 原子以单键连接成环状，同时三个 S 原子以配键的形式分别结合三个端基氧原子(配键结合的 O 原子将先进行重排空出一个空的 p 轨道)，该配键含有反馈 d－pπ 配键的成分。

固态：主要有两种形态，即$(SO_3)_3$，称为 γ－SO_3；$(SO_3)_n$，称为 β－SO_3。$(SO_3)_n$的结构如图 14－14 所示。键参数为：d(a—b)＝141 pm，d(b—d)＝161 pm，∠abc＝128°，∠bde＝121°，∠cbd＝107°。可以看出，β－SO_3的结构相当于 γ－SO_3的环打开，并彼此结合成长链。价键理论的解释为，SO_2－基团通过 O 原子连接成长链，其中 S 原子取 sp^3杂化，每个 S 原子通过配键结合两个端基氧原子，该配键一样含有反馈 d－pπ 配键的成分。据报道，还有类似石棉纤维状的 α－SO_3，结构更加复杂。

2. 性质

SO_3是氧化剂，高温时尤为突出。

$$5SO_3 + 2P \xlongequal{\quad} 5SO_2 + P_2O_5$$

$$SO_3 + 2KI \xlongequal{\quad} K_2SO_3 + I_2$$

SO_3极易溶于水生成硫酸，同时放出大量热。

$$SO_3(g) + H_2O(g) \xlongequal{\quad} H_2SO_4(aq) \qquad \Delta_r H^\ominus = -132.44\ \text{kJ} \cdot \text{mol}^{-1}$$

14.9.2　硫酸和硫酸盐

14.9.2.1　分子结构

第 2 章杂化轨道理论部分对硫酸和硫酸根的结构和成键做了详细讨论。简言之，硫酸分子中 S 原子取不等性 sp^3杂化，结合两个羟基氧原子，以配位键结合两个端基氧原子，配位键都存在反馈 d－pπ 配键的成分。硫酸根离子中，酸根的两个负电荷参与到 S 原子的 sp^3杂化中，以配位键结合四个端基氧原子，配位键都存在反馈 d－pπ 配键的成分，是正四面体结构。硫酸的分子结构如图 14－15 所示。

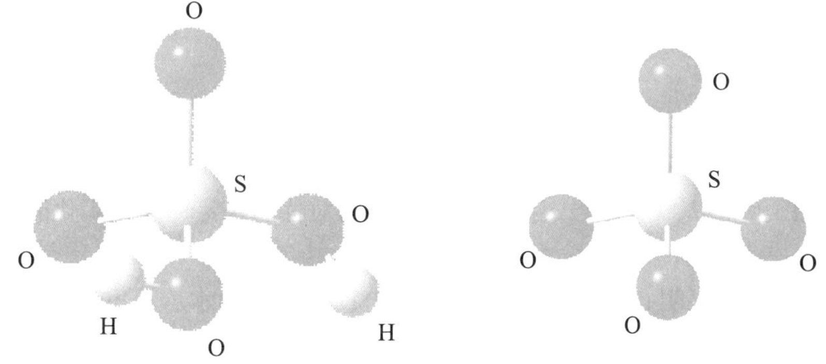

图 14－15　硫酸的分子结构

14.9.2.2 性质

1. 高沸点酸

硫酸分子间能够形成氢键，分子间结合紧密、黏度大，这使得硫酸是无色油状液体。同时，硫酸有较高的沸点(611 K)，是高沸点酸。利用此性质，可以用硫酸置换某些易挥发的酸。

$$Na_2SO_3(s)+2H_2SO_4 = 2NaHSO_4+H_2SO_3$$

$$NaCl(s)+H_2SO_4 = NaHSO_4+HCl$$

2. 吸水性和脱水性

硫酸能与水分子形成氢键，这使得硫酸与水分子有很强的水合作用，生成一系列稳定水合物，如 $H_2SO_4 \cdot H_2O$、$H_2SO_4 \cdot 2H_2O$、$H_2SO_4 \cdot 4H_2O$ 等，同时放出大量热。

$$H_2SO_4(l) \longrightarrow H_2SO_4(aq) \qquad \Delta_r H^{\ominus} = -85.5\ kJ \cdot mol^{-1}$$

这使得浓硫酸有很强的吸水性，能够作干燥剂。

浓硫酸的脱水性体现在能够从一些有机化合物中夺取与水分子相当的氢和氧，使化合物失水或碳化，或使某些无机物脱去结晶水。

$$C_{12}H_{22}O_{11}(蔗糖) \xrightarrow{浓硫酸} 12C+11H_2O$$

$$CuSO_4 \cdot 5H_2O \xrightarrow{浓硫酸} CuSO_4+5H_2O$$

浓硫酸的脱水性使得浓硫酸能够严重地破坏动物和植物的组织，如损坏衣物和烧伤皮肤等。

3. 氧化性

浓硫酸表现出强氧化性，受热氧化能力增强。一般被还原成 SO_2，若还原剂还原性极强，则可被还原成 H_2S、S。例如：

$$Zn+2H_2SO_4(浓) = ZnSO_4+SO_2\uparrow+2H_2O$$

$$C+2H_2SO_4(浓) = CO_2\uparrow+2SO_2\uparrow+2H_2O$$

浓硫酸能氧化许多金属和非金属，但冷浓硫酸会使铁、铝的表面形成致密保护膜而钝化。

4. 酸性

稀硫酸表现出硫酸作为酸的性质，具有酸的通性。

硫酸是二元强酸，$K_{a1}^{\ominus}=1\times10^{3}$，$K_{a2}^{\ominus}=1.2\times10^{-2}$。

稀硫酸在溶液中以 SO_4^{2-} 形式存在。SO_4^{2-} 结构对称，稳定性好，氧化能力很弱。

5. 硫酸盐易带结晶水

盐在结晶时，如果阴、阳离子和水结合得比较紧密，则水容易和阴、阳离子一起结晶析出，从而使盐带结晶水。阳离子体积小，电荷高，正电荷密度大，与水分子有较强的水合作用，容易产生结晶水；阴离子体积大，电荷低，不容易产生结晶水。因此，大多数盐的结晶水都是由阳离子形成的，是所谓的阳离子结晶水。

但是，硫酸根离子和水分子形成氢键，使得水合硫酸根离子有一定的稳定性，如 $CuSO_4 \cdot 5H_2O$ 的组成可以写成 $[Cu(H_2O)_4]^{2+}[SO_4(H_2O)]^{2-}$，$FeSO_4 \cdot 7H_2O$ 的组成可

以写成 $[Fe(H_2O)_6]^{2+}[SO_4(H_2O)]^{2-}$。可见，在上述硫酸盐的结晶水中，既有阳离子结晶水，又有阴离子结晶水。

水合硫酸根的结构如下：

$$\left[\begin{array}{c} \text{O}\begin{array}{c}\diagup \text{H}\cdots\text{O}\diagdown \\ \diagdown \text{H}\cdots\text{O}\diagup\end{array}\text{S}\begin{array}{c}\diagup\text{O}\\ \diagdown\text{O}\end{array}\end{array}\right]^{2-}$$

6. 硫酸盐的溶解性

正盐一般易溶，但有例外，如 $PbSO_4$($K_{sp}=1.06\times10^{-8}$)、$BaSO_4$($K_{sp}=1.08\times10^{-10}$)难溶，$Ag_2SO_4$($K_{sp}=1.40\times10^{-5}$)、$CaSO_4$($K_{sp}=1.96\times10^{-4}$)微溶。其中，$BaSO_4$ 白色沉淀在酸中不溶解，可用于鉴定 SO_4^{2-}。

酸式盐一般易溶。

7. 硫酸盐易形成复盐

复盐又称为重盐，是由两种或两种以上的简单盐类组成的同晶型化合物。能够形成复盐的离子必须大小相近，具备相同的晶格。一般来说，体积较大的一价阳离子(如 K^+、NH_4^+)和半径较小的二、三价阳离子(如 Fe^{2+}、Fe^{3+}、Al^{3+} 等)易形成复盐。

多数硫酸盐易形成复盐。符合下列通式的复盐称为矾：

$M_2^{I}SO_4 \cdot M^{II}SO_4 \cdot 6H_2O$，$M^{I}=NH_4^+$、$Na^+$、$K^+$、$Ru^+$、$Cs^+$，$M^{II}=Fe^{2+}$、$Co^{2+}$、$Ni^{2+}$、$Zn^{2+}$、$Cu^{2+}$、$Hg^{2+}$ 等。如莫尔盐[$(NH_4)_2SO_4\cdot FeSO_4\cdot 6H_2O$]、镁钾矾[$K_2SO_4\cdot MgSO_4\cdot 6H_2O$]等。

$M_2^{I}SO_4\cdot M_2^{III}(SO_4)_3\cdot 24H_2O$(或 $M^{I}M^{III}(SO_4)_2\cdot 12H_2O$)，$M^{III}=V^{3+}$、$Cr^{3+}$、$Fe^{3+}$、$Co^{3+}$、$Al^{3+}$、$Ga^{3+}$ 等。如明矾[$KAl(SO_4)_2\cdot 12H_2O$]、铁钾矾[$KFe(SO_4)_2\cdot 12H_2O$]等。

8. 热稳定性

含氧酸盐的热分解反应本质上是阳离子夺取酸根的氧原子，分解成金属氧化物和非金属氧化物。例如：

$$MgSO_4 \xrightarrow{\triangle} MgO + SO_3\uparrow$$

阳离子夺取氧原子的能力与阳离子的有效正电荷有关。阳离子的有效正电荷越大，对酸根中 O^{2-} 的吸引力越大，越容易夺取氧原子，含氧酸盐就越容易分解，热分解温度就越低。阳离子的有效正电荷与阳离子的形式电荷、半径以及价电子构型有关。阳离子的形式电荷越高、半径越小，有效正电荷越大。阳离子有效正电荷大小与价电子构型的关系是：18 和(18+2)电子构型>(9−17)电子构型>8 电子构型。

由于阴、阳离子间除了离子键还存在离子极化，因此，阳离子的极化能力和变形性越强，阴离子的变形性越强，则阴、阳离子键的极化作用就越强，含氧酸盐就越容易分解，热分解温度就越低。

SO_4^{2-} 的变形性是很小的，因此，一般的硫酸盐的热稳定性很好，热分解温度较高，但极化能力较强的阳离子的硫酸盐，热分解温度稍有降低。

硫酸盐热分解温度的递变规律：同族等价金属硫酸盐的热分解温度从上至下升高。

这是因为阳离子电荷相同，价电子构型相同，半径逐渐增大，极化作用减弱，导致热分解温度逐渐升高。见表 14－5。

表 14－5　同族等价金属硫酸盐的热分解温度

硫酸盐	$MgSO_4$	$CaSO_4$	$SrSO_4$
热分解温度/℃	895	1149	1374

同种元素不同价态的硫酸盐，高氧化态硫酸盐的热分解温度低。这是因为高氧化态正电荷更高，极化作用更强，导致热分解温度降低。见表 14－6。

表 14－6　同种元素不同价态硫酸盐的热分解温度

硫酸盐	$Mn_2(SO_4)_3$	$MnSO_4$
热分解温度/℃	300	755

如果金属阳离子电荷相同、半径相近，则电子构型不同会导致热分解温度不同。见表 14－7。

表 14－7　不同电子构型的硫酸盐的热分解温度

硫酸盐	$CdSO_4$	$CaSO_4$
热分解温度/℃	816	1149

Cd^{2+}是 18 电子构型的离子，极化能力显著强于 8 电子构型的 Ca^{2+}，因而热分解温度更低。

相对而言，酸式硫酸盐更易热分解，这是因为 H^+体积特别小，极化能力很强，促进了阳离子的夺氧，使得酸式硫酸盐更易热分解。

酸式含氧酸盐相比正盐更易热分解具有普遍性。

14.10　焦硫酸和焦硫酸盐

焦硫酸的分子结构如图 14－16 所示。

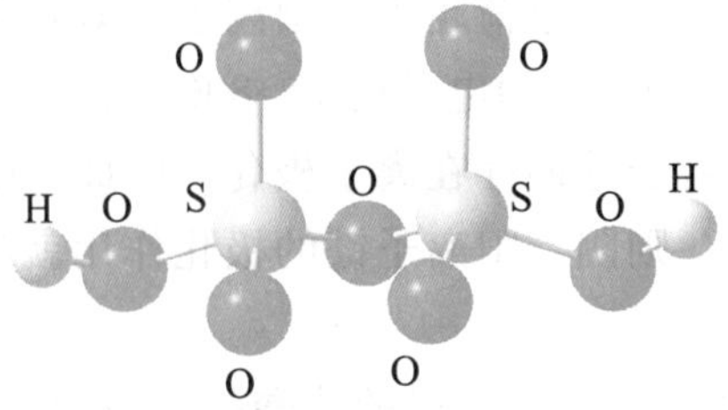

图 14－16　焦硫酸的分子结构

焦硫酸可看作由一个硫酸酰基取代了一个硫酸分子中的氢原子而得。

将 SO_3 溶于浓硫酸可以得到组成为 $H_2SO_4 \cdot xSO_3$ 的发烟硫酸，当 $x=1$ 时，就是焦硫酸。

焦硫酸是二多酸，可以看作由两个硫酸分子脱去一分子水而得：

$$H-O-\overset{\overset{O}{\uparrow}}{\underset{\underset{O}{\downarrow}}{S}}-O-\boxed{H\ H-O}-\overset{\overset{O}{\uparrow}}{\underset{\underset{O}{\downarrow}}{S}}-O-H = H-O-\overset{\overset{O}{\uparrow}}{\underset{\underset{O}{\downarrow}}{S}}-O-\overset{\overset{O}{\uparrow}}{\underset{\underset{O}{\downarrow}}{S}}-O-H + H-O-H$$

焦硫酸遇水又生成硫酸。

焦硫酸有比硫酸更强的氧化性、吸水性和腐蚀性，工业上用于染料、炸药以及有机磺酸化合物的制造。

焦硫酸盐通过硫酸氢盐加强热制得：

$$2NaHSO_4 \xrightarrow{\triangle} Na_2S_2O_7 + H_2O$$

与焦硫酸在水中转化成硫酸相同，焦硫酸盐在水中转变成硫酸盐，因此，水溶液中不能得到焦硫酸溶液。

焦硫酸盐与某些难溶碱性或两性氧化物矿物共熔，可使矿物转变成易溶的硫酸盐。

$$Fe_2O_3 + 3K_2S_2O_7 \xrightarrow{\triangle} Fe_2(SO_4)_3 + 3K_2SO_4$$

$$Al_2O_3 + 3K_2S_2O_7 \xrightarrow{\triangle} Al_2(SO_4)_3 + 3K_2SO_4$$

这是分析化学中处理难溶样品的一种重要方法。

14.11　硫代硫酸和硫代硫酸盐

硫代硫酸的分子结构如图 14－17 所示。

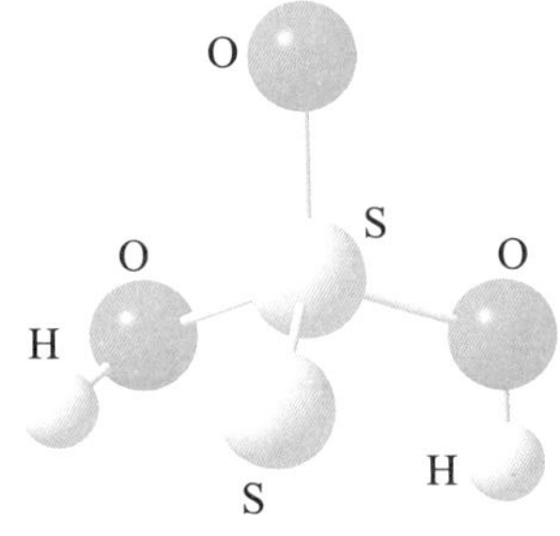

图 14－17　硫代硫酸的分子结构

硫代硫酸的分子结构可看作硫酸中的一个端基氧原子被 S 原子取代而得。作为成酸元素的 S 原子的氧化数为+6，端基 S 原子的氧化数为－2，S 原子的平均氧化数是+2。

硫代硫酸的不稳定性表现为其常以盐的形式存在，典型盐是硫代硫酸钠。

硫代硫酸钠在中性或碱性溶液中稳定，在酸性条件下歧化分解：

$$S_2O_3^{2-} + 2H^+ \!=\!=\!= H_2S_2O_3 \!=\!=\!= SO_2\uparrow + S\downarrow + H_2O$$

该反应可用于 $S_2O_3^{2-}$ 的鉴定。

由于具有 S(−2)，因此硫代硫酸钠具有一定的还原能力。

$$S_4O_6^{2-}+2e^- = 2S_2O_3^{2-} \quad \varphi^\ominus=0.09\ V$$

典型反应如下：

$$2S_2O_3^{2-}+I_2 = S_4O_6^{2-}+2I^-$$

该反应快速定量地进行，在分析上用于测定 I_2。

若氧化剂的氧化能力强，则可能把 $S_2O_3^{2-}$ 氧化成 SO_4^{2-}。

$$S_2O_3^{2-}+4Cl_2+5H_2O = 2SO_4^{2-}+10H^++8Cl^-$$

重金属的硫代硫酸盐难溶且不稳定。如 Ag^+ 和 $S_2O_3^{2-}$ 在溶液中生成 $Ag_2S_2O_3$ 白色沉淀，然后迅速分解，经白色、黄色、棕色，最后形成黑色。

$$2Ag^++S_2O_3^{2-} = Ag_2S_2O_3\downarrow$$

$$Ag_2S_2O_3+H_2O = Ag_2S+H_2SO_4$$

该反应也可用于 $S_2O_3^{2-}$ 的鉴定。

$S_2O_3^{2-}$ 中的 O 原子和 S 原子都具有孤电子对，是一个单齿或双齿配体，有很强的配位能力，在一定条件下可以和许多金属离子形成配合物。典型例子如下：

$$Ag^++2S_2O_3^{2-} = Ag(S_2O_3)_2^{3-}$$

这些配合物不稳定，遇酸分解。

$$2Ag(S_2O_3)_2^{3-}+4H^+ = Ag_2S\downarrow+SO_4^{2-}+3S+3SO_2\uparrow+2H_2O$$

硫代硫酸钠的制备反应如下：

实验室制备：

$$Na_2SO_3+S \xrightarrow{\text{煮沸}} Na_2S_2O_3$$

工业制备：

$$2Na_2S+Na_2CO_3+4SO_2 = 3Na_2S_2O_3+CO_2\uparrow$$

溶液中制得的都是 $Na_2S_2O_3\cdot 5H_2O$。

14.12 过二硫酸和过二硫酸盐

过二硫酸的分子结构如图 14−18 所示。

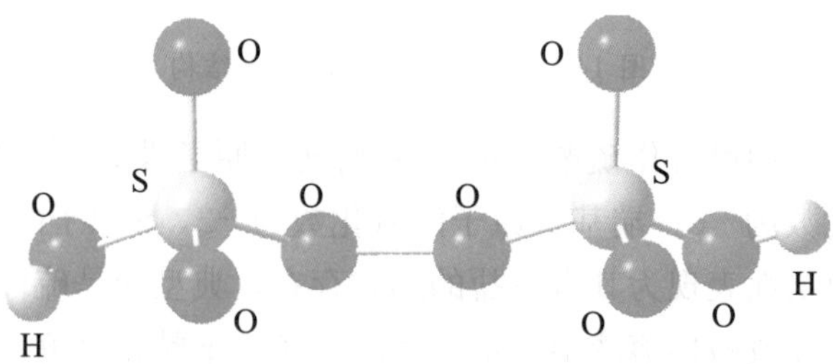

图 14−18 过二硫酸的分子结构

过二硫酸的分子结构可看作一个硫酸酰基取代过氧化氢分子(H—O—O—H)中的两个 H 原子而成。过氧链 O—O 上的两个 O 原子的氧化数为−1，其他 O 原子的氧化数仍为−2，S 原子的氧化数为+6。通常过二硫酸($H_2S_2O_8$)中 S 形式上的氧化数是+7。

过二硫酸的不稳定性表现为其常以盐的形式存在，典型盐是其铵盐、钠盐或钾盐，它们都是强氧化剂。

$$S_2O_8^{2-}+2e^- \xlongequal{} 2SO_4^{2-} \qquad \varphi^\ominus=2.01\ V$$

典型反应是在 Ag^+ 催化作用下将 Mn^{2+} 氧化成 MnO_4^-：

$$2Mn^{2+}+5S_2O_8^{2-}+8H_2O \xrightarrow{Ag^+} 2MnO_4^-+10SO_4^{2-}+16H^+$$

该反应在钢铁分析中用于锰含量的测定。

过二硫酸盐具有不稳定性，受热分解：

$$2K_2S_2O_8 \xrightarrow{\triangle} 2K_2SO_4+2SO_3\uparrow+O_2\uparrow$$

过二硫酸盐作为有机聚合反应的引发剂，用于聚丙烯腈和聚氯乙烯的生产等领域。

工业上采用电解硫酸和硫酸铵(或硫酸氢铵)的混合溶液制备过二硫酸铵。

阳极反应：$2SO_4^{2-}-2e^- \xlongequal{} S_2O_8^{2-}$

阴极反应：$2H^++2e^- \xlongequal{} H_2\uparrow$

总反应：$2H^++2SO_4^{2-} \xrightarrow{电解} S_2O_8^{2-}+H_2\uparrow$

14.13　连二亚硫酸钠

连二亚硫酸钠($Na_2S_2O_4 \cdot 2H_2O$)是连硫酸盐中比较常见的盐，能够溶于冷水，但很不稳定，易分解。

$$2S_2O_4^{2-}+H_2O \xlongequal{} S_2O_3^{2-}+2HSO_3^-$$

连二亚硫酸钠是很强的还原剂。

$$2SO_3^{2-}+2H_2O+2e^- \xlongequal{} S_2O_4^{2-}+4OH^- \qquad \varphi^\ominus=-1.12\ V$$

典型反应如下：

$$Na_2S_2O_4+2O_2+H_2O \xlongequal{} NaHSO_3+NaHSO_4$$

该反应用于气体分析中氧气的检测。

连二亚硫酸钠主要用于印染工业，它能保证印染织品色泽鲜艳，不易被空气中的氧气氧化，因而俗称保险粉。

习　题

1. 写出下列离子反应方程式。

(1) 银离子溶液中加入硫代硫酸钠溶液(少量和过量)。

(2) 硫化氢气体通入三氯化铁溶液。

(3) 过二硫酸铵与二氯化锰溶液的反应。

(4) 碘单质与硫代硫酸钠溶液的反应。

2. 大气层中的臭氧是如何形成的？哪些污染物会导致臭氧层被破坏？写出反应方程式。

3. 少量 Mn^{2+} 可以催化分解 H_2O_2，其反应机理解释如下：H_2O_2 能将 Mn^{2+} 氧化为 MnO_2，MnO_2 又能氧化 H_2O_2。试从电极电势的角度说明上述解释是否合理，并写出反应方程式。

4. 有四种试剂：硫酸钠、亚硫酸钠、硫代硫酸钠和硫化钠，其标签脱落，请设计一个简便方法对其进行鉴别。

5. SnS 能够溶解在 $(NH_4)_2S_2$ 溶液中，原因是什么？如何证明？

6. 有一种盐 A 溶于水后，加入稀盐酸，有无色刺激性气体 B 产生，同时溶液变为乳黄色浑浊 C。气体 B 能使高锰酸钾溶液褪色。若通氯气在 A 溶液中得无色溶液 D，D 与钡盐作用，得到不溶于强酸的白色沉淀 E。试确定 A、B、C、D、E 各为何物，写出原因和反应方程式。

第 15 章　氮族元素

氮族元素是元素周期表第ⅤA族元素，包括氮(N)、磷(P)、砷(As)、锑(Sb)、铋(Bi)和镆(Mc)。氮和磷是典型的非金属，砷、锑是准金属，铋是典型的金属。第ⅤA族元素表现出由典型非金属向典型金属的完整过渡。

镆是放射性金属元素，2004 年由美国劳伦斯利弗莫尔国家实验室、橡树岭国家实验室和俄罗斯的科学家联合合成。2016 年 6 月 8 日，国际纯粹与应用化学联合会宣布，将化学元素 115 号提名为化学新元素，命名为以“莫斯科”英文地名拼写为开头的 Moscovium(缩写 Mc)。2017 年 5 月 9 日，中国科学院、国家语言文字工作委员会、全国科学技术名词审定委员会在北京联合召开发布会，正式向社会发布 115 号元素“镆”。

本章主要讨论氮(N)、磷(P)、砷(As)、锑(Sb)、铋(Bi)。

15.1　氮族元素的通性

氮族元素的性质见表 15－1。

表 15－1　氮族元素的性质

氮族元素	N	P	As	Sb	Bi
原子序数	7	15	33	51	83
价电子构型	$2s^2 2p^3$	$3s^2 3p^3$	$4s^2 4p^3$	$5s^2 5p^3$	$6s^2 6p^3$
原子共价半径/pm	70	110	121	141	146
第一电离能/kJ · mol^{-1}	1402	1012	944	832	703
第一电子亲合能/kJ · mol^{-1}	－58	74	77	101	100
电负性 χ_P	3.0	2.1	2.0	1.9	1.9
主要氧化数	－3、0、＋5	－3、0、＋5	－3、＋3、＋5	＋3、＋5	＋3、＋5

1. 共价性

氮族原子价电子层的半满结构使得原子性质在同周期中显示出一定的特殊性。因为半满结构相对更稳定，因此电离能相对较高，难以失去电子，同时电子亲合能较小，也难以得到电子。

氮族元素不易得失电子，共价性成为氮族元素成键的最显著特征。

N、P 的简单离子(N^{3-}、P^{3-})量少且仅存在于固态中，在水溶液中会迅速水解。

$$Li_3N+3H_2O=\!=\!=3LiOH+NH_3$$

考虑到氮族后几个元素的金属性，能够形成一定的简单阳离子，所以形成离子键的趋势是 N→Bi 增大。但是，由于砷、锑、铋阳离子是 18 电子构型或(18+2)电子构型，有最强的离子极化能力和显著的变形性，所以砷、锑、铋的离子型化合物具有显著的离子极化作用，离子键中含有显著的共价键成分。

2. 氧化数

氮族元素的主要氧化数为+3、+5，其中 N、P 主要为+5，Bi 主要为+3，As、Sb 主要为+3、+5。

对 N、P 而言，N、P 的半径(原子、离子)相对较小，外层五个价电子全部参与成键所释放的能量比仅有三个 p 电子参与成键所释放的能量要大得多，这足以补偿由于 ns 与 np 轨道的能量差所造成的 ns 电子参与成键所需吸收的能量。所以，只要空间配位许可，N、P 都能形成+5 氧化态的化合物。

对 Bi 来说，其主要氧化数为+3，这是由其 $6p^3$ 电子易于成键而 $6s^2$ 电子难以成键造成的。Bi 的价电子构型为 $6s^26p^3$，但其电子充填轨道顺序为 $6s^24f^{14}5d^{10}6p^3$。注意，4f、5d 轨道是全满的，4f、5d 两种轨道分布弥散，对核的屏蔽作用小，使得有效核电荷很大，这导致核对 6s、6p 电子的有效吸引力增大。同时，由于 6s 电子的钻穿效应较强，6s 电子受核的吸引尤其显著，从而使 6s 电子更靠近原子核，能量显著降低，这导致 6s 与 6p 电子的能量差距加大。铋的 6s 与 6p 电子的能量差距大，表现在成键上就是 6p 电子易于成键，6s 电子不易成键。故 Bi 的常见氧化态是+3。

和 Bi 类似，Pb 的价电子构型为 $6s^24f^{14}5d^{10}6p^2$，$6p^2$ 电子易于成键，$6s^2$ 电子不易成键；Tl 的电子构型为 $6s^24f^{14}5d^{10}6p^1$，$6p^1$ 电子易于成键，$6s^2$ 电子不易成键。

$6s^2$ 电子难以成键，一方面表现在常见稳定价态是低价态，如 Bi(+3)、Pb(+2)、Tl(+1)稳定；另一方面表现在它们的高价态不稳定，易于变回低价态，从而表现出强氧化性，如 Bi(+5)、Pb(+4)、Tl(+3)对应化合物都是强氧化剂。

最早注意到这种化学现象的是西奇维克，他把 $6s^2$ 这对难以成键的电子对称为惰性电子对，把由此带来的一系列化学现象称为惰性电子对效应。

需要说明的是，导致 $6s^2$ 电子难以成键的原因较多，目前没有统一的、被普遍接受的解释。

As、Sb 介于 N、P 与 Bi 之间，故其氧化态主要为+3、+5。

对 N 而言，−3 氧化态也很常见。

氮的原子半径特别小，所以与氮族其他元素相比，性质差异较大。这与第ⅦA、ⅥA 族元素性质变化的特点相似。

由于砷、锑、铋都表现出不同程度的金属性，且它们的阳离子具有相同的价电子构型，都是 18 电子构型或（18+2）电子构型，因此，砷、锑、铋的化合物在性质上具有共性，并按照砷、锑、铋的顺序表现出规律性的递变。

氮族元素的元素电势图如图 15—1 所示。

$$NO_3^- \xrightarrow{0.803} N_2O_4 \xrightarrow{1.07} HNO_2 \xrightarrow{0.996} NO \xrightarrow{1.59} N_2O \xrightarrow{1.77} N_2 \xrightarrow{-1.87} NH_3OH^+ \xrightarrow{1.42} N_2H_5^+ \xrightarrow{1.27} NH_4$$

$NO_3^- \xrightarrow{0.96} NO$；$NO_3^- \xrightarrow{0.94} HNO_2$；$N_2 \xrightarrow{-0.23} N_2H_5^+$

$$H_3PO_4 \xrightarrow{-0.276} H_3PO_3 \xrightarrow{-0.5} H_3PO_2 \xrightarrow{-0.51} P \xrightarrow{-0.1} P_2H_4 \xrightarrow{-0.006} PH_3$$

$$H_3AsO_4 \xrightarrow{0.56} H_3AsO_3 \xrightarrow{0.25} As \xrightarrow{-0.6} AsH_3$$

$$Sb_2O_5 \xrightarrow{0.56} SbO^+ \xrightarrow{0.21} Sb \xrightarrow{-0.51} SbH_3$$

$$Bi_2O_5 \xrightarrow{1.6} BiO^+ \xrightarrow{0.32} Bi \xrightarrow{-0.8} BiH_3$$

(a)酸性条件($\varphi^\ominus$/V)

$$NO_3^- \xrightarrow{-0.86} N_2O_4 \xrightarrow{0.88} NO_2^- \xrightarrow{-0.46} NO \xrightarrow{0.76} N_2O \xrightarrow{0.94} N_2 \xrightarrow{-3.04} NH_2OH \xrightarrow{\quad} N_2H_4 \xrightarrow{0.1} NH_3$$

$NO_3^- \xrightarrow{0.15} NO$；$NO_3^- \xrightarrow{0.01} NO_2^-$；$N_2 \xrightarrow{-1.16} N_2H_4$

$$PO_4^{3-} \xrightarrow{-1.12} HPO_3^{2-} \xrightarrow{-1.57} H_2PO_2^- \xrightarrow{-2.05} P \xrightarrow{-0.9} P_2H_4 \xrightarrow{-0.8} PH_3$$

$$AsO_4^{3-} \xrightarrow{-0.67} AsO_3^{3-} \xrightarrow{-0.68} As \xrightarrow{-1.43} AsH_3$$

$$Sb(OH)_6 \xrightarrow{0.56} Sb(OH)_4^- \xrightarrow{0.21} Sb \xrightarrow{-0.51} SbH_3$$

$$Bi_2O_3^- \xrightarrow{0.56} BiO^+ \xrightarrow{-0.46} Bi \xrightarrow{-1.6} BiH_3$$

(b)碱性条件($\varphi^\ominus$/V)

图 15—1　氮族元素的元素电势图

15.2　氮

单质 N_2 的分子结构，无论是价键理论还是分子轨道理论，都被描述为形成三键：一

个 σ 键，两个 π 键。N_2分子轨道排布如下：

$$KK(\sigma_{2s})^2(\sigma_{2s}^*)^2(\pi_{2p_Y})^2(\pi_{2p_Z})^2(\sigma_{2p})^2$$

N_2分子非常稳定，主要原因在于 N≡N 键能($941\ kJ \cdot mol^{-1}$)非常大，在化学反应中破坏 N≡N 键非常困难，反应活化能高，通常情况下反应很难进行。另外还有两个次要原因：其一，N_2分子占据了电子的最高能量分子轨道 σ_{2p}与最低能量的空轨道 $\pi_{2p_Y}^*$ 或 $\pi_{2p_Z}^*$，能量差异较大，使得 σ_{2p}轨道上的电子难以被激发到 $\pi_{2p_Y}^*$ 或 $\pi_{2p_Z}^*$ 轨道，因而难以发生化学反应；其二，N_2分子中电子分布有非常好的对称性，没有极性，这也影响了其化学活性。与 N_2分子有相同成键的 CO 分子、CN^-离子和 NO^+离子等，由于电子分布的对称性和键的极性的改变，化学活性显著增强。N_2与 CO、CN^- 和 NO^+ 等具有相同的原子数(2 个原子)和电子数(14 个电子)，这种具有相同原子数和电子数的分子或离子称为等电子体，等电子体具有相似的结构和性质。

N_2分子表现出很强的化学惰性，是已知的双原子分子中最稳定的。N_2分子的化学惰性使得氮气常被用作保护气体。

N_2分子的稳定性是相对的，虽然常态下 N_2几乎不与其他物质发生反应，但是在高温及有催化剂的情况下，N_2表现活泼，能与许多金属、非金属反应生成各种氮化物。典型反应如下：

$$3H_2+N_2\xrightarrow{\text{高温、高压、催化剂}}2NH_3$$

氮与金属反应形成氮化物，可以形成 N^{3-}，但是获得三个电子将吸收较多的能量，因此，氮只能与电离能小的金属形成晶格能大的离子型化合物。具体而言，只有碱金属和碱土金属能够形成离子型氮化物。它们与 N_2反应时，条件各异。N_2和 Li 在常态下能够发生反应：

$$6Li+N_2=\!=\!=2Li_3N$$

该反应速度极慢，没有实际意义。

其他碱金属不能与 N_2直接化合，只能以间接方法制得。N_2在加热条件下能与 Mg、Ca、Sr、Ba 等碱土金属发生反应。例如：

$$3Ca+N_2\xrightarrow{410℃}Ca_3N_2$$

第ⅢA、ⅣA 族的氮化物是原子晶体，如 BN、AlN、Si_3N_4、Ge_3N_4等。它们需要在更高的温度下才能反应。例如：

$$2B+N_2\xrightarrow{1200℃}2BN$$

过渡金属单质的晶体构型主要是体心、面心和六方最密堆积，在这些结构中存在着许多四面体空隙和八面体空隙，半径较小的非金属原子可填入空隙中，形成金属间隙化合物(或间充化合物)。在这类化合物中，同时存在着金属键和共价键，原子间的结合非常强。氮与过渡金属形成的氮化物属于间隙化合物，氮原子填充在金属晶格的间隙中，如 TiN、ZrN、W_2N_3、Mn_5N_2等。这类化合物具有金属的外形，化学性质稳定，热稳定性高，熔点高，硬度高，能导电，适合作高强度材料。

N_2的制备分为工业制备和实验室制备。

工业制备 N_2 采用空气的分馏。

实验室制备一般采用加热亚硝酸钠和氯化铵的饱和溶液制取 N_2：

$$NH_4Cl + NaNO_2 = NH_4NO_2 + NaCl$$

$$NH_4NO_2 \xrightarrow{\triangle} N_2\uparrow + 2H_2O$$

NH_4NO_2 分解反应历程为

$$2NH_4NO_2 = 2NH_3\uparrow + 2HNO_2$$

$$2HNO_2 = N_2O_3 + H_2O$$

$$2NH_3 + N_2O_3 = 3H_2O + 2N_2\uparrow$$

如果直接加热固体 NH_4NO_2，则反应过于激烈，不易控制。

考虑到氮的化合物在化工和农业等领域的广泛使用，而自然界中氮的无机化合物很少，那么如何将空气中的氮气转化为氮的化合物就成为化学研究的热门课题。将空气中的游离态氮转化为化合态氮的过程，称为固氮。研究表明，自然界中某些微生物(如豆科植物根部的根瘤菌)和某些藻类植物在常温、常压下就能够把氮气转化成氨，受此启发，化学家们开展了化学模拟生物固氮的研究。固氮的基本思路是使氮分子的三重键变弱，从而使氮分子活化。近年来该领域的成果包括过渡金属配合物催化固氮、分子氮配合物以及固氮酶活化中心模型化合物等。研究表明，固氮酶中含有过渡金属与氮分子形成的分子氮配合物，这种分子氮配合物的成键除了氮分子的孤电子对提供给过渡金属离子空轨道形成 σ 配位键外，过渡金属离子的成对 d 电子还可以提供给氮分子空的反键 π^* 分子轨道，从而形成反馈 π 键(氮分子是 π 酸配位体)。反键 π^* 分子轨道上电子的充填将导致氮分子 N≡N 的键级减小，N≡N 键的稳定性降低，从而使 N≡N 键被活化。研究表明，几乎所有过渡金属都能形成分子氮配合物，典型例子如 $[Ru(NH_3)N_2]X_2$，X^- 包括 Cl^-、Br^-、I^-、BF_4^-、PF_6^- 等。

15.3　氮的氢化物

氮的氢化物有氨(NH_3)、联氨(N_2H_4)、羟氨(NH_2OH)以及氢叠氮酸(HN_3)。其中最重要的是氨。

15.3.1　氨

氨分子的空间构型为三角锥形，键角∠HNH=107°，键长为 101.5 pm，如图 15-2 所示。

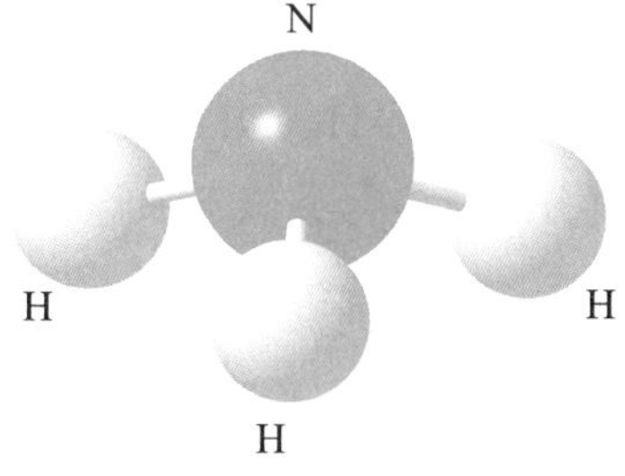

图 15-2　氨分子的空间构型

杂化轨道理论对氨分子成键的解释是 N 原子进行不等性 sp^3 杂化，具有成单电子的 sp^3 杂化轨道分别结合三个氢原子，另一个 sp^3 杂化轨道有一对孤电子对，孤电子对的排斥作用强于成键电子对，导致成键轨道对压缩，以致键角∠HNH 由 109.5°被压缩至 107°。

氨分子的结构特点决定了氨的大部分物理、化学性质：因为三角锥形分子的对称性差，因此表现出强极性，偶极矩为 1.66D；因为氮原子电负性很大且半径非常小，氨分子间极易形成氢键；因为有三个氢原子，因此可以依次被取代；因为有孤电子对，因此可以作为配体形成配合物，并依酸碱电子理论显出碱性；因为 N 原子具有最低氧化数(−3)，因此可以被氧化，从而表现出还原性。

15.3.1.1 物理性质

由于氨的强极性和易形成分子间氢键，其有相对较高的凝固点、溶解热、蒸发热、介电常数，以及在水中有很大的溶解度。由于氨分子与水分子在成键和结构特点上相似，因此液态氨是性质与水最接近的非水溶剂，溶质在液态氨中有许多类水性质。作为溶剂，液态氨的极性弱于水，故对有机物的溶解性优于水。

液态氨的自电离：

$$2NH_3(l) \xlongequal{} NH_4^+ + NH_2^-$$

当 223 K 时，$K^{\ominus}=1.9\times10^{-33}$。

15.3.1.2 化学性质

1. 取代反应

氨分子进行的取代反应可以从两个方面来考虑。

一方面是把氨看作三元酸，其中的 H 原子可以依次被取代生成氨基(—NH_2)、亚氨基(═NH)、氮化物(≡N)等氨的衍生物。取代 H 原子的可以是金属单质、非金属单质或原子团。例如：

$$2NH_3(g)+2Na \xrightarrow{623\ K} 2NaNH_2+H_2\uparrow$$

$$NH_4Cl+3Cl_2 \xlongequal{} 4HCl+NCl_3$$

$$HNO_3+6H^++6e^- \xrightarrow{\text{电解还原}} 2H_2O+NH_2OH$$

另一方面是氨分子可以氨基(—NH_2)或亚氨基(═NH)去取代其他化合物的原子或原子团。例如：

$$COCl_2(\text{光气})+4NH_3 \xlongequal{} CO(NH_2)_2(\text{尿素})+2NH_4Cl$$

$$HgCl_2+2NH_3 \xlongequal{} Hg(NH_2)Cl\downarrow+NH_4Cl$$

这实际上是氨分子参加的复分解反应，类似于水解反应，故也称为氨解反应。

氨解反应：

$$Cl—Hg—Cl+NH_4{}^+—NH_2{}^- \xlongequal{} Cl—Hg—NH_2\downarrow+NH_4Cl$$

水解反应：

$$Cl—Cu—Cl+2H^+—OH^- \xlongequal{} OH—Cu—OH\downarrow+2HCl$$

2. 配位反应

氨分子中孤电子对的存在使其具有很强的配位能力，易于形成配合物。例如：

$$Ag^+ + 2NH_3 = Ag(NH_3)_2^+$$

水溶液中氨分子通过配位键与 H^+ 结合生成铵根离子，使氨在水溶液中显碱性，是典型的 Lewis 碱。

$$NH_3 + H_2O = NH_4^+ + OH^- \qquad K^\ominus = 1.8 \times 10^{-5}$$

其中，NH_4^+ 的结构为 $H^+ \leftarrow :NH_3$。

3. 还原性

氨在纯氧中燃烧，呈现黄色火焰。

$$4NH_3 + 3O_2 = 2N_2 + 6H_2O$$

如果有铂(Pt)作催化剂，氨可以被氧化成一氧化氮。

$$4NH_3 + 5O_2 \xrightarrow{Pt} 4NO + 6H_2O$$

上述反应是工业上制备硝酸的基础。

高温下，利用氨的还原性可制备金属单质。例如：

$$2NH_3 + 3CuO \xrightarrow{高温} N_2 + 3Cu + 3H_2O$$

常温下，氨在气态或溶液中可被强氧化剂氧化。典型反应如下：

$$2NH_3 + 3Cl_2 = 6HCl + N_2$$

15.3.1.3　制备

氨的制备有工业制备和实验室制备两种。

(1) 工业制备。

$$N_2 + 3H_2 \xrightarrow{高温、高压、催化剂} 2NH_3$$

该反应放热，$\Delta_r H^\ominus = -46.19\ kJ \cdot mol^{-1}$，$\Delta_r G^\ominus = -16.64\ kJ \cdot mol^{-1}$，常态下能够自发进行，在 298 K 时，$K_p = 8.32 \times 10^2$。但是反应速度非常慢，这是因为反应活化能特别大，$E_a = 326.4\ kJ \cdot mol^{-1}$。从转化率和反应速度两个方面考虑，实际控制的反应条件是 30～70 MPa、773 K，铁作催化剂。铁为催化剂时，活化能显著降低至 $E_{ac} = 176.0\ kJ \cdot mol^{-1}$，在 773 K 时，催化反应速度是非催化反应速度的 1.45×10^{10} 倍。

由于合成氨基于 Fe 基催化剂所需的高温和高压涉及大量的能量消耗，因此，寻找低温低压下的高性能催化剂一直是合成氨工业研究的重要课题。2019 年 4 月，*Nature* 报道了日本科学家将醇类或水与二碘化钐(SmI_2)配位后弱化了 O—H 键，然后与空气中的 N_2 在钼催化剂的催化下于常态下产生 NH_3。

$$H-O-H \xrightarrow{SmI_2} SmI_2-O(H)_2 + N_2 \xrightarrow{钼催化剂} NH_3$$

上述过程要实现工业化生产，其道路还很漫长，但是，对于常态下合成氨实现工业化生产是可预期的。

(2) 实验室制备。

氨盐与强碱反应。

$$(NH_4)_2SO_4(s)+CaO(s)\xrightarrow{\triangle}CaSO_4(s)+2NH_3\uparrow+H_2O$$

15.3.1.4 铵盐

铵盐是氨和酸作用的产物。

由于铵根离子(NH_4^+)具有 11 个核电荷和 10 个核外电子，所以和钠离子是等电子体。但是由于空间结构，铵根离子半径(148 pm)显著大于钠离子半径(95 pm)，而与钾离子半径(133 pm)和铷离子半径(148 pm)相近。因此，铵盐与钾盐、铷盐的性质相似，表现在同类铵盐与钾盐、铷盐类质同晶，例如，钾盐结晶时，晶体结构中某些钾离子的位置部分或全部被铵根离子或铷离子置换，共同结晶成单一相晶体。这种类质同晶并不改变晶体结构和离子键性质，只是引起晶胞参数的微小变化。铵盐与钾盐、铷盐不仅类质同晶，而且具有相似的溶解性，钾离子和铷离子的沉淀剂也可沉淀铵根离子。

铵盐的性质表现在水解和热分解两个方面，后者是主要且重要的性质。

铵盐的热分解本质上是铵根离子把质子转移给酸根离子，生成氨和相应的酸。

$$NH_4HCO_3\xrightarrow{\triangle}NH_3\uparrow+CO_2\uparrow+H_2O\uparrow$$

$$NH_4Cl\xrightarrow{\triangle}NH_3\uparrow+HCl\uparrow$$

非挥发性酸的铵盐热分解，氨挥发逸出，生成的酸或酸式盐则留在容器中。

$$(NH_4)_2SO_4\xrightarrow{\triangle}NH_3\uparrow+NH_4HSO_4$$

$$(NH_4)_3PO_4\xrightarrow{\triangle}3NH_3\uparrow+H_3PO_4$$

上述反应的大致规律为：构型相同的铵盐，若生成的酸分子越稳定(即生成的酸越难离解，酸性越弱)，则铵盐越易分解，热稳定性越差。如 NH_4X，从 NH_4F 到 NH_4I，随 HF 至 HI 的酸性增强，热稳定性递增。

若酸具有氧化性，则由于氨具有还原性，其将会被氧化，产物相对较复杂。

$$(NH_4)_2Cr_2O_7\xrightarrow{\triangle}N_2\uparrow+Cr_2O_3+4H_2O\uparrow$$

$$NH_4NO_2\xrightarrow{\triangle}N_2\uparrow+2H_2O\uparrow$$

由于这类反应的产物大多为气体，且大量放热，因此，氨的热分解反应常发生爆炸。

硝酸铵受热分解，温度不同，产物也不同。

$$NH_4NO_3\xrightarrow{110℃}NH_3+HNO_3$$

$$NH_4NO_3\xrightarrow{185℃\sim210℃}N_2O\uparrow+2H_2O\uparrow$$

$$2NH_4NO_3\xrightarrow{>230℃}2N_2\uparrow+O_2\uparrow+4H_2O\uparrow$$

$$4NH_4NO_3\xrightarrow{>400℃}3N_2\uparrow+2NO_2\uparrow+8H_2O\uparrow$$

利用硝酸铵的热分解性能，可以制成硝铵炸药。

15.3.2　联氨和羟氨

氨分子中的 H 原子被取代后得到的产物就是氨的衍生物。氨的衍生物有很多，其中最重要的是联氨(俗称肼)和羟氨(俗称胲)。

15.3.2.1　分子结构

联氨和羟氨的分子结构如图 15－3 所示。

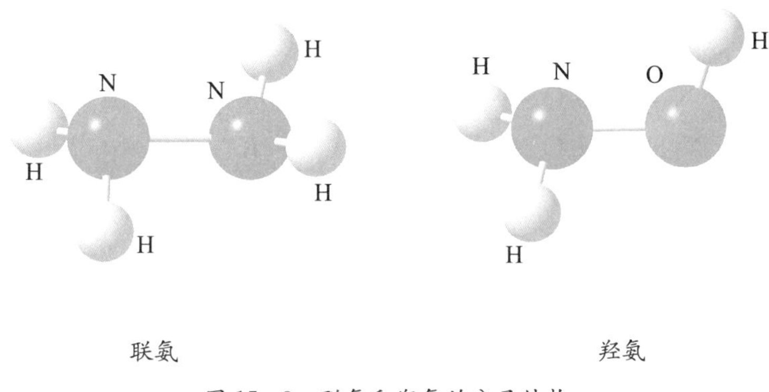

图 15－3　联氨和羟氨的分子结构

联氨分子的键参数：$d(\text{N—H})=104$ pm，$d(\text{N—N})=147$ pm，$\angle \text{HNH}=108°$。

羟氨分子的键参数：$d(\text{N—H})=101$ pm，$d(\text{N—O})=146$ pm，$d(\text{O—H})=96$ pm，$\angle \text{HNH}=108°$，$\angle \text{HNO}=105°$，$\angle \text{HON}=103°$。

杂化轨道理论解释，承接氨分子的成键，联氨的两个 N 原子上各有一对孤电子对，羟氨的 N 原子上有一对孤电子对。无论是联氨还是羟氨，由于两个 N 原子或 N、O 原子上的孤电子对的排斥，两对电子都处于反位。

作为氨的衍生物，联氨和羟氨与氨的性质相似，只是在程度上有差异。与氨的区别主要表现在氧化数的不同，氨的氮原子处于最低氧化态，只有还原性；而联氨和羟氨的氮原子都不是最低氧化数，既能表现出氧化性，又能表现出还原性。

15.3.2.2　性质

联氨在常温下为无色液体，熔点为 275 K，沸点为 386.5 K。羟氨在常温下为白色固体，熔点为 305 K。

1. 稳定性

联氨的 N—N 键、羟氨的 N—O 键都不稳定，易分解。

纯的联氨和水溶液虽然不稳定，但由于分解速度太慢，也能稳定存在，只有在催化剂(Pb、Ni 等)存在时才会发生分解：

$$N_2H_4 \xlongequal{\text{催化剂}} N_2\uparrow + 2H_2\uparrow$$

$$3N_2H_4 \xlongequal{\text{催化剂}} N_2\uparrow + 4NH_3\uparrow$$

羟氨固体在 288 K 以上分解：

$$3NH_2OH = NH_3\uparrow + N_2\uparrow + 3H_2O$$

羟氨的水溶液或其盐比较稳定。

2. 配位能力

联氨和羟氨的N原子上都有孤对电子，都具有配位能力，但是与氨相比，配位能力更弱。依氨、联氨和羟氨的顺序，N原子分别结合的是H、N、O，它们的电负性越来越大，吸引电子的能力越来越强，导致N原子上的孤对电子越来越难以提供出去，因此，配位能力逐渐减弱。

氨、联氨和羟氨的配位能力导致其显碱性，因此，氨、联氨和羟氨的配位能力强弱顺序对应了其碱性强弱顺序。

$$N_2H_4 + H_2O = N_2H_5^+ + OH^- \qquad K^\ominus = 8.7\times10^{-7}$$

$$N_2H_5^+ + H_2O = N_2H_6^+ + OH^- \qquad K^\ominus = 1.9\times10^{-14}$$

$$NH_2OH + H_2O = NH_3OH^+ + OH^- \qquad K^\ominus = 8.7\times10^{-9}$$

联氨的两个N原子上都有孤对电子，是二元弱碱。

3. 氧化还原性

N_2H_4中N的氧化数为-2，NH_2OH中N的氧化数为-1，故在水溶液中既可作氧化剂，又可作还原剂。涉及主要电对如下：

酸性溶液：

$$3H^+ + N_2H_5^+ + 2e^- = 2NH_4^+ \qquad \varphi^\ominus = 1.27\ V$$

$$N_2 + 5H^+ + 4e^- = N_2H_5^+ \qquad \varphi^\ominus = -0.23\ V$$

碱性溶液：

$$N_2H_4 + 2H_2O + 2e^- = 2NH_3 + 2OH^- \qquad \varphi^\ominus = 0.1\ V$$

$$N_2 + 4H_2O + 4e^- = N_2H_4 + 4OH^- \qquad \varphi^\ominus = -1.15\ V$$

酸性溶液：

$$2H^+ + NH_3OH^+ + 2e^- = H_2O + NH_4^+ \qquad \varphi^\ominus = 1.35\ V$$

$$N_2 + 4H^+ + 2H_2O + 2e^- = 2NH_3OH^+ \qquad \varphi^\ominus = -1.87\ V$$

碱性溶液：

$$NH_2OH + H_2O + 2e^- = NH_3 + 2OH^- \qquad \varphi^\ominus = 0.42\ V$$

$$N_2 + 4H_2O + 2c^- = 2NH_2OH + 2OH^- \qquad \varphi^\ominus = -3.04\ V$$

由此可以看出，联氨和羟氨在酸性溶液中既是强氧化剂，又是强还原剂，在碱性溶液中是强还原剂。但是，当联氨和羟氨作氧化剂时，大多数氧化反应速度很慢，因此，它们通常都只作还原剂。

$$N_2H_4 + 2X_2 = N_2\uparrow + 4HX$$

$$N_2H_4 + 4AgBr = N_2\uparrow + 4Ag + 4HBr$$

$$2NH_2OH + 2AgBr = N_2\uparrow + 2Ag + 2HBr + 2H_2O$$

联氨和羟氨作还原剂的优点显而易见，如还原能力强、不给反应体系带来杂质等；但也有缺点，如价格昂贵、成本较高。

联氨更重要的还原反应是燃烧。

$$N_2H_4(l)+O_2(g)=N_2(g)+2H_2O(g) \qquad \Delta_r H^\ominus=-621.5\ kJ\cdot mol^{-1}$$

其他氧化剂如 N_2O_4、H_2O_2、HNO_3、F_2 等，也能发生类似的燃烧反应。

$$N_2O_4(l)+2N_2H_4(l)=3N_2(g)+4H_2O(g) \qquad \Delta_r H^\ominus=-1038.7\ kJ\cdot mol^{-1}$$

联氨及其甲基衍生物 CH_3NHNH_2、$(CH_3)_2NNH_2$ 燃烧会大量放热，这使其成为优良的火箭燃料，用于导弹和太空飞行。

15.3.2.3　制备

(1) 联氨的制备——拉席希(Rasching)法。

$$2NH_3+ClO^-=N_2H_4+Cl^-+H_2O$$

该反应历程很复杂，主要有两步：

$$NH_3+ClO^-=OH^-+NH_2Cl \quad (快)$$

$$NH_3+NH_2Cl+OH^-=N_2H_4+Cl^-+H_2O \quad (慢)$$

副反应：

$$2NH_2Cl+N_2H_4=N_2+2NH_4^++2Cl^-$$

副反应会为反应带来杂质。

(2) 联氨的制备——有机法。

$$NH_3 \longrightarrow 异肼 \xrightarrow{水解} N_2H_4$$

反应如下：

$$4NH_3+(CH_3)_2CO+Cl_2 = (CH_3)_2C\langle(NH)_2\rangle + 2NH_4Cl + H_2O$$

$$(CH_3)_2C\langle(NH)_2\rangle + H_2O = (CH_3)_2CO + NH_2—NH_2$$

(3) 羟氨的制备——电解还原硝酸。

$$HNO_3+6H^++6e^- \xrightarrow{电解还原} 2H_2O+NH_2OH$$

(4) 羟氨的制备——还原较高氧化态含氮化合物。

$$NH_4NO_2+NH_4HSO_3+SO_2+2H_2O=[NH_3OH]\ HSO_4+(NH_4)_2SO_4$$

15.3.3　氢叠氮酸

15.3.3.1　分子结构

氢叠氮酸分子、酸根结构及成键如图 15－4 所示。

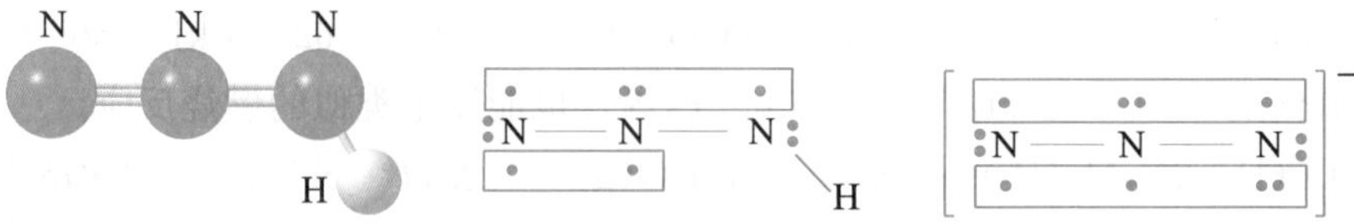

图 15-4　氢叠氮酸分子、酸根结构及成键

氢叠氮酸分子的键参数：d(N—H)=101 pm，d(N═N)=124 pm，d(N≡N)=113 pm，∠HNN=110°，∠NNN=180°。

杂化轨道理论对氢叠氮酸分子成键的解释是，右边连接 H 原子的 N 原子取 sp^2 杂化，中间的 N 原子取 sp 杂化，左边的 N 原子不杂化，以 p 轨道成键。首先，右边和中间的 N 原子形成一个 σ 键，中间和左边的 N 原子形成一个 σ 键和一个 π 键，然后三个 N 原子的 p 电子再形成一个 Π_3^4 离域 π 键。

氢叠氮酸根(N_3^-)的成键与酸类似，其差异在于，酸根的一个负电荷也参与到形成大 π 键中，形成两个 Π_3^4 离域 π 键。

15.3.3.2　性质

氢叠氮酸为无色、有刺激性气味的液体，易挥发，沸点为 308.8 K，熔点为 193 K。

1. 稳定性

氢叠氮酸不稳定，容易发生爆炸性分解。

$$2HN_3 \xlongequal{} 3N_2 + H_2 \qquad \Delta_r H^\ominus = -593.6\ kJ \cdot mol^{-1}$$

大多数金属氢叠氮酸盐不稳定，加热会发生爆炸性分解。

$$Pb(N_3)_2 \xlongequal{} 3N_2 + Pb$$

碱金属氢叠氮酸盐相对较稳定，受热时分解，不爆炸。

$$2NaN_3 \xlongequal{} 3N_2 + 2Na$$

2. 弱酸性

氢叠氮酸在水溶液中为一元弱酸，$K^\ominus = 1.9 \times 10^{-5}$。

典型反应如下：

$$HN_3 + NaOH \xlongequal{} NaN_3 + H_2O$$

$$2HN_3 + Zn \xlongequal{} Zn(N_3)_2 + H_2\uparrow$$

3. 氧化还原性

氢叠氮酸分子中 N 原子的平均氧化数为 $-\frac{1}{3}$，表现出氧化还原性，在水溶液中歧化分解：

$$HN_3 + H_2O \xlongequal{} NH_2OH + N_2\uparrow$$

15.3.3.3　制备

由于氢叠氮酸易挥发，一般通过酸化其盐进行制备。

$$NaN_3 + H_2SO_4 \xlongequal{} NaHSO_4 + HN_3$$

氢叠氮酸盐常通过氨基化物转化制得。

$$3NaNH_2 + NaNO_3 \xrightarrow{175℃} NaN_3 + 3NaOH + NH_3$$

$$2NaNH_2 + N_2O \xrightarrow{190℃} NaN_3 + NaOH + NH_3$$

15.4　氮的含氧化合物

15.4.1　氮的氧化物

氮的正氧化数 +1、+2、+3、+4、+5 都有相应的氧化物，分别是 N_2O、NO、N_2O_3、$NO_2(N_2O_4)$、N_2O_5。常温下除 N_2O_5 是固态外，氮的其他氧化物都是气态。最重要的氧化物是 NO、NO_2。

1. N_2O

N_2O 与氢叠氮酸根(N_3^-)是等电子体，有相同的成键和直线型结构，如图 15−5 所示。

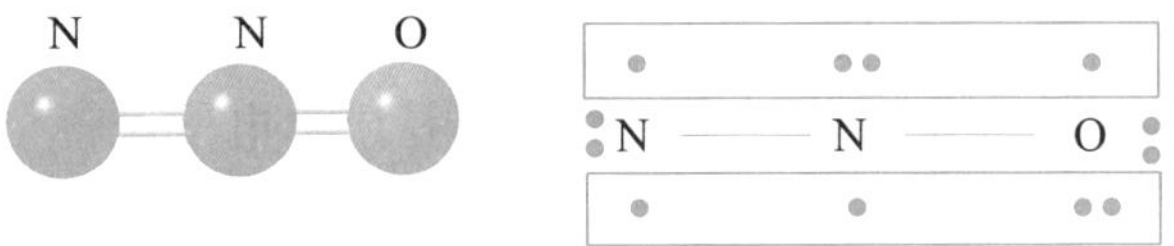

图 15−5　N_2O 的分子结构及成键

N_2O 的熔点为 170.6 K，沸点为 184.5 K，常温下是无色气体，不稳定，易分解。

2. NO

NO 的分子轨道能级顺序与 O_2 一致，其分子轨道排布式如下：

$$KK(\sigma_{2s})^2(\sigma_{2s}^*)^2(\sigma_{2p})^2(\pi_{2p_Y})^2(\pi_{2p_Z})^2(\pi_{2p_Y}^*)^1$$

分子中存在一个 σ 键，一个 π 键，一个三电子 π 键，键长 115.4 pm。整个分子有 11 个电子，是奇电子分子，表现出顺磁性，但无色，固态为有少量松弛的双聚体 N_2O_2，结构有顺式、反式两种，主要为顺式结构。

NO、顺−N_2O_2 和反−N_2O_2 的分子结构如图 15−6 所示。

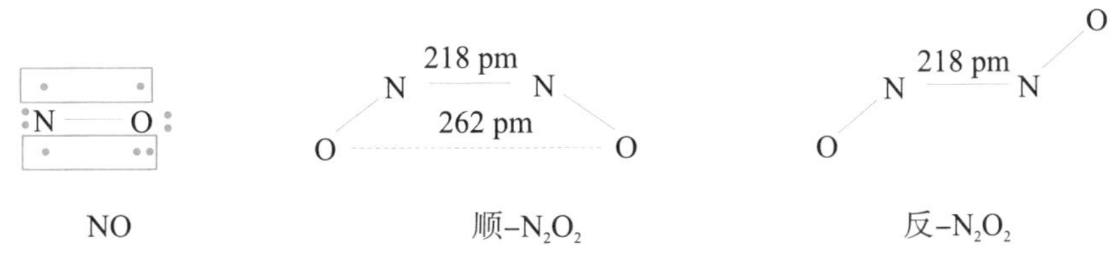

图 15−6　NO、顺−N_2O_2 和反−N_2O_2 的分子结构

NO 的熔点为 109.4 K，沸点为 121.2 K，常温下为无色气体。

NO 分子反键 $(\pi_{2p_Y}^*)^1$ 上的一个电子易失去，形成亚硝酰(NO^+)，所以具有还原性。由于失去了反键轨道上的电子，NO^+ 的键级比 NO 大，化学键更强，表现为 NO^+ 的键长比 NO 的键长短 9 pm。典型反应是与卤素反应生成卤化亚硝酰。

$$2NO + X_2 = 2NOX \quad (X=F、Cl、Br)$$

NO 分子中 N 原子上的孤电子对使 NO 具有一定的配位能力。典型反应是与 Fe^{2+} 形成棕色亚硝酰合铁离子。

$$Fe^{2+} + NO \xlongequal{} Fe(NO)^{2+}$$

3. N_2O_3

N_2O_3的分子结构如图 15－7 所示。

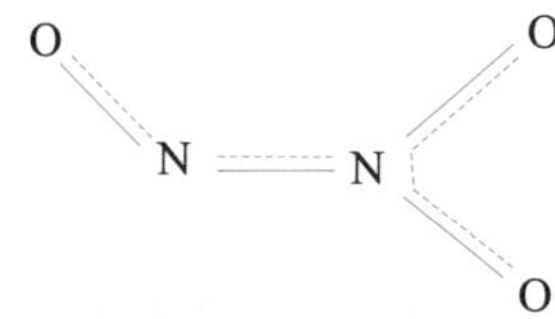

图 15－7　N_2O_3的分子结构

键参数：—NO_2 中 d(N—O)＝120 pm，—NO 中 d(N—O)＝114 pm，d(N—N)＝186 pm，∠ONO＝130°。

杂化轨道理论解释 N_2O_3 分子成键为两个氮原子都取 sp^2 杂化，—NO 中 N 原子(即图 15－7 中左边的 N 原子)的 sp^2 杂化轨道有两个成单电子和一对孤电子对，—NO_2 中 N 原子(即图 15－7 中右边的 N 原子)的 sp^2 杂化轨道都是成单电子，整个分子存在一个 Π_5^6 离域 π 键。

N_2O_3的熔点为 170.8 K，沸点为 276.5 K，固态为蓝色，液态为淡蓝色，气态不稳定，易分解。

$$N_2O_3 \xlongequal{} NO + NO_2$$

上述反应在低温下逆向进行，可制备 N_2O_3。

4. NO_2

NO_2分子有 17 个电子，是奇电子分子，具有奇电子分子的通性：顺磁性，显棕红色，易于双聚成无色 N_2O_4。与 N_2O_4的平衡受温度影响，例如：

$$N_2O_4(s) \xrightarrow{264\ K} N_2O_4(l，少量\ NO_2) \xrightarrow{294\ K} N_2O_4(g，15\%\ NO_2) \xrightarrow{373\ K} NO_2(90\%)$$
$$\xrightarrow{413\ K} NO_2(100\%) \xrightarrow{>413\ K} NO + O_2$$

因此，NO_2与 N_2O_4常归入一个体系中。

NO_2的分子结构为“V”字形，d(N—O)＝118.8 pm，∠ONO＝134°。

杂化轨道理论解释 NO_2 分子成键目前有两种观点：其一，N 原子取 sp^2 杂化，三个 sp^2 杂化轨道有两个成单电子，一对孤电子对，存在一个 Π_3^3 离域 π 键；其二，N 原子取 sp^2 杂化，三个 sp^2 杂化轨道有三个成单电子，存在一个 Π_3^4 离域 π 键。如图 15－8 所示。

图 15－8　NO_2的分子结构及两种成键观点

这两种观点的差异表现在 N 原子选择 sp^2 杂化轨道的电子数不同，并由此影响形成大

π 键的电子数。图 15－8 左边的成键方式可以保证分子内的电子都成对或成键，即分子中没有不成键的成单电子。未成键的成单电子反应活性高，分子中有未成键的成单电子将使分子不稳定，因此，分子成键要尽可能使成单电子成键。但是，如果按照图 15－8 左边的方式成键，N 原子 sp^2 杂化轨道上将有一对孤电子对。孤电子对排斥能力强，其将对另两个 sp^2 杂化轨道的成键电子对产生较强的排斥作用，导致键角∠ONO 在 120°的基础上被压缩，即键角应该小于 120°。但实验测定的键角∠ONO＝134°，所以实验测定结果使图 15－8 右边的成键方式被提出。如果按照图 15－8 右边的方式成键，N 原子 sp^2 杂化轨道上将有一个成单电子。由于成单电子的排斥能力弱于成键电子对，因此，另两个 sp^2 杂化轨道的成键电子对产生的排斥力将导致键角∠ONO 在 120°的基础上增大，这就解释了实验测定键角大于 120°。此外，NO_2 分子有颜色，易双聚，都表明其分子内有成单电子，也支持了图 15－8 右边的成键方式。

N_2O_4 的分子结构如图 15－9 所示。

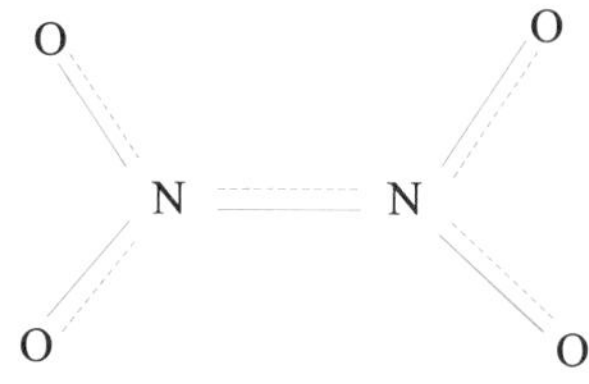

图 15－9　N_2O_4 的分子结构

键参数：d(N—O)＝121 pm，d(N—N)＝175 pm，∠ONO＝135°。

杂化轨道理论解释 N_2O_4 分子成键，N 原子取 sp^2 杂化，三个 sp^2 杂化轨道各有三个成单电子，存在一个 Π_6^8 离域 π 键。

NO_2 是混合酸酐，在水中歧化成硝酸和亚硝酸：

$$2NO_2 + H_2O = HNO_3 + HNO_2$$

HNO_2 在热水中歧化：

$$3HNO_2 = HNO_3 + 2NO + H_2O$$

NO_2 溶于热水可得到硝酸：

$$3NO_2 + H_2O(\text{热}) = 2HNO_3 + NO$$

因此，碱可作 NO_2 吸收剂。

NO_2 中的 N 原子处于中间氧化态，所以 NO_2 具有氧化还原性，一般以氧化性为主。

$$2Cu + NO_2 = Cu_2O + NO$$

$$2C + 2NO_2 = 2CO_2 + N_2$$

$$SO_2 + NO_2 = SO_3 + NO$$

$$H_2O_2 + 2NO_2 = 2HNO_3$$

5. N_2O_5

气态时，N_2O_5 的分子结构和成键如图 15－10 所示。

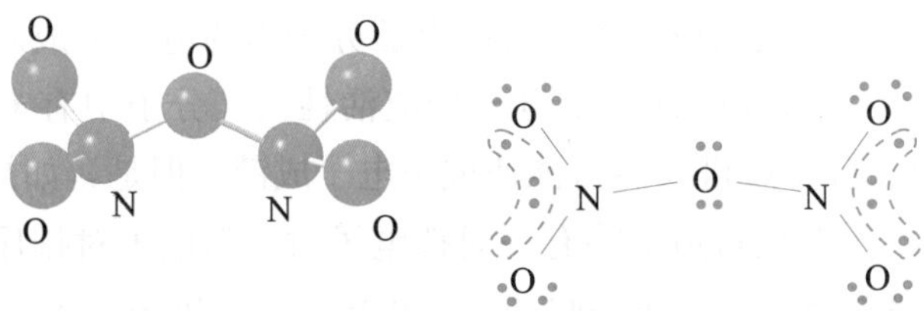

图 15-10 N_2O_5的分子结构和成键

杂化轨道理论解释 N_2O_5，两个 N 原子都取 sp^2杂化，三个 sp^2杂化轨道各有三个成单电子，存在两个 Π_3^4 离域 π 键。

N_2O_5分子固态时是离子晶体，阴、阳离子分别是 NO_3^- 和 NO_2^+。

N_2O_5的熔点为 303 K，沸点为 320 K，常温下是固体。高于常温时，固态、液态都不稳定，易分解。

$$2N_2O_5 = 4NO_2 + O_2$$

N_2O_5是硝酸的酸酐。

$$N_2O_5 + H_2O = 2HNO_3$$

由于 N_2O_5不稳定，硝酸并不通过 N_2O_5溶于水制得。

15.4.2 亚硝酸及其盐

15.4.2.1 分子结构

亚硝酸的分子结构如图 15-11 所示。

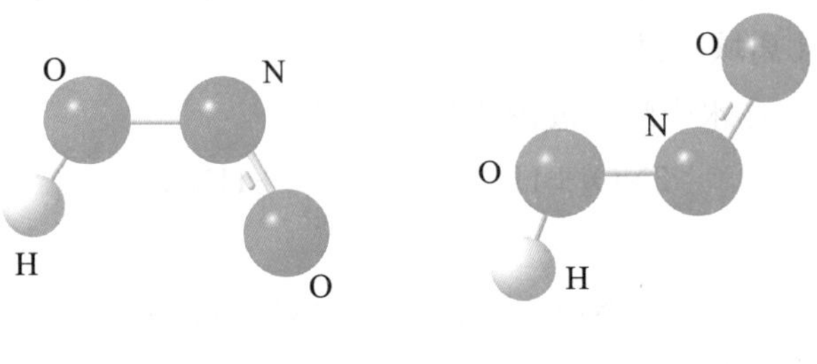

图 15-11 亚硝酸的分子结构

亚硝酸有顺式、反式两种结构。

顺式结构键参数：d(H—O) = 98.2 pm，d(N—O) = 139.2 pm，d(N=O) = 118.5 pm，∠HON=104.0°，∠ONO=113.6°。

反式结构键参数：d(H—O) = 95.8 pm，d(N—O) = 143.2 pm，d(N=O) = 117.0 pm，∠HON=102.1°，∠ONO=110.7°。

亚硝酸根的结构为“V”字形，键参数：d(N—O)=123.6 pm，∠ONO=115.4°。

杂化轨道理论解释亚硝酸及其酸根成键，酸中的 N 原子取 sp^2杂化，三个 sp^2杂化轨道有两个成单电子，一对孤电子对；酸根中的 N 原子同样取 sp^2杂化，三个 sp^2杂化轨道有两个成单电子，一对孤电子对，同时存在一个大π键Π_3^4。

15.4.2.2　性质

1. 稳定性

亚硝酸不稳定，仅存在于冷的稀溶液中，浓度较大或温度较高时易分解。

$$2HNO_2 = N_2O_3(蓝) + H_2O = NO\uparrow + NO_2(红棕色)\uparrow + H_2O$$

亚硝酸盐遇强酸生成HNO_2，不稳定，分解成N_2O_3，使水溶液呈蓝色。N_2O_3不稳定，又分解成NO和NO_2，使气相出现红棕色。这个反应可用于鉴定NO_2^-。

室温时，HNO_2有明显的歧化反应：

$$3HNO_2 = HNO_3 + 2NO\uparrow + H_2O$$

亚硝酸盐比亚硝酸稳定。碱金属和碱土金属的亚硝酸盐热稳定性较高，但极化能力强的金属阳离子亚硝酸盐稳定性差。例如：

$$AgNO_2 \xrightarrow{413\ K} Ag + NO_2\uparrow$$

2. 酸性

亚硝酸是弱酸，$K^\ominus = 7.24\times10^{-4}$。

3. 氧化还原性

亚硝酸中氮的氧化数是+3，具有氧化还原性。

酸性条件：

$$H^+ + HNO_2 + e^- = NO + H_2O \qquad \varphi^\ominus = 0.99\ V$$

$$3H^+ + NO_3^- + 2e^- = HNO_2 + H_2O \qquad \varphi^\ominus = 0.94\ V$$

碱性条件：

$$H_2O + NO_2^- + e^- = NO + 2OH^- \qquad \varphi^\ominus = -0.46\ V$$

$$H_2O + NO_3^- + 2e^- = NO_2^- + 2OH^- \qquad \varphi^\ominus = 0.01\ V$$

亚硝酸的氧化能力体现在酸性条件下。

HNO_2的氧化能力较强，稀溶液时甚至强于HNO_3。

典型反应如下：

$$HNO_2 + Fe^{2+} + H^+ = NO\uparrow + Fe^{3+} + H_2O$$

$$2HNO_2 + 2I^- + 2H^+ = 2NO\uparrow + I_2 + 2H_2O$$

亚硝酸将I^-氧化成I_2的反应可用于定量测定亚硝酸盐。稀溶液时，HNO_3不能把I^-氧化成I_2，这是HNO_3与HNO_2的明显区别之一。

HNO_2作为氧化剂时氧化速度很快，是所谓的快速氧化剂，原因在于HNO_2溶液中存在平衡：

$$H^+ + HNO_2 = NO^+ + H_2O \quad K^\ominus = 2\times10^{-7}$$

亚硝酰离子(NO^+)起催化反应的作用，催化历程大致是NO^+迅速与阴离子缔合，形成反应中间体，再分解为产物。如HNO_2将I^-氧化成I_2：

$$NO^+ + I^- = ONI$$

$$2ONI = 2NO + I_2$$

HNO_2作为氧化剂时，一般情况下的还原产物是 NO，但当还原剂的还原能力较强时，被还原的产物则可能分别是 NO、N_2O、NH_2OH、N_2或 NH_3。

亚硝酸的还原能力主要体现在碱性条件下。

酸性条件下，HNO_2的还原能力很弱，强氧化剂才能氧化 HNO_2，如 $KMnO_4$、Cl_2、Br_2、$K_2Cr_2O_7$等。

$$2MnO_4^- + 5HNO_2 + H^+ \xlongequal{} 5NO_3^- + 2Mn^{2+} + 3H_2O$$

碱性条件下，NO_2^- 是较强的还原剂，甚至可以被溶液中的 O_2氧化。

$$2NO_2^- + O_2 \xlongequal{} 2NO_3^-$$

4. 配位作用

NO_2^- 具有配位能力，这是由于 NO_2^- 中 N 原子和 O 原子上都有孤电子对，都可以提供出来形成配合物。但是，N 原子和 O 原子上的孤电子对不能同时提供出来形成配合物，因此，NO_2^- 是单齿配位体。

NO_2^- 能与许多过渡金属离子形成配合物，如 $[Co(NH_3)_5NO_2]Cl_2$，O 作配位原子时呈红色，N 作配位原子时呈黄色。

15.4.2.3 制备

(1) 亚硝酸的制备。

酸化亚硝酸盐。

$$NaNO_2 + H_2SO_4(冷) \xlongequal{} NaHSO_4 + HNO_2$$

NO_2、NO 混溶于冷水。

$$NO_2 + NO + H_2O(冷) \xlongequal{} 2HNO_2$$

(2) 亚硝酸盐的制备。

硝酸盐在高温下被还原。例如：

$$Pb + NaNO_3 \xlongequal{} NaNO_2 + PbO$$

15.4.3 硝酸及其盐

15.4.3.1 分子结构

硝酸和硝酸根的结构及成键如图 15－12 所示。

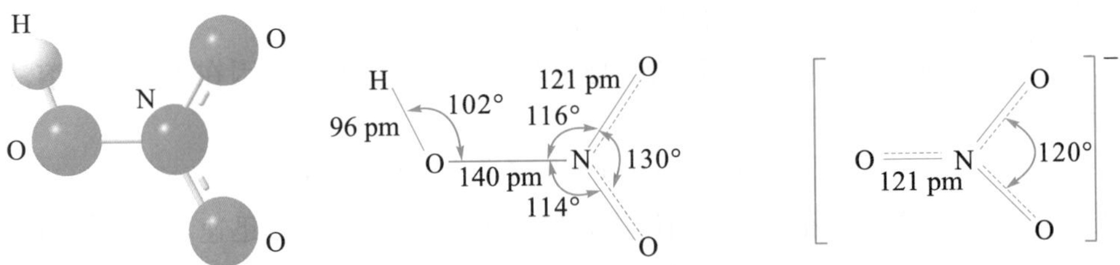

图 15－12 硝酸和硝酸根的结构及成键

杂化轨道理论解释硝酸和硝酸根的成键，硝酸分子中的 N 原子取 sp^2 杂化，三个 sp^2

杂化轨道有三个成单电子，N原子和两个端基氧原子形成一个大π键Π_3^4；硝酸根离子中的N原子同样取sp^2杂化，三个sp^2杂化轨道有三个成单电子，同时存在一个大π键Π_4^6（硝酸根的一个负电荷也参与形成大π键）。

15.4.3.2　性质

1. 稳定性

HNO_3不稳定，易分解，且为光催化剂。

$$4HNO_3 = 4NO_2\uparrow + O_2\uparrow + 2H_2O$$

硝酸在放置过程中会慢慢变黄，这是由于其分解出NO_2溶于水。

2. 氧化性

HNO_3最重要的性质是强氧化性。HNO_3溶液中存在的NO_2能促进氧化，起到传递电子的催化作用：

$$NO_2 + e^- = NO_2^-$$

$$NO_2^- + H^+ = HNO_2$$

$$HNO_3 + HNO_2 = H_2O + 2NO_2\uparrow$$

将上述三个反应加合：

$$HNO_3 + H^+ + e^- = NO_2 + H_2O$$

HNO_3通过NO_2与还原剂交换电子，从而使反应加速。

HNO_3作氧化剂对应的电极电势见表15−2。

表15−2　HNO_3作氧化剂对应的电极电势

NO_3^-/X	NO_2	HNO_2	NO	N_2O	N_2	NH_3OH^+	$N_2H_5^+$	NH_4^+
$\varphi^\ominus$	0.80	0.94	0.96	1.11	1.24	0.73	0.84	0.87

由表15−2可以看出，HNO_3被还原的产物的氧化数从+4变化到−3，并且HNO_3被还原的电极电势相差不多，这意味着如果没有动力学方面的原因，那么这些低氧化态的产物都会生成。实验证明，HNO_3被还原的产物众多，各种低价产物都有，只是含量不同。如此多的被还原产物以哪一种为主，取决于HNO_3的浓度、还原剂的还原能力、温度、反应速度等因素。

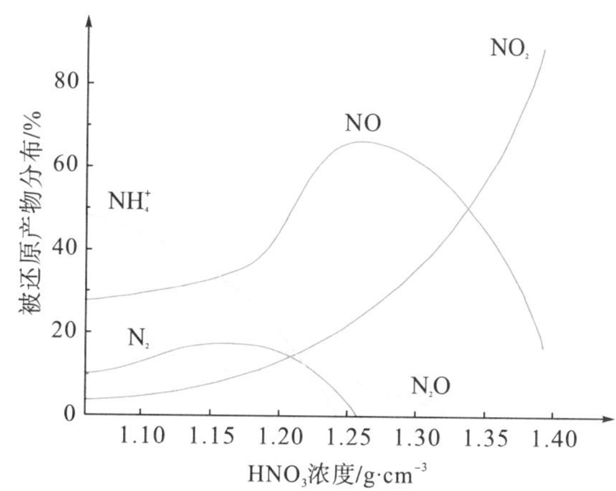

图15−13　HNO_3与铁反应的被还原产物

金属铁与HNO_3反应时，HNO_3浓度对被还原产物分布的影响如图15−13所示。

由图15−13可以看出HNO_3浓度与被还原产物的关系。当还原剂和温度等其他条件相同时，HNO_3 被还原产物众多。当 HNO_3 浓度一定时，会有某一种被还原产物相对较多，为主要产物。可以看出，当 HNO_3 浓度较大时，主要被还原产物是 NO_2；当 HNO_3 浓度较小时，主要被还原产物是 NO；当 HNO_3 浓度更小时，主要被还原产物是 NH_4^+。

由此可见，HNO_3被还原的历程是很复杂的。

书写反应方程式时只写生成主要产物的反应方程式即可。

HNO_3作为氧化剂的氧化还原反应有以下规律：

(1) 与非金属单质反应，HNO_3被还原成 NO_2或 NO，非金属单质被氧化成含氧酸或酸酐。例如：

$$S+6HNO_3(浓)=H_2SO_4+6NO_2\uparrow+2H_2O$$

$$S+2HNO_3(稀)=H_2SO_4+2NO\uparrow$$

$$C+4HNO_3(浓)=CO_2+4NO_2\uparrow+2H_2O$$

$$3C+4HNO_3(稀)=3CO_2+4NO\uparrow+2H_2O$$

$$P+5HNO_3(浓)=H_3PO_4+5NO_2\uparrow+H_2O$$

从以上反应可以看出，浓 HNO_3被还原成 NO_2，稀 HNO_3被还原成 NO。原因在于 HNO_3溶液中的平衡：

$$3NO_2+H_2O \rightleftharpoons 2HNO_3+NO$$

当硝酸浓度大时，平衡左移，易于生成 NO_2；当硝酸浓度小时，平衡右移，易于生成 NO。

(2) HNO_3几乎能氧化所有金属。一般情况下，浓 HNO_3被还原成 NO_2，稀 HNO_3被还原成 NO，活泼金属与稀 HNO_3反应的产物可能是 N_2O、NH_4^+。例如：

$$Zn+4HNO_3(浓)=Zn(NO_3)_2+2NO_2\uparrow+2H_2O$$

$$4Zn+10HNO_3(稀)=4Zn(NO_3)_2+N_2O\uparrow+5H_2O$$

$$4Zn+10HNO_3(极稀)=4Zn(NO_3)_2+NH_4NO_3+3H_2O$$

Au、Pt、Rh 和 Ir 等少数几个活泼性很差的金属不能被硝酸氧化。浓 HNO_3使 Al、Cr、Fe 钝化，钝化后也不能溶于稀 HNO_3。

(3) 浓 HNO_3的氧化能力强于稀 HNO_3，这表现在稀 HNO_3不易使还原剂达到最高氧化态。例如：

$$Hg+4HNO_3(浓)=Hg(NO_3)_2+2NO_2\uparrow+2H_2O$$

$$6Hg+8HNO_3(稀)=3Hg_2(NO_3)_2+2NO\uparrow+4H_2O$$

同时，由于稀 HNO_3中 NO_2少，故稀 HNO_3的反应速度更慢。

(4) 王水：作为 HNO_3强氧化性的一个应用，浓 HNO_3与浓 HCl 以 1∶3(体积比)混合得到王水，可溶解浓 HNO_3不能溶解的金属。例如：

$$Au+HNO_3+4HCl=H[AuCl_4]+NO\uparrow+2H_2O$$

王水溶解 Au 等难溶性金属的原因，以前认为是王水中含有具有强氧化性的原子氯和具有强氧化性的氯化亚硝酰：

$$HNO_3+3HCl=NOCl+2Cl+2H_2O$$

但随着对配合物研究的深入，人们意识到，王水的氧化能力特别强是由于其中大量

存在的 Cl^- 能与金属离子形成配离子，从而提高了金属单质的还原能力。例如：

$$Au^{3+} + 3e^- \longrightarrow Au \qquad \varphi^\ominus = 1.42\ V$$

$$AuCl_4^- + 3e^- \longrightarrow Au + 4Cl^- \qquad \varphi^\ominus = 0.99\ V$$

3. 酸性

由于 HNO_3 的强氧化性，HNO_3 一般不作为酸使用。

4. 硝化作用

HNO_3 以硝基（$-NO_2$）取代有机物中的一个或几个 H 原子的反应，称为硝化反应。这是有机化合物的重要反应之一。浓硫酸催化硝化反应，实际上是利用浓硫酸的吸水性使下列平衡右移。

$$2HNO_3 \rightleftharpoons NO_2^{*+} + NO_3^- + H_2O$$

活化硝酰离子是硝化反应历程中必需的活化质点。

15.4.3.3　制备

硝酸的制备有工业制备和实验室制备两种。

（1）工业制备。

$$4NH_3 + 5O_2 \xrightarrow{Pt-Rh,\ 1273\ K} 4NO + 6H_2O$$

$$2NO + O_2 = 2NO_2$$

$$3NO_2 + H_2O = 2HNO_3 + NO$$

NO 可循环使用。

（2）实验室制备。

酸化硝酸盐。例如：

$$NaNO_3 + H_2SO_4(浓) = HNO_3 + NaHSO_4$$

15.4.3.4　硝酸盐

由于硝酸根离子电荷低、对称性高、不易变形，因此，大多数硝酸盐的晶格能小，极化作用弱，是无色、易溶于水的离子型晶体。

硝酸盐热分解反应符合含氧酸盐热稳定性的一般规律，即含氧酸盐的热分解本质上是阳离子夺取酸根的氧原子，分解成金属氧化物和非金属氧化物。但是，硝酸+5 氧化态对应的氧化物 N_2O_5 不稳定，会分解成 NO_2 和 O_2，导致硝酸盐的热分解不是单纯的复分解反应，而是氧化还原反应。

硝酸盐的热分解产物依金属离子不同而异，表现出以下三个规律：

（1）碱金属和部分碱土金属硝酸盐，由于亚硝酸盐热稳定性高，所以分解产物是相应的亚硝酸盐和氧气。例如：

$$2NaNO_3 \xrightarrow{\triangle} 2NaNO_2 + O_2\uparrow$$

（2）电位顺序在 Mg 和 Cu 之间的硝酸盐的分解产物是相应的氧化物、NO_2 和 O_2。例如：

$$2Pb(NO_3)_2 \xrightarrow{\triangle} 2PbO + 4NO_2\uparrow + O_2\uparrow$$

（3）电位顺序在 Cu 之后的硝酸盐的分解产物是相应的金属单质、NO_2 和 O_2。例如：

$$2AgNO_3 \xrightarrow{\triangle} 2Ag + 2NO_2\uparrow + O_2\uparrow$$

15.5 单质磷

单质磷有多种同素异形体，最重要也最常见的有三种：白磷、黑磷、红磷。其中，白磷有两种变体，其晶型分别是立方晶形和六角晶形；黑磷有四种变体；红磷有更多的变体。

15.5.1 单质磷的分子结构

白磷的分子结构是一个四面体，分子式是 P_4，如图 15－14 所示。

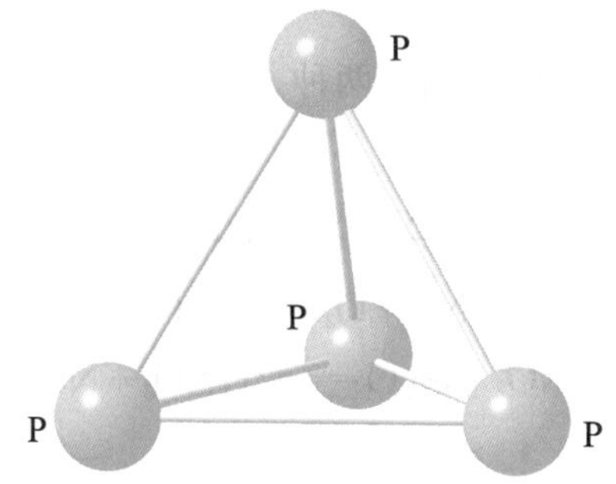

图 15－14　白磷的分子结构

键参数：d(P—P)＝221 pm，∠PPP＝60°。

实验测得 P_4分子的 P—P 键离解能较低，为 201 $kJ \cdot mol^{-1}$，表明 P—P 键不稳定，易断裂。为了解释这种键的不稳定性，P_4分子中 P 原子以 p 轨道上的电子彼此成键，并由此而具有张力的观点被提出。P 原子的三个 p 轨道彼此之间夹角为 90°，而实测键角只有 60°，这意味着成键时轨道夹角受到了压缩。当键角与轨道夹角不一致时，在构成键角的两个键上将会产生一种反抗的作用力，这个作用力力图使键角恢复到轨道夹角，称为张力。凡具有键角与轨道夹角不等的分子，称为具有张力的分子。由于张力的存在，分子化学键不稳定，易断裂。一般而言，键角与轨道夹角相差越大，张力越大，分子越不稳定。显然，P_4分子的 P—P 键上具有较强的张力，导致 P—P 键很不稳定，白磷很活泼。

红磷分子具有链状结构，如图 15－15 所示。

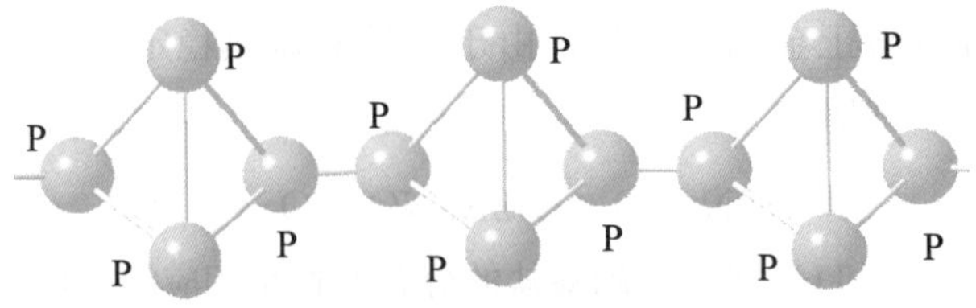

图 15－15　红磷的分子结构

红磷的这种结构可看成是白磷中断裂一个 P—P 键，再相互连接形成链状。相较于白磷，红磷减少了一个具有张力的 P—P 键，因此，红磷比白磷更稳定。

黑磷的分子结构如图 15－16 所示。

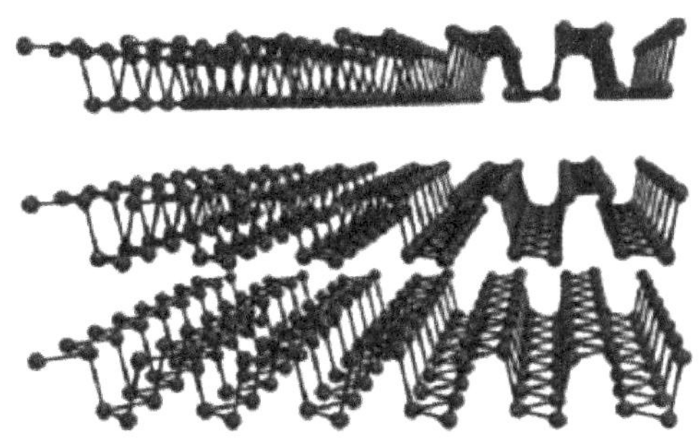

图 15－16　黑磷的分子结构

黑磷分子具有石墨状的片层结构。这种结构的形成可看作是红磷的链状分子中具有张力的 P—P 键断裂，然后链与链以共价键结合连接构成网状结构。显然，黑磷中具有张力的 P—P 键更少，所以，黑磷比白磷、红磷更稳定。

15.5.2　单质磷的性质

白磷很活泼，红磷和黑磷都较稳定。因此，磷的化学性质一般通过白磷表现出来。白磷的四面体结构使得磷的许多化合物(氧化物、含氧酸、硫化物等)都以白磷 P_4 分子为结构基础衍生出来。

白磷遇光易变黄，因此白磷也称为黄磷。白磷很活泼，能与很多金属及非金属反应。

1. 还原性

白磷在空气中易与氧气发生氧化反应。

$$P_4 + 4O_2 = P_4O_8$$

该反应缓慢进行，部分能量以光的形式放出，故在暗处可以看见白磷发光，称为磷光。一般的光伴随热量出现，但磷光不发热，故称磷光为冷光。当缓慢的氧化积聚的热量达到燃点(313 K)时，白磷就会自燃。因此，通常将白磷储存在水中以避免接触空气。

白磷可以将有氧化性的金属离子还原为金属，有时甚至可以和还原得到的金属反应生成磷化物。例如：

$$P_4 + 10CuSO_4 + 16H_2O = 10Cu + 4H_3PO_4 + 10H_2SO_4$$

$$11P + 15CuSO_4 + 24H_2O = 5Cu_3P + 6H_3PO_4 + 15H_2SO_4$$

利用上述反应，硫酸铜可以作为磷中毒的解毒剂。

2. 歧化

由图 15－1 可知，磷在水中会歧化：

$$P_4 + 6H_2O = PH_3 + 3H_3PO_2$$

室温下，歧化反应速度非常慢，可视为不反应。

碱性条件下，磷有更显著的歧化：

$$P_4 + 3NaOH + 3H_2O = PH_3 + 3NaH_2PO_2$$

加热不仅使反应速度加快，还可能使 $H_2PO_2^-$ 进一步歧化为亚磷酸盐或磷酸盐。

15.6 磷的氢化物

磷与氢可以组成一系列氢化物：PH_3、P_2H_4、$(P_2H)_x$ 等。其中最重要的是 PH_3，按照氮族非金属元素氢化物都有俗称的传统，称为膦。本节主要讨论膦的性质。

15.6.1 膦的分子结构

膦的分子结构如图 15－17 所示。

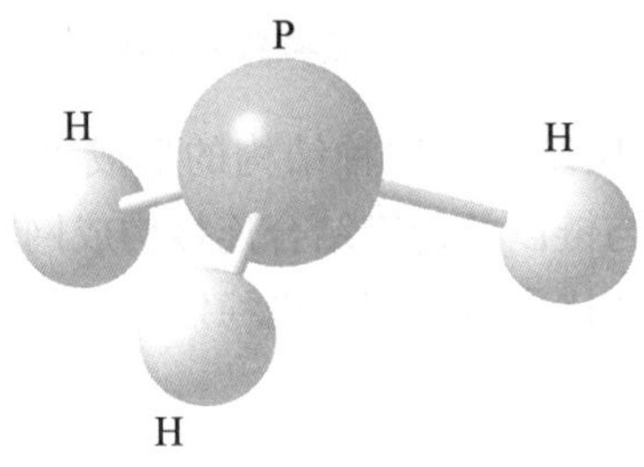

图 15－17 膦的分子结构

键参数：d(P—H)＝142 pm，∠HPH＝93°。

P 原子参与成键的基本上是三条纯 p 轨道。三条 p 轨道相互之间的夹角是 90°，极少的 s 轨道参与 sp^3 杂化的成分使得键角略有增大。相关内容参见 14.6.2。

15.6.2 膦的性质

虽然膦与氨在成键上各异，但作为同族元素的同类型化合物，其分子结构相似。膦具有氨分子的结构特点及性质，只是在程度上存在差异。膦分子的对称性差导致其有极性，最低氧化数导致其有还原性，孤电子对的存在导致其有配位能力，并因此具有碱性，是 Lewis 碱。

1. 配位作用

PH_3 分子中 P 原子上具有一对孤电子对，使其具有配位能力。

如果 PH_3 像 NH_3 一样显示出配位性质，即只提供 P 原子上一对孤电子对和中心离子形成一个 σ 键，则由于 P 原子的半径更大，与中心离子的键更弱，所以配位能力弱于氨。表现在所形成的配合物上，即 PH_3 形成的配合物稳定性更差。典型的例子就是鏻离子（PH_4^+）。鏻离子的稳定性远远弱于铵根离子，水溶液中鏻离子迅速分解。

$$PH_4^+ + H_2O = PH_3\uparrow + H_3O^+$$

由于这一原因，膦在水中略显碱性，碱性远小于 NH_3。

$$PH_3 + H_2O = PH_4^+ + OH^- \qquad K^\ominus = 1.8\times10^{-25}$$

但是，PH_3 可以显示出与 NH_3 不一样的配位性质。NH_3 分子中的 N 原子没有空的价层原子轨道，而 PH_3 分子中的 P 原子具有空的 3d 轨道，这就使得 PH_3 分子既能提供 P 原子上的孤电子对和中心离子形成一个 σ 键，又可以在此基础上使用 P 原子的空的 3d 轨道，接受中心离子的成对 d 电子，形成反馈键(d－dπ 配键)，从而增强配合物的稳定性，如 $Cu(PH_3)_2Cl_2$、$Cr(CO)_3(PH_3)_3$ 等。许多过渡金属与 PH_3 分子形成配合物时都能形成这种反馈键(d－dπ 配键)。反馈键的形成增强了 PH_3 分子的配位能力，因此，PH_3 与过渡金属形成配合物的能力强于 NH_3。

2. 还原性

PH_3 具有一定的还原能力。

酸性条件：

$$P(白)+3H^+ +3e^- = PH_3 \qquad \varphi^\ominus = -0.063\ V$$

碱性条件：

$$P(白)+3H_2O+3e^- = PH_3+3OH^- \qquad \varphi^\ominus = -0.89\ V$$

典型反应如下：

$$PH_3+4Cu^{2+}+4H_2O = H_3PO_4+8H^+ +4Cu$$

当温度达到 423 K 时，PH_3 与 O_2 发生燃烧反应：

$$PH_3+2O_2 \xrightarrow{燃烧} H_3PO_4$$

通常制得的 PH_3 气体常温下能够自燃，这是因为含有少量更加活泼的联膦(P_2H_4)。联膦与联氨类似，是 PH_3 的衍生物。

15.6.3　膦的制备

有多种反应可用于制备 PH_3，一些制备反应与氨的制备反应类似。

磷蒸气与氢在气相条件下直接反应(类似氮与氢的反应)：

$$P_4+6H_2 = 4PH_3$$

磷化物水解(类似金属氮化物的水解)：

$$Ca_3P_2+6H_2O = 3Ca(OH)_2+2PH_3$$

碘化鏻与碱反应(类似卤化铵与碱反应)：

$$PH_4I+NaOH = NaI+H_2O+PH_3$$

15.7　磷的卤化物

卤素单质都可以和白磷反应，通过控制反应物的配比和改变反应条件，生成 PX_3、P_2X_4 和 PX_5 等卤化物或混合卤化物。较重要的是 PCl_3、PCl_5。

15.7.1　三卤化磷

1. 分子结构

三卤化磷的分子结构是三角锥形。图 15－18 为三氯化磷的分子结构。

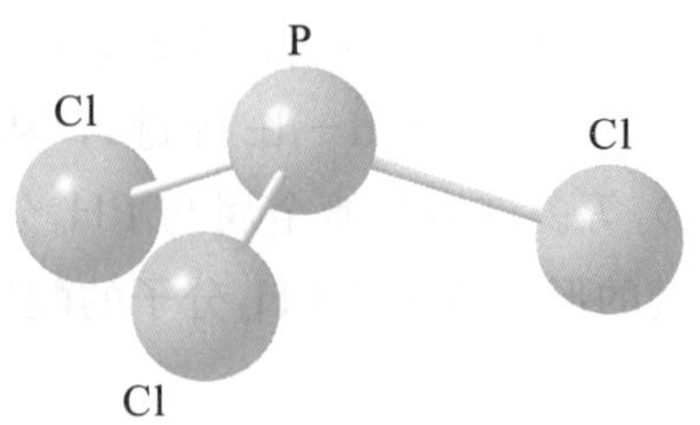

图 15-18 三氯化磷的分子结构

三卤化磷的键角分别为：$\angle FPF = 96.3°$，$\angle ClPCl = 100°$，$\angle BrPBr = 101°$，$\angle IPI = 102°$。

杂化轨道理论解释卤化磷分子成键，P 原子进行不等性 sp^3 杂化，从 I 到 F，随着电负性的增大，成键电子对离 P 原子越来越远，成键电子对与 P 原子上孤电子对（主要是 s 电子）的能量差越来越大，s 轨道电子参与 sp^3 杂化的倾向越来越小，以纯 p 轨道成键的倾向越来越强，键角越来越接近 p 轨道之间的夹角（90°）。

2. 配位作用

P 原子上的孤电子对使得三卤化磷具有一定的配位能力。例如：

$$4PCl_3 + Ni(CO)_4 = Ni(PCl_3)_4 + 4CO$$

3. 还原性

三卤化磷中 P 原子的氧化数为+3，可以被氧化，表现出还原能力。如三卤化磷易与氧或硫反应生成三卤氧磷和三卤硫磷：

$$2PF_3 + O_2 = 2POF_3$$

$$2PCl_3 + O_2 = 2POCl_3$$

$$PBr_3 + S = PSBr_3$$

三卤氧磷和三卤硫磷的成键都利用了三卤化磷的孤电子对。三氯氧磷的分子结构如图 15-19 所示。

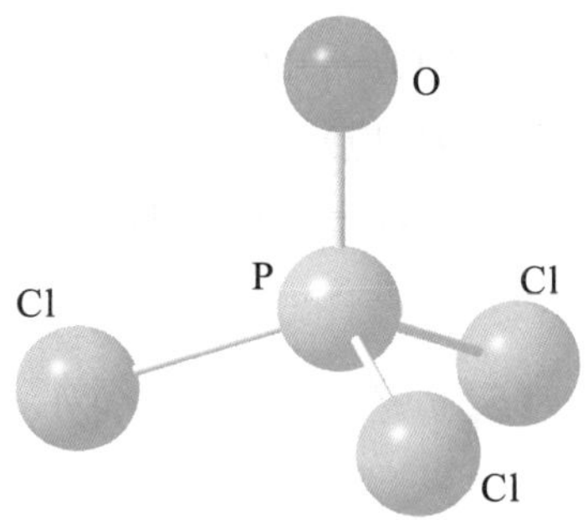

图 15-19 三氯氧磷的分子结构

键参数：$d(P—O) = 158$ pm，$d(P—Cl) = 202$ pm，$\angle ClPCl = 106°$。

在 PCl_3 成键的基础上，P 原子上的孤电子对提供给 O 原子重排之后的 2p 空轨道，形成一个 σ 键，然后 O 原子的两对 2p 电子再提供给 P 原子空的 3d 轨道，形成两个反馈 d-pπ 配键。反馈 d-pπ 配键是不完全成键，因此，P 原子和 O 原子之间的三重键相当于双键。

4. 水解

PCl_3极易水解。在PCl_3中，由于电负性，P 原子带部分正电，Cl 原子带部分负电；H_2O分子中带负电的 O 原子以其孤电子对向 P 原子靠拢，这种过程称为亲核，即进攻试剂供给一对电子进入另一分子中电子密度小的区域，对应的进攻试剂称为亲核试剂。结果使 P 原子带部分负电，O 原子带部分正电。

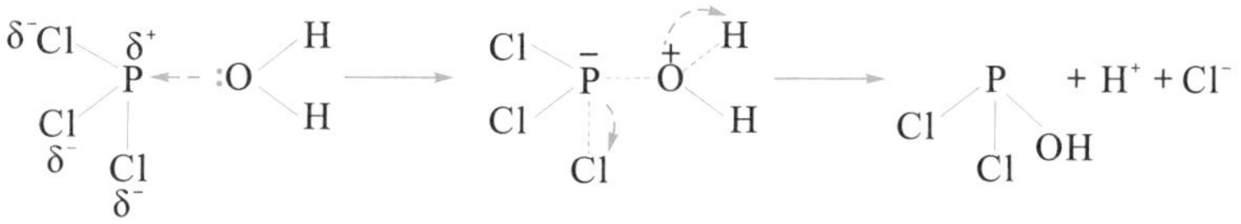

通过电荷转移，P 原子上的负电荷传递给 Cl 原子，使其成为Cl^-并脱离 P 原子进入溶液成为自由离子，O 原子上的正电荷传递给 H 原子，使其成为H^+并脱离 O 原子进入溶液成为自由离子。结果得到第一级水解产物$P(OH)Cl_2$，相当于一个羟基(—OH)取代了一个 Cl 原子。反应式为

$$PCl_3+H_2O = P(OH)Cl_2+HCl$$

接着，有第二级水解和第三级水解，反应式分别为

$$P(OH)Cl_2+H_2O = P(OH)_2Cl+HCl$$

$$P(OH)_2Cl+H_2O = P(OH)_3+HCl$$

总反应：

$$PCl_3+3H_2O = P(OH)_3+3HCl$$

上述水解机理能够得出以下两个结论：

其一，水解的条件。显然，要发生水解，溶质分子带正电荷原子(简称阳离子，即MCl_n中的M^{n+})必须要有能够接受水分子中 O 原子孤电子对的空轨道，这是形成水解中间产物的条件，否则不能进行水解。如CCl_4和$SiCl_4$，前者不能水解，后者能够水解，这是因为 C 原子没有空的价电子轨道，而 Si 原子有空的 3d 轨道。

其二，水解的能力。溶质分子的阳离子接受电子对的能力越强，越容易发生水解。因此，阳离子有效正电荷越大，对电子对吸引力越大，水解能力越强。即阳离子正电荷越大，半径越小，水解能力越强。阳离子电子构型也会极大地影响水解能力，按 18 和(18+2)电子构型、(9−17)电子构型、8 电子构型的顺序，有效正电荷减小，水解能力减弱。

绝大多数氯化物的水解机理都与PCl_3一致，包括非金属氯化物和金属氯化物。这些氯化物的水解机理之所以一致，原因在于氯的电负性相对更大，都处于分子的负电端。

但是，NCl_3分子的水解机理不同。N 原子的电负性大于 Cl 原子的电负性，使得 N 原子成为分子的负电端，Cl 原子成为分子的正电端。因此，H_2O分子中带负电的 O 原子的进攻目标是 Cl 原子，同时，NCl_3分子中带负电的 N 原子也向H_2O分子的 H 原子进攻。

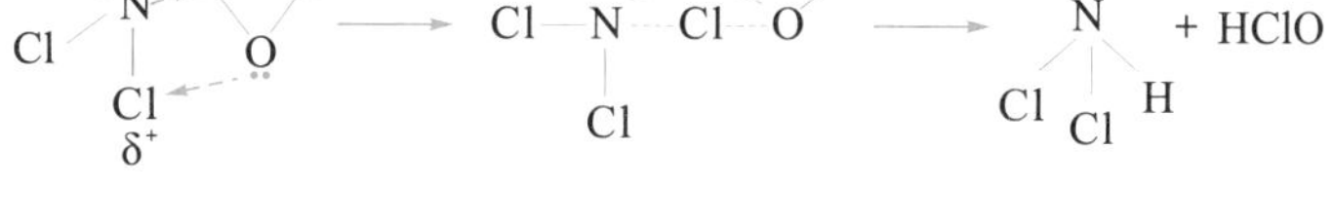

结果导致 Cl—N 键和 O—H 键断裂，O—Cl 键和 N—H 键生成，得到第一级水解产物 $NHCl_2$ 和 HClO：

$$NCl_3+H_2O=NHCl_2+HClO$$

接着，有第二级水解和第三级水解。总反应为

$$NCl_3+3H_2O=NH_3+3HClO$$

5. 制备

卤素单质都可以与磷直接反应，控制磷过量，就生成三卤化磷。

$$P_4(\text{过量})+6Cl_2\xrightarrow{\text{燃烧}}4PCl_3$$

15.7.2 五卤化磷

1. 分子结构

气态的五卤化磷都是三角双锥形结构。图 15－20 为气态的五氯化磷的分子结构。

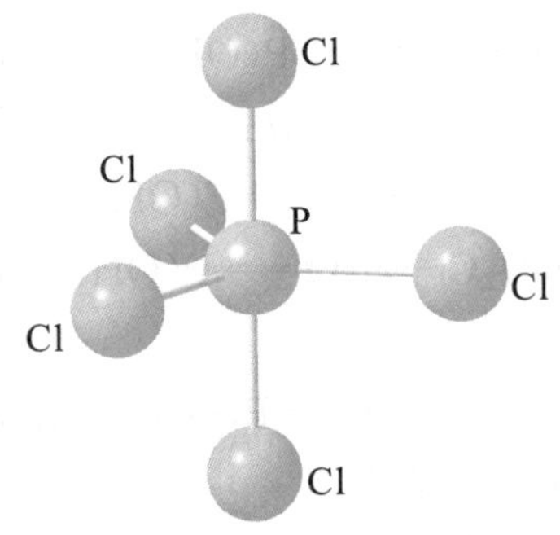

图 15－20 气态的五氯化磷的分子结构

杂化轨道理论解释五卤化磷分子成键，P 原子取 sp^3d 杂化，分别与五个卤素原子形成五个 σ 键。

固态的五卤化磷除 PF_5 是分子晶体，保持三角双锥形结构外，其他都是离子型化合物。PCl_5 晶格结点上是四面体的 $[PCl_4]^+$ 和正八面体的 $[PCl_6]^-$，PBr_5 晶格结点上是四面体的 $[PBr_4]^+$ 和 Br^-。PI_5 由于 I 原子体积较大而难以形成。

2. 性质

五卤化磷易于水解。

$$PCl_5+4H_2O=H_3PO_4+5HCl$$

如果只有少量水，则有卤氧化磷生成。

$$PCl_5+H_2O=POCl_3+2HCl$$

3. 制备

卤素单质与磷直接反应，控制卤素过量，就生成五卤化磷。

$$P_4+10Cl_2(\text{过量})\xrightarrow{\text{燃烧}}4PCl_5$$

三卤化磷与卤素反应也可以得到五卤化磷。

$$PCl_3+Cl_2\xrightarrow{\text{燃烧}}PCl_5$$

15.8　磷的含氧化合物

15.8.1　磷的氧化物

1. 三氧化二磷

三氧化二磷的分子式为 P_4O_6，分子结构如图 15－21 所示。

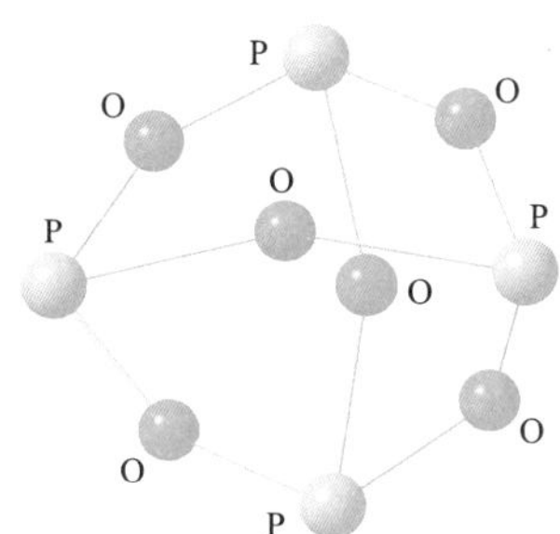

图 15－21　三氧化二磷的分子结构

三氧化二磷的分子结构与 P_4 的四面体结构有关。P_4 分子的 P—P 键由于有张力而易于断裂，与 O_2 反应时，O 原子嵌入断裂的 P—P 键之间，形成氧桥键。

键参数：d(O—P)＝163.8 pm，∠POP＝126.4°，∠OPO＝99.8°。

P—O 键长比正常 P—O 单键键长短[d(O－P)＝184 pm]，有双键的成分，因此认为 O 原子的成对 p 电子与 P 原子空的 d 轨道有一定程度的键和，形成 p－dπ 键。

三氧化二磷的性质主要表现为酸性氧化物，溶于冷水成为亚磷酸(热水中歧化)。

$$P_4O_6 + 6H_2O(\text{冷}) = 4H_3PO_3$$

$$P_4O_6 + 6H_2O(\text{热}) = PH_3 + 3H_3PO_4$$

三氧化二磷的制备方法是将磷在缺氧的情况下燃烧。

$$P_4(\text{过量}) + 3O_2 \xrightarrow{\text{燃烧}} P_4O_6$$

2. 五氧化二磷

五氧化二磷的分子式为 P_4O_{10}，分子结构如图 15－22 所示。

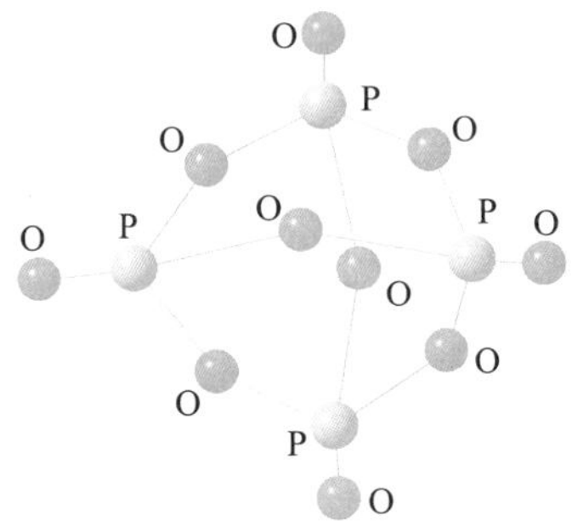

图 15－22　五氧化二磷的分子结构

显然，五氧化二磷是在三氧化二磷的基础上形成的。每个 P 原子用其孤电子对以配位键结合一个 O 原子，同时，O 原子的两对 p 电子与 P 原子的两个空的 d 轨道形成两个反馈 d−pπ 配键。由于两个反馈配键都不是完全成键，因此从键长看，该键属于双键键长，为140 nm。其余键参数为：d(O—P)＝162 pm，∠POP＝123.5°，∠OPO＝101.6°，∠OPO(端)＝116.5°。

五氧化二磷最重要的性质是亲水性。

五氧化二磷与水反应很激烈，放出大量热，生成各种+5 氧化态的含氧酸。反应机理是水分子进攻氧桥键 P—O—P，导致氧桥键 P—O—P 断裂，两个 P 原子各结合一个羟基(—OH)。五氧化二磷一共有六个氧桥键 P—O—P，所以最终可以接受六个水分子的进攻。过程如下：

五氧化二磷先接受两个水分子的进攻，断裂两个氧桥键 P—O—P，形成环状的四聚偏磷酸。

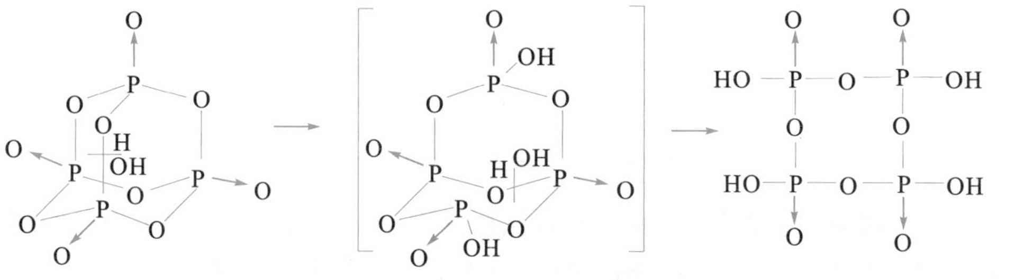

$$P_4O_{10}+2H_2O=(HPO_3)_4$$

四聚偏磷酸再接受第三个水分子的进攻，断裂两个氧桥键 P—O—P，生成一个新的氧桥键 P—O—P，得到环状结构的三聚偏磷酸，同时分离出一个磷酸分子。

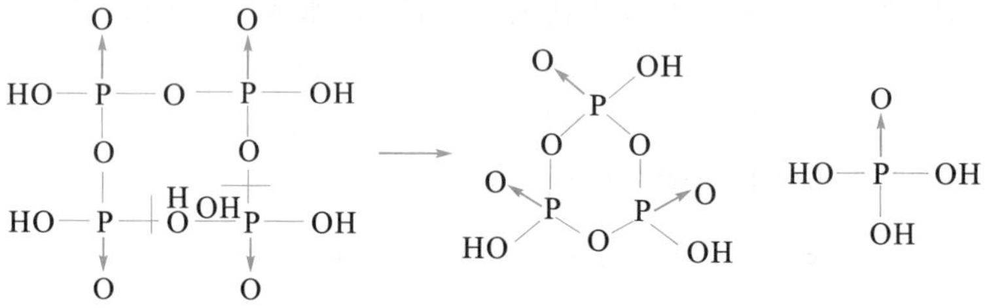

$$P_4O_{10}+3H_2O=(HPO_3)_3+H_3PO_4$$

三聚偏磷酸接受第四个水分子的进攻，断裂一个氧桥键 P—O—P，环状结构打开，形成链状的三磷酸。

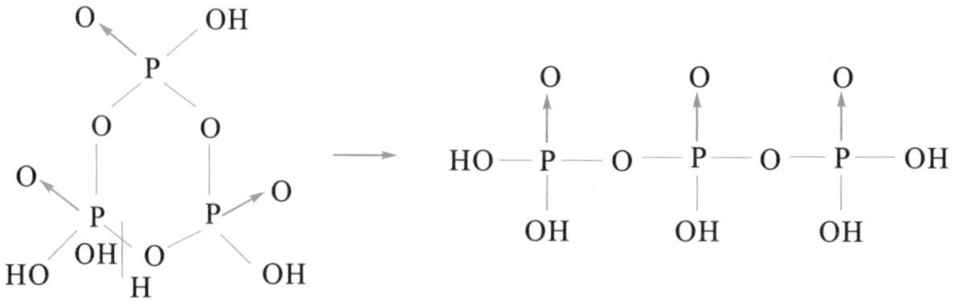

$$P_4O_{10}+4H_2O=H_5P_3O_{10}+H_3PO_4$$

三磷酸接受第五个水分子的进攻，断裂一个氧桥键 P—O—P，得到焦磷酸，同时分离出一个磷酸。

$$\mathrm{HO{-}P(\rightarrow O)(OH){-}O(H)\,|\,(OH)P(\rightarrow O)(OH){-}O{-}P(\rightarrow O)(OH){-}OH \longrightarrow HO{-}P(\rightarrow O)(OH){-}O{-}P(\rightarrow O)(OH){-}OH \quad HO{-}P(\rightarrow O)(OH){-}OH}$$

$$P_4O_{10}+5H_2O = H_4P_2O_7+2H_3PO_4$$

焦磷酸接受第六个水分子的进攻，断裂一个氧桥键 P—O—P，得到两个磷酸。至此，六个氧桥键 P—O—P 全部断裂，一共生成四个磷酸。

$$\mathrm{HO{-}P(\rightarrow O)(OH){-}O(H)\,|\,(OH)P(\rightarrow O)(OH){-}OH \longrightarrow HO{-}P(\rightarrow O)(OH){-}OH \quad HO{-}P(\rightarrow O)(OH){-}OH}$$

$$P_4O_{10}+6H_2O = 4H_3PO_4$$

需要注意的是，五氧化二磷与水反应主要生成偏磷酸等混合酸，并不能立即生成磷酸，只有在硝酸存在的情况下煮沸才能转变成磷酸。

五氧化二磷有很强的吸水性能，能使许多化合物脱水。

$$P_4O_{10}+6H_2SO_4 = 6SO_3+4H_3PO_4$$

$$P_4O_{10}+12HNO_3 = 6N_2O_5+4H_3PO_4$$

利用吸水性，五氧化二磷可作干燥剂，其在常态下是最有效的干燥剂之一（表 15−3）。

表 15−3　298 K 时几种干燥剂在干燥后的空气中的水蒸气含量（单位：$g \cdot m^{-3}$）

$CuSO_4$	$ZnCl_2$	$CaCl_2$	NaOH	H_2SO_4	KOH	P_4O_{10}
1.4	0.8	0.34	0.16	0.003	0.002	0.00001

五氧化二磷的制备方法是将磷在氧充足的情况下燃烧。

$$P_4+5O_2(\text{过量}) \xrightarrow{\text{燃烧}} P_4O_{10}$$

拉瓦锡（Antoine-Laurent de Lavoisier）于 1789 年的著作《化学概论》（*Traité Élémentaire de Chimie*）中提到的研究红磷在氧气中燃烧的实验装置。

15.8.2 磷的含氧酸

15.8.2.1 正磷酸及其盐

1. 分子结构

磷酸的分子结构如图 15－23 所示。

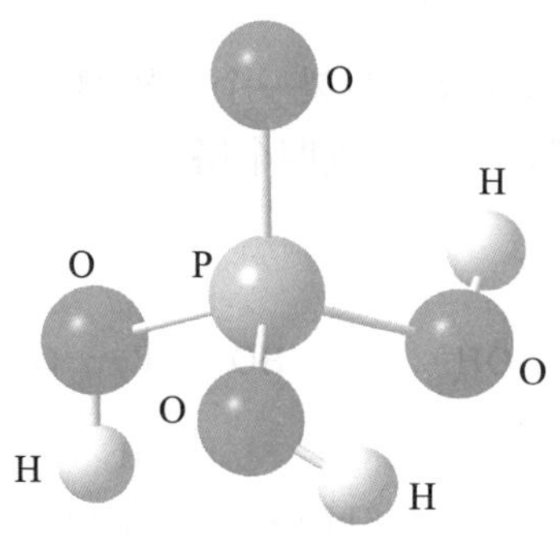

图 15－23 磷酸的分子结构

键参数：$d(P—O_{端})=152$ pm，$d(P—O_{羟})=157$ pm，$\angle OPO_{端}=112°$，$\angle OPO=106°$。

杂化轨道理论解释磷酸的成键与卤素含氧酸、硫酸、亚硫酸等分子的成键一致。P 原子取不等性 sp^3 杂化，结合三个羟基氧原子，以配位键结合一个端基氧原子，配位键都存在反馈 d－pπ 配键的成分。磷酸根离子中，酸根的三个负电荷参与到 P 原子的 sp^3 杂化中，以配位键结合四个端基氧原子，配位键都存在反馈 d－pπ 配键的成分，是正四面体结构。

2. 酸的性质

正磷酸的熔点是 315.3 K，其水合物 $H_3PO_4 \cdot \frac{1}{2}H_2O$ 的熔点是 302.4 K，常态下是固体。由于正磷酸受热会逐渐脱水，因此没有沸点。

脱水：正磷酸受热可以逐渐脱水而生成各种＋5 氧化态的含氧酸。

$$2H_3PO_4 = H_4P_2O_7 + H_2O$$

$$3H_3PO_4 = H_5P_3O_{10} + 2H_2O$$

$$3H_3PO_4 = (HPO_3)_3 + 3H_2O$$

$$4H_3PO_4 = (HPO_3)_4 + 4H_2O$$

酸性：磷酸是三元中强酸。$K^\ominus_{a1}=7.6\times10^{-3}$，$K^\ominus_{a2}=6.3\times10^{-8}$，$K^\ominus_{a3}=4.4\times10^{-13}$。

3. 盐的性质

溶解性：二氢盐易溶；一氢盐和正盐除钾、钠、铵盐外皆难溶。

磷酸二氢钙溶于水，能被植物吸收，是重要的磷肥。以适量的硫酸处理磷酸钙矿石，可以得到磷酸二氢钙和石膏的混合物，直接作为肥料，商品名称为过磷酸钙或普钙。

$$Ca_3(PO_4)_2 + 2H_2SO_4 + 4H_2O = Ca(H_2PO_4)_2 + 2CaSO_4 \cdot 2H_2O$$

由于普钙含磷量不高，近代改用重过磷酸钙，其是用磷酸处理磷灰石矿石而得的，商品名称为重过磷酸钙或重钙。

$$Ca_5F(PO_4)_3+7H_3PO_4+5H_2O \longrightarrow 5Ca(H_2PO_4)_2 \cdot H_2O+HF\uparrow$$

水解性：由于磷酸的逐级电离常数大小的关系，其三种盐都有一定程度的水解。在不考虑阳离子水解的情况下，正盐水解显碱性；一氢盐和二氢盐都可以水解又可以电离，是两性物质。按照这类物质溶液酸碱性的判据，一氢盐 $K^{\ominus}_{a2}\times K^{\ominus}_{a3}<10^{-14}$，水解起主要作用，在溶液中显弱碱性；二氢盐 $K^{\ominus}_{a1}\times K^{\ominus}_{a2}>10^{-14}$，电离起主要作用，在溶液中显弱酸性。

配位能力：磷酸根具有较强的配位能力，能与许多金属离子形成可溶性的配合物，如 $H_3[Fe(PO_4)_2]$和 $H[Fe(HPO_4)_2]$。

热稳定性：正盐相对较稳定，一氢盐和二氢盐受热易脱水生成焦磷酸盐和偏磷酸盐，这也是这两种盐的制备方法。

$$2NaH_2PO_4 \xrightarrow{443\ K} Na_2H_2P_2O_7+H_2O$$

$$3NaH_2PO_4 \xrightarrow{673\sim773\ K} (NaPO_3)_3+3H_2O$$

$$2Na_2HPO_4 \xrightarrow{\triangle} Na_4P_2O_7+H_2O$$

鉴定：磷酸盐与过量钼酸铵在硝酸存在的溶液中反应生成淡黄色的磷钼酸铵晶体沉淀，用于鉴定磷酸根离子。

$$PO_4^{3-}+12MoO_4^{2-}+3NH_4^++24H^+ \longrightarrow (NH_4)_3[P(Mo_{12}O_{40})]\cdot 6H_2O\downarrow+6H_2O$$

4. 制备

工业制备：由硫酸分解磷酸钙而得。

$$Ca_3(PO_4)_2+3H_2SO_4 \longrightarrow 3CaSO_4+2H_3PO_4$$

实验室制备：由五氧化二磷溶于水而得。

15.8.2.2　焦磷酸和偏磷酸

焦磷酸和偏磷酸都是五氧化二磷与水反应或者磷酸脱水的混合酸产物中的部分产物。反应条件不同(前者主要是水量，后者主要是温度)，各种酸的含量不同。如磷酸加热至 563～573 K 时，得到的几乎是纯的焦磷酸。

焦磷酸是四元酸。291 K 时，$K^{\ominus}_{a1}=1.4\times10^{-1}$，$K^{\ominus}_{a2}=1.1\times10^{-2}$，$K^{\ominus}_{a3}=2.1\times10^{-7}$，$K^{\ominus}_{a4}=4.1\times10^{-10}$。

焦磷酸能够形成多种形式的酸式盐，常见的是正盐和二氢盐。

正盐中，Cu^{2+}、Ag^+、Zn^{2+}、Hg^{2+} 和 Sn^{2+} 的盐是沉淀。

$$Na_4P_2O_7+2ZnSO_4 \longrightarrow Zn_2P_2O_7\downarrow+2Na_2SO_4$$

由于 $P_2O_7^{4-}$ 具有配位能力，当 $P_2O_7^{4-}$ 过量时，上述生成的沉淀又会溶解。

$$Zn_2P_2O_7+3P_2O_7^{4-} \longrightarrow 2[Zn(P_2O_7)_2]^{6-}$$

利用这些焦磷酸盐的难溶性，可以制备焦磷酸。例如：

$$Na_4P_2O_7+2CuSO_4 \longrightarrow Cu_2P_2O_7\downarrow+2Na_2SO_4$$

$$Cu_2P_2O_7+2H_2S \longrightarrow H_4P_2O_7+2CuS\downarrow$$

焦磷酸盐和偏磷酸盐都可以通过磷酸盐受热脱水而得。对磷酸二氢盐加热至 973 K

左右，然后骤冷可以得到玻璃态长链状聚合物：

$$n\mathrm{NaH_2PO_4} \xrightarrow{973\ \mathrm{K}} (\mathrm{NaPO_3})_n + n\mathrm{H_2O}$$

该聚合物称为格氏盐(Graham salt)，由格雷姆于1833年首先制得。1848年，傅莱曼(Fleitman)和汉尼堡(Henneberg)用铵盐处理格氏盐，发现只有六分之五的 Na^+ 能够被 NH_4^+ 取代，由此提出 n 值等于6，进而把格氏盐称为六偏磷酸钠。但以后的实验表明，六偏磷酸钠这个名称与事实不符，n 值为20～100，结构如图15－24所示。

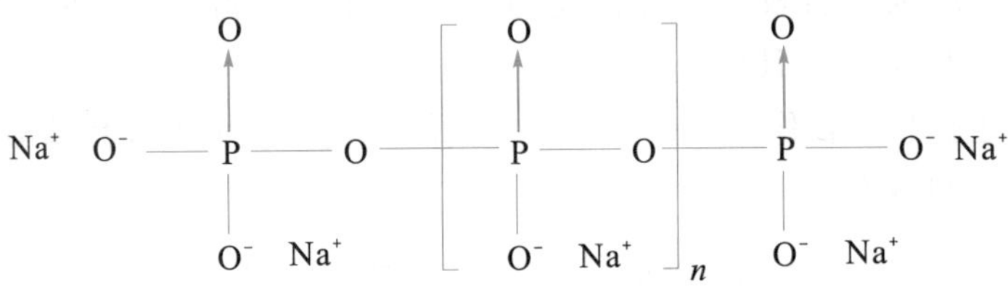

图15－24　格氏盐的结构

磷酸、焦磷酸和偏磷酸可以通过硝酸银和蛋白加以鉴别。硝酸银与正磷酸产生黄色沉淀，与焦磷酸、偏磷酸产生白色沉淀；而偏磷酸能使蛋白沉淀。

15.8.2.3　亚磷酸和次磷酸

1. 分子结构

亚磷酸和次磷酸的分子结构如图15－25所示。

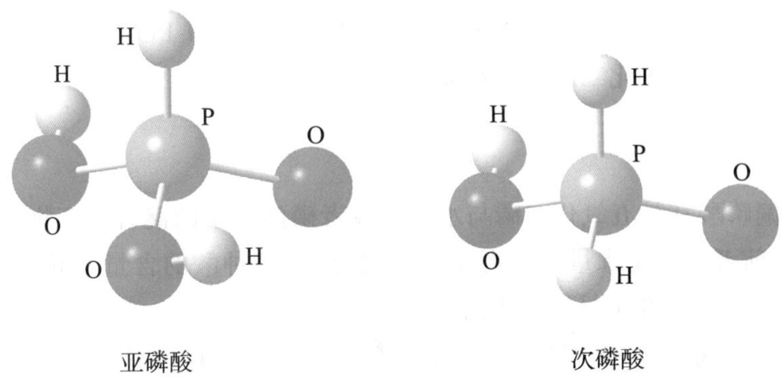

图15－25　亚磷酸和次磷酸的分子结构

亚磷酸和次磷酸的结构特点是P原子直接与H原子结合，亚磷酸中P原子直接结合一个H原子，次磷酸中P原子直接结合两个H原子。

2. 稳定性

亚磷酸和次磷酸都不稳定。

纯的亚磷酸或其浓溶液受热会歧化分解：

$$4\mathrm{H_3PO_3} \xrightarrow{\triangle} \mathrm{PH_3}\uparrow + 3\mathrm{H_3PO_4}$$

次磷酸及其盐都不稳定，受热会歧化分解：

$$2\mathrm{H_3PO_2} \xrightarrow{400\ \mathrm{K}} \mathrm{PH_3}\uparrow + \mathrm{H_3PO_4}$$

$$4NaH_2PO_2 \xrightarrow{500\ K} 2PH_3\uparrow + Na_4P_2O_7 + H_2O$$

3. 酸性

亚磷酸有两个羟基，因此是二元酸。$K_{a1}^{\ominus}=1.0\times10^{-2}$，$K_{a2}^{\ominus}=2.6\times10^{-7}$。

次磷酸有一个羟基，因此是一元酸。$K_{a1}^{\ominus}=1.0\times10^{-2}$。

二者都是中强酸。

4. 还原性

由于亚磷酸和次磷酸都具有 P—H 键，而 P—H 键容易受到 O 原子的进攻，故而显示出还原性。次磷酸有两个 P—H 键，故还原能力强于亚磷酸。

酸性溶液：

$$2H^+ + H_2PO_4^- + 2e^- = H_2PO_3^- + H_2O \qquad \varphi^{\ominus}=-0.276\ V$$

$$4H^+ + H_2PO_4^- + 4e^- = H_2PO_2^- + 2H_2O \qquad \varphi^{\ominus}=-0.387\ V$$

碱性溶液：

$$H_2O + PO_4^{3-} + 2e^- = PO_3^{3-} + 2OH^- \qquad \varphi^{\ominus}=-1.12\ V$$

$$2H_2O + PO_4^{3-} + 4e^- = PO_2^{3-} + 4OH^- \qquad \varphi^{\ominus}=-1.343\ V$$

典型反应如下：

$$H_2PO_2^- + 2Cu^{2+} + 6OH^- = 2Cu\downarrow + PO_4^{3-} + 4H_2O$$

15.9　砷、锑、铋

砷、锑、铋与氮、磷的区别主要是它们的离子都是 18 或(18+2)电子构型，有较强的极化能力和较大的变形性，这使得砷、锑、铋化合物的极化作用显著，基本上都是共价化合物，溶解度低。此外，它们都是亲硫元素，在自然界中常以硫化物的形式存在。铋是典型的金属，砷、锑是准金属，其中锑的金属性略强于非金属性。

15.9.1　砷、锑、铋的单质

砷、锑都有多种同素异形体。

与磷相似，砷主要有三种同素异形体：黄砷、黑砷、灰砷。黄砷(As_4)是四面体结构的分子，灰砷具有片层状结构，黑砷具有和黑磷相似的结构。最稳定的是灰砷，也称为α-砷。

锑有更多的同素异形体，最稳定的是α-锑，具有和灰砷相同的结构。气态的锑是四面体结构的分子(Sb_4)。

铋作为典型金属，没有同素异形体。

砷、锑和铋在水、空气中都比较稳定，能溶于氧化性的酸。高温下能与一些活泼的非金属反应。

砷、锑和铋的制备方法相似，涉及下列过程：

$$M_2S_3 \xrightarrow{O_2} M_2O_3 \xrightarrow{C} M$$

$$M_2S_3 \xrightarrow{Fe} M$$

砷是非常古老的元素，关于砷的化合物在西周时代(前 1046—771)已有使用雌黄(As_2S_3)作颜料的记录，在战国时期(前 475—前 221)已有使用雄黄(As_4S_4)做药的记录。公元 1 世纪，已有希腊医生通过焙烧砷的硫化物得到三氧化二砷作为药物使用的记载。隋末唐初炼丹术士孙思邈(581—682)在炼丹书籍《太清丹经要诀》中记录了单质砷的制备方法，这被认为是人类制得单质砷最早的记载："雄黄十两，末之，锡三两。铛中合熔，出之入皮袋中，揉使碎。入甘（坩）埚中火之，其甘（坩）埚中安药了，以盖合之密固，入风炉吹之，令埚同火色。寒之，开其色似金。"涉及下列化学过程：

$$As_4S_4 + 4Sn \xlongequal{} 4SnS(黑) + 4As$$

$$As_4S_4 + 4SnS \xlongequal{} 4SnS_2(金黄) + 4As$$

15.9.2 砷、锑、铋的氢化物和卤化物

15.9.2.1 氢化物

氮族元素的氢化物的性质见表 15－4。

表 15－4 氮族元素的氢化物的性质

氮族元素的氢化物	NH_3	PH_3	AsH_3	SbH_3	BiH_3
键长/pm	102	142	152	171	
键角/°	107.5	93.1	91.8	91.3	
熔点/K	195.3	140.5	156.1	185	
沸点/K	239.6	185.6	210.5	254.6	298.8
生成热/kJ·mol^{-1}	−46.11	5.4	66.4	145.1	277.8
$\varphi^\ominus(M/MH_3)$	0.27	−0.005	−0.60	−0.51	0.8(计算)

砷、锑、铋的氢化物都是共价化合物，因此，熔点、沸点都不高。

1. 稳定性

砷、锑、铋的氢化物的标准生成热都是正值，所以它们都是很不稳定的化合物，受热易分解。

砷化氢在缺氧条件下分解为单质。

$$2AsH_3 \xlongequal{} 2As + 3H_2\uparrow$$

单质砷在器壁上生成黑亮的"砷镜"，这是法医学中鉴定砷的马氏(Marsh)试砷法的化学基础。

锑化氢在室温下分解为单质，得到"锑镜"。

$$2SbH_3 \xlongequal{} 2Sb + 3H_2\uparrow$$

"砷镜"和"锑镜"的差异表现为前者可以被次氯酸钠溶液溶解，后者不能。

$$2As + 5NaClO + 3H_2O \xlongequal{} 2H_3AsO_4 + 5NaCl$$

铋化氢在 228 K 时即分解，室温下数分钟内几乎完全分解。

$$2BiH_3 = 2Bi + 3H_2\uparrow$$

因此，有关氢化铋的许多物理性质和结构参数都很难测得。

2. 还原性

砷、锑、铋的氢化物都表现出很强的还原性。典型反应如下：

$$2AsH_3 + 3O_2 \xrightarrow{\text{燃烧}} As_2O_3 + 3H_2O\uparrow$$

$$2AsH_3 + 12AgNO_3 + 3H_2O = As_2O_3 + 12HNO_3 + 12Ag\downarrow$$

砷化氢还原硝酸银产生“银镜”，是古氏(Gutzeit)试砷法的化学基础，该方法的灵敏度超过马氏试砷法。

3. 制备

砷化氢可以由金属砷化物水解或还原砷的氧化物制得。

$$Na_3As + 3H_2O = AsH_3\uparrow + 3NaOH$$

$$As_2O_3 + 6Zn + 12HCl = 2AsH_3\uparrow + 6ZnCl_2 + 3H_2O$$

锑化氢也可以通过类似方法制得。

$$SbO_3^{3-} + 3Zn + 9H^+ = SbH_3\uparrow + 3Zn^{2+} + 3H_2O$$

铋化氢由于其稳定性，直到 1961 年才有成熟的制备方法：以 $MeBiH_2$ 为原料，在以下歧化反应中生成铋化氢。

$$3MeBiH_2 \xrightarrow{228\ K} 2BiH_3\uparrow + BiMe_3$$

式中，Me 表示甲基，即—CH_3。

15.9.2.2 卤化物

砷、锑、铋的卤化物理论上有两类：MX_3、MX_5。MX_5 均不稳定，主要讨论 MX_3。

MX_3 最重要的性质是水解性。

$PCl_3 \rightarrow BiCl_3$，水解能力减弱，水解程度减小。

$$AsCl_3 + 3H_2O = H_3AsO_3 + 3HCl$$

$SbCl_3$、$BiCl_3$ 不能完全水解，其水解停留在溶度积较小的氧基盐沉淀上。

$$SbCl_3 + H_2O = SbOCl\downarrow + 2HCl$$

$$BiCl_3 + H_2O = BiOCl\downarrow + 2HCl$$

酸可以抑制上述水解，因此，配制 SbX_3、BiX_3 溶液时需将盐溶解在相应的氢卤酸溶液中，再适当稀释。

15.9.3 砷、锑、铋的氧化物及其水合物

砷、锑、铋的氧化物主要有两种形式：M_4O_6 或 M_2O_3、M_4O_{10} 或 M_2O_5，其颜色如下：

As_2O_3 白色；Sb_2O_3 白色；Bi_2O_3 黄色

As_2O_5 白色；Sb_2O_5 淡红色；Bi_2O_5 红棕色

按砷、锑、铋的顺序，它们的颜色逐渐加深，在水中的溶解度逐渐减小。As^{3+}、Sb^{3+}、Bi^{3+} 是(18+2)构型的阳离子，极化能力和变形性都很强；O^{2-} 的变形性也很强，

所以 O^{2-} 和 As^{3+}、Sb^{3+}、Bi^{3+}之间有很强的极化作用，并且对应着极化作用增强的顺序。

砷、锑、铋的两种氧化物分别对应两种价态的水合物。由于水合物分别表现出酸性或碱性，因此，既可以写成酸的形式 H_3MO_3、H_3MO_4，又可以写成碱的形式 $M(OH)_3$。

15.9.3.1 分子结构

砷、锑的氧化物 M_4O_6的分子结构与 P_4O_6相似，都是由四面体的 M_4断裂 M—M 键嵌入氧原子而得。Bi_2O_3为离子晶体，常温下是单斜晶系。

M_4O_{10}或 M_2O_5的分子结构较为复杂。As_2O_5结晶是由等数目的四面体 AsO_4基团和八面体 AsO_6基团通过共角相连组成的复杂立体骨架。Sb_2O_5、Bi_2O_5的结构尚不明确。

15.9.3.2 性质

1. 酸碱性

对砷、锑、铋的氧化物的水合物的酸碱性可作如下讨论：

显酸性时发生酸式离解：$M—O—H \longrightarrow MO^- + H^+$

显碱性时发生碱式离解：$M—O—H \longrightarrow M^+ + OH^-$

显酸性或显碱性取决于 M—O 键和 O—H 键的相对强弱。就 M 而言，电荷越高，半径越小，Z/r 值越大，则 M—O 键越强，酸式离解的趋势越大，酸性越强。按$As(OH)_3$、$Sb(OH)_3$、$Bi(OH)_3$的顺序，Z/r 值减小，酸性减弱，碱性增强。

实验结果表明，As_2O_3或 H_3AsO_3是两性偏酸，Sb_2O_3或 $Sb(OH)_3$是两性偏碱，Bi_2O_3或 $Bi(OH)_3$基本上是碱性氧化物。

As_2O_5呈弱酸性，溶于水得到砷酸（H_3AsO_4），是中等强度的三元酸（$K_{a1}^{\ominus}=5.62\times10^{-3}$，$K_{a2}^{\ominus}=1.7\times10^{-7}$，$K_{a3}^{\ominus}=3.95\times10^{-12}$）；$Sb_2O_5$呈弱酸性，溶于水得到锑酸 $H[Sb(OH)_6]$，是一元弱酸（$K_a^{\ominus}=4\times10^{-5}$）；$Bi_2O_5$极不稳定，不能得到 Bi(+5)的含氧酸，只能得到 Bi(+5)的含氧酸盐。

2. 溶解性

砷、锑、铋的氧化物的溶解性通过其酸碱性表现出来。

As_2O_3微溶于水，溶于酸，但更易溶于碱；Sb_2O_3难溶于水，易溶于酸、碱；Bi_2O_3只溶于酸。

$$As_2O_3+6HCl \xlongequal{} 2AsCl_3+3H_2O$$

$$As_2O_3+6NaOH \xlongequal{} 2Na_3AsO_3+3H_2O$$

$$Sb_2O_3+H_2SO_4 \xlongequal{} (SbO)_2SO_4+H_2O$$

$$Sb_2O_3+2NaOH \xlongequal{} 2NaSbO_2+H_2O$$

$$Bi_2O_3+H_2SO_4 \xlongequal{} (BiO)_2SO_4+H_2O$$

3. 氧化还原性

砷、锑、铋的+3、+5 氧化态氧化物及其水合物的转化涉及电对如下：

酸性溶液：

$$H_3AsO_4+2H^++2e^- \xlongequal{} H_3AsO_3+H_2O \qquad \varphi^{\ominus}=0.56\ V$$

$$Sb_2O_5+6H^++4e^-=\!=\!=2SbO^++3H_2O\qquad \varphi^\ominus=0.58\ V$$
$$Bi_2O_5+6H^++4e^-=\!=\!=2BiO^++3H_2O\qquad \varphi^\ominus=1.59\ V$$

碱性溶液：

$$AsO_4^{3-}+2H_2O+2e^-=\!=\!=AsO_3^{3-}+2OH^-\qquad \varphi^\ominus=-0.68\ V$$
$$Sb(OH)_6^-+2e^-=\!=\!=SbO_2^-+2OH^-+2H_2O\qquad \varphi^\ominus=-0.40\ V$$
$$Bi_2O_5+2H_2O+4e^-=\!=\!=Bi_2O_3+4OH^-\qquad \varphi^\ominus=0.56\ V$$

可见，酸性条件下，+5 氧化态氧化能力按砷、锑、铋的顺序增强，Bi_2O_5是强氧化剂；+3 氧化态还原能力按砷、锑、铋的顺序减弱，砷、锑具有一定的还原能力。碱性条件下，+3 氧化态砷、锑具有一定的还原能力，Bi_2O_5仍然具有一定的氧化性。

典型反应如下：

$$AsO_3^{3-}+I_2+2OH^-\xrightarrow{pH=5\sim9}AsO_4^{3-}+2I^-+H_2O$$
$$5BiO_3^-+2Mn^{2+}+14H^+=\!=\!=2MnO_4^-+5Bi^{3+}+7H_2O$$

4. 制备

(1) M_2O_3。

直接反应：

$$4M+3O_2=\!=\!=2M_2O_3$$

硫化物转化：

$$2M_2S_3+9O_2=\!=\!=2M_2O_3+6SO_2$$

(2) M_2O_5。

$$As：As_2O_3\text{或}As\xrightarrow{HNO_3}H_3AsO_4\xrightarrow{443\ K}As_2O_5$$
$$Sb：Sb\xrightarrow{HNO_3}Sb_2O_5\cdot xH_2O\xrightarrow{\triangle}Sb_2O_5$$
$$Bi：Bi\xrightarrow{HNO_3}Bi^{3+}\xrightarrow{Cl_2}BiO_3^-\xrightarrow{H^+}Bi_2O_5$$

部分反应如下：

$$3As+5HNO_3+2H_2O=\!=\!=3H_3AsO_4+5NO$$
$$3As_2O_3+4HNO_3+7H_2O=\!=\!=6H_3AsO_4+4NO$$
$$2H_3AsO_4\xrightarrow{443\ K}As_2O_5+3H_2O$$
$$3Sb+5HNO_3+2H_2O=\!=\!=3H_3SbO_4+5NO$$
$$2H_3SbO_4\xrightarrow{>548\ K}Sb_2O_5+3H_2O$$
$$Bi+4HNO_3=\!=\!=Bi(NO_3)_3+NO\uparrow+2H_2O$$
$$Bi(OH)_3+Cl_2+3NaOH=\!=\!=NaBiO_3+2NaCl+3H_2O$$

以酸处理 $NaBiO_3$，可以得到红棕色的 Bi_2O_5，它极不稳定，会迅速分解成 Bi_2O_3 和 O_2。

15.9.4　砷、锑、铋的硫化物

砷、锑、铋是亲硫元素，能形成许多硫化物，主要有两类：M_2S_3、M_2S_5。其颜色

如下：

$$As_2S_3\text{黄色；}Sb_2S_3\text{橙红色；}Bi_2S_3\text{黑色}$$

$$As_2S_5\text{黄色；}Sb_2S_5\text{橙红色}$$

按砷、锑、铋的顺序，它们的颜色逐渐加深，在水中的溶解度逐渐减小，同样对应着极化作用增强的顺序。Bi_2S_5不存在，这是因为+5 价 Bi 的氧化性和−2 价 S 的还原性，使二者不能共存。

1. 酸碱性

砷、锑、铋的硫化物的酸碱性与氧化物的酸碱性相对应，二者相似。

As_2S_3基本上是酸性硫化物，Sb_2S_3是两性硫化物，Bi_2S_3是碱性硫化物。

类似酸性氧化物与碱性氧化物反应生成含氧酸盐，酸性硫化物可与碱性硫化物反应生成硫代酸盐。

$$3S^{2-}+As_2S_3 = 2AsS_3^{3-}\text{（硫代亚砷酸根离子）}$$

$$3S^{2-}+Sb_2S_3 = 2SbS_3^{3-}\text{（硫代亚锑酸根离子）}$$

显然，Bi_2S_3不能进行上述反应。As_2S_5、Sb_2S_5酸性更强，能进行上述反应。

$$As_2S_5+3S^{2-} = 2AsS_4^{3-}\text{（硫代砷酸根离子）}$$

$$Sb_2S_5+3S^{2-} = 2SbS_4^{3-}\text{（硫代锑酸根离子）}$$

硫代酸盐遇酸生成不稳定的硫代酸，硫代酸分解为硫化物和硫化氢。

$$2AsS_3^{3-}+6H^+ = As_2S_3\downarrow+3H_2S\uparrow$$

$$2AsS_4^{3-}+6H^+ = As_2S_5\downarrow+3H_2S\uparrow$$

$$2SbS_3^{3-}+6H^+ = Sb_2S_3\downarrow+3H_2S\uparrow$$

$$2SbS_4^{3-}+6H^+ = Sb_2S_5\downarrow+3H_2S\uparrow$$

2. 溶解性

砷、锑、铋的硫化物在水中的溶解度非常小。

As_2S_3的 $K_{sp}^{\ominus}=2.1\times10^{-22}$，$Sb_2S_3$的 $K_{sp}^{\ominus}=2.0\times10^{-93}$，$Bi_2S_3$的 $K_{sp}=1.0\times10^{-97}$。

利用硫化物的酸碱性，可以溶解部分硫化物。酸性硫化物可溶于碱或碱性硫化物中，碱性硫化物可溶于酸(大小有影响，详见 14.6.3)。如 As_2S_3溶于碱或硫化钠溶液中；Sb_2S_3溶于酸，也溶于碱(生成硫代亚锑酸盐)；Bi_2S_3溶于酸。

$$As_2S_3+6OH^- = AsS_3^{3-}+AsO_3^{3-}+3H_2O$$

$$4As_2S_5+24OH^- = 5AsS_4^{3-}+3AsO_4^{3-}+12H_2O$$

$$Sb_2S_3+6OH^- = SbS_3^{3-}+SbO_3^{3-}+3H_2O$$

$$4Sb_2S_5+24OH^- = 5SbS_4^{3-}+3SbO_4^{3-}+12H_2O$$

$$Sb_2S_3+12HCl = 2H_3SbCl_6+3H_2S\uparrow$$

$$Bi_2S_3+6HCl = 2BiCl_3+3H_2S\uparrow$$

3. 氧化还原性

砷、锑的+3 硫化物具有一定的还原能力，可以溶于具有氧化性的酸溶液中，或者溶于具有氧化性的多硫化物溶液中。

$$As_2S_3+10H^++10NO_3^- = 2H_3AsO_4+3S\downarrow+10NO_2\uparrow+2H_2O$$

$$As_2S_3 + 3S_2^{2-} \xlongequal{} 2AsS_4^{3-} + S\downarrow$$

$$Sb_2S_3 + 3S_2^{2-} \xlongequal{} 2SbS_4^{3-} + S\downarrow$$

如果遇到还原能力强的还原剂，As_2S_3也可以被还原。

$$2As_2S_3 + 4H^+ + 2Sn^{2+} \xlongequal{} As_4S_4 + 2H_2S\uparrow + 2Sn^{4+}$$

4. 制备

常见的制备反应如下：

$$2M^{3+} + 3S^{2-} \xlongequal{} M_2S_3\downarrow \qquad (M=As、Sb、Bi)$$

$$2AsO_3^{3-} + 6H^+ + 3H_2S \xlongequal{} As_2S_3\downarrow + 6H_2O$$

$$2AsO_4^{3-} + 6H^+ + 5H_2S \xlongequal{} As_2S_5\downarrow + 8H_2O$$

习　题

1. 写出 NCl_3、PCl_3、$AsCl_3$、$SbCl_3$、$BiCl_3$的水解反应方程式。

2. 完成下列反应方程式：

(1) 三硫化二砷溶于硫化铵。

(2) 磷和稀硝酸。

(3) 硫化铜和稀硝酸。

(4) 金溶于王水。

3. 简述硝酸盐和铵盐的热分解规律，举例说明。

4. 试解释下列事实：

(1) PH_3和过渡金属形成配合物的能力比 NH_3强；NF_3难以和过渡金属形成配合物，PF_3可以和许多过渡金属形成配合物。

(2) AsO_3^{3-} 能够在碱性溶液中被 I_2单质氧化成 AsO_4^{3-}；H_3AsO_4能够在酸性溶液中被 I^-还原成 H_3AsO_3。

(3) $H_4P_2O_7$的酸性强于 H_3PO_4。

(4) H_3PO_3是二元酸。

5. 用离子极化的观点解释砷、锑、铋的硫化物的颜色和溶解度差异。

6. 在硝酸溶液中，铋酸钠能将二价锰离子氧化成高锰酸根离子。如果是在盐酸溶液中，反应将如何进行?

7. 推断题：有一钠盐 A 受热有气体 B 放出和物质 C 生成。气体 B 无色无味，能够使带火星的木条复燃。将物质 C 溶于水，酸化后分成两份：一份加几滴高锰酸钾溶液，高锰酸钾紫色褪去呈无色；另一份加几滴碘化钾—淀粉溶液，溶液变蓝色。根据氮族化合物的特性，推断 A、B、C 分别是何物，写出反应方程式。

第 16 章　碳族元素

碳族元素是周期表第ⅣA 族元素，包括碳(C)、硅(Si)、锗(Ge)、锡(Sn)、铅(Pb)、𫓧(Fl)六种。碳是典型的非金属，硅、锗是准金属，锡、铅是金属。第ⅣA 族元素表现出由非金属到金属的完整过渡。

𫓧是一种人工合成的放射性化学元素，由俄罗斯杜布纳联合核子研究所和美国劳伦斯利弗莫尔国家实验室共同发现。2012 年，国际纯粹与应用化学联合会(IUPAC)宣布将 114 号元素命名为 Flerovium(Fl)，以纪念苏联原子物理学家乔治·弗洛伊洛夫(Georgy Flyorov，1913—1990)。2012 年 5 月，全国科学技术名词审定委员会联合国家语言文字工作委员会确认了 114 号元素的中文汉字为新造元素字𫓧(音同“夫”)。

本章讨论碳(C)、硅(Si)、锗(Ge)、锡(Sn)、铅(Pb)。

16.1　碳族元素的通性

碳族元素的性质见表 16−1。

表 16−1　碳族元素的性质

碳族元素	C	Si	Ge	Sn	Pb
原子序数	6	14	32	50	82
价电子构型	$2s^2 2p^2$	$3s^2 3p^2$	$4s^2 4p^2$	$5s^2 5p^2$	$6s^2 6p^2$
原子共价半径/pm	77	117	122	140	147
第一电离能/$kJ \cdot mol^{-1}$	1086	787	762	709	716
第一电子亲合能/$kJ \cdot mol^{-1}$	122	120	116	121	100
电负性 χ_P	2.25	1.90	1.8	1.8	1.9
主要氧化数	0、+2、+4	0、+4	+2、+4	+2、+4	+2、+4

碳的价电子数等于其价电子轨道数，称为等电子原子。从碳、硅的电离能和电子亲合能数据可以看出，它们都难以得失电子，一般以共价键成键。其中，碳原子由于半径

小，能形成 p－pπ 键(包括大 π 键)，形成复键的能力强。硅原子虽然难以形成 p－pπ 键，但是可以利用其空的 3d 轨道成键，形成高配位的化合物，如 H_2SiF_6，甚至形成 d－pπ 配键，如H_4SiO_4。碳、硅都有自相成链的能力，但是由于键能的差异，碳自相成链的能力很强，硅自相成链的能力相比碳要弱很多。

碳、硅常见共价键的键能见表 16－2。

表 16－2　碳、硅常见共价键的键能（单位：$kJ \cdot mol^{-1}$）

共价键	键能	共价键	键能
C—C	345.6	Si—Si	222
C—H	411	Si—O	452
C—O	358	Si—H	318
C═O	798.9	Si—F	565
C≡O	1072	Si—C	318

碳原子的几种最主要的共价键的键能都较大，碳原子正是依靠 C—C、C—H、C—O 键形成的大量化合物，进而构成有机界。因此，碳的化学更多地属于有机化学范畴。硅的 Si—O 键键能很大，表明硅的亲氧性。而硅也是靠着 Si—O 键形成的各种硅氧化合物和简单或复杂的硅酸盐构成无机矿物界。严格来说，硅的化学属于近代化学范畴。这是因为虽然硅的天然化合物早已为人熟知，但其主要的天然硅酸盐具有高度的化学惰性，且组成和结构十分复杂，其研究取决于近代无机结构化学的发展。

锗、锡和铅都表现出不同程度的金属性，且它们的阳离子具有相同的价电子构型，都是 18 电子构型或(18＋2)电子构型，因此锗、锡和铅的化合物在性质上具有共性，并按照锗、锡、铅的顺序表现出规律性的递变。锗、锡、铅和砷、锑、铋具有相似性。

和铋一样，铅受到惰性电子对效应的影响，$6s^2$ 电子不易成键，导致＋4 价铅不稳定，是强氧化剂。

16.2　碳单质

单质碳有四种主要的同素异形体。

16.2.1　金刚石

金刚石是原子晶体，碳原子以 sp^3 杂化成键，其晶格有常见的面心立方和六方两种(图 16－1)。

在面心立方金刚石中，晶胞参数 a＝356.7 pm，C—C 键长为 154.4 pm。这种晶体结构的特征是晶格中任一原子周围都对称而等距地分布着另四个原子。由于 C—C 键贯穿整个晶体，使整个晶体解理困难，因此，金刚石是天然存在的最硬的物质，抗压强度高，耐磨性能好，熔点高达 3823 K，是熔点最高的单质。天然金刚石也称为钻石，是地下熔岩中的碳在高温下形成的结晶体，透明、折光，具有极高的观赏和装饰价值，极为珍贵。

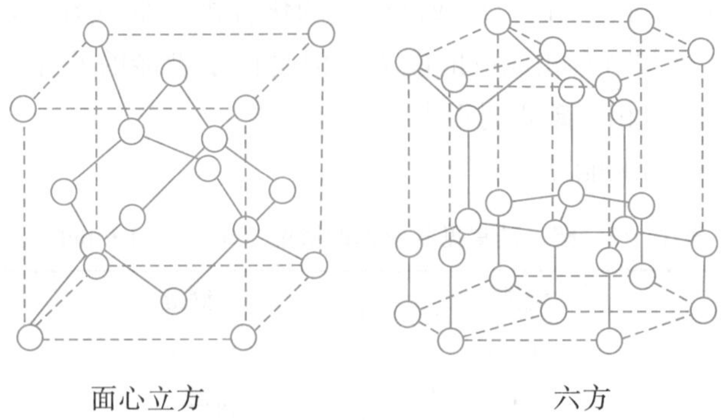

面心立方　　　　六方

图 16—1　金刚石的结构

六方金刚石是介稳晶体，已在陨石中找到。碳原子的成键方式和 C—C 键长都与面心立方金刚石相似，晶胞参数 a=251 pm，b=412 pm。

常林钻石，我国现存的最大的钻石，重 158.786 克拉，于 1977 年 12 月由山东省临沂市临沭县常林村农民魏振芳发现，并把它献给华国锋主席，献给国家。① 现收藏于中国人民银行。

16.2.2　石墨和石墨烯

石墨为层型结构，是混合键型，过渡型晶体(原子晶体和分子晶体的混合或过渡，参见 4.6)。

同层中，碳原子以 sp^2 杂化形成的三个 sp^2 杂化轨道与另外三个原子 sp^2 杂化轨道相互形成 σ 键，进而延伸成六个碳原子在同一个平面上的正六元环，再伸展成无限平面层结构。在同一平面的碳原子还各剩下一个 p 轨道具有一个成单电子，它们相互重叠形成 n 中心 n 电子的大 π 键 Π_n^n。同一平面的碳原子 C—C 键的键长皆为 142 pm，较 C—C 单键要短。对于同一层来说，属于原子晶体的范畴。

层与层之间通过分子间力结合，层间距为 335 pm，属于分子晶体的范畴。

石墨的特殊结构使石墨晶体显示出明显的各向异性。由于同层上的大 π 键电子比较

① 新华社记者. 我国发现一颗特大天然金刚石　华主席命名它为“常林钻石”[N]. 人民日报，1978—07—25.

自由，所以石墨在层面方向上导热和导电能力强，但垂直于层的方向上导电和导热能力却很弱。石墨的力学性质在层面方向和垂直层面方向上也表现出明显差异，由于层间是较弱的分子间力，因此，在层面方向上石墨显示出完整的解理性，层间易于滑动。

石墨的层状结构被确定以后，科学家们就一直被一种情结纠结：理论研究表明，完美二维晶体结构无法在非绝对零度下稳定存在。但科学家们却一直在尝试获得稳定的单层二维石墨片。随着零维的单分子富勒烯和一维的单壁碳纳米管相继被发现，科学家们看到制备单层石墨烯片的一丝曙光。2004 年，英国曼彻斯特大学安德烈·海姆(Andre K. Geim)教授领导的研究小组利用微机械剥离方法首次获得了由一层碳原子构成的石墨烯（图 16－2）。石墨烯厚约 3 nm，长约 100 μm，并且肉眼可见。2010 年，安德烈·海姆和其团队成员康斯坦丁·诺沃肖洛夫(Novoselov)因此获得诺贝尔物理学奖。

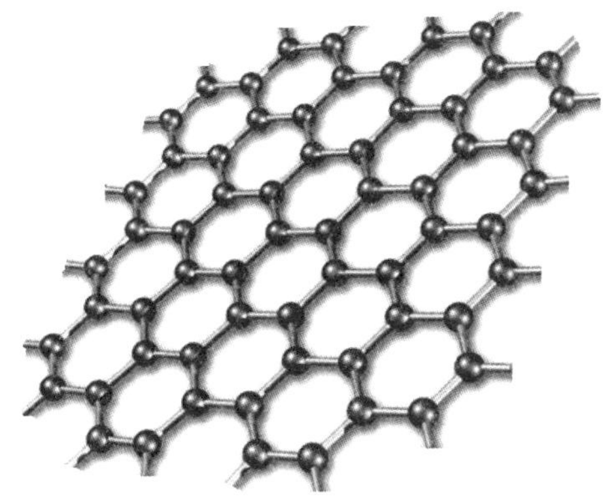

图 16－2　单层石墨烯

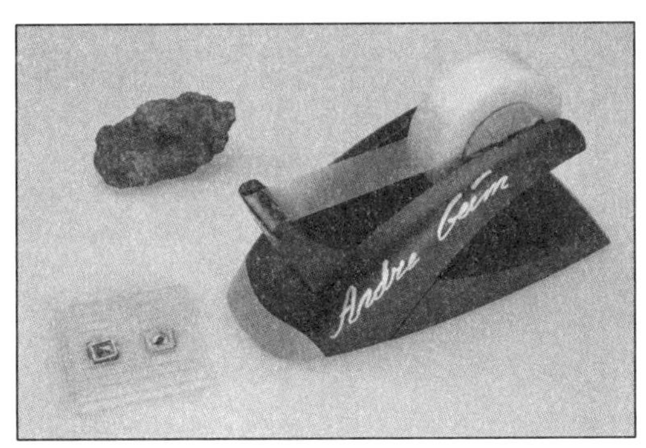

安德烈·海姆捐赠给瑞典皇家科学院的石墨、石墨烯和胶带，胶带上有签名“Andre Geim”。

石墨烯有非常优良的理化性质：强度是已测试材料中最高的，达 130 GPa，是钢的 100 多倍；电子迁移率达 $1.5\times10^{4}\ cm^{2}\cdot V^{-1}\cdot s^{-1}$，是目前已知的具有最高迁移率的锑化铟材料的 2 倍，超过商用硅片的迁移率 10 倍，在特定条件下(如低温骤冷等)，甚至可高达 $2.5\times10^{5}\ cm^{2}\cdot V^{-1}\cdot s^{-1}$；热导率达 $5\times10^{3}\ W\cdot m^{-1}\cdot K^{-1}$，是金刚石的 3 倍；电阻率约 $10^{-6}\ \Omega\cdot cm$，比铜或银更低；对光吸收率达 2.3%，几乎是完全透明的。目前对石墨烯的应用研究非常活跃，人们期待石墨烯在电子领域获得广泛应用。

16.2.3 富勒烯和碳纳米管

1971 年，日本科学家大泽映二出版《芳香性》一书，其中描述了 C_{60} 分子的设想。1980 年，饭岛澄男(Sumio Iijima)在分析碳膜的透射电子显微镜图时发现同心圆结构，这是 C_{60} 的第一个电子显微镜图。1983 年，英国萨塞克斯大学的波谱学家克罗托(H. W. Kroto)在蒸发石墨棒产生的碳灰的紫外可见光谱中发现 215 nm 和 265 nm 的吸收峰，他们称之为“驼峰”；后来他们推断这是富勒烯产生的。1984 年，富勒烯的第一个光谱证据由美国新泽西州艾克森实验室的罗芬等发现的，但是他们不认为这是 C_{60} 等团簇产生的。1985 年 8 月到 9 月间，克罗托、美国莱斯大学化学系科尔(R. F. Curl)和斯莫利(R. E. Smally)教授用高功率激光轰击石墨，使石墨中的碳原子汽化，用氦气流把气态碳原子送入真空室，迅速冷却后形成碳原子簇，再用质谱仪检测，得到了 C_{60} 和 C_{70} 的质谱图。但是，由于获得的 C_{60} 和 C_{70} 量太少，不足以通过实验测定其结构。那么，C_{60} 和 C_{70} 具有什么样的结构呢？

受到美国建筑师富勒(Buckminster Fuller)设计的 1967 年蒙特利尔世界博览会上的美国大穹顶的启发，他们推测并制作出 C_{60} 的球形结构：一个完美对称的分子。他们把 C_{60} 取名为 Buckminster fullerene(巴克明斯特富勒烯)，简称 Fullerene(富勒烯)，或用富勒的名字称为 Buckyball(巴基球)，也称为 Soccerene(足球烯)。直到 1990 年，克利奇莫(W. Kratschmer)等第一次报道了大量合成 C_{60} 的方法，才使得 C_{60} 的结构通过实验得以确证。1996 年，克罗托、科尔和斯莫利因富勒烯的发现获得了当年的诺贝尔化学奖。

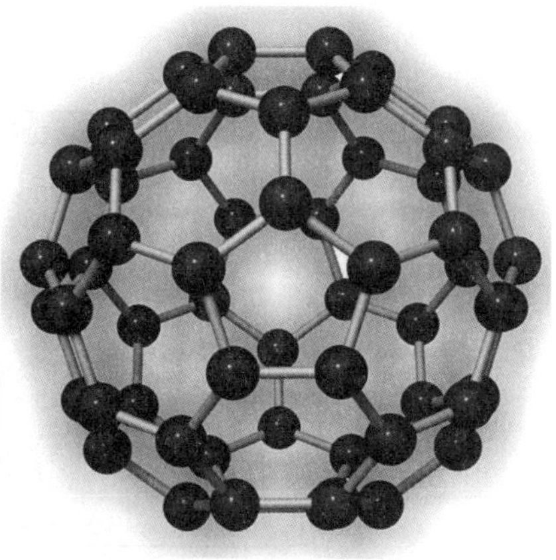

富勒设计的蒙特利尔世界博览会上的美国大穹顶(左)和推测的 C_{60} 的球形结构(右)。

1992 年，美国科学家布塞克(P. R. Buseck)在用高分辨透射电镜研究俄罗斯数亿年前地下的一种名为 Shungites 的矿石时发现了 C_{60} 和 C_{70} 的存在。2010 年，加拿大西安大略大学科学家在 6500 光年以外的宇宙星云中发现了 C_{60} 存在的证据，他们通过史匹哲太空望远镜(Spitzer Space Telescope，SST)发现了 C_{60} 特定的信号。克罗托说：“这个最令人兴奋的突破给我们提供了令人信服的证据：正如我们一直期盼的那样，巴基球在宇宙的亘古前就存在了。”

富勒烯的结构特点为，C_{60} 分子中碳原子以 σ 键结合，$sp^{2.28}$ 杂化，球面上存在离域大 π

键。其分子中有较强的张力，对称性很好。C_{60}的晶体属分子晶体(面心立方与六方晶系)。

目前制得的富勒烯球形碳分子，碳原子数可高达 540。

目前的研究表明，富勒烯的化学反应涉及以下类型：亲核加成、周环反应、加氢(还原)反应、氧化反应、羟基化反应、亲电加成、配位反应和开孔反应。

将富勒烯和其他一些功能基团借助分子间力，通过自组装或自组织构筑可得到某种高级结构（图 16—3)。

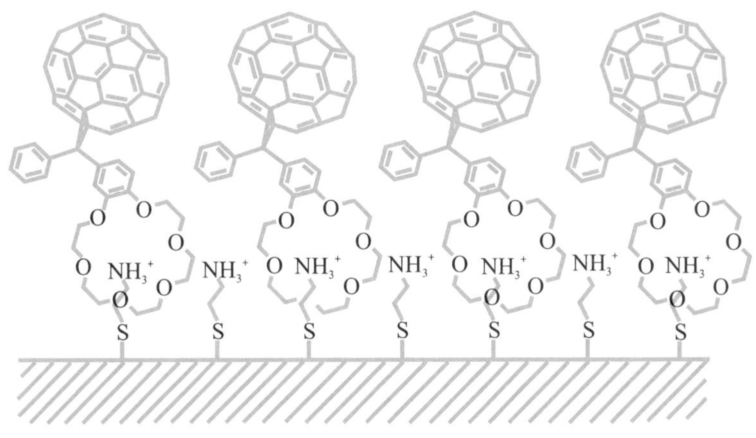

图 16—3　通过分子识别自组装形成的 C_{60} 膜

富勒烯及其衍生物在电池、催化剂、抗癌药物、光导材料、超导体、高强度碳纤维、工业材质等领域的应用前景令人期待。

在富勒烯发现的推动下，1991 年，一种更加奇特的碳结构被日本电子公司(NEC)的科学家饭岛澄男发现，称为碳纳米管(Carbon-nanotube)或巴基管(Bucky tube)(图 16—4)。

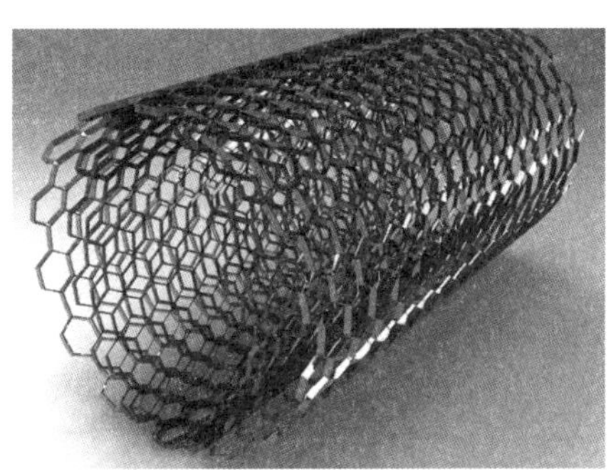

图 16—4　碳纳米管

碳纳米管主要由呈六边形排列的碳原子构成数层至数十层的同轴圆管，管的两端常被五边形碳环封闭。层与层之间保持固定的距离，约为 0.34 nm，直径一般为 2～20 nm。碳纳米管中碳原子以 sp^2 杂化为主，同时六角形网格结构存在一定程度的弯曲，其中可形成一定的 sp^3 杂化键，即形成的化学键同时具有 sp^2 和 sp^3 混合杂化状态。sp^2 杂化剩余的 p 轨道电子彼此交叠在碳纳米管石墨烯片层外形成高度离域化的大 π 键。显而易见，碳纳米管可以看作由石墨烯片层卷曲而成。

碳纳米管具有优良的力学、电学和热学性质，如抗张强度比钢高100倍，热导与金刚石相近，电导高于钢。在可预期的未来，有广阔的应用前景。

16.2.4 线型碳

1968年，科学家格雷西(A. Goresy)在德国Ries火山口的石墨片麻岩中发现了线型的碳单质，命名为线型碳(Linear carbon)或碳炔(Carbyne)。

线型碳属分子晶体，碳原子以sp杂化成键，为线型高分子，有α－型(共轭三键型)和β－型(累积双键型)两种（图16－5），分子式为$(—C≡C—)_n$或$(=C=C=)_n$，多为六方晶系。

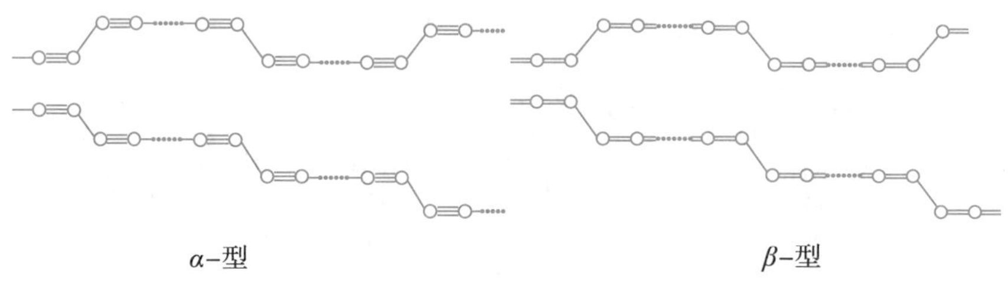

图16－5 线型碳的两种结构

线型碳被认为是世界上最强韧的材料，强度比钢高200多倍，超过钻石40倍，是石墨烯抗拉强度的2倍。线型碳在未来超高强度设备的发展中将有很重要的用途。

20世纪后半叶以来，计算机技术和互联网等高科技领域引领了社会的快速发展，期间，计算机芯片的核心成分硅晶体无疑是最突出的，因此，20世纪被称为“硅时代”。21世纪，石墨烯、富勒烯、碳纳米管、线型碳、碳纤维、石墨层间化合物等各种新型碳材料的大力开发和应用给人们展现了无限的想象空间。有观点认为，“超碳时代”将会来临。21世纪，将是碳的世纪。

16.3 碳的氧化物

16.3.1 一氧化碳

16.3.1.1 分子结构

CO分子的键参数：d(C—O)＝112.8 pm。

CO分子的键长很短，是C≡O三键键长。CO分子的偶极矩很小，只有0.112D，分子的正极在O原子上，负极在C原子上。

价键理论对此的解释是，在C原子和O原子各以其成单的两个p电子形成双键(一个σ键、一个π键)的基础上，O原子的成对p电子再以配键的形式提供给C原子空的p轨道，形成p－pπ键，即C、O间形成三键C≡O。

$$:C \xleftarrow{\quad} \ddot{O}:$$

由于配位键是由 O 原子提供电子给 C 原子共用的，不仅抵消了 C、O 双键的成键电子对向 O 原子的偏移，而且使得 C 原子略显负电，O 原子略显正电。同时，使得整个 CO 分子的偶极很小。CO 分子中 C 原子略显负电，导致 CO 作配体时是由 C 原子上的孤电子对提供出来成键的。

分子轨道理论也可解释 CO 分子的成键，CO 与 N_2 分子是等电子体(都是 10 个价电子)，分子轨道排布式相同，成键相同：一个 σ 键、两个 π 键(参见 2.3.5)。

16.3.1.2　性质

1. 还原性

CO 分子具有显著的还原能力，是金属高温冶炼的重要还原剂。

$$FeO+CO = Fe+CO_2$$

常温下，CO 分子可以还原二氯化钯，使溶液变黑，该反应十分灵敏，常作为 CO 分子的检测反应。

$$PdCl_2(\text{粉红溶液})+CO+H_2O = Pd(\text{黑})\downarrow+2HCl+CO_2$$

2. 配合作用

CO 分子的 C 原子上的孤对电子可以提供出来形成配位键，是常见的配位体。同时，CO 分子具有空的反键 π 分子轨道，是 π 酸配位体。因此，在与中心离子形成正常 σ 配位键的基础上，还可以利用其反键 π 分子轨道接受中心离子的成对 d 电子，形成反馈 d－pπ 配键，使其配位能力得到增强。

CO 分子能与许多过渡金属形成羰基配合物：$M(CO)_n$、$M(CO)_n^{a\pm}$。由于羰基配合物都有反馈 d－pπ 配键，中心离子都具有成对 d 电子，因此，中心离子常常表现为低氧化态、零氧化态甚至负氧化态，如 $Ni(CO)_4$、$Mn(CO)_5^-$ 等。利用 $Ni(CO)_4$ 的生成、分离和分解可以提纯金属镍。

血红蛋白(Hb)中的 Fe^{2+} 的空轨道可以接受 O_2 分子提供的电子对形成氧合血红蛋白(HbO_2)，从而通过血液的流动达到在人体内输送 O_2 分子的目的(图 16－6)。

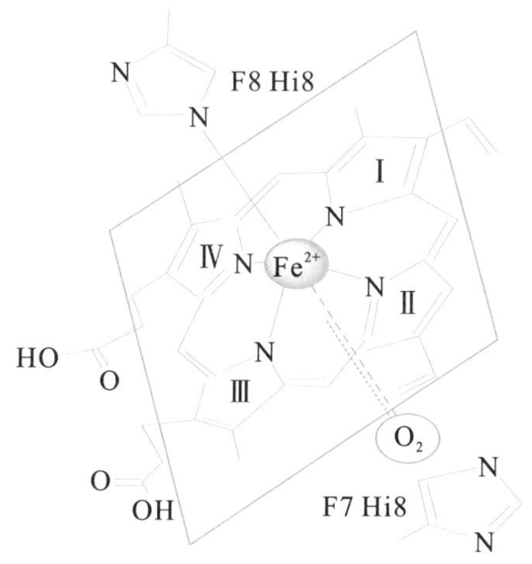

图 16－6　血红蛋白与氧的结合

CO 作为配位体时可与血红蛋白(Hb)形成一氧化碳血红蛋白(HbCO)。一氧化碳血红蛋白(HbCO)比氧合血红蛋白(HbO_2)稳定，因此，CO 能把 O_2 从 HbO_2 中置换出来。

$$HbO_2 + CO = HbCO + O_2$$

体温在 37℃以下时，$K = 200$。

在肺部，即使 CO 浓度很低，Hb 仍能优先与 CO 结合，从而使血液输氧中断，进而使人体组织缺氧，产生细胞能量代谢障碍，导致肌肉麻痹、昏迷，甚至死亡，这就是 CO 中毒。同时，由于 HbCO 解离比 HbO_2 慢得多，增加了 CO 中毒的危险性。经测定，当空气中 CO 浓度达 0.08%时，人在两小时内就会昏迷致死。

3. 与碱反应

CO 显极微弱的酸性，在一定压力条件和受热情况下与碱反应，生成甲酸盐。

$$CO + NaOH \xrightarrow{6\sim8\ atm,\ 390\sim400\ K} HCOONa$$

在较高的压力下，CO 可与水反应生成甲酸，因此，可以认为 CO 是甲酸的酸酐。

$$CO + H_2O = HCOOH$$

4. 加合作用

CO 在催化剂存在下与 H_2、H_2O、炔烃等进行加合反应，是制备有机物的重要原料。如工业制甲醇：

$$CO + 2H_2 \xrightarrow{200\ atm,\ 570\sim670\ K,\ ZnO-Cr_2O_3} CH_3OH$$

5. 制备

工业上通过制备水煤气和发生炉煤气来得到 CO 气体。

利用水蒸气通过炽热的焦炭得到水煤气：

$$H_2O + C \xrightarrow{高温} CO + H_2$$

水煤气的大致组成为 CO 40%，H_2 50%，CO_2 5%。

利用空气通过炽热的焦炭得到发生炉煤气：

$$O_2 + 2C \xrightarrow{高温} 2CO$$

发生炉煤气的大致组成为 CO 25%，N_2 70%，CO_2 4%。

实验室采用甲酸脱水或者草酸脱水来制备 CO。

$$HCOOH \xrightarrow{浓\ H_2SO_4} CO\uparrow + H_2O$$

$$H_2C_2O_4 \xrightarrow{浓\ H_2SO_4} CO\uparrow + CO_2\uparrow + H_2O$$

16.3.2 二氧化碳

16.3.2.1 分子结构

CO_2 为直线型结构，其分子结构和成键如图 16-7 所示。

CO_2 分子中碳氧键键长为 116 pm，介于碳氧双键(C=O 键键长为 124 pm)和碳氧三键(C≡O 键键长为 112.8 pm)之间。

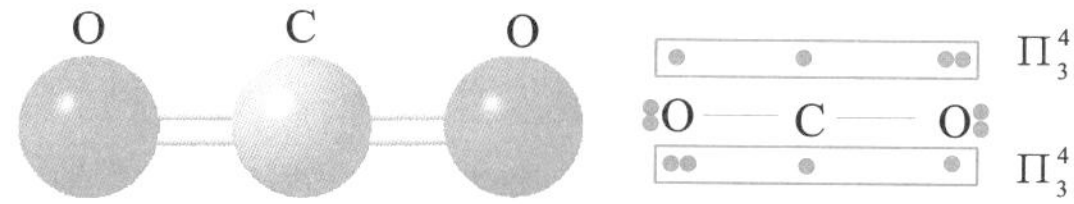

图 16-7 CO_2的分子结构和成键

杂化轨道理论解释 CO_2 分子成键，C 原子在激发一个 2s 电子到 2p 之后进行 sp 杂化，sp 杂化轨道的成单电子分别结合两个 O 原子的成单 2p 电子形成 σ 键，同时，C 原子上未参加杂化的成单 $2p_z$ 电子和两个 O 原子的一个 $2p_z$ 成单电子、一对成对 $2p_z$ 电子形成一个三中心四电子的大 π 键 Π_3^4，同样的，C 原子上未参加杂化的成单 $2p_y$ 电子和两个 O 原子的一个 $2p_y$ 成单电子、一对成对 $2p_y$ 电子再形成一个三中心四电子的大 π 键 Π_3^4。即 C 原子与 O 原子形成了三个键：一个 σ 键、两个大 π 键 Π_3^4。

16.3.2.2 性质

CO_2是酸性氧化物，溶于水生成碳酸。

$$CO_2+H_2O = H_2CO_3$$

常温下 CO_2饱和溶液中 CO_2的浓度为 0.4 mol·L^{-1}。

CO_2是主要的温室气体。温室气体的概念源于温室效应，虽然温室效应这一概念是近二三十年才进入公众视野的，但它却不是在现代提出的，而是早在拿破仑时代就已出现的科学概念。大约两百年前，法国科学家让·巴普蒂斯·约瑟夫·傅里叶(Baron Jean Baptiste Joseph Fourier，1768—1830)男爵曾思考过这样一个问题，当太阳光照射到地球表面给地球带来温暖的时候，为什么这颗行星不继续升温，直到和太阳本身一样热呢?他的研究结论是：受热的地表发射出看不见的红外辐射，把热量送回了太空。但是，如果地球全部反射了太阳的能量，地球的温度应该在冰点之下，这要比实际的地球冷许多。傅里叶认识到这种差距是由地球的大气层造成的，大气层拦截从地表发出的部分红外辐射，防止它们散发到太空中去，这被比喻成“温室效应”。如果没有大气，地表平均温度会下降到−23℃，而实际地表平均温度为 15℃，这就是说，温室效应使地表温度升高了38℃。1824 年，傅里叶发表《地球及其表层空间温度概述》，阐述了其研究成果。1859年，英国科学家丁达尔发现红外辐射可以穿透大气层里的氧气和氮气，但是不能穿透二氧化碳气体，这就是“温室气体”的最早来源。丁达尔进一步研究发现，水蒸气是大气中含量更高的温室气体，这种气体能轻易阻挡红外线。丁达尔说：“水蒸气对于英格兰的植物来说就像是一层必不可少的毛毯，其重要性比衣服对于人类还要大。若将这种水蒸气从大气中去除掉，哪怕仅仅一个夏夜的时间，那么第二天太阳照耀的就将是一个被冰霜紧紧包裹的孤岛。”

现代研究表明，大气中主要的温室气体是水汽(H_2O)，水汽所产生的温室效应占整体温室效应的 60%～70%；其次是二氧化碳(CO_2)，约占 26%；其他的还有臭氧(O_3)、甲烷(CH_4)、氧化亚氮(N_2O)、全氟碳化物(PFCs)、氢氟碳化物(HFCs)、含氯氟烃(HCFCs)及六氟化硫(SF_6)等。

温室气体使地球温度上升的原因在于其对太阳光几乎不吸收，但吸收地球向外以红外光辐射的能量，使大气温度升高。温室气体吸收红外光的机理是，分子内原子在其位置有不断的振动，这种振动会使分子偶极矩发生变化，对应特定的偶极矩变化频率，当一定频率的红外光照射分子时，如果分子某个基团的振动频率和它一样，二者就会产生共振，光的能量就能通过分子偶极矩的变化传递给分子，使分子吸收红外光。

1938 年，盖伊·斯图尔特·卡伦德在伦敦的皇家气象学会发言中首次提出，地球温度正在上升，原因在于工业革命以来二氧化碳排放量的增加。随着相关科学研究日益广泛并进入公众视野，地球正在变暖日渐成为共识。地球表面及大气低层变暖会带来一系列自然灾害，如两极冰雪融化、海平面上升、影响农业和自然生态系统(极端气候增多)、威胁人类生存等。

1997 年 12 月 11 日，《联合国气候变化框架公约》第三次缔约方大会在日本京都召开，《京都议定书》诞生(2005 年 2 月 16 日生效)，人类首次以法规的形式限制温室气体排放。《京都议定书》的目标是在 2008 年至 2012 年间，将主要工业发达国家的温室气体排放量在 1990 年的基础上平均减少 5.2%(欧盟削减 8%，美国削减 7%，日本削减 6%，加拿大削减 6%，东欧各国削减 5%～8%)。《京都议定书》对包括中国在内的发展中国家并没有规定具体的减排义务。2015 年 12 月，《联合国气候变化框架公约》近 200 个缔约方在巴黎气候变化大会上一致同意通过《巴黎协定》，为 2020 年后全球应对气候变化行动做出安排，在人类气候治理史上具有里程碑意义，展示了人类应对气候变化的决心。

与地球变暖说日益被公众接受相对应，反对地球变暖说的声音一直存在着。这些反对的声音在 2012 年集中爆发。2012 年 2 月，全球十六位科学家联合发表公开信，对全球变暖说提出质疑，领头人是诺贝尔物理学奖得主、物理学家伊瓦尔·贾埃弗(Ivar Giaever)。但是，反对的声音太微弱，淹没在信息时代的大潮中。随着一些孤立事件的发生，比如美国退出《巴黎协定》，这种反对的声音不时会被重新唤起。

CO_2的制备方法较为简便，工业上是碳充分燃烧，实验室是酸化碳酸盐。

但是与制备CO_2相比，如何减少空气中CO_2的含量才是许多科学家试图解决的问题。由于大量的碳排放要归因于化石燃料的使用，因此，逆转“燃烧”的观点被提出。所谓逆转“燃烧”，是利用可再生能源在催化剂作用下将二氧化碳转化为燃料(如烃类)。比如在催化剂作用下实现下列过程(图 16-8)：

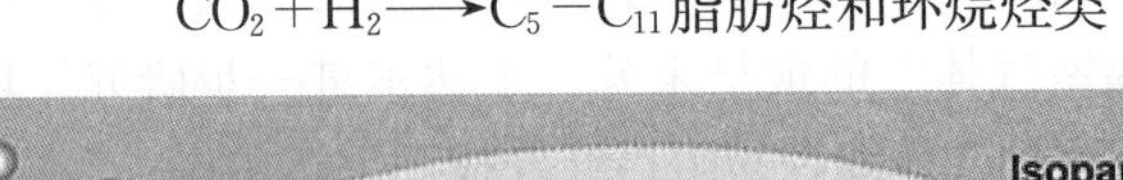

$$CO_2 + H_2 \longrightarrow C_5 - C_{11}\text{脂肪烃和环烷烃类}$$

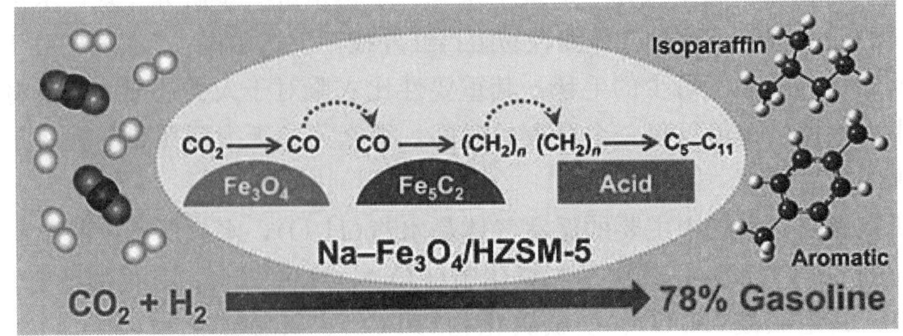

图 16-8　催化剂作用下将二氧化碳转化为燃料

上述过程意味着把碳排放置于一个循环体系：

燃料→二氧化碳→燃料

所需二氧化碳来源于空气。

2018 年，美国哈佛大学教授、Carbon Engineering 公司的创始人大卫·凯特(David Keith)等在 *Joule* 杂志报道了一种廉价且有效的工艺——从空气中直接收集二氧化碳：第一步循环利用 KOH 吸收空气中的 CO_2，生成 K_2CO_3，然后再和 $Ca(OH)_2$ 反应，生成 $CaCO_3$ 和 KOH；第二步循环将 $CaCO_3$ 高温分解，生成 CaO 和 CO_2，CaO 和水反应继续生成 $Ca(OH)_2$。其中，KOH 和 $Ca(OH)_2$ 都可以循环使用。过程如下：

$$空气 \rightarrow K_2CO_3 \rightarrow CaCO_3 \rightarrow CO_2$$

这一过程收集二氧化碳的成本可以从目前的每吨约 600 美元降低到每吨约 100 美元。

16.4　碳酸和碳酸盐

16.4.1　分子结构

H_2CO_3 的分子结构：C 原子 2s 轨道上的一个电子激发到 2p 轨道后进行 sp^2 杂化，结合两个羟基氧，另以双键结合一个氧。

HCO_3^-、CO_3^{2-} 的成键与 H_2CO_3 分子相似，只是分别比 H_2CO_3 分子少结合一个和两个羟基氧。HCO_3^- 有一个大 π 键 Π_3^4(阴离子一个负电荷参与到大 π 键中)；CO_3^{2-} 有一个大 π 键 Π_4^6(阴离子两个负电荷参与到大 π 键中)。H_2CO_3、HCO_3^-、CO_3^{2-} 的成键如图 16－9 所示。

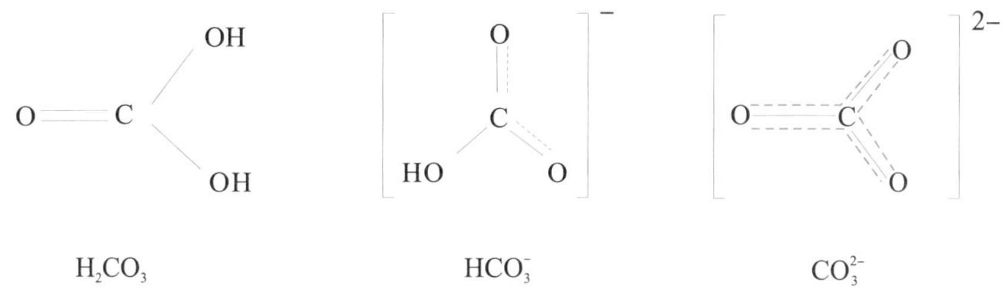

图 16－9　H_2CO_3、HCO_3^-、CO_3^{2-} 的成键

16.4.2　碳酸

碳酸是二元弱酸。$K_{a1}=4.2\times10^{-7}$，$K_{a2}=5.6\times10^{-11}$。

常温下 CO_2 饱和溶液中 CO_2 的浓度为 0.4 mol·L^{-1}。在 CO_2 溶液中，大部分溶解的 CO_2 分子以溶剂合物 $CO_2\cdot6H_2O$ 的形式存在，只有极少部分生成 H_2CO_3。

$$CO_2+H_2O \rightleftharpoons CO_2\cdot6H_2O \rightleftharpoons H_2CO_3 \rightleftharpoons H^+ + HCO_3^-$$

实验测得：$[CO_2]/[H_2CO_3]=600$，即溶解的 CO_2 分子只有六百分之一转化成 H_2CO_3。也就是说，H_2CO_3 的实际浓度为 6.7×10^{-4} mol·L^{-1}。

但是 H_2CO_3 的 K_{a1} 文献值为 4.2×10^{-7}，是假定溶于水的 CO_2 分子全部转化成 H_2CO_3（即假定 $[H_2CO_3]=0.4\ mol\cdot L^{-1}$）计算出来的。如果由 H_2CO_3 的实际浓度 $6.7\times10^{-4}\ mol\cdot L^{-1}$ 计算，则 $K_{a1}=2\times10^{-4}$。

文献值 $K_{a1}=4.2\times10^{-7}$，自然有其理由：当碳酸表现出酸性时，随着 H^+ 的消耗，溶解在溶液中的 CO_2 会全部转化成 H_2CO_3。

16.4.3 碳酸盐的性质

碳酸盐的性质主要表现在三个方面：溶解性、水解性、热稳定性。

1. 溶解性

正盐只有碱金属盐(锂除外)和铵盐溶于水，其余都难溶或微溶于水。碱金属离子中，锂离子具有一定的极化能力，虽然相比于其他区的金属离子，锂离子的极化能力较弱，但是由于碳酸根具有很强的变形性，碳酸锂仍然具有一定的极化作用，所以碳酸锂难溶。

酸式盐易溶于水。但是易溶于水的正盐形成酸式盐后在水中的溶解度却会降低，这与碳酸氢根通过氢键形成双聚或多聚离子有关（图 16－10）。

双聚离子　　多聚离子

图 16－10　HCO_3^- 离子形成的双聚离子和多聚离子

大自然中难溶于水的正盐 $CaCO_3$ 和易溶于水的酸式盐 $Ca(HCO_3)_2$ 之间的转化，造就了最神奇的地球景观。

$$CaCO_3+H_2O+CO_2 \rightleftharpoons Ca^{2+}+2HCO_3^-$$

自然界中的大理石、石灰石、方解石等的主要成分都是碳酸钙，地表中难溶于水的 $CaCO_3$ 在中国南方(川、渝、滇、黔、桂、粤、鄂和湘)充沛的雨水以及溶解在水中的 CO_2 的作用下会部分转变成易溶的 $Ca(HCO_3)_2$，导致岩石被侵蚀。由于石灰岩层中各部分的 $CaCO_3$ 含量不同，被侵蚀的程度不同，历经千万年，大地就逐渐被溶解分割成互不相依、千姿百态、陡峭秀丽的山峰(石林)，奇异景观的溶洞，以及溶洞塌陷产生的天坑。这种特征地貌被称为喀斯特地貌。如果上述平衡逆向进行，还会在地表形成钙化池，在地下溶洞中形成钟乳石、石笋等。

云南石林景区著名景点“阿诗玛”，源自撒尼族叙事长诗《阿诗玛》：“十二崖子上/站着一个好姑娘/她是天空一朵花/她是可爱的阿诗玛。”（图片提供：覃松）

2. 水解性

碳酸盐是弱酸盐，无论是正盐还是酸式盐，在水中都要水解。

（1）对于可溶性的碳酸盐和碳酸氢盐，水解涉及溶液酸碱性问题。

如果阳离子不水解，则只有碳酸根或者碳酸氢根水解，溶液显碱性。如 $0.1\ mol\cdot L^{-1}$的碳酸钠溶液显强碱性，pH=11.63；$0.1\ mol\cdot L^{-1}$的碳酸氢钠溶液显弱碱性，pH=8.3。

如果阳离子要水解，则溶液的酸碱性要依阳离子的水解能力、碳酸根的水解能力以及碳酸氢根的水解和电离能力的比较而定。例如碳酸铵，碳酸根水解能力$[K_b^\ominus(CO_3^{2-})=1.8\times10^{-4}]$显著强于铵根离子水解能力$[K_a^\ominus(NH_4^+)=5.6\times10^{-10}]$，溶液显碱性；再如碳酸氢铵，碳酸氢根水解能力$[K_b^\ominus(HCO_3^-)=2.3\times10^{-8}]$不仅强于铵根离子水解能力，而且强于碳酸氢根电离能力$[K_{a2}^\ominus=5.6\times10^{-11}]$，溶液亦显碱性，但碱性要弱于碳酸铵。

（2）对于难溶性的碳酸盐，水解涉及其在水中的存在形式问题。

当可溶性碳酸盐与金属离子反应时，如果金属离子不水解，则生成碳酸盐沉淀，如Ba^{2+}、Ca^{2+}、Ag^+等。

$$Ca^{2+}+CO_3^{2-}=\!=\!=CaCO_3\downarrow$$

当金属离子要水解，其水解产物氢氧化物沉淀和碳酸盐沉淀的溶解度差别不大时，生成碱式盐沉淀，如Cu^{2+}、Zn^{2+}、Pb^{2+}、Mg^{2+}等。

$$2Cu^{2+}+2CO_3^{2-}+H_2O=\!=\!=Cu_2(OH)_2CO_3\downarrow+CO_2\uparrow$$

当金属离子水解能力很强，其水解产物氢氧化物沉淀的溶解度非常小时，生成氢氧化物沉淀，如Fe^{3+}、Al^{3+}、Cr^{3+}等。

$$2Fe^{3+}+3CO_3^{2-}+3H_2O=\!=\!=2Fe(OH)_3\downarrow+3CO_2\uparrow$$

部分碳酸盐和氢氧化物的溶度积常数见表16-3。

表16-3 部分碳酸盐和氢氧化物的溶度积常数

物质	溶度积常数	物质	溶度积常数
$Cu(OH)_2$	$K_{sp}=2.2\times10^{-20}$	$CuCO_3$	$K_{sp}=1.4\times10^{-10}$
$Pb(OH)_2$	$K_{sp}=1.2\times10^{-15}$	$PbCO_3$	$K_{sp}=7.4\times10^{-14}$
$Zn(OH)_2$	$K_{sp}=1.2\times10^{-17}$	$ZnCO_3$	$K_{sp}=1.4\times10^{-11}$
$Mg(OH)_2$	$K_{sp}=1.8\times10^{-11}$	$MgCO_3$	$K_{sp}=3.5\times10^{-8}$
$Fe(OH)_3$	$K_{sp}=4.0\times10^{-38}$	$Al(OH)_3$	$K_{sp}=1.3\times10^{-33}$
$Cr(OH)_3$	$K_{sp}=6.3\times10^{-31}$		

Fe^{3+}、Al^{3+}、Cr^{3+}等离子的碳酸盐沉淀在溶液中难以得到，以至于没有溶度积常数。

3. 热稳定性

碳酸盐的热稳定性很好地体现了含氧酸热稳定性的规律（详见14.9.2）。阳离子极化能力越强，即阳离子电荷越高、半径越小，有效正电荷越强，越容易夺取碳酸根离子的O原子，热稳定性越差，热分解温度越低。由于阳离子电子构型影响阳离子有效正电荷，因此，阳离子电子构型与热稳定性的关系是，8 电子构型碳酸盐热稳定性>(9－17)电子构型碳酸盐热稳定性>18 和(18+2)电子构型碳酸盐热稳定性。同时，由于碳酸根离子是变形性非常强的阴离子，因此，相比其他含氧酸盐，碳酸盐热稳定性很差，易于热分解。此外，碳酸氢盐比碳酸盐热稳定性更差。部分碳酸盐热分解温度见表16－4。

表 16－4　部分碳酸盐热分解温度

金属离子	价电子构型	离子半径/pm	热分解温度/K
Li^+	2	60	1513
Na^+	8	95	2017
Be^{2+}	8	31	373
Mg^{2+}	8	65	813
Ca^{2+}	8	99	1170
Sr^{2+}	8	113	1462
Ba^{2+}	8	135	1633
Zn^{2+}	18	74	573
Cd^{2+}	18	97	633
Pb^{2+}	18+2	121	588
Fe^{2+}	9－17	76	553

16.5　碳化物

碳化物有离子型、共价型和间隙型三类。

16.5.1　离子型碳化物

活泼金属及其氧化物与碳在高温下反应生成离子型碳化物。典型反应如下：

$$CaO+3C \xrightarrow{2273\ K} CaC_2+CO\uparrow$$

$$2BeO+3C \xrightarrow{2200\ K} Be_2C+2CO\uparrow$$

$$4Al+3C \xrightarrow{高温} Al_4C_3$$

可以看出，主要的碳阴离子有 C^{4-}、C_2^{2-}，后者的结构为 $[:C\equiv C:]^{2-}$。碳阴离子在水溶液中都要水解。

$$CaC_2+2H_2O = Ca(OH)_2\downarrow+C_2H_2\uparrow$$

$$Al_4C_3+12H_2O = 4Al(OH)_3\downarrow+3CH_4\uparrow$$

16.5.2　共价型碳化物

共价型碳化物主要是碳与电负性更小的硅和硼形成的碳化硅、碳化硼，它们都是原子晶体。

碳化硅(SiC)俗名金刚砂，具有金刚石结构，硬度高达9.5，热稳定性好，呈化学惰性，不会被包括氢氟酸在内的大多数酸腐蚀，是极好的耐磨和耐火材料。通过二氧化硅和过量碳在电炉中加热至2300 K制得。

$$SiO_2 + 3C \xrightarrow{2300\ K} SiC + 2CO\uparrow$$

碳化硼的结构基于B单质的基本结构单元B_{12}，分子式为$B_{12}C_3$，最简式为B_4C。碳化硼晶体属于三方晶系，晶胞参数a=519 pm，α=66.3°。晶胞中含有三个[B_4C]单元，结构复杂。碳化硼熔点高，硬度大，呈化学惰性，是优良的耐磨和耐火材料。通过碳和氧化硼或硼在电炉中加热制得。

$$2B_2O_3 + 7C \xrightarrow{高温} B_4C + 6CO\uparrow$$

16.5.3　间隙型碳化物

与氮原子一样，碳原子也是体积很小的非金属原子，可以填充在过渡金属单质晶体的四面体空隙或八面体空隙中，形成金属间隙化合物。周期表d区从第ⅣB族到第ⅧB族过渡元素的碳化物都是间隙型碳化物，按组成可分为三类：MC、M_2C、M_3C。

MC：TiC、ZrC、HfC、VC、NbC、TaC、MoC、WC

M_2C：Nb_2C、Ta_2C、Mo_2C、W_2C

M_3C：Mn_3C、Fe_3C、Co_3C、Ni_3C

金属间隙型碳化物具有金属光泽，导电、导热性好，热膨胀系数小，硬度大，熔点非常高。如TiC的熔点达3683 K，是非常好的耐高温材料。

16.6　硅单质

常温下，硅单质的唯一存在形式为晶态固体。硅晶体属于立方晶系，并具有金刚石型晶体结构，晶胞参数a=541.987 pm(298 K)，Si—Si键键长为225.2 pm。

16.6.1　硅的性质

Si是准金属，在物理性质上主要表现出金属性，如有金属光泽，呈灰黑色，质地坚硬而有脆性，硬度为7.0，熔点为1683 K，沸点为2750 K。

硅晶体依纯度差异禁带宽度为0.3～0.5 eV，是半导体。硅同时具有本征半导体和非本征半导体的性质。

本征半导体是指不含杂质且结构非常完整的半导体单晶，即高纯硅本身就是半导体。

非本征半导体是指晶体中掺入杂质而形成的半导体。

非本征半导体的导电性能取决于杂质的类型和含量。常用的掺杂元素有两类，一类是掺入第ⅢA族元素B、Al、Ga、In，这些杂质原子与周围四个硅原子形成共价结合时尚缺少一个电子，因而存在一个空位，与此空位相应的能量状态就是杂质能级。即这些杂质原子的掺入使得Si晶体能带的禁带之间形成一个杂质能带，通常位于禁带下方靠近满带处。杂质能带的存在相当于在满带和空带之间架设了一座桥梁，使满带中的电子很容易激发到杂质能带和空带上去，由此而导电。这类掺杂半导体称为p型半导体(p表示正电荷positive)，如图16-11所示。

另一类是掺入第ⅤA族元素P、As、Sb等，这些杂质原子作为晶格的一分子，其五个价电子中有四个与周围的硅原子形成共价结合，多余的一个电子被束缚于杂质原子附近，同样产生杂质能级、杂质能带。该杂质能带位于禁带上方靠近空带底附近。这类掺杂半导体称为n型半导体(n表示负电荷negative)，如图16-11所示。

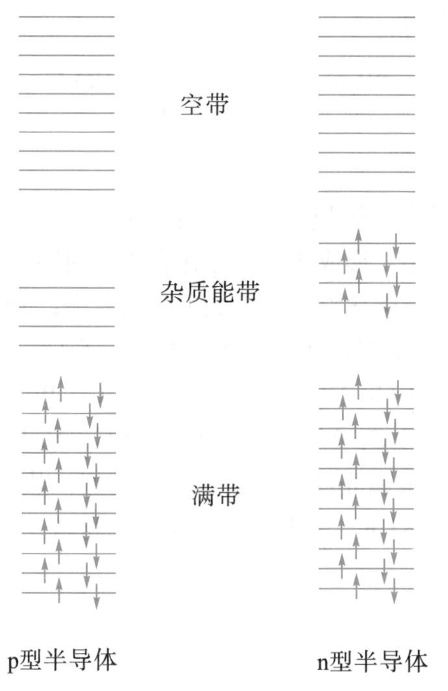

图16-11　p型半导体和n型半导体带隙示意图

Si作为准金属，在化学性质上主要表现出非金属性。常态下十分稳定，在高温时很活泼。与非金属单质反应如下：

$$Si+2F_2 = SiF_4$$

$$Si+2Cl_2 \xrightarrow{673\ K} SiCl_4$$

$$Si+O_2 \xrightarrow{873\ K} SiO_2$$

$$3Si+2N_2 \xrightarrow{1573\ K} Si_3N_4$$

$$Si+C \xrightarrow{2223\ K} SiC$$

Si在高温熔融状态下几乎能与所有金属氧化物反应夺取O原子，该反应用于制备金属，是硅热还原法。

$$2MO+Si \xrightarrow{\text{高温}} 2M+SiO_2$$

Si 作为准金属，显两性。粉末状的硅与强碱反应放出氢气。

$$Si+4OH^- = SiO_4^{4-}+2H_2\uparrow$$

但是，Si 只能溶于 HF，并且是在有氧化剂存在和加热的条件下。

$$3Si+18HF+4HNO_3 = 3H_2SiF_6+4NO\uparrow+8H_2O$$

硅与过渡金属形成金属间隙型硅化物，如 FeSi、$FeSi_2$、Fe_3Si_2、Mo_3Si、Mo_5Si_3 和 $MoSi_2$ 等。与氮、碳的金属间隙型化合物相同，金属间隙型硅化物的硬度大、熔点高、耐酸腐蚀、高温下抗氧化性好，主要用作耐火材料和耐磨材料。

16.6.2　硅的制备

作为半导体的晶体硅的制备工艺较复杂。

第一步：焦炭在电炉中还原石英砂得到粗硅。

$$SiO_2+C \xrightarrow{3273\ K} Si(\text{粗})+CO_2\uparrow$$

第二步：粗硅提纯为高纯硅。

$$Si(\text{粗})+2Cl_2(g) \xrightarrow{723\sim773\ K} SiCl_4(l)$$

$$Si(\text{粗})+3HCl(g) \xrightarrow{553\sim573\ K} SiHCl_3(l)+H_2\uparrow$$

用精馏法将 $SiCl_4$ 和 $SiHCl_3$ 提纯后，再用 H_2 还原得到高纯硅。

$$SiCl_4+2H_2 \xrightarrow{1373\sim1453\ K} Si(\text{高纯})+4HCl\uparrow$$

$$SiHCl_3+H_2 \xrightarrow{1373\ K} Si(\text{高纯})+3HCl\uparrow$$

第三步：通过区域熔融法将高纯硅提纯为超纯硅。

$$Si(\text{高纯}) \xrightarrow{\text{区域熔融法}} Si(\text{超纯})$$

区域熔融法是先将原料粉末熔合预制成烧结棒或材料棒，然后让它缓慢通过温度高于该材料熔点的一个区域，使之熔融而再结晶为单晶的提纯方法。区域熔融的原理为，利用杂质在未熔固体物质和熔融物质中溶解度的差异，使杂质集中在液态区，从而达到杂质分离、物质提纯的目的。区域熔融的一般操作过程是，将样品做成薄杆状，长度为0.6～3 m或更长。杆状样品以水平或垂直的方式悬浮封闭在一根管内，用一个可加热的窄环套在它的周围。环的温度保持在固体样品的熔点之上几摄氏度。加热环以极慢的速率(1～3 m/h)沿着杆状样品移动。这样沿着杆状样品移动，在样品中就会形成一个窄的熔融区。区域前面形成液体，而固体则在后面凝固得到。由于混合物的熔点比纯物质要低，因此，杂质慢慢地汇集在熔融区，当熔融区移动至末端时，杂质也被移动至末端，最后切去即可。为获得高纯度样品，一般要经过几次重复操作。图 16－12 为区域熔融法示意图。

区域熔融法利用熔硅较大的表面张力和硅的比重较小的特性，使得熔融区不至于掉落。用于半导体材料如集成电路、芯片的硅晶体的纯度必须达到 99.9999999％～99.999999999％。目前已有纯度为 99.9999999999％的单晶硅的报道。

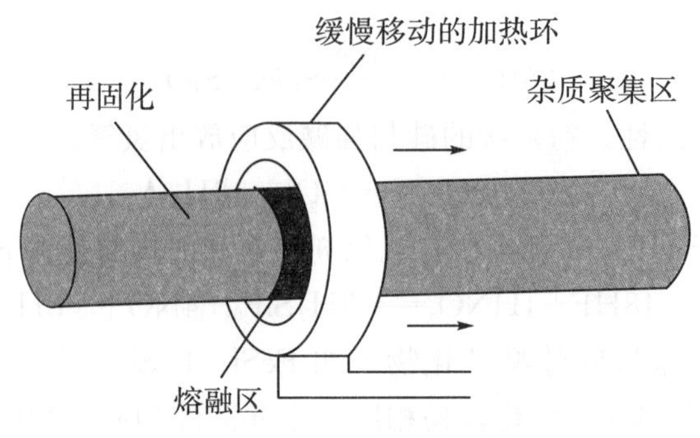

图 16－12　区域熔融法示意图

16.7　硅的氢化物和卤化物

16.7.1　硅烷

硅以多种氧化态与氢结合生成共价氢化物，有三种常见形式：Si_nH_{2n+2}、$(SiH)_x$、$(SiH_2)_x$。其中，Si_nH_{2n+2}与有机烷烃C_nH_{2n+2}在形式上相同，故称为硅烷。硅烷的 n 值在 1～7 之间，显著小于烷烃中的 n 值。硅烷的化学活泼性强于相应的烷烃。硅烷中有代表性的是甲硅烷。

硅烷的分子结构类似烷烃，硅烷的性质相比烷烃更加活泼。硅烷是无色的气体或挥发性液体，在空气中会自燃或爆炸。在室温下，只有甲硅烷是稳定的。

1. 稳定性

SiH_4的热分解性弱于甲烷，这是因为 Si—H 键键能弱于 C—H 键。两者的分解产物也不同。

$$SiH_4 \xrightarrow{773\ K} Si + 2H_2$$

$$2CH_4 \xrightarrow{1773\ K} C_2H_2 + 3H_2$$

2. 水解

SiH_4易发生水解，碱能催化这个过程。

$$SiH_4 + (n+2)H_2O \xlongequal{} SiO_2 \cdot nH_2O \downarrow + 4H_2 \uparrow$$

CH_4不能水解，这是因为CH_4中的 C 原子没有空的轨道，而SiH_4中的 Si 原子有空的 3d 轨道。

3. 还原性

SiH_4的还原性强于CH_4，这是因为在SiH_4分子中，Si 原子的电负性($\chi_P = 1.8$)小于 H 原子的电负性($\chi_P = 2.1$)，导致 H 原子显出负氧化数，负氧化态的 H 不稳定，易失去电子。而CH_4分子中，C 原子的电负性($\chi_P = 2.5$)大于 H 原子的电负性。

SiH_4能在空气中自燃：

$$SiH_4 + 2O_2 \xlongequal{} SiO_2 + 2H_2O$$

SiH_4能还原一般的氧化剂。典型反应如下：

$$SiH_4 + 2KMnO_4 = 2MnO_2\downarrow + K_2SiO_3 + H_2O + H_2\uparrow$$

$$SiH_4 + 8AgNO_3 + 2H_2O = 8Ag\downarrow + SiO_2\downarrow + 8HNO_3$$

CH_4不能进行上述反应。

4. 制备

硅不能与氢直接反应，因此，硅烷不能通过硅与氢反应制备，只能间接制备。常见方法有两种：金属硅化物酸化、硅的卤化物被强还原剂还原。

$$Mg_2Si + 4HCl = SiH_4\uparrow + 2MgCl_2$$

$$2Si_2Cl_6(l) + 3LiAlH_4(s) = 2Si_2H_6(g)\uparrow + 3LiCl(s) + 3AlCl_3(s)$$

16.7.2 硅的卤化物

硅的卤化物的通式为 Si_nX_{2n+2}，结构与 Si_2H_{2n+2} 相似，也称为卤代硅烷。与 Si_2H_{2n+2} 不同的地方在于，Si_nX_{2n+2}的 n 值更大。目前已经制得 $Si_{14}F_{30}$、Si_6Cl_{14}、Si_4Br_{10}等。Si—X 键中，除了正常的 σ 键之外，Si 原子空的 3d 轨道能够接纳 X 原子的成对 p 电子形成 d−pπ 配键，因此，Si—X 键具有双键性质，增强了整个分子的稳定性。

Si_nX_{2n+2}中最重要的是 SiX_4。SiX_4的结构与 CX_4相似，区别在于 C 原子没有了价电子轨道，而 Si 原子还有空的 3d 轨道可用于成键。

卤化硅极易水解。例如：

$$SiX_4 + 3H_2O = H_2SiO_3 + 4HX$$

对于氟化硅，未水解的 SiF_4可与水解生成的 HF 形成氟硅酸。

$$SiF_4 + 2HF = H_2SiF_6$$

其他卤化硅不能像氟一样生成配合酸，这是因为其他卤素原子的半径较大，不利于形成高配位数的配合物。但是，至今仍未制得游离的 H_2SiF_6，只能得到 60%的溶液。而氟硅酸盐更为常见。例如：

$$3SiF_4 + 2Na_2CO_3 + 2H_2O = 2Na_2SiF_6\downarrow + H_4SiO_4 + 2CO_2\uparrow$$

利用上述反应，可在生产磷肥时除去废气 SiF_4，得到副产物 Na_2SiF_6。氟硅酸钠可作农用杀虫剂、搪瓷乳白剂以及木材防腐剂等。

SiX_4的制备主要有以下三种方法：

其一，直接反应。

$$Si + 2F_2 = SiF_4$$

$$Si + 2Cl_2 \xrightarrow{573\sim773\ K} SiCl_4$$

$$Si + 2Br_2 \xrightarrow{\triangle} SiBr_4$$

$$Si + 2I_2 \xrightarrow{773\ K} SiI_4$$

其二，二氧化硅与氢氟酸作用。

$$SiO_2 + 4HF = SiF_4\uparrow + 2H_2O$$

其三，二氧化硅在焦炭存在下与氯气反应。

$$SiO_2(s)+2C(s)+2Cl_2(g) \xrightarrow{\triangle} SiCl_4(l)+2CO(g)$$

上述反应其实是两个反应耦合的结果。

第一个反应：

$$SiO_2(s)+2Cl_2(g) = SiCl_4(l)+O_2(g)$$

该反应的 $\Delta_r H^\ominus = 223.94\ kJ \cdot mol^{-1}$，$\Delta_r S^\ominus = -43.14\ J \cdot mol^{-1} \cdot K^{-1}$，$\Delta_r G^\ominus = 239.4\ kJ \cdot mol^{-1}$。该反应在任何温度下都不能进行。

第二个反应：

$$2C(s)+O_2(g) \longrightarrow 2CO(g)$$

该反应的 $\Delta_r H^\ominus = -221.04\ kJ \cdot mol^{-1}$，$\Delta_r S^\ominus = 178.5\ J \cdot mol^{-1} \cdot K^{-1}$，$\Delta_r G^\ominus = -274.30\ kJ \cdot mol^{-1}$。该反应在任何温度下都可以进行。

当两个反应耦合在一起，得

$$SiO_2(s)+2C(s)+2Cl_2(g) \xrightarrow{\triangle} SiCl_4(l)+2CO(g)$$

耦合反应的 $\Delta_r H^\ominus = 2.9\ kJ \cdot mol^{-1}$，$\Delta_r S^\ominus = 135.36\ J \cdot mol^{-1} \cdot K^{-1}$，$\Delta_r G^\ominus = -34.9\ kJ \cdot mol^{-1}$。当温度高于 14.5 K 时，反应在常态下就能进行。

反应的耦合：把一个在任何温度下都不能自发或在很高温度下才能自发进行的反应，与另一个在任何温度下都能自发进行的反应联合，从而构成一个复合型的自发反应或在相对较低温度下能自发进行的反应。

16.8 硅的含氧化合物

16.8.1 二氧化硅

硅的氧化物最重要的就是 SiO_2，虽然高温下能制得 SiO，但其在常温下不存在。

SiO_2普遍存在于自然界中，尽管对硅的化学研究在很多领域还不充分，但 SiO_2 却是化学学科中研究最详尽、最充分的两大物质之一，仅仅是有关二氧化硅的相图就超过 4000 幅。硅的化学内容大多归于陶瓷化学范畴。

16.8.1.1 存在形式

SiO_2的存在形式有很多，是同一物质在自然界中以多种形式存在的典型代表。天然SiO_2的主要存在形式如下：

晶态：石英、鳞石英、方石英(白硅石)。若含有微量杂质，则为岩晶、紫晶、烟晶、美晶石。天然石英是花岗岩、砂岩的主要成分。

无定形态：蛋白石、硅藻土等。无定形态是二氧化硅含水的胶体凝固后形成的。

隐晶态：玛瑙、碧玉等。隐晶态是晶体矿物与非晶质矿物的过渡，是二氧化硅晶体胶化脱水后形成的。

玻璃态：科石英、黑曜石等。玻璃态就是一种非晶体，组成原子不存在结构上的长程有序或平移对称性，可以看成是保持类玻璃特性的固体状态。科石英和黑曜石被认为是在大块陨石撞击地面的超高压环境下形成的高密度物质。

此外，还有人工合成的凯石英、W－硅石等。

可以看出，SiO_2的主要晶态是石英。纯石英是二氧化硅的完美结晶，为无色晶体。大而透明的棱柱状的石英叫作水晶。

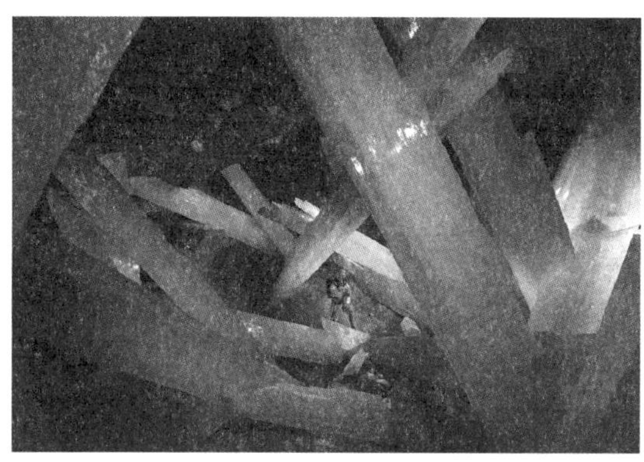

墨西哥奈卡水晶洞，位于墨西哥奇瓦瓦沙漠地下深处，洞中巨型水晶柱长约11 m，重约55 t，是迄今发现的最大的天然水晶。

16.8.1.2　结构和性质

二氧化硅晶体是通过Si原子sp^3杂化结合四个O原子形成的SiO_4四面体组成的三维网络立体结构，属于原子晶体。它有多种变体，差异表现在SiO_4四面体的排列方式不同。方石英的结构与金刚石相似，如图16－13所示。

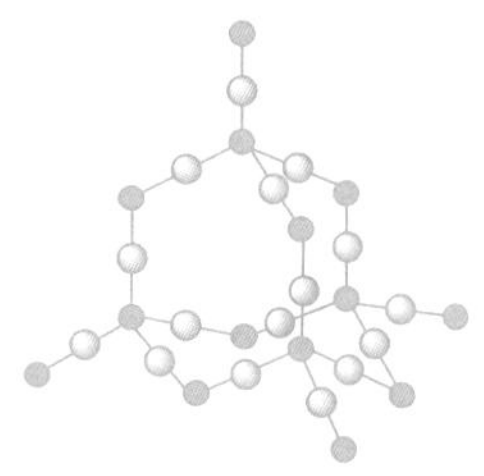

图16－13　方石英的结构

SiO_2的化学性质不活泼，常温下能进行的反应很少。SiO_2溶于HF溶液、热的浓碱。

$$SiO_2 + 6HF = H_2SiF_6 + 2H_2O$$

$$SiO_2 + 2NaOH(浓) \xrightarrow{\triangle} Na_2SiO_3 + H_2O$$

SiO_2能和一些含氧酸反应置换出易挥发的酸性氧化物。

$$SiO_2 + Na_2CO_3 \xrightarrow{熔融} Na_2SiO_3 + CO_2\uparrow$$

$$SiO_2 + Na_2SO_4 \xrightarrow{\triangle} Na_2SiO_3 + SO_3\uparrow$$

$$SiO_2 + 2KNO_3 \xrightarrow{1273\ K} K_2SiO_3 + NO_2\uparrow + NO\uparrow + O_2\uparrow$$

SiO_2在高温下能与少数活泼金属反应而被还原。

$$SiO_2 + 2Mg \xrightarrow{\text{高温}} 2MgO + Si$$

16.8.2 硅酸

SiO_2是硅酸的酸酐，但由于SiO_2不溶于水，故通过酸化可溶性的硅酸盐来制备硅酸。这个过程其实是一个生成各种多硅酸的过程，大致如下：

当 pH=14 时，以 SiO_3^{2-} 的形式存在；

当 pH=10.9～13.5 时，以 $Si_2O_5^{2-}$ 的形式存在；

当 pH<10.9 时，以更大化合价的多酸根离子的形式存在；

当 pH 更小时，有凝胶析出；

当 pH=5.8 时，凝胶有最快的析出速度。

可见，硅酸的形式繁多，它的组成随反应条件而变。通式可以写成如下形式：

$$SiO_4^{4-} + 4H^+ \xlongequal{} H_4SiO_4 \downarrow$$

正硅酸H_4SiO_4是硅酸的原酸，单分子硅酸可溶于水。但是，这些单分子硅酸会逐渐脱水缩合形成各种缩合酸(多酸、偏酸)，继而生成硅酸的胶体溶液，最后凝结成白色胶冻状、软而透明的硅酸凝胶。

$$H_4SiO_4 \xrightarrow{\text{聚合}} \text{多酸溶胶} \xrightarrow{\text{凝聚}} \text{凝胶}$$

$$H_4SiO_4 \xlongequal{} H_2SiO_3\text{(偏硅酸)} + H_2O$$

$$2H_4SiO_4 \xlongequal{} H_6Si_2O_7\text{(焦硅酸)} + H_2O$$

$$3H_4SiO_4 \xlongequal{} H_8Si_3O_{10}\text{(三硅酸)} + 2H_2O$$

$$3H_4SiO_4 \xlongequal{} H_6Si_3O_9\text{(三聚偏硅酸)} + 3H_2O$$

$$2H_2SiO_3 \xlongequal{} H_2SiO_5\text{(二偏硅酸)} + H_2O$$

硅酸的存在形式有很多，硅酸体系其实是一个混合酸体系，其通式可以表示为$xSiO_2 \cdot yH_2O$。由于偏硅酸的形式最简单，因此常用偏硅酸的分子式H_2SiO_3来代表硅酸。

H_2SiO_3是二元弱酸，$K_{a1}^{\ominus}=2.2\times10^{-10}$，$K_{a2}^{\ominus}=2.0\times10^{-12}$。

利用硅酸能够形成胶体溶液、得到硅酸凝胶，可将硅酸凝胶充分洗涤除去可溶性盐类，干燥脱水，即得到硅胶。硅胶是多孔性、略透明的白色固体，内表面积很大，是很好的干燥剂、吸附剂和催化剂载体。

16.8.3 硅酸盐

硅酸盐按溶解性分为可溶性硅酸盐、不溶性硅酸盐。

只有碱金属的硅酸盐是易溶的。最常见的可溶性硅酸盐是硅酸钠(Na_2SiO_3)，俗称泡花碱。

不溶性硅酸盐也称为天然硅酸盐，通式为$aM_xO_y \cdot bSiO_2 \cdot cH_2O$。

天然硅酸盐大量存在于自然界，是构成大多数岩石和土壤的主要成分。据估算，地壳质量的95%都是由硅酸盐矿构成的。常见的主要硅酸盐矿见表16-5。

表 16－5　常见的主要硅酸盐矿

名称	化学式	组成
石棉	$CaMg_3(SiO_3)_4$	$CaO \cdot 3MgO \cdot 4SiO_2$
沸石	$Na_2(Al_2Si_3O_{10}) \cdot 2H_2O$	$Na_2O \cdot Al_2O_3 \cdot 3SiO_2 \cdot 2H_2O$
云母	$KAl_2(AlSi_3O_{10})(OH)_2$	$K_2O \cdot 3Al_2O_3 \cdot 6SiO_2 \cdot 2H_2O$
滑石	$Mg_3(Si_4O_{10})(OH)_2$	$3MgO \cdot 4SiO_2 \cdot H_2O$
高岭土	$Al_2Si_2O_5(OH)_4$	$Al_2O_3 \cdot 2SiO_2 \cdot 2H_2O$
石榴石	$Ca_3Al_2(SiO_4)_3$	$3CaO \cdot Al_2O_3 \cdot 3SiO_2$
长石	$KAlSi_3O_8$	$K_2O \cdot Al_2O_3 \cdot 6SiO_2$

硅酸盐的结构都是以 SiO_4 四面体为基础，通过四面体的一个、两个、三个或四个 O 原子连接而形成环状、链状、片状或三维网状结构，如图 16－14 所示。

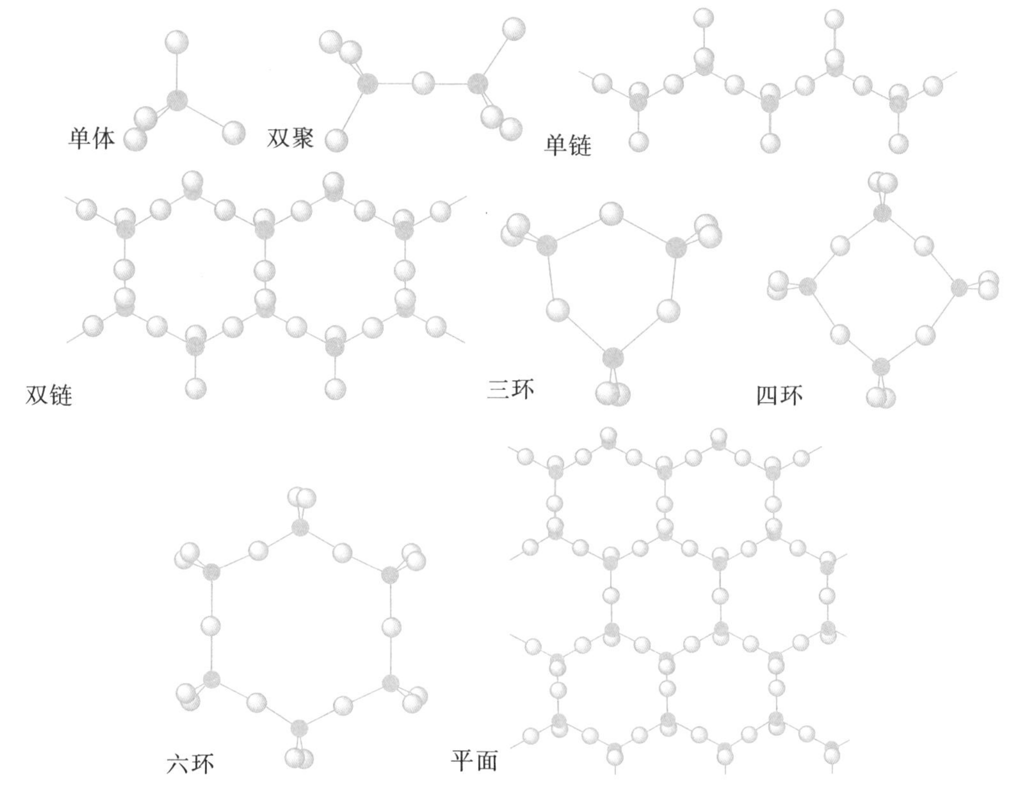

图 16－14　SiO_4 四面体的连接方式

常见的主要硅酸盐矿 SiO_4 四面体连接情况见表 16－6。

表 16-6　常见的主要硅酸盐矿 SiO_4 四面体连接情况

连接方式	硅酸盐矿
单体	橄榄石 $(Mg, Fe)_2SiO_4$，锆石 $ZrSiO_4$
双聚	硅铅石 $Pb_3Si_2O_7$，硅钙石 $Ca_3Si_2O_7$
单链	石棉 $CaMg_3(SiO_3)_4$，硬玉(翡翠) $NaAl(SiO_3)_2$
双链	透闪石 $Ca_2Mg_5(Si_8O_{22})(OH)_2$
三环	蓝锥矿 $BaTi(Si_3O_9)$
六环	绿柱石 $Be_3Al_2(Si_6O_{18})$
平面	云母 $KAl_2(AlSi_3O_{10})(OH)_2$，滑石 $Mg_3(Si_4O_{10})(OH)_2$
三维网状	沸石 $Na_2(Al_2Si_3O_{10})\cdot 2H_2O$，长石 $KAlSi_3O_8$

天然硅酸盐在工业上有许多应用。

许多硅酸盐加热冷却后变成无色透明的玻璃。玻璃的主要成分是硅酸盐复盐，是一种无规则结构的非晶态固体。普通玻璃是以石英砂、纯碱、长石及石灰石等为原料，经混合、高温熔融而得，大致组成为 $Na_2SiO_3\cdot CaSiO_3\cdot 4SiO_2$ 或 $Na_2O\cdot CaO\cdot 6SiO_2$。加入不同的氧化物可以得到不同颜色的玻璃，例如加入 Cu_2O 得到红色，加入 CuO 得到蓝绿色，加入 CdO 得到浅黄色，加入 Co_2O_3 得到蓝色，加入 Ni_2O_3 得到墨绿色，加入 MnO_2 得到蓝紫色，加入胶体 Au 得到红色，加入胶体 Ag 得到黄色。

当黏土经过高温加热脱水后，一些硅氧骨架会重新构建，成为坚硬的陶瓷。在中国，制陶技艺的产生可追溯到公元前 4500 年至公元前 2500 年，陶瓷的发展史是中华文明史的一个重要组成部分。

将黏土和石灰石加热使其烧结成块，研磨成粉状，即得水泥。水泥是粉状水硬性无机胶凝材料，加水搅拌后成浆体，能在空气中硬化或者在水中更好地硬化，并能把砂、石等材料牢固地胶结在一起。常见硅酸盐水泥的主要化学成分有 CaO、SiO_2、Fe_2O_3 和 Al_2O_3。

自然界中存在的某些硅酸盐和铝硅酸盐具有笼形三维结构，最典型的例子是沸石(也称为泡沸石)，其内部结构中有许多笼状空穴和通道。这些空穴和通道能使直径比孔道小的分子(如 CO、NH_3、甲醇、乙醇等)通过，而较大的分子则留在外面，起到了“筛分”混合体系中分子的作用，故有分子筛之称。

分子筛可以是天然的，如沸石、高岭土分子筛，也可以是人工制备的。不同分子筛的组成、结构和孔径有差异，可以此对分子筛进行分类。常见的 A 型分子筛组成为 $M_{12}(AlO_2)_{12}(SiO_2)_{12}\cdot 27H_2O$，$M=K^+$、$Na^+$、$Ca^{2+}$，具体有 3A 型分子筛(孔径为 320～330 pm)、4A 型分子筛(孔径为 420～450 pm)和 5A 型分子筛(孔径为 490～550 pm)。

分子筛具有很强的吸附能力，且吸附选择性高、容量大、热稳定性好，可以活化再生，是非常优良的吸附剂。利用其吸附性，可以使反应物分子在分子筛表面富集，浓度大大提高，使反应速度显著加快。因此，分子筛最重要的用途是作催化剂或催化剂的载体，目前广泛应用于石油化工行业。

16.9　锗、锡、铅的单质

16.9.1　锗、锡、铅的单质的结构

锗是准金属，锗的晶体结构为金刚石型，属于原子晶体。

锡有三种同素异形体：灰锡（α 型，金刚石型）、白锡（β 型，四方晶系）、脆锡（γ 型，正交晶系）。常见的是银白色的白锡，在 286～434 K 时稳定，低于 286 K 时转变成粉末状的灰锡。这是锡制品在低温下自行毁坏的原因。灰锡对这种转化具有催化作用，因此，锡制品一旦从某处开始毁坏，则会迅速蔓延，使整个锡制品被毁，即锡疫。灰锡受热至 286 K时可转变为白锡，白锡受热至 434 K 时转变成脆锡。脆锡易于被碾成粉末。

铅是金属晶体，面心立方堆积。

16.9.2　锗、锡、铅的单质的性质

锗、锡、铅的部分物理性质见表 16－7。

表 16－7　锗、锡、铅的部分物理性质

单质	锗	白锡	灰锡	铅
颜色	银白色	银白色	灰色	暗灰色
密度/$g \cdot cm^{-3}$	5.35	7.28	5.75	11.35
熔点/K	1210	505		600
沸点/K	3103	2533		2013
硬度	6.25	1.5～1.8		1.5

锗晶体是重要的半导体材料。由于锗的禁带宽度较大，所以纯锗不能作本征半导体，只有掺杂之后成为非本征半导体。锗可以通过掺入第ⅤA 族元素 As、Sb 等制得 n 型半导体，也可以通过掺入第ⅢA 族元素 B、Al 等制得 p 型半导体。

锗、锡、铅虽然属于中等活泼的金属，但是在常态下较为稳定。锗和锡在空气中稳定，铅能生成氧化物或碱式碳酸铅膜而稳定。锗和锡很难溶于水，铅能在水中缓慢地生成氢氧化铅。

$$2Pb+O_2+2H_2O = 2Pb(OH)_2$$

锗不与非氧化性的酸反应，锡、铅可与非氧化性的酸反应生成+2 氧化态化合物，但是反应速度很慢。由于 $PbCl_2$ 微溶，$PbSO_4$ 难溶，铅在稀盐酸和稀硫酸中的溶解不能持续进行，但是铅在浓盐酸中由于能生成配合酸而溶解。

$$Sn+2HCl = SnCl_2+H_2\uparrow$$

$$Pb+4HCl(浓) = H_2PbCl_4+H_2\uparrow$$

锗、锡、铅都能与氧化性的酸反应，锗、锡生成+4 氧化态化合物，铅生成+2 氧化

态化合物。由于 $Pb(NO_3)_2$ 不溶于浓硝酸，因此，铅不溶于浓硝酸。

$$Ge+4HNO_3(浓)=GeO_2\cdot H_2O\downarrow+4NO_2\uparrow+H_2O$$

$$Ge+4H_2SO_4(浓)=Ge(SO_4)_2+2SO_2\uparrow+4H_2O$$

$$4Sn+10HNO_3(稀)=4Sn(NO_3)_2+NH_4NO_3+3H_2O$$

$$Sn+4HNO_3(浓)=SnO_2\cdot 2H_2O+4NO_2\uparrow$$

$$Sn+4H_2SO_4(浓)=Sn(SO_4)_2+2SO_2\uparrow+4H_2O$$

$$Pb+3H_2SO_4(浓)=Pb(HSO_4)_2+SO_2\uparrow+2H_2O$$

$$3Pb+8HNO_3(稀)=3Pb(NO_3)_2+2NO\uparrow+4H_2O$$

铅在氧气的存在下可溶于醋酸。

$$2Pb+O_2+4HAc=2Pb(Ac)_2+2H_2O$$

工业上利用这一反应可以从含铅矿石中提取铅。

锗显两性，可与强碱反应。

$$Ge+2OH^-+H_2O=GeO_3^{2-}+2H_2\uparrow$$

16.9.3 锗、锡、铅的单质的制备

锗、锡、铅在自然界中的存在形式主要为氧化物和硫化物。因此，锡、铅的制备可以由氧化物还原得到：

$$SnO_2+2C=Sn+2CO\uparrow$$

$$2PbS+3O_2=2PbO+2SO_2\uparrow$$

$$PbO+C=Pb+CO\uparrow$$

$$PbS+Fe=Pb+FeS$$

Ge 由于可作半导体材料，制备工艺相对较复杂。

$$GeS\xrightarrow{O_2}GeO_2\xrightarrow{HCl}GeCl_4\xrightarrow{H_2O}GeO_2\cdot xH_2O\xrightarrow{H_2}Ge\xrightarrow{区域熔融}Ge(超纯)$$

涉及反应如下：

$$GeS_2+3O_2=GeO_2+2SO_2\uparrow$$

$$GeO_2+4HCl=GeCl_4+2H_2O$$

$$GeCl_4+(x+2)H_2O=GeO_2\cdot xH_2O+4HCl$$

$$GeO_2+2H_2=Ge+2H_2O$$

通过氢气还原得到高纯锗的纯度可达 99.999%，最后通过区域熔融得到能用于半导体材料的超纯锗的纯度可达 99.99999999%。

16.10 锗、锡、铅的化合物

16.10.1 氧化物和氢氧化物

1. 氧化物

锗、锡、铅都有两类氧化物：MO、MO_2。其颜色如下：

GeO 黄色或暗棕色；SnO 黑色或红色；PbO 黄色或黄红色

GeO_2白色；SnO_2白色；PbO_2棕黑色

GeO 常态下稳定，易于被氧化成 Ge(Ⅳ)化合物。

GeO_2有三种变体：六方的可溶于水，四方的不溶于水，无定形态的是玻璃体。

SnO 有两种变体：α 型的四方晶系，黑色；β 型的正交晶系，红色。

SnO_2有两种变体：四方晶系、正交晶系。

PbO 有两种变体：α 型的四方晶系，红色；β 型的正交晶系，黄色。

PbO_2有两种变体：α 型的正交晶系、β 型的四方晶系。

对铅而言，加热 PbO_2还可以得到 Pb_2O_3和 Pb_3O_4。

$$PbO_2 \xrightarrow{\sim 600\ K} Pb_2O_3 \xrightarrow{\sim 700\ K} Pb_3O_4 \xrightarrow{\sim 800\ K} PbO$$

黑色 Pb_2O_3和鲜红色 Pb_3O_4都可以看作 PbO 和 PbO_2的混合氧化物，其中，Pb_2O_3可看作 PbO · PbO_2($PbPbO_3$，偏铅酸铅)，Pb_3O_4可看作 2PbO · PbO_2(Pb_2PbO_4，铅酸铅)。

结构的多样性是锗、锡、铅的氧化物的特性。

锗、锡、铅的氧化物酸碱性递变规律与砷、锑、铋的氧化物酸碱性递变规律一致，按锗、锡、铅的顺序，酸性减弱，碱性增强。具体而言，GeO 呈两性，SnO 呈两性略偏碱性，PbO 呈两性偏碱性；GeO_2呈弱酸性，SnO_2呈两性偏酸性，PbO_2呈两性略偏酸性。

部分反应如下：

$$SnO_2 + 2NaOH \xrightarrow{\text{共熔}} Na_2SnO_3 + H_2O$$

$$PbO_2 + 2NaOH \xrightarrow{\triangle} Na_2PbO_3 + H_2O$$

PbO_2呈强氧化性(酸性条件下 PbO_2/Pb^{2+}：$\varphi^\ominus = 1.46\ V$)，溶于酸中得到的都是+2 氧化态的铅盐。

$$PbO_2 + 4HCl \xrightarrow{\triangle} PbCl_2 + Cl_2\uparrow + 2H_2O$$

$$2PbO_2 + 2H_2SO_4 \xrightarrow{\triangle} 2PbSO_4\downarrow + O_2\uparrow + 2H_2O$$

PbO_2不与硝酸反应，利用这个特点可以证明 Pb_3O_4晶体的组成(三分之二的二价铅、三分之一的四价铅)：

$$Pb_3O_4 + 4HNO_3 = PbO_2\downarrow + 2Pb(NO_3)_2 + 2H_2O$$

PbO_2是实验室常用的强氧化剂，酸性条件下甚至可以氧化二价锰成高锰酸。

$$5PbO_2 + 2Mn(NO_3)_2 + 6HNO_3 = 2HMnO_4 + 5Pb(NO_3)_2 + 2H_2O$$

2. 氢氧化物

锗、锡、铅的两种氧化物分别对应两种价态的氢氧化物：$M(OH)_2$、$M(OH)_4$。其颜色如下：

$Ge(OH)_2$白色；$Sn(OH)_2$白色；$Pb(OH)_2$棕色

$Ge(OH)_4$棕色；$Sn(OH)_4$白色；$Pb(OH)_4$白色

习惯上，$Ge(OH)_4$称为锗酸，$Sn(OH)_4$称为锡酸。$Sn(OH)_4$也可以写成偏锡酸(H_2SnO_3)的形式，有两种存在状态：

无定形态(α 型)、晶态(β 型)。无定形态(α 型)持续加热煮沸或长期放置可转变成晶态(β 型)，原因在于：

$$5H_2SnO_3(\alpha\ 型) \longrightarrow (SnO)_5(OH)_{10}(\beta\ 型)$$

即 β－锡酸是 α－锡酸的聚合体。在性质上，α－锡酸表现出化学活性，β－锡酸显化学惰性。

锗、锡、铅的氢氧化物酸碱性递变规律与其氧化物酸碱性递变规律一致，按锗、锡、铅的顺序，酸性减弱，碱性增强。$Ge(OH)_2$ 呈两性，$Sn(OH)_2$ 呈两性略偏碱性，$Pb(OH)_2$呈两性偏碱性；$Ge(OH)_4$呈弱酸性，$Sn(OH)_4$呈两性偏酸性，$Pb(OH)_4$呈两性略偏酸性。可见，锗、锡、铅的氢氧化物都不同程度地显两性，其中酸性最强的$Ge(OH)_4$是弱酸($K_a^\ominus=8\times10^{-10}$)。部分反应如下：

$$Sn(OH)_2+2NaOH = Na_2Sn(OH)_4$$

$$Sn(OH)_4+2NaOH = Na_2Sn(OH)_6$$

$$Pb(OH)_2+NaOH = NaPb(OH)_3$$

亚锡酸根具有一定的还原能力：

$$Sn(OH)_6^{2-}+2e^- = Sn(OH)_4^{2-}+2OH^- \qquad \varphi^\ominus=-0.96\ V$$

典型反应如下：

$$3Sn(OH)_4^{2-}+2Bi^{3+}+6OH^- = 2Bi\downarrow+3Sn(OH)_6^{2-}$$

16.10.2 卤化物

锗、锡、铅的卤化物有两类：MX_2、MX_4。其中，Pb(+4)的强氧化性使得 $PbCl_4$不稳定，$PbBr_4$、PbI_4不存在。卤化物中较为重要的是 $SnCl_2$、$PbCl_2$。

$SnCl_2$的主要性质表现在两个方面：水解性和还原性。

$SnCl_2$易于水解，生成碱式盐沉淀：

$$SnCl_2+H_2O = Sn(OH)Cl\downarrow+HCl$$

因此，常在酸性溶液中配制 $SnCl_2$溶液。

Sn^{2+}具有一定的还原能力：

$$Sn^{4+}+2e^- = Sn^{2+} \qquad \varphi^\ominus=0.151\ V$$

Sn^{2+}在溶液中可以被水中溶解的 O_2氧化：

$$2Sn^{2+}+O_2+4H^+ = 2Sn^{4+}+2H_2O$$

因此，Sn^{2+}溶液中常加入 Sn 单质，以阻止 Sn^{2+}被氧化：

$$Sn+Sn^{4+} = 2Sn^{2+}$$

利用 Sn^{2+}的还原能力可检验 Sn^{2+}及 Hg^{2+}，涉及反应：

$$2HgCl_2+SnCl_2 = SnCl_4+Hg_2Cl_2(白)\downarrow$$

$SnCl_2$过量时：

$$Hg_2Cl_2+SnCl_2 = SnCl_4+2Hg(黑)\downarrow$$

通过产生的白色沉淀逐渐变灰、最终变成黑色的实验现象，达到鉴定 Sn^{2+}和 Hg^{2+}的目的。

$PbCl_2$是最常见的铅盐，其溶解度随温度变化而有较显著的差异，难溶于冷水，易溶于热水。$PbCl_2$ 也可以在浓 HCl(理论浓度>12.6 mol・L^{-1})溶液中因生成配离子而溶解。

$$PbCl_2+2Cl^- = PbCl_4^{2-}$$

16.10.3　硫化物

锗、锡、铅的硫化物有两类：MS、MS_2。其中 PbS_2 不存在。按锗、锡、铅的顺序，颜色加深，溶解度降低。其颜色如下：

GeS 红色；SnS 棕色；PbS 黑色

GeS_2 白色；SnS_2 黄色

锗、锡、铅的硫化物的性质主要表现在三个方面：溶解性、酸碱性和还原性。

锗、锡、铅的硫化物在水中均不能溶解。

+4 价硫化物显酸性，可以在碱性试剂中溶解。如在硫化钠中生成硫代酸盐：

$$GeS_2+Na_2S = Na_2GeS_3$$

$$SnS_2+Na_2S = Na_2SnS_3$$

酸化硫代酸盐，硫化物沉淀重新析出：

$$GeS_3^{2-}+2H^+ = GeS_2\downarrow+H_2S\uparrow$$

$$SnS_3^{2-}+2H^+ = SnS_2\downarrow+H_2S\uparrow$$

+2 价硫化物显碱性，不溶于碱性试剂，在酸中的溶解依溶解度大小各异。

$$SnS+2HCl = SnCl_2+H_2S\uparrow$$

$$PbS+4HCl(浓) = H_2PbCl_4+H_2S\uparrow$$

$$3PbS+8H^++2NO_3^- = 3Pb^{2+}+3S\downarrow+2NO\uparrow+4H_2O$$

+2 价硫化物中，GeS 和 SnS 具有还原性，可以溶解于氧化性试剂。如在多硫化铵中溶解：

$$GeS+S_2^{2-} = GeS_3^{2-}$$

$$SnS+S_2^{2-} = SnS_3^{2-}$$

利用 SnS 和 SnS_2 对 Na_2S 和$(NH_4)_2S_2$溶解性上的差异，可对二者进行区分。

习　题

1. 完成下列反应方程式：

(1) $PbO_2+HCl =$

(2) $SiO_2+HF =$

(3) $Zn^{2+}+CO_3^{2-} =$

(4) $Pb_3O_4+HNO_3 =$

2. 解释下列事实：

(1) 常温下，CO_2是气体，SiO_2是固体。

（2）石棉和滑石都是硅酸盐，前者具有纤维性质，后者可以作润滑剂。

（3）CF_4不水解，但SiF_4要水解。

（4）碳酸钠的热稳定性显著高于碳酸氢钠，碳酸钙的热稳定性高于碳酸铅。

3．简要回答下列问题：

（1）实验室如何配置及保存$SnCl_2$溶液？

（2）如何除去一氧化碳中的少量二氧化碳？

4．在金属离子溶液中加入碳酸钠溶液，得到的沉淀有哪些形式？举例说明。

5．在温热气候条件下的浅海地区常有石灰岩沉积，而深海地区却很少见，试着解释。

6．推断题：有一种白色固体A，溶于水产生白色沉淀B。B可溶于浓HCl。若将固体A溶于稀硝酸中，不发生氧化还原反应，得到无色溶液C。将$AgNO_3$溶液加入溶液C中，析出白色沉淀D。D溶于氨水得到溶液E。酸化溶液E，又得到白色沉淀D。将H_2S通入溶液C，产生棕色沉淀F。F溶于$(NH_4)_2S_2$，形成溶液G。酸化溶液G，得到黄色沉淀H。少量$HgCl_2$溶液中加入少量溶液C得到白色沉淀I，继续加入溶液C，沉淀I逐渐变为灰色，最后变成黑色沉淀J。确定各字母代表的物质，写出相关反应方程式。

第 17 章　硼族元素

硼族元素是元素周期表第ⅢA族元素，包括硼(B)、铝(Al)、镓(Ga)、铟(In)、铊(Tl)、鿭(Nh)六种。硼是典型的非金属，铝、镓、铟、铊和鿭都是金属。第ⅢA族元素表现出由非金属到金属的过渡。

113 号元素鿭是人工合成的放射性化学元素，由日本理化学研究所和俄罗斯、美国的研究团队(俄罗斯杜布纳联合核子研究所和美国劳伦斯利弗莫尔国家实验室等)分别独立发现，这也是亚洲发现的第一个新元素。2015 年 12 月，国际化学机构将 113 号元素正式认定为新元素，并将命名权授予日本。2016 年 6 月 8 日，国际纯粹与应用化学联合会(IUPAC)宣布 113 号元素以日本国名(Nihon)命名为 Nihonium(缩写 Nh)。2017 年 5 月 9 日，中国科学院、国家语言文字工作委员会、全国科学技术名词审定委员会在北京联合召开发布会，正式向社会发布 113 号元素鿭(音同“你”)。

本章主要讨论硼(B)、铝(Al)。

17.1　硼族元素的通性

硼族元素的性质见表 17－1。

表 17－1　硼族元素的性质

硼族元素	B	Al	Ga	In	Tl
原子序数	5	13	31	49	81
价电子构型	$2s^2 2p^1$	$3s^2 3p^1$	$4s^2 4p^1$	$5s^2 5p^1$	$6s^2 6p^1$
原子共价半径/pm	82	118	126	144	148
第一电离能/kJ·mol^{-1}	801	578	579	558	589
第一电子亲合能/kJ·mol^{-1}	23	44	36	34	50
电负性 χ_P	2.0	1.5	1.6	1.7	1.8
主要氧化数	+3	+3	(+1)+3	+1、+3	+1(+3)

由于硼族元素中只有硼原子是典型非金属，因此，这里讨论硼原子的成键特征。

硼原子难以得失电子，以共价键成键，最显著的成键特征是缺电子性。硼原子的价电子数为 3，小于其价电子轨道数 4(一个 2s 轨道、三个 2p 轨道)，称为缺电子原子。缺电子原子在形成共价键时会有一个轨道不能成键，如 BF_3 分子中，B 的一个 2p 原子轨道不能成键，是空的。可以看出，缺电子原子以共价键形成化合物时，缺电子原子的价电子轨道数超过了成键电子对数，始终有空轨道出现，因此，这类化合物称为缺电子化合物，如 BF_3、$AlCl_3$ 等。缺电子化合物为了弥补成键电子的不足，常以形成双聚分子、配合物、多中心键来达到目的，如形成配合物 $F_3B \leftarrow NH_3$、双聚$(AlCl_3)_2$等。

多中心键是较多原子靠较少电子结合起来的一种离域共价键。比如 B—H—B 三个原子形成多中心键，一个 B 原子提供具有一个电子的 sp^3 杂化轨道，另一个 B 原子提供的 sp^3 杂化轨道则是空轨道，和 H 原子的成单 s 电子一起形成多中心键，称为三中心两电子氢桥键(3c−2e)，如图 17−1(a)所示。

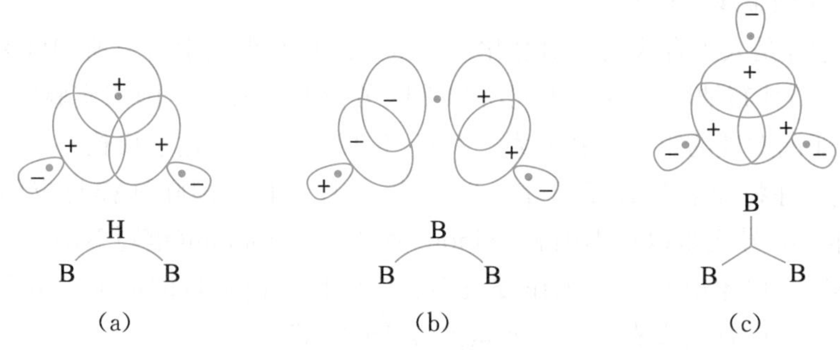

图 17−1　B 原子形成的多中心键

由图 17−1 可以看出，B—H—B 三个原子的成键只有两个电子。多中心键概念里的较多原子是相对于一个正常共价键的两个原子而言的，较少电子也是相对于一个正常共价键的两个原子具有一对电子而言的。同样，所谓离域也是相对于正常共价键共用电子对活动范围限于两个原子之间而言的，多中心键的电子活动范围更加广泛，与离域 π 键的离域意义相同。

B 原子能够形成多种多中心键，常见的除了三中心两电子氢桥键外，还有三中心两电子硼桥键和三中心两电子硼键，如图 17−1(b)(c)所示。它们的共同点都是成键的三个原子轨道只有两个电子。需要注意的是，从电子云重叠部分的对称性来看，多中心键更接近 σ 键，属于 σ 键的范畴。

形成多中心键是 B 原子的成键特征，并以此区别于其他非金属原子。

B 原子位于第二周期，虽然半径很小，但由于其缺电子，难以形成 p−pπ 键，几乎没有形成复键的能力。它有自相成链的能力。B—O 键的键能大(561 $kJ \cdot mol^{-1}$)，是亲氧元素，亲氧能力强于硅(Si—O 键键能为 452 $kJ \cdot mol^{-1}$)。

17.2　硼单质

17.2.1　硼单质的结构

在各种单质中，硼单质结构的复杂性仅次于硫。已知硼有 16 种以上的同素异形体，但重要的只有晶态硼、无定形硼两种。

晶态硼有多种变体，但都有相同的基本结构单元，由 12 个硼原子形成 B_{12} 二十面体。B_{12} 二十面体的结构如图 17－2(a)所示。

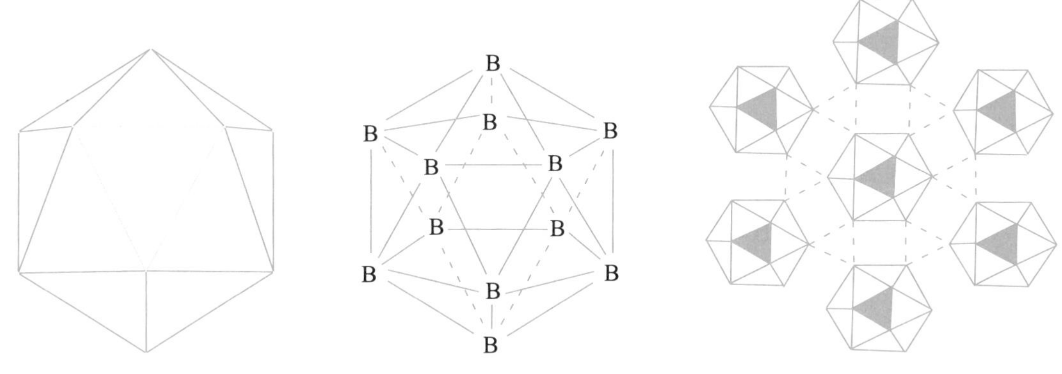

(a)B_{12} 二十面体的结构　　(b)α 菱形硼

图 17－2　B_{12} 二十面体的结构及 α 菱形硼

作为基本结构单元的 B_{12} 二十面体，可以有不同的连接方式，相互之间的化学键也不尽相同，由此形成不同的晶态硼。

最常见的晶态硼是 α 菱形硼。B_{12} 二十面体的连接方式为：首先，其腰间的 6 个 B 原子相互连接，形成平面，如图 17－2(b)所示。成键为三个 B 原子共享两个电子形成多中心键(三中心两电子硼键，3c－2e)，如图 17－2(b)中虚线所示。然后，在此基础上，每个 B_{12} 二十面体前后各三个 B 原子以 6 个 B－Bσ 键与前后两层的 B_{12} 二十面体相应的 B 原子结合，形成立体的 α 菱形硼晶体。

17.2.2　硼单质的性质

晶态硼属原子晶体，因此，晶态硼具有很高的硬度(仅次于金刚石)、熔点(2573 K)和沸点(2823 K)，呈现出化学惰性。无定形硼为棕黑色粉末，能较好地体现硼的化学性质。

硼的化学性质表现在以下五个方面：

(1) 与非金属单质的反应。

常温下，硼能够与氟反应；高温下，硼能够与氮、硫、氯等反应。

$$2B+3Cl_2 = 2BCl_3$$

$$2B+3S \xlongequal{} B_2S_3$$

$$2B+N_2 \xlongequal{} 2BN$$

硼在空气中燃烧，放出大量的热。

$$4B(s)+3O_2(g) \xlongequal{} 2B_2O_3(s) \qquad \Delta_r H^\ominus = -2547\ kJ \cdot mol^{-1}$$

这是因为 B—O 键的键能大，硼的亲氧能力强。所以，硼能够从许多稳定氧化物（如二氧化硅、五氧化二磷等）中夺取氧，在炼钢工业中可用作去氧剂。

（2）与水的反应。

硼在赤热状态下与水蒸气反应生成硼酸。

$$2B+6H_2O(g) \xlongequal{} 2H_3BO_3+3H_2\uparrow$$

（3）与酸的反应。

硼不与非氧化性的酸反应，能够与氧化性的酸反应。

$$B+3HNO_3 \xlongequal{} H_3BO_3+3NO_2\uparrow$$

$$2B+3H_2SO_4 \xlongequal{} 2H_3BO_3+3SO_2\uparrow$$

（4）与碱的反应。

硼与浓的强碱反应，显示出两性。

$$2B+2NaOH+2H_2O \xrightarrow{\triangle} 2NaBO_2+3H_2\uparrow$$

在氧化剂的存在下，硼与强碱共熔，得到偏硼酸盐。

$$2B+2NaOH+3KNO_3 \xrightarrow{\triangle} 2NaBO_2+3KNO_2+H_2O$$

（5）与金属的反应。

硼几乎能与所有金属形成金属间隙型硼化物，其组成一般为 MB、M_2B、M_4B、M_3B_4、MB_2以及 MB_6等。它们都具有高硬度、高熔点，导电、导热性能良好，是优良的耐热、耐磨材料。

17.2.3 硼单质的制备

硼在自然界中主要以含氧矿物存在，因此，常见硼单质的制备是以硼镁矿为原料，经过一系列提纯过程，得到无定形硼。涉及下列过程：

（1）碱液分解硼镁矿，结晶析出偏硼酸钠。

$$Mg_2B_2O_5 \cdot H_2O+2NaOH \xlongequal{} 2NaBO_2+2Mg(OH)_2$$

（2）酸化偏硼酸钠溶液，浓缩得到硼砂晶体。

$$4NaBO_2+CO_2+10H_2O \xlongequal{} Na_2B_4O_7 \cdot 10H_2O+Na_2CO_3$$

（3）酸化硼砂溶液，析出硼酸晶体。

$$Na_2B_4O_7+H_2SO_4+5H_2O \xlongequal{} 4H_3BO_3+Na_2SO_4$$

上述三步反应也可以用酸分解硼镁矿替代，但设备需要耐腐蚀，成本更高。

$$Mg_2B_2O_5 \cdot H_2O+2H_2SO_4 \xlongequal{} 2H_3BO_3+2MgSO_4$$

（4）硼酸脱水得到三氧化二硼。

$$2H_3BO_3 \xlongequal{} B_2O_3+3H_2O$$

（5）活泼金属还原三氧化二硼得到纯度达 95%～98%的无定形硼。

$$B_2O_3 + 3Mg \xlongequal{} 2B + 3MgO$$

此外，用氢还原具挥发性的硼化合物如溴化硼，可以得到纯度达 99.9%的无定形硼。

$$2BBr_3(g) + 3H_2(g) \xrightarrow{1373\sim1573\ K，钽丝} 2B(s) + 6HBr(g)$$

卤化硼热分解可得到纯度更高的硼。如碘化硼热分解可以得到纯度达 99.95%的 α 菱形硼。

$$2BI_3 \xrightarrow{1073\sim1273\ K，钽丝} 2B + 3I_2$$

17.3　硼烷

硼可以形成一系列共价氢化物，这类氢化物的物理性质与烷烃相似，故称为硼烷。目前已知的二十多种硼烷分为两类：少氢型 B_nH_{n+4}、多氢型 B_nH_{n+6}。最简单的硼烷不是 BH_3，而是 B_2H_6，这是因为 BH_3 是缺电子化合物，双聚成为 B_2H_6。

17.3.1　硼烷的分子结构

硼烷的分子结构的研究始于 20 世纪 50 年代，由乙硼烷的分子结构的研究开始。B_2H_6 的分子结构由实验证实，如图 17−3 所示。

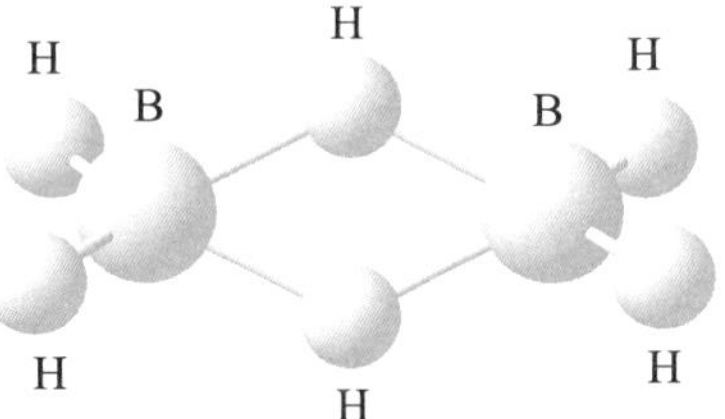

图 17−3　乙硼烷的分子结构

B_2H_6 分子的键参数：$d(B—H_{端})=119$ pm，$d(B—H_{桥})=133$ pm，$\angle H_{端}BH_{端}=122°$，$\angle H_{桥}BH_{桥}=97°$，$\angle BH_{桥}B=84°$。

价键理论不能解释这种结构。原因在于，如果上述各原子之间都形成共价键，则有 8 个B—H 键，需要 16 个电子，但 B_2H_6 分子只有 12 个电子。同时，氢原子也不可能同时形成两个共价单键。

考虑到 B_2H_6 分子的缺电子性，以及 B—H 键键长的差异（$B—H_{桥}$ 键的键长比 $B—H_{端}$ 的键长更长，意味着成键弱于正常单键），美国化学家李普斯康（W. N. Lipscomb）于 20 世纪 60 年代提出多中心键理论。在 B_2H_6 分子中，B 原子的电子层由 $2s^22p^1$ 激发为 $2s^12p^2$ 之后，进行 sp^3 杂化，硼的四个 sp^3 杂化轨道中只有三个轨道上有电子，另一个轨道是空着的。成键时，2 个硼原子各与 2 个氢原子以端基结合形成 2 个 B—H 键，共用 8 个价电子，这四个原子位于同一平面。同时，2 个硼原子和位于平面上方的 1 个氢原子以三个原子共用两个电子的方式形成一个多中心键（3c−2e 键），和位于平面下方的另一个氢原子以三个原子共用两个电子的方式形成另一个多中心键（3c−2e 键）。多中心键中的氢原子起到连接两个硼原子的桥梁作用，所以称为氢桥键。乙硼烷分子的成键如图 17－4 所示。

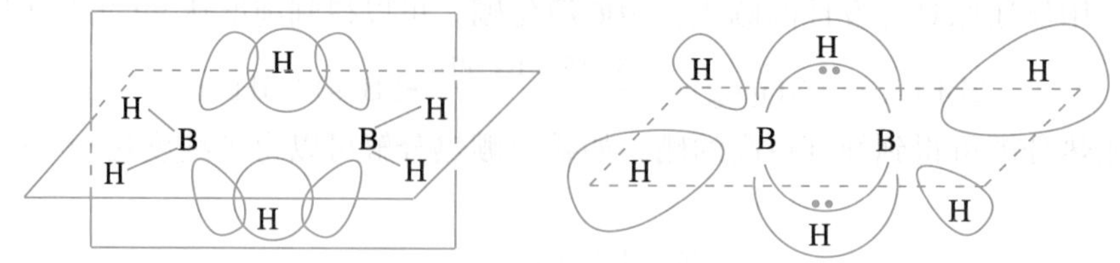

图 17－4　乙硼烷分子的成键

从价键理论的角度考虑，由于成键电子较少，相当于电子云重叠程度较小，因此，多中心键弱于正常共价键，这是氢桥键的 $B—H_{桥}$ 键键长比端基结合的 $B—H_{端}$ 键键长更长的原因。

分子轨道理论也能说明这种三中心两电子键的形成，即两个 B 原子分别提供一个 sp^3 杂化轨道和 H 原子的一个 s 轨道组成三个分子轨道：成键分子轨道、反键分子轨道和非键分子轨道。仅有的两个电子填入成键分子轨道，键级为 1，意味着三个原子靠一个共价键结合。氢桥键的分子轨道能级图如图 17－5 所示。

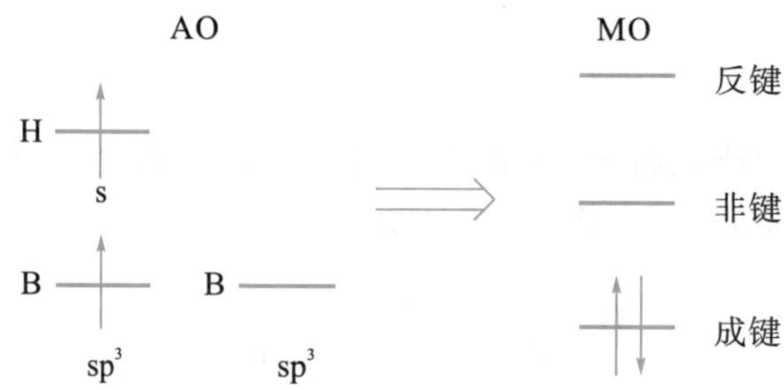

图 17－5　氢桥键的分子轨道能级图

相对而言，高硼烷的结构要复杂得多。高硼烷的分子结构是以 B 原子相互形成的三角形面为基础的多面体骨架结构，如图 17－6 所示。

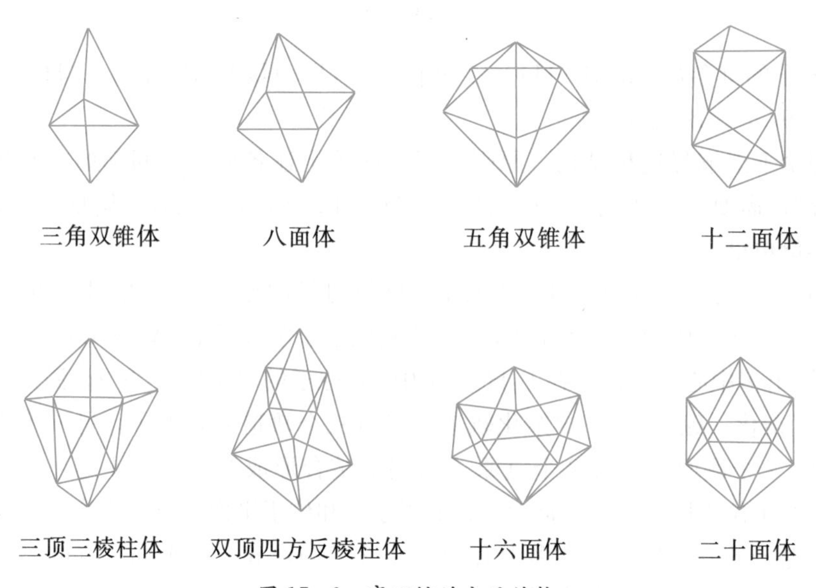

图 17－6　高硼烷的分子结构

高硼烷的多面体骨架按照多面体的闭合度可分为闭型、巢型、网型。

闭型：完整的多面体骨架结构。

巢型：少一个骨架原子的开口或缺顶的多面体骨架结构。

网型：少两个骨架原子的开口或缺顶的多面体骨架结构。

闭型、巢型和网型的结构差异如图 17−7 所示。

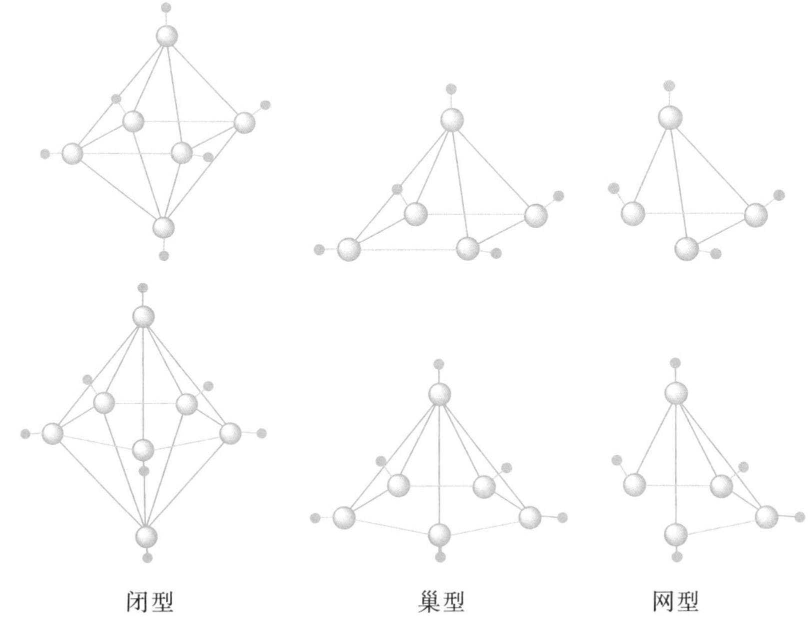

图 17−7　高硼烷的多面体骨架结构

高硼烷中，硼原子结合氢原子的方式有两种：端基结合 B—H(正常共价键)和桥联结合 B—H—B(多中心键 3c−2e)；硼原子间的结合方式有三种：正常共价键 B—B、开口式硼桥键 B—B—B(多中心键 3c−2e)、闭合式硼键(多中心键 3c−2e)。

例如，巢型 B_6H_{10} 的结构式和空间构型如图 17−8 所示。

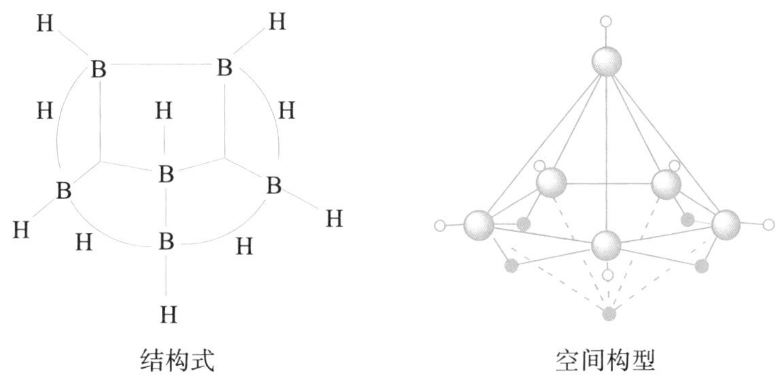

图 17−8　巢型 B_6H_{10} 的结构式和空间构型

由图 17−8 可以看出，B_6H_{10} 的成键包括 B—H、B—H—B(3c−2e)、B—B 和闭合式硼键(3c−2e)。

17.3.2 硼烷的性质

目前已制得二十多种硼烷，常见硼烷的基本性质见表 17-2。

表 17-2 常见硼烷的基本性质

硼烷	B_2H_6（乙硼烷）	B_4H_{10}（丁硼烷）	B_5H_9［戊硼烷(9)］	B_5H_{11}［戊硼烷(11)］	B_6H_{10}（己硼烷）	$B_{10}H_{14}$（癸硼烷）
室温下状态	气体	气体	液体	液体	液体	固体
熔点/K	107.5	153	226.4	150	210.7	372.6
沸点/K	180.5	291	321	336	383	486
溶解性	易溶于乙醚	易溶于苯	易溶于苯		易溶于苯	易溶于苯
水解性	室温下很快	室温下缓慢	难以水解		难以水解	室温下缓慢
稳定性	室温下稳定	不稳定	很稳定	室温下分解	室温下分解慢	极稳定

硼烷的性质与烷烃相似，其化学性质主要表现在还原性、配位性、水解性和热分解性四个方面，此外，还有取代反应、加成反应等有机反应。

还原性：硼烷的还原性表现在易于燃烧。

$$B_2H_6+3O_2 = B_2O_3+3H_2O \qquad \Delta_r H^\ominus=-2166\ kJ\cdot mol^{-1}$$

硼烷及其衍生物具有很高的燃烧热，这使得硼烷及其衍生物成为相当理想的高能燃料，曾被研究并应用于火箭技术。

硼烷也可以被氧化剂氧化，如卤素氧化乙硼烷。

$$B_2H_6+6X_2 = 2BX_3+6HX$$

配位性：乙硼烷作为缺电子化合物，易于进行配位反应。

$$2LiH+B_2H_6 = 2LiBH_4$$

硼氢配合物是含有硼氢配离子(BH_4^-)的一类化合物。因为硼氢配离子(BH_4^-)中含有H^-，因此是极强的还原剂。

$$H_2BO_3^-+8e^-+5H_2O = BH_4^-+8OH^- \qquad \varphi^\ominus=-1.24\ V$$

硼氢化钠能够还原醛、酮和酰氯类有机化合物，反应条件温和，副反应少，是有机化学上的“万能还原剂”。

水解性：乙硼烷作为缺电子化合物，在水分子的进攻下，氢桥键易于断裂，因此能够发生水解。

$$B_2H_6+6H_2O = 2H_3BO_3+6H_2\uparrow$$

热分解性：乙硼烷在温度高于 373 K 的条件下热分解，随条件不同而生成一系列高硼烷。

$$B_2H_6 \xrightarrow{373\ K} B_4H_{10}(g)$$

$$\xrightarrow{400\ K} B_5H_{11}(l)$$

$$\xrightarrow{450\ K} B_{10}H_{14}(s)$$

乙硼烷与氨反应可以得到环氮硼烷。

$$3B_2H_6 + 6NH_3 \xrightarrow{453\ K} 2B_3N_3H_6 + 12H_2\uparrow$$

环氮硼烷与苯是等电子体，具有与苯相似的平面六边形结构，被称为无机苯，其分子结构如图 17－9 所示。

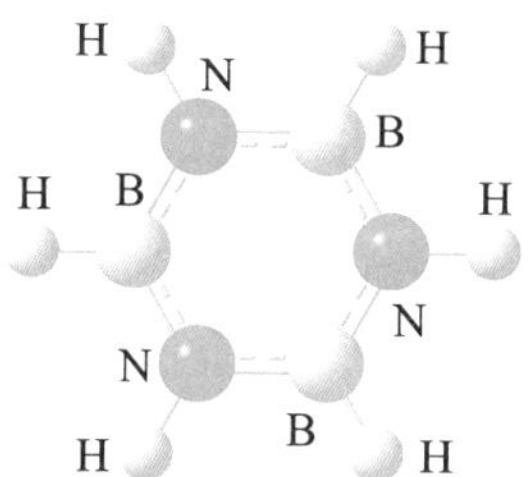

图 17－9　环氮硼烷的分子结构

环氮硼烷的键参数：d(B—N)＝144 pm，d(B—H)＝120 pm，d(N－H)＝102 pm。

17.3.3　硼烷的制备

B 与 H_2 不能直接反应，所以只能通过间接方法制得硼烷。

早期用硼化镁酸化制乙硼烷，但产率低。

$$Mg_3B_2 + 2H_3PO_4 = Mg_3(PO_4)_2 + B_2H_6$$

也可以通过氢气在无声放电的条件下还原三氯化硼得到乙硼烷。

$$2BCl_3 + 6H_2 = B_2H_6 + 6HCl$$

目前，通过氢化钠或硼氢化钠还原卤化硼，可以得到产率、纯度都较高的乙硼烷。

$$3NaBH_4 + 4BF_3 \xrightarrow{323\sim343\ K} 3NaBF_4 + 2B_2H_6$$

乙硼烷在硼烷中具有特殊的地位，通过乙硼烷在不同条件下的热分解可以制备其他硼烷。

17.4　硼的卤化物

硼能够与卤素形成大量的二元化合物 B_nX_{n+2}，以 BX_3 最稳定。BF_3 的分子结构如图 17－10 所示。

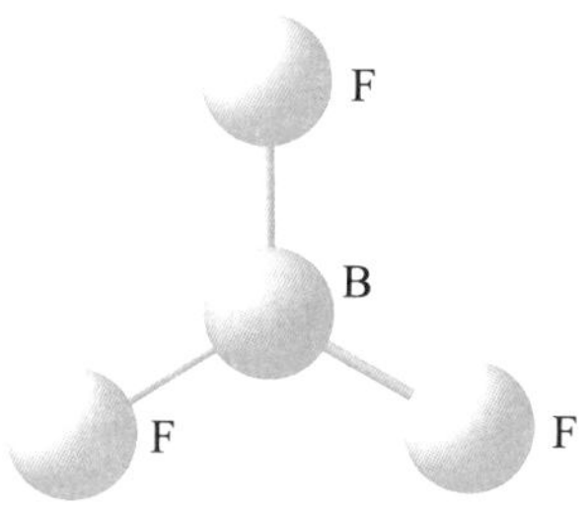

图 17－10　BF_3 的分子结构

三卤化硼的分子结构都是平面三角形，键角∠XBX=120°，键长分别为：d(B—F)=130 pm，d(B—Cl)=175 pm，d(B—Br)=187 pm，d(B—I)=210 pm。

注意，三卤化硼分子中的B—X键键长都小于正常B—X单键键长。

杂化轨道理论的解释是，B原子进行sp^2杂化，以σ键结合三个X原子，然后B原子中空的$2p_z$轨道与三个X原子的成对p_z电子形成大π键Π_4^6，如图17－11所示。

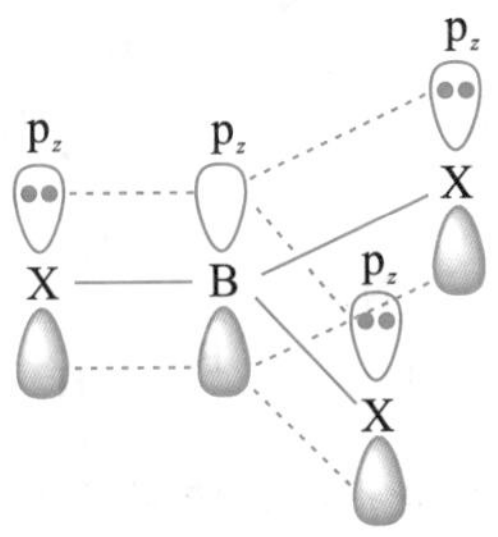

图17－11 BX_3分子的成键

由于大π键的存在，B—X键键长比B—X单键键长更短。

三卤化硼分子中存在大π键也能部分解释为什么BX_3不像BH_3那样双聚，因为大π键的存在一定程度上弥补了BX_3分子的缺电子性。BX_3不能双聚的另一个原因是B原子半径很小，而X原子半径相对较大。

BX_3作为缺电子化合物，有强烈的接受电子对的倾向，能够从配位体H_2O、HF、NH_3，以及醚、醇和胺类化合物中接受电子对，是很强的Lewis酸。

$$BF_3+NH_3 = BF_3 \leftarrow :NH_3$$

BX_3作为缺电子化合物，在水分子的进攻下，大π键容易被破坏，因此能够发生水解。

$$BCl_3+3H_2O = H_3BO_3+3HCl$$

$$4BF_3+3H_2O = H_3BO_3+3HBF_4$$

与氟硅酸(H_2SiF_6)相似，氟硼酸(HBF_4)能够形成，有赖于F的原子半径小。

17.5 硼的含氧化合物

作为亲氧元素，硼的含氧化合物是硼最重要的化合物。

17.5.1 氧化物

硼的主要氧化物是三氧化二硼，有晶态和玻璃态两种类型。

晶态三氧化二硼有常见的六方$\alpha-B_2O_3$和单斜$\beta-B_2O_3$。玻璃态B_2O_3的结构可能是由三角形BO_3单元通过共用的氧原子部分有序地连接而形成的网络结构。其中，硼原子和氧原子相间的$(BO_3)_3$六元环占优势，在较高温度下，玻璃态内部的无序化程度增强。当温度超过723 K时，能够形成有极性的 —B=O 基；当温度超过1273 K时，形成蒸气单

分子 B_2O_3，其结构如下：

O
B B
O O

B_2O_3的键参数：d(B—O)=136 pm，d(B═O)=120 pm，键角不固定，为 90°～125°。

B_2O_3溶于水，在热的水蒸气中形成挥发性的偏硼酸，在水中形成硼酸。

$$B_2O_3(s)+H_2O(g)═══2HBO_2(g)$$

$$B_2O_3(s)+3H_2O(l)═══2H_3BO_3(aq)$$

作为酸性氧化物，B_2O_3在熔融状态下可溶解金属氧化物，生成有特征颜色的偏硼酸盐玻璃。例如：

$$B_2O_3+CuO═══Cu(BO_2)_2(\text{蓝色})$$

$$B_2O_3+NiO═══Ni(BO_2)_2(\text{绿色})$$

上述反应可用于 B_2O_3 的定性分析，称为硼珠实验，也可称为硼砂珠实验。

17.5.2 硼酸

硼酸有正硼酸(H_3BO_3)、偏硼酸(HBO_2)、焦硼酸($H_4B_2O_5$)以及四硼酸($H_2B_4O_7$)。除正硼酸和偏硼酸外，其他硼酸不能稳定存在于水溶液中，而其盐能够存在于溶液中。其中以正硼酸(简称硼酸)最重要。

1. 分子结构

正硼酸(H_3BO_3)是白色片状晶体。晶体中的基本结构单元是 H_3BO_3或 $B(OH)_3$，为平面三角形结构。在基本结构单元中，硼原子取 sp^2杂化，结合三个羟基，然后彼此以分子间氢键结合成片层结构，层与层之间以分子间力结合。正硼酸的晶体结构如图 17－12 所示。

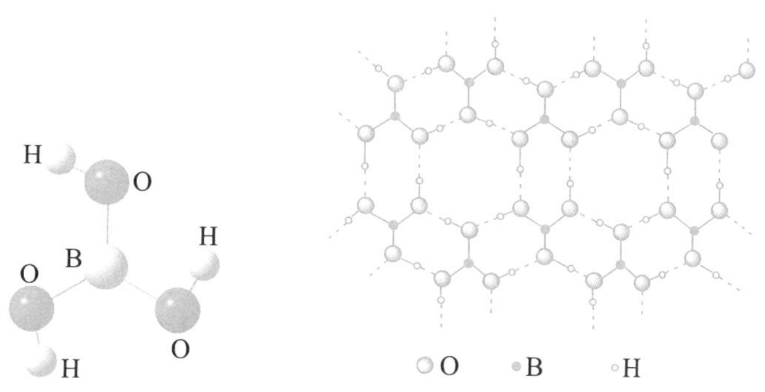

图 17－12 正硼酸的晶体结构

正硼酸晶体的键参数：d(B—O)=136 pm，d(O—H)=88 pm，d(H…O)=184 pm，d(层—层)=318 pm。

偏硼酸有三种变体，片层状结构以 $B_3O_3(OH)_3$为基本结构单元，彼此之间以氢键连接，如图 17－13 所示。

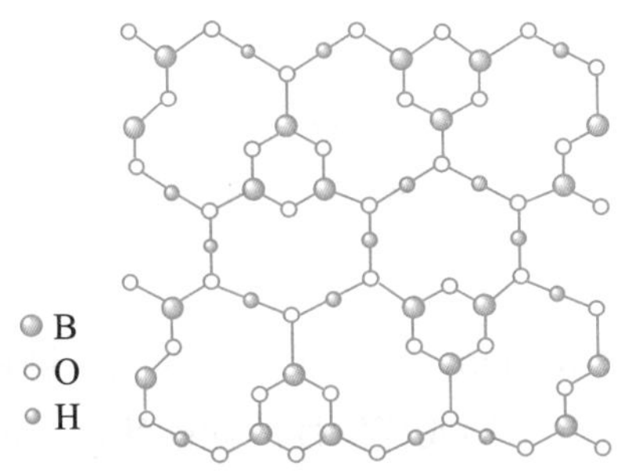

图 17-13 偏硼酸的晶体结构

片层状偏硼酸晶体的键参数：d(B—O)＝137 pm，六元环内 d(O—O)＝237 pm，d(O···H···O)＝274 pm。此外，偏硼酸还有锯齿状链式结构和三维网络结构。

2. 性质

溶解性：硼酸晶体分子间氢键在受热时易断裂，使得硼酸的溶解度随温度变化明显，冷水中溶解度小，热水中溶解度显著增大。

酸性：硼酸在水溶液中基本以 $B(OH)_3$ 单体存在，极少部分 $B(OH)_3$ 能够结合水使溶液显酸性。作为缺电子化合物，硼酸的羟基并不能电离出 H^+。硼酸之所以显酸性，是利用其空轨道通过配位键结合水电离出的 OH^-，导致溶液中 H^+ 增加。

$$B(OH)_3 + H_2O = B(OH)_4^- + H^+ \qquad K_a^\ominus = 5.8\times10^{-10}$$

B 由 $B(OH)_3$ 中的 sp^2 杂化转变为 $B(OH)_4^-$ 中的 sp^3 杂化，空间结构也由 $B(OH)_3$ 的平面三角形转变成 $B(OH)_4^-$ 四面体。显然 H_3BO_3 是典型的 Lewis 酸。并且，由于硼酸只能以配位键接受一个羟基，因此，硼酸是一元酸。

$B(OH)_4^-$ 能够与多元醇形成一系列很稳定的螯合物，例如：

```
[        CH2—O        O—CH2          ]-
    HOCH         B          CHOH
         CH2—O        O—CH2
```

```
[        R                   R        ]-
     H — C — O         O — C — H
                   B
     H — C — O         O — C — H
         R                   R
```

在硼酸中加入多元醇可使硼酸的电离平衡右移，使得硼酸的酸性增强。常见的是通过加入甘油、二醇或甘露醇等使硼酸的酸性增强。如在甘露醇存在的条件下，硼酸的 $K_a^\ominus$ 增大至 7.08×10^{-6}。

硼酸显示出一定的两性，遇强酸显示出碱性。

$$B(OH)_3 + H_3PO_4 = BPO_4 + 3H_2O$$

脱水：硼酸受热逐渐脱水，最终生成酸酐。

$$H_3BO_3 \xrightarrow{\triangle} HBO_2 \xrightarrow{413\ K} H_2B_4O_7 \xrightarrow{578\ K} B_2O_3$$

缩合：硼酸易于缩合成链状或环状的多硼酸。典型反应如下：

$$3H_3BO_3 = 3H_3O^+ + B_3O_6^{3-}\text{（三聚硼酸根）}$$

$$4H_3BO_3 = 2H_3O^+ + H_2O + H_4B_4O_9^{2-}\text{（四聚硼酸根）}$$

其中，最常见的是四聚硼酸根。

鉴定：硼酸与甲醇在浓硫酸的存在下，生成易挥发的硼酸三甲酯。

$$H_3BO_3+3CH_3OH\xrightarrow{\text{浓 } H_2SO_4}B(OCH_3)_3+3H_2O$$

$B(OCH_3)_3$燃烧时产生绿色火焰，可用于鉴定硼酸根。

17.5.3 硼酸盐

1. 结构

硼酸结构的复杂性，使得硼酸盐的结构也十分复杂。与硅酸盐以 SiO_4 四面体为基本结构单元相同，硼酸盐也有基本结构单元。由于 B 既有 sp^2 成键，又有 sp^3 成键，因此，硼酸盐的基本结构单元既有 BO_3 平面三角形，又有 BO_4 四面体。硼酸盐既有单独以 BO_3 平面三角形为基本结构单元连接成的链状、环状、片层状等结构，又有单独以 BO_4 四面体为基本结构单元连接成的链状、环状等结构，还有同时以 BO_3 平面三角形和 BO_4 四面体为基本结构单元连接成的环状、三维网格状等结构。图 17－14(a)为偏硼酸根离子，其是由三个 BO_3 平面三角形连接成的环状结构；图 17－14(b)为四聚硼酸根离子，其由两个 BO_3 平面三角形和两个 BO_4 四面体联结而成。

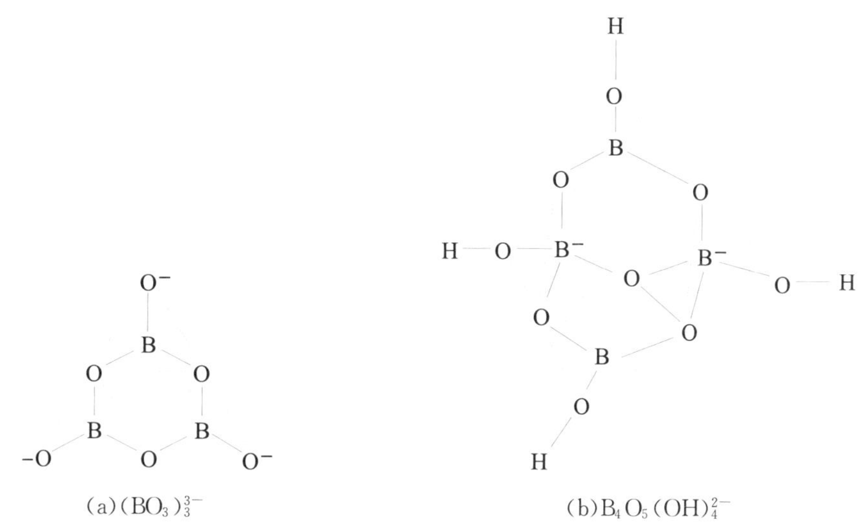

图 17－14 偏硼酸根离子和四聚硼酸根离子

2. 性质

硼酸盐中较重要的是四聚硼酸钠$[Na_2B_4O_5(OH)_4\cdot 8H_2O]$，俗称硼砂。硼砂晶体在空气中易失去水而风化，受热至 673 K 左右会失去全部结晶水，得到无水盐($Na_2B_4O_7$)。因此，硼砂也习惯写成 $Na_2B_4O_7\cdot 10H_2O$。

硼砂($Na_2B_4O_7$)可看成是偏硼酸盐和三氧化二硼的组合($2NaBO_2\cdot B_2O_3$)。B_2O_3的存在，使得硼砂可进行硼珠实验。例如：

$$3Na_2B_4O_7+Cr_2O_3=\!=\!=6NaBO_2\cdot 2Cr(BO_2)_3\text{(绿色)}$$

这是硼珠实验可称为硼砂珠实验的原因。

硼砂是弱酸强碱盐，易于水解。

$$B_4O_5(OH)_4^{2-}+5H_2O=\!=\!=2B(OH)_4^-+2H_3BO_3$$

反应式也可以写成

$$B_4O_7^{2-}+7H_2O = 2OH^-+4H_3BO_3$$

水解后溶液可作缓冲溶液。

酸化硼砂不能得到四硼酸，而是得到 H_3BO_3，这是因为 H_3BO_3 的溶解度小，易于结晶析出。

$$B_4O_7^{2-}+2H^++5H_2O = 4H_3BO_3\downarrow$$

硼砂与氯化铵共热可分离得到氮化硼。

$$Na_2B_4O_7+2NH_4Cl = 2NaCl+B_2O_3+2BN+4H_2O$$

氮化硼晶体有多种结构。六方氮化硼是通常存在的稳定结构，具有层状结构，类似石墨，被称为白石墨。氮化硼的结构如图 17－15 所示。

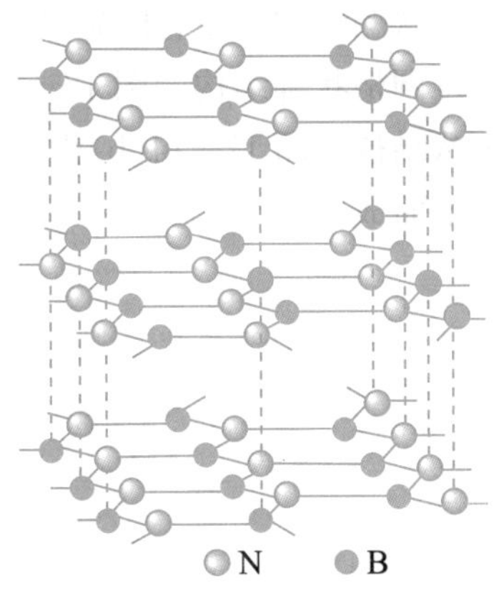

图 17－15　氮化硼的结构

杂化轨道理论解释，B 原子和 N 原子都取 sp^2 杂化，相互连接成平面。B 原子和 N 原子都具有垂直平面的 p 轨道，B 原子的 p 轨道是空的，N 原子的 p 轨道有一对电子。注意，由于氮化硼不具有导电性，因此，B 原子和 N 原子垂直平面的 p 轨道并没有像石墨那样形成平面层的大 π 键，而是彼此通过 B←：N 配位键使得层与层相互结合起来形成三维立体结构。

氮化硼具有耐热、耐腐蚀等性能，高温高压下可转变成金刚石型结构，是特殊的耐磨和切削材料。

17.6　铝

17.6.1　铝单质

铝是银白色金属，熔点为 933.3 K，沸点为 2791 K，密度为 2.7 $g\cdot cm^{-3}$，属于轻有色金属(密度低于 4.5 $g\cdot cm^{-3}$的部分有色金属)。

铝很活泼，电对 Al^{3+}/Al 的电极电势为－1.66 V，是强还原剂。铝的化学性质主要表现在亲氧性和两性上。

亲氧性：铝表现出强烈的亲氧性。铝的亲氧能力超过了典型的亲氧元素硅、硼等，其生成焓见表 17－3。

表 17－3　一些氧化物的生成焓(298.15 K)

氧化物	Al_2O_3	B_2O_3	Cr_2O_3	SiO_2	Fe_2O_3
$\Delta_f H^\ominus/kJ \cdot mol^{-1}$	－1676	－1272.8	－1140	－910.9	－824.2

铝的亲氧性可以从两个方面来认识：

其一，铝在常态下由于与空气中的氧气生成致密氧化物而稳定，不能进一步与氧气和水反应，甚至不能与冷的浓硝酸和浓硫酸反应。

其二，与氧反应大量放热：

$$4Al+3O_2 = 2Al_2O_3 \qquad \Delta_r H^\ominus = -3352\ kJ \cdot mol^{-1}$$

利用该反应的高反应热，铝可以在高温下从其他金属氧化物中夺取氧并置换出金属单质，因高热使金属熔化而达到分离的目的。例如：

$$Fe_2O_3+2Al = Al_2O_3+2Fe$$

这种制备金属单质的方法称为铝热还原法。

两性：铝是两性的，由此导致其单质、氧化物、氢氧化物都可溶于酸、碱。

$$2Al+6HCl = 2AlCl_3+3H_2\uparrow$$

$$2Al+3H_2SO_4(稀) = Al_2(SO_4)_3+3H_2\uparrow$$

$$Al+6HNO_3(浓) = Al(NO_3)_3+3NO_2\uparrow+3H_2O$$

$$2Al+2NaOH+6H_2O = 2NaAl(OH)_4+3H_2\uparrow$$

铝的制备：铝在地壳中的含量位居金属第一，仅次于氧和硅。铝土矿($Al_2O_3 \cdot 2H_2O$)和冰晶石(Na_3AlF_6)是提炼铝的重要原料。从铝土矿中提取铝历经铝土矿溶解于碱液、酸化、灼烧、1300 K 下进行电解等过程，反应方程式为

$$Al_2O_3+2NaOH+3H_2O = 2NaAl(OH)_4$$

$$NaAl(OH)_4+CO_2 = Al(OH)_3\downarrow+NaHCO_3$$

$$2Al(OH)_3 = Al_2O_3+3H_2O$$

$$2Al_2O_3(l) = 4Al(l)+3O_2\uparrow$$

电解时，为使氧化铝熔融温度降低，在 Al_2O_3 中添加冰晶石(Na_3AlF_6)。

17.6.2　氧化铝和氢氧化铝

1. 氧化铝

Al_2O_3为白色固体，约有八种变体：α(六方)、γ(立方)、ρ(无定形)、χ(立方)、η(立方尖晶石)、δ(正交)、κ(正交)、θ(单斜)。最常见的是 $\alpha-Al_2O_3$、$\gamma-Al_2O_3$。

$\alpha-Al_2O_3$是致密的，属六方紧密堆积构型，熔点高(2273 K)，硬度非常高(8.8)，对化学反应呈高度惰性，即便是在高温下也是稳定的。自然界中存在的刚玉就是 $\alpha-Al_2O_3$。刚玉因含不同杂质而显现不同颜色：含微量 Cr^{3+} 显红色，俗称红宝石；含 Fe^{2+}、Fe^{3+} 或

Ti^{4+}显蓝色，俗称蓝宝石。

$\gamma-Al_2O_3$并不十分致密，属立方面心紧密堆积，化学性质较为活泼。

Al_2O_3最重要的化学性质是两性。

$$Al_2O_3+6H^+ = 2Al^{3+}+3H_2O$$

$$Al_2O_3+2OH^-+3H_2O = 2Al(OH)_4^-$$

Al_2O_3的制备：铝在氧气中燃烧或高温灼烧 $Al(OH)_3$可得到$\alpha-Al_2O_3$，较低温度下加热 $Al(OH)_3$脱水得到$\gamma-Al_2O_3$。$\gamma-Al_2O_3$在 1120 K 时受热转变成$\alpha-Al_2O_3$。

2. 氢氧化铝

Al_2O_3的水合物为氢氧化铝沉淀，依不同方式得到的沉淀含水量不同，通式为 $Al_2O_3 \cdot xH_2O$，习惯写成 $Al(OH)_3$。这种无定形的沉淀经放置可转变成偏氢氧化铝。

$$Al(OH)_3 \rightleftharpoons AlO(OH)+H_2O$$

$Al(OH)_3$最重要的性质是两性偏碱性。

$$Al(OH)_3+3H^+ = Al^{3+}+3H_2O$$

$$Al(OH)_3+OH^- = Al(OH)_4^-$$

17.6.3 铝盐和铝酸盐

铝盐的水溶液都含有 Al^{3+}，该离子高度溶剂化，形成 $Al(H_2O)_6^{3+}$ 水合离子，水解是其最重要的性质。铝酸盐是氢氧化铝显酸性与碱反应的产物。铝酸根的形式是$Al(OH)_4^-$，也可按习惯写成 AlO_2^-。

重要的铝盐有卤化物和硫酸盐。

AlX_3中只有 AlF_3是离子型化合物，其余都是共价型化合物。

共价型卤化物在液态、气态以及溶于有机溶剂时都是双聚分子，这是因为它们都是缺电子分子。$(AlX_3)_2$ 的分子结构如图 17－16 所示。

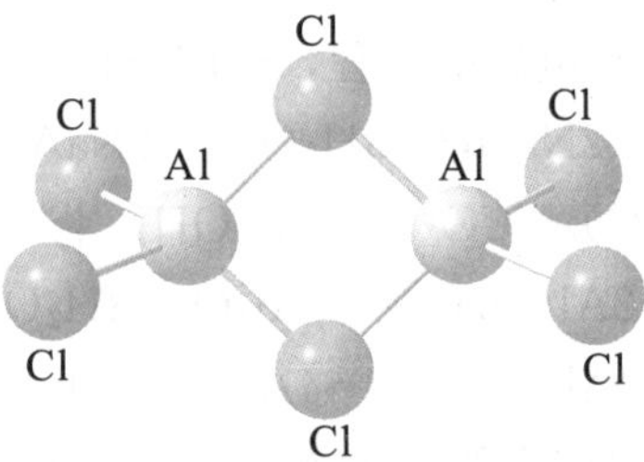

图 17－16　$(AlX_3)_2$的分子结构

$(AlX_3)_2$分子中，端基结合的 Al—X 键键长比桥基结合的 Al—X 键键长短，表明端基结合强于桥基结合。可以看出，$(AlX_3)_2$分子结构与 B_2H_6分子结构相似，差异在于，AlX_3分子通过两个 Al←：X 配位键得以双聚，形成卤桥键，而 B_2H_6分子存在三中心两电子氢桥键。这是因为 X 原子有 2p 孤对电子，而 H 原子只有一个成单 1s 电子。

AlX_3的双聚与 BX_3分子不能双聚相对比，其差异源于 B 原子和 Al 原子的半径不同。BX_3分子中的大 π 键弥补了其缺电子性，但由于 Al 原子半径相对较大，形成大 π 键的能力减弱，其缺电子性不能通过大 π 键得到弥补，进而双聚。从这个意义上讲，BH_3不能形

成大 π 键，故易于双聚。

$(AlX_3)_2$二聚分子遇到配位体时会离解成单分子 AlX_3，单分子 AlX_3再与配位体生成配合物。如单分子 $AlCl_3$能够与有机胺、醚、醇等结合，因此无水 $AlCl_3$最重要的工业用途就是作有机合成和石油工业的催化剂。

水溶液中，双聚分子$(AlCl_3)_2$会发生水解：

$$(AlCl_3)_2+12H_2O \xlongequal{} 2Al(H_2O)_6^{3+}+6Cl^-$$

高温时，双聚分子也会分解：

$$(AlCl_3)_2 \xrightarrow{1100\ K} 2AlCl_3$$

由湿法得到含结晶水的盐 $AlCl_3 \cdot 6H_2O$，加热不能得到无水盐：

$$2AlCl_3 \cdot 6H_2O \xrightarrow{\triangle} Al_2O_3+6HCl\uparrow+9H_2O$$

17.7　镓分族

镓、铟、铊三元素俗称镓分族。由于它们在地壳中是分散存在的，至今未发现可供开采的单独矿物，故被称为稀散元素。镓常与锌、铁、铝、铬等矿物共生，铟常共生于有色金属硫化物矿物中，铊常与碱金属共生。

镓、铟、铊皆为银白色金属，常见物理性质见表 17－4。

表 17－4　镓、铟、铊的常见物理性质

性质	Ga	In	Tl
熔点/K	302.78	430	577
沸点/K	2676	2353	1730
密度/$g \cdot cm^{-3}$	5.91	7.31	11.9
晶格类型	斜方	四方	六方、立方

镓的熔点很低、沸点很高，具有很宽的液态温度范围。镓的密度随状态不同变化较为特殊，镓从固态变为液态时，每克镓的体积收缩约为 0.005 cm^3。这些性质都与镓晶体中可能存在的 Ga_2分子有关。Ga_2分子的存在使晶体质点作用力减弱，故熔点低；液态时，Ga_2分子减少，质点作用力增加，体积减小；达到沸点时，完全离解，结合力相对很强，使沸点很高。

镓、铟、铊的高纯晶体都是半导体材料。

镓、铟、铊的常见氧化数为+1、+3。铊受惰性电子对效应的影响，+3 氧化态不稳定，是强氧化剂。

镓、铟、铊在空气中都能生成致密氧化物膜而稳定存在。

镓、铟、铊都能与酸反应，镓、铟生成+3 氧化态化合物，铊生成+1 氧化态化合物。

$$2M+6HCl \xlongequal{} 2MCl_3+3H_2\uparrow \quad M=Ga、In$$

$$M+6HNO_3 = M(NO_3)_3+3NO_2\uparrow+3H_2O \quad M=Ga、In$$

$$2M+3H_2SO_4 = M_2(SO_4)_3+3H_2\uparrow \quad M=Ga、In$$

$$2Tl+2HCl = 2TlCl\downarrow+H_2\uparrow$$

$$2Tl+H_2SO_4 = Tl_2SO_4+H_2\uparrow$$

$$3Tl+4HNO_3 = 3TlNO_3+NO\uparrow+2H_2O$$

镓具有一定的两性，可溶于碱。

$$2Ga+2NaOH+2H_2O = 2NaGaO_2+3H_2\uparrow$$

镓、铟、铊的氧化物 M_2O_3 和氢氧化物 $M(OH)_3$ 都难溶于水，其中 $Ga(OH)_3$ 具有两性，可溶于酸和碱中。

Tl^{3+} 是强氧化剂：

$$Tl^{3+}+2e^- = Tl^+ \qquad \varphi^\ominus=1.25\ V$$

例如：

$$Tl^{3+}+2Fe^{2+} = 2Fe^{3+}+Tl^+$$

$$2Tl^{3+}+3S^{2-} = Tl_2S(\text{蓝黑色})+2S$$

习　题

1. 完成下列反应方程式：

(1) $BCl_3+H_2O =$

(2) $AlCl_3\cdot 6H_2O \xrightarrow{\triangle}$

(3) $TlCl_3+Na_2S =$

(4) $Al(NO_3)_3+Na_2CO_3+H_2O =$

2. 解释下列事实：

(1) H_3BO_3 和 H_3PO_3 的组成相似，但前者是一元酸，后者是二元酸。

(2) BH_3 不存在，BX_3 能稳定存在；BX_3 不能双聚，但共价型 AlX_3 易于双聚成 Al_2X_6。

(3) 硼砂的水溶液是缓冲溶液。

(4) 固体碳酸钠和三氧化二铝一起熔烧，冷却后粉粹的熔块放在水中产生白色乳状沉淀。

3. 什么是多中心键？以 B_2H_6 为例说明多中心键的形成。

4. 能形成分子型氢化物的元素在元素周期表中如何分布？它们与水反应有哪些类型？

第 18 章　碱金属与碱土金属

碱金属和碱土金属位于元素周期表 s 区。

碱金属是除氢以外的第ⅠA 主族元素，包括锂(Li)、钠(Na)、钾(K)、铷(Rb)、铯(Cs)、钫(Fr)。这些元素的氢氧化物都是强碱，所以统称碱金属。

碱土金属是第ⅡA 主族元素，包括铍(Be)、镁(Mg)、钙(Ca)、锶(Sr)、钡(Ba)、镭(Ra)。由于钙、锶、钡的氧化物性质介于碱金属氧化物的“碱性”和氧化铝的“土性”之间而被称为碱土金属。现在习惯把铍和镁也包括在碱土金属内。

钫和镭为放射性元素，不在本章讨论范围内。

18.1　碱金属和碱土金属的通性

碱金属和碱土金属元素的基本性质分别列于表 18－1 和表 18－2。

表 18－1　碱金属元素的基本性质

碱金属	Li	Na	K	Rb	Cs
原子序数	3	11	19	37	55
价电子构型	$2s^1$	$3s^1$	$4s^1$	$5s^1$	$6s^1$
原子半径/pm	123	154	203	216	235
离子半径/pm	60	95	133	148	169
第一电离能/kJ・mol^{-1}	520	496	419	403	376
第二电离能/kJ・mol^{-1}	7298	4562	3051	2633	2230
亲合能/kJ・mol^{-1}	59.8	52.9	48.4	46.9	45.5
电负性 χ_P	1.0	0.9	0.8	0.8	0.7
主要氧化数	+1	+1	+1	+1	+1

表 18-2 碱土金属元素的基本性质

碱土金属	Be	Mg	Ca	Sr	Ba
原子序数	4	12	20	38	56
价电子构型	$2s^2$	$3s^2$	$4s^2$	$5s^2$	$6s^2$
原子半径/pm	89	136	174	191	198
离子半径/pm	31	65	99	113	135
第一电离能/$kJ \cdot mol^{-1}$	900	738	590	550	503
第二电离能/$kJ \cdot mol^{-1}$	1757	1451	1145	1064	956
第三电离能/$kJ \cdot mol^{-1}$	14849	7733	4912	4320	—
亲合能/$kJ \cdot mol^{-1}$	(−240)	(−230)	(−156)	—	(−52)
电负性 χ_P	1.5	1.2	1.0	1.0	0.9
主要氧化数	+2	+2	+2	+2	+2

碱金属和碱土金属元素原子的价电子构型通式分别为 ns^1 和 ns^2。

与同周期的元素比较，碱金属和碱土金属是最活泼的金属元素。它们的半径最大，电离能最小，电负性也最小，最容易失去电子。相对而言，碱金属元素比碱土金属元素更加活泼。

在同族元素中，随原子序数增加，元素的金属性依次递增。原子半径、离子半径、电离能、电负性从上到下均表现出较好的规律性。锂和铍的性质与同族元素相比较为特殊，表现在其原子半径相对特别小(第二周期原子半径的特殊性)，并由此引申出性质的特殊性。

18.2 碱金属和碱土金属单质

碱金属和碱土金属都是金属晶体。碱金属都是体心立方晶格。碱土金属中，铍、镁是六方晶格，钙、锶是面心立方晶格，钡是体心立方晶格。

相比元素周期表中的其他金属，碱金属和碱土金属的原子半径大，价电子少，金属键弱。碱金属的金属键相对最弱。

18.2.1 碱金属和碱土金属单质的物理性质

碱金属和碱土金属单质的物理性质分别见表 18−3、表 18−4。

表 18－3　碱金属单质的物理性质

碱金属	Li	Na	K	Rb	Cs
密度/g·cm^{-3}	0.534	0.971	0.862	1.532	1.873
硬度(金刚石=10)	0.6	0.4	0.5	0.3	0.2
熔点/℃	180.5	97.82	63.25	38.89	28.40
沸点/℃	1342	882.9	760	686	669.3

表 18－4　碱土金属单质的物理性质

碱土金属	Be	Mg	Ca	Sr	Ba
电负性 χ_P	1.5	1.2	1.0	1.0	0.9
主要氧化数	+2	+2	+2	+2	+2
熔点/℃	1278	648.8	839	769	725
沸点/℃	2970	1107	1484	1384	1640

由于碱金属和碱土金属元素的金属键弱，所以单质的熔点、沸点较低，硬度较小。碱金属晶格构型相同，随着核电荷递增，原子半径增大，金属键减弱，熔沸点逐渐降低，呈现出规律性递变。

碱金属和碱土金属表面都具有银白色(铯是唯一例外，纯净时显金黄色)，都是热和电的良好导体。

18.2.2　碱金属和碱土金属单质的化学性质

碱金属和碱土金属的活泼性通过金属单质失去电子成为水合离子表现出来。

$$M_n(s) - ne^- \rightleftharpoons M^{n+}(aq)$$

$$\Delta_r G^\ominus = -nFE^\ominus = -nF\varphi^\ominus = \Delta_r H^\ominus - T\Delta_r S^\ominus$$

影响 $\Delta_r G^\ominus$的因素中，$\Delta_r H^\ominus$起主要作用。一般讨论时，只针对 $\Delta_r H^\ominus$。

$$M_n(s) \quad - \quad ne^- \rightleftharpoons M^{n+}(aq)$$

$$\downarrow \text{升华能} \qquad\qquad \uparrow \text{水合热}$$

$$M(g) \xrightarrow{\text{电离能}} M^{n+}(g)$$

可以看出，金属活泼性(还原性)主要由金属单质的升华能、金属原子的电离能和金属离子的水合热决定。

碱金属的升华能、电离能、水合热和电极电势见表 18－5。

表 18－5　碱金属的活泼性

碱金属	Li	Na	K	Rb	Cs
升华能/kJ·mol^{-1}	159	108	90	86	78

续表18－5

碱金属	Li	Na	K	Rb	Cs
电离能/kJ·mol^{-1}	520	496	419	403	376
水合热/kJ·mol^{-1}	−498	−393	−310	−284	−251
$\Delta_r H^\ominus$	181	211	199	205	203
$\varphi^\ominus(M^+/M)$	−3.045	−2.710	−2.931	−2.925	−2.923

锂的电极电势特别低，原因在于其离子半径非常小，水合放热较多。

碱金属和碱土金属元素的常见氧化数分别为＋1和＋2，这与它们的族数一致。碱金属和碱土金属的化学性质活泼，尤其是碱金属，能与空气中的氧、水及许多非金属反应。碱金属和碱土金属的一些重要反应见表18－6。

表18－6　碱金属和碱土金属的一些重要反应

金属	直接与金属反应的物质	反应式
碱金属	H_2	$2M+H_2 = 2MH$
碱土金属	H_2	$M+H_2 = MH_2$
碱金属	H_2O	$2M+2H_2O = 2MOH+H_2$
钙、锶、钡	H_2O	$M+2H_2O = M(OH)_2+H_2$
镁	H_2O	$M+H_2O = MO+H_2$
碱金属	卤素	$2M+X_2 = 2MX$
碱土金属	卤素	$M+X_2 = MX_2$
锂	N_2	$6Li+N_2 = 2Li_3N$
镁、钙、锶、钡	N_2	$3M+N_2 = M_3N_2$
碱金属	S	$2M+S = M_2S$
镁、钙、锶、钡	S	$M+S = MS$
锂	O_2	$4Li+O_2 = 2Li_2O$
钠	O_2	$2Na+O_2 = Na_2O_2$
钾、铷、铯	O_2	$M+O_2 = MO_2$
碱土金属	O_2	$2M+O_2 = 2MO$
钙、锶、钡	O_2	$M+O_2 = MO_2$

18.2.3　碱金属和碱土金属单质的制备

由于碱金属和碱土金属非常活泼，因此，在自然界中通常以化合状态存在。其单质的制备涉及下列过程：

$$M^+ + e^- \longrightarrow M \quad (\text{碱金属})$$

$$M^{2+}+2e^- \longrightarrow M \quad (碱土金属)$$

由于 M^+、M^{2+} 的氧化能力弱，且差异较大，故碱金属和碱土金属单质的制备方法各异。如果氧化能力不是太弱，可以使用适当的还原剂还原；如果氧化能力太弱，则通过电解还原。

1. 融盐电解法

碱金属的锂、钠和碱土金属的铍、镁、钙都可以用融盐电解制备。如电解 LiCl 制备单质 Li。

$$2LiCl \xrightarrow{电解} 2Li+Cl_2$$

$$阴极：2Li^+ +2e^- = 2Li$$

$$阳极：2Cl^- -2e^- = Cl_2$$

2. 热分解法

碱金属的某些化合物加热分解生成碱金属。例如：

$$2NaN_3 \xrightarrow{\triangle} 2Na+3N_2$$

热分解法是精确定量制备碱金属的方法，钠、钾、铷、铯都可以用这种方法制得。

3. 热还原法

因钾、铷、铯沸点低，易挥发，可在高温下用焦炭、碳化物及活泼金属作还原剂还原它们的化合物，利用它们的挥发性使其与反应体系分离：

$$KCl+Na = NaCl+K\uparrow$$

$$2RbCl+Ca = CaCl_2+2Rb\uparrow$$

$$2CsAlO_2+Mg = MgAl_2O_4+2Cs\uparrow$$

4. 铝热还原法

锶和钡单质能溶于它们的电解质中，所以不能用电解法制备，可用铝热法制备。反应如下：

$$4SrO+2Al = 3Sr+SrO \cdot Al_2O_3$$

反应在一狭长的钢弹中进行，在真空条件下的钢弹一端加料，并加热到一定温度，另一端用水冷却。锶可以直接冷却为固体，钡冷却为液体。钙也可以用这种方法进行制备。

18.3　碱金属和碱土金属的化合物

18.3.1　氢化物

碱金属和碱土金属(铍、镁除外)在加热时能与氢直接反应，生成离子型氢化物。

$$2M+H_2 = 2MH \qquad (M=碱金属)$$

$$M+H_2 = MH_2 \qquad (M=Ca、Sr、Ba)$$

所有纯的离子型氢化物都是白色晶体，不纯的通常为浅灰色至黑色，性质类似盐，故又称为类盐型氢化物。这类氢化物具有离子型化合物的特征，如熔点、沸点较高，熔融时能够导电等。其密度比相应的金属要大得多。例如，K 的密度是 0.86 g·cm^{-3}，KH 的密度为 1.430.86 g·cm^{-3}。碱金属离子型氢化物晶体都属面心立方，碱土金属离子型氢化物晶体为斜方晶，MgH_2除外，其为金红石型晶体。

离子型氢化物中存在 H^-，H^-不稳定，易失去电子，能够提供电子对，由此带来一些特殊的化学性质。

离子型氢化物在受热时 H^-失电子，分解为氢气和金属单质。例如：

$$2MH = 2M + H_2\uparrow$$

$$MH_2 = M + H_2\uparrow$$

离子型氢化物易水解产生氢气，原因是 H^-与水解离出的 H^+结合组成 H_2。例如：

$$LiH + H_2O = LiOH + H_2\uparrow$$

$$CaH_2 + 2H_2O = Ca(OH)_2 + 2H_2\uparrow$$

离子型氢化物都是极强的还原剂，$\varphi^\ominus(H_2/H^-) = -2.23$ V。例如，在 400℃时，NaH 可以与 $TiCl_4$反应生成金属钛：

$$TiCl_4 + 4NaH = Ti + 4NaCl + 2H_2\uparrow$$

H^-能够提供电子对形成配合物。例如，LiH 能在乙醚中同 B^{+3}、Al^{+3}、Ga^{+3}等离子的无水氯化物结合成配合物，如氢化铝锂的生成：

$$4LiH + AlCl_3 \xrightarrow{\text{乙醚}} Li[AlH_4] + 3LiCl$$

LiH、CaH_2、SrH_2在干燥空气中较稳定，但其他碱金属和碱土金属的离子型氢化物在空气中会自燃。

最有实用价值的离子型氢化物有 LiH、CaH_2和 NaH，它们能把许多金属卤化物还原成金属单质或相应的氢化物。CaH_2由于反应性能最弱，也较安全，在工业规模的还原反应中用作氢气源，制备硼、钛、钒等单质，也可用作微量水的干燥剂。

18.3.2 氧化物

碱金属和碱土金属与氧化合能形成多种类型的氧化物：普通氧化物(含 O^{2-})、过氧化物(含O_2^{2-})、超氧化物(含O_2^-)和臭氧化物(含O_3^-)及低氧化物。碱金属和碱土金属元素所形成的氧化物列于表 18−7 中。

表 18−7 碱金属和碱土金属元素形成的氧化物

氧化物类型	在空气中直接形成	间接形成
普通氧化物	锂、铍、镁、钙、锶、钡	ⅠA、ⅡA 族所有元素
过氧化物	钠	除铍外的所有元素
超氧化物	钠、钾、铷、铯	除铍、镁、锂外的所有元素

1. 普通氧化物

由表 18−7 可知，碱金属在空气中燃烧，只有锂生成了普通氧化物 Li_2O，钠生成了

过氧化物 Na_2O_2，钾、铷、铯则生成了超氧化物 MO_2。除锂之外的其他碱金属的普通氧化物必须用其他方法获得。例如，用金属钠还原过氧化钠，用钾还原硝酸钾制得相应的普通氧化物：

$$2Na+Na_2O_2 = 2Na_2O$$

$$10K+2KNO_3 = 6K_2O+N_2\uparrow$$

碱土金属在空气中燃烧都生成普通氧化物 MO。实际生产过程中，常通过它们的碳酸盐或硝酸盐加热分解制备：

$$CaCO_3 = CaO+CO_2\uparrow$$

$$2Sr(NO_3)_2 = 2SrO+4NO_2\uparrow+O_2\uparrow$$

碱金属和碱土金属的普通氧化物的性质列于表 18−8 中。

表 18−8　碱金属和碱土金属的普通氧化物的性质

性质	Li_2O	Na_2O	K_2O	Rb_2O	Cs_2O
颜色	白色	白色	淡黄色	亮黄色	橙红色
熔点/℃	>1700	1275	350(分解)	400(分解)	400(分解)
性质	BeO	MgO	CaO	SrO	BaO
颜色	白色	白色	白色	白色	白色
熔点/℃	2530	2852	2614	2430	1918
硬度(金刚石=10)	9	5.6	4.5	3.5	3.3

碱金属和碱土金属的普通氧化物都是离子型化合物。相对而言，因为碱土金属离子电荷更高，半径更小，所以碱土金属氧化物有较大的晶格能。由此导致碱土金属的普通氧化物熔点更高，且具有较高硬度。根据这种特性，氧化铍和氧化镁常用来制造耐火材料和金属陶瓷，特别是氧化铍，还具有反射放射线的能力，常用作原子反应堆外壁砖块材料。

碱金属和碱土金属的普通氧化物与水反应生成氢氧化物：

$$M_2O+H_2O = 2MOH\quad (M=碱金属)$$

$$MO(s)+H_2O(l) = M(OH)_2(s)\quad (M=Ca、Si、Ba)$$

上述反应的剧烈程度依金属活泼性递增而增强。

2. 过氧化物

过氧化物是含有过氧链(—O—O—)的化合物，可看作 H_2O_2 的衍生物。除铍以外，所有的碱金属和碱土金属都能生成离子型过氧化物。

常见且用途较大的是过氧化钠。纯的过氧化钠为白色粉末，工业品一般为浅黄色。工业上制备过氧化钠是用熔钠与已除去二氧化碳的高速压缩干燥空气流反应：

$$2Na+O_2 \xrightarrow{573\sim637\ K} Na_2O_2$$

纯的过氧化钠是用饱和的氢氧化钠溶液和 42%过氧化氢混合制得：

$$2NaOH+H_2O_2 \xrightarrow{273\ K} Na_2O_2+2H_2O$$

过氧化钠中氧为中间价态，所以既有氧化性，又有还原性。在碱性介质中是强氧化剂，常用作熔矿剂，使既不溶于水又不溶于酸的矿石被氧化分解为可溶于水的化合物。例如，难溶的铬铁矿的转化：

$$2Fe(CrO_2)_2+7Na_2O_2 = 4Na_2CrO_4+Fe_2O_3+3Na_2O$$

过氧化钠与水或稀酸反应产生 H_2O_2，H_2O_2不稳定，立即分解放出氧气：

$$2Na_2O_2+2H_2O = 4NaOH+O_2\uparrow$$

因此，过氧化钠可以作氧化剂、供氧剂和漂白剂。

过氧化钠与二氧化碳反应也能放出氧气：

$$2Na_2O_2+2CO_2 = 2Na_2CO_3+O_2\uparrow$$

因此，在防毒面具、高空飞行和潜艇中常用 Na_2O_2作 CO_2吸收剂和供氧剂。

过氧化钠的氧化性还表现在，当它遇到木炭、铝粉等还原性物质时可以燃烧，因此运输和使用过程中应小心谨慎。当遇到高锰酸钾这样的强氧化剂时，过氧化钠则表现出还原性。

碱土金属的过氧化物以过氧化钡较为重要。在加热条件下，氧气与氧化钡反应可制得过氧化钡：

$$2BaO+O_2 \xrightarrow{773\sim793\ K} 2BaO_2$$

实验室常用过氧化钡与稀酸反应制备 H_2O_2：

$$BaO_2+H_2SO_4 = BaSO_4+H_2O_2$$

3. 超氧化物

除锂、铍、镁外，碱金属和碱土金属都能形成超氧化物。其中，钾、铷、铯在过量的氧气中燃烧可直接生成黄色至橙色晶体的超氧化物。例如：

$$K+O_2 = KO_2$$

超氧化物中含有超氧阴离子O_2^-，其分子轨道式为

$$O_2^-[KK(\sigma_{2s})^2(\sigma_{2s}^*)^2(\sigma_{2p})^2(\pi_{2p})^4(\pi_{2p}^*)^3]$$

在O_2^-中，成键的$(\sigma_{2p})^2$构成一个 σ 键，成键的$(\pi_{2p})^2$和反键$(\pi_{2p}^*)^1$构成一个三电子 π 键，键级 1.5。键级比氧小，所以稳定性比氧差。

超氧阴离子是强氧化剂，与水发生剧烈反应，放出氧气：

$$2MO_2+2H_2O = O_2\uparrow+H_2O_2+2MOH$$

超氧化物也能与 CO_2反应放出氧气：

$$4MO_2+2CO_2 = 2M_2CO_3+3O_2\uparrow$$

因此，像 Na_2O_2一样，超氧化物也能用作 CO_2的吸收剂和供氧剂，用于急救器中和潜水、登山等方面。

4. 臭氧化物

在低温下，臭氧与粉末状无水碱金属(锂除外)氢氧化物反应，并用液氨提取，可得到红色的臭氧化物固体：

$$6MOH(s)+4O_3(g) = 4MO_3(s)+2MOH\cdot H_2O+O_2(g)$$

室温下，臭氧化物缓慢分解为超氧化物和氧气：

$$2MO_3 \xlongequal{} 2MO_2 + O_2 \uparrow$$

臭氧化物与水反应，则生成氢氧化物和氧气：

$$4MO_3 + 2H_2O \xlongequal{} 4MOH + 5O_2 \uparrow$$

5. 低氧化物

铷和铯可以生成低氧化物。低氧化物是一类特殊的氧化物，和相对“正常”的氧化物相比，其中低电负性的元素原子个数偏多。金属低氧化物是金属氧化形成“正常”氧化物过程的中间产物。有时，当金属暴露在少量的氧气中也会形成低氧化物。

例如在低温时，铷发生不完全氧化可得到 Rb_6O，它在 265.7 K 以上时则分解为 Rb_9O_2：

$$2Rb_6O \xrightarrow{>265.7\ K} Rb_9O_2 + 3Rb$$

铯可形成一系列低氧化物，如 Cs_7O（青铜色）、Cs_4O（红紫色）、$CS_{11}O_3$（紫色晶体）等。

18.3.3　氢氧化物

碱金属和碱土金属的氧化物（除 BeO、MgO 外）与水反应，即可得到相应的氢氧化物，并放出大量的热：

$$M_2O + H_2O \xlongequal{} 2MOH$$
$$MO + H_2O \xlongequal{} M(OH)_2$$

碱金属和碱土金属的氢氧化物均为白色固体，易潮解，在空气中吸收二氧化碳生成碳酸盐。由于碱金属的氢氧化物对纤维、皮肤有强烈的腐蚀作用，故被称为苛性碱。

碱金属和碱土金属的氢氧化物（氢氧化铍除外）均呈碱性。其碱性强弱及溶解度列于表 18−9 中。

表 18−9　碱金属和碱土金属的氢氧化物的性质

性质	LiOH	NaOH	KOH	RbOH	CsOH
溶解度(288 K)/mol·dm^{-3}	5.3	26.4	19.1	17.9	25.8
碱性	中强碱	强碱	强碱	强碱	强碱
性质	$Be(OH)_2$	$Mg(OH)_2$	$Ca(OH)_2$	$Sr(OH)_2$	$Ba(OH)_2$
溶解度(288 K)/mol·dm^{-3}	8×10^{-6}	5×10^{-4}	1.8×10^{-2}	6.7×10^{-2}	2×10^{-1}
碱性	两性	中强碱	强碱	强碱	强碱

由表 18−9 可知，碱金属和碱土金属的氢氧化物的溶解性和碱性均呈较好的规律性，即从 LiOH 到 CsOH，从 $Be(OH)_2$ 到 $Ba(OH)_2$，溶解度逐渐增大，碱性逐渐增强。

碱金属和碱土金属的氢氧化物的溶解度存在递变规律。碱金属和碱土金属的氢氧化物阴、阳离子的半径相差不大，晶格能起主要作用，离子势（Z/r）小的离子所组成的盐较易溶解。$LiOH \rightarrow CsOH$、$Be(OH)_2 \rightarrow Ba(OH)_2$，离子势逐渐减小，溶解度增大。溶解度：$MOH > M(OH)_2$（参见 7.2.7）。

碱金属和碱土金属的氢氧化物的碱性递变与阳离子的离子势有关。Z/r 越小，越易发生碱式离解，酸性越弱，碱性越强。LiOH→CsOH、$Be(OH)_2$→$Ba(OH)_2$，离子势逐渐减小，碱性增强。碱性：MOH>$M(OH)_2$(参见15.9.3酸碱性部分)。

$Be(OH)_2$为两性物质，既能溶于酸，又能溶于碱：

$$Be(OH)_2+2H^+ = Be^{2+}+2H_2O$$

$$Be(OH)_2+2OH^- = [Be(OH)_4]^{2-}$$

$Be(OH)_2$显酸性时，与OH^-形成配合物$[Be(OH)_4]^{2-}$。

碱金属的氢氧化物中较为重要的是氢氧化钠。由于它对纤维、皮肤有强烈的腐蚀作用，又被称为烧碱、火碱及苛性碱。它的水溶液和熔融物既能溶解某些两性金属(铝、锌等)及其氧化物，又能溶解许多非金属(硅、硼等)及其氧化物。

$$2Al+2NaOH+6H_2O = 2Na[Al(OH)_4]+3H_2\uparrow$$

$$Al_2O_3+2NaOH = 2NaAlO_2+H_2O$$

$$Si+2NaOH+H_2O = Na_2SiO_3+2H_2\uparrow$$

$$SiO_2+2NaOH = Na_2SiO_3+H_2O$$

工业上常用点解食盐水的方法制备氢氧化钠，如需少量的氢氧化钠，也可用苛化法制备，即用消石灰或石灰乳与碳酸钠的溶液反应：

$$Na_2CO_3+Ca(OH)_2 = CaCO_3\downarrow+2NaOH$$

碱土金属的氢氧化物中，较为重要的是氢氧化钙(即熟石灰)。它的溶解度比较反常，随着温度的升高而减小。由于其是最便宜的碱，所以应用比较广泛。$Ca(OH)_2$的体积比生石灰(CaO)大一倍，可用以分裂木材和岩石。

雅典帕特农神庙遗址。早在古希腊时代的建筑结构中就用到了熟石灰—砂灰泥，灰泥的凝结是由于熟石灰转变成$CaCO_3$附着和嵌在砂粒之间而生成坚固多孔的结构。

18.3.4 盐类

碱金属与碱土金属最常见的盐类有卤化物、硫酸盐、硝酸盐、碳酸盐和磷酸盐。碱金属离子和碱土金属离子具有稀有元素原子的稳定结构，除了Li^+和Be^{2+}是2电子构型外，其他碱金属离子和碱土金属离子都是8电子构型。这种稳定构型没有成单电子，有效核电荷低，极化能力弱，相较于元素周期表其他区域的阳离子，碱金属与碱土金属常见盐显示出较为特殊的性质：晶体类型多为离子型、无颜色、溶解性强、水合能力弱、热稳定性强等。

18.3.4.1　晶体类型

碱金属离子和碱土金属离子都是 8 电子构型，极化能力弱，因此，碱金属和碱土金属的绝大多数盐类都属于离子晶体。它们具有较高的熔点和沸点，常温下是固体，融化时能导电。

Be^{2+}半径小，电荷高，具有较强的极化能力，当它与易变形的阴离子(如 Cl^-、Br^-、I^-)结合时，有较强的极化作用，其化合物为过渡型或共价型化合物。例如，$BeCl_2$为共价化合物，有较低的熔点，易于升华，能溶于有机溶剂。此外，Li^+也具有一定的极化能力，其化合物具有一定的极化作用，使其显出一定的共价性。

18.3.4.2　颜色

碱金属离子和碱土金属离子都具有$(n-1)s^2(n-1)p^6$稳定结构，一般情况下电子不能吸收可见光跃迁，所以它们的离子均为无色。

如果阴离子无色，则它们形成的盐将是无色或白色的。如 X^-、NO_3^-、SO_4^{2-}、CO_3^{2-}等都无色，它们与碱金属离子和碱土金属离子结合生成的盐类都是无色或白色的。如果阴离子有颜色，则它们形成的盐将显示阴离子的颜色。例如，CrO_4^{2-}是黄色，$BaCrO_4$和K_2CrO_4也是黄色；MnO_4^-是紫色，$KMnO_4$也是紫色。

18.3.4.3　焰色反应

在高温火焰中，碱金属离子和碱土金属离子的电子获得能量将能够被激发而跃迁到较高能级轨道上，当电子由高能级轨道回到低能级轨道，将会发射出特定波长的光，从而使火焰呈现特征颜色，这就是焰色反应。碱金属离子和碱土金属离子的焰色见表18−10。

表 18−10　碱金属离子和碱土金属离子的焰色

离子	锂	钠	钾	铷	铯	钙	锶	钡
焰色	红色	黄色	紫色	紫红色	蓝色	橙红色	洋红色	绿色

18.3.4.4　热稳定性

由于碱金属离子和碱土金属离子都是 8 电子构型，极化能力弱，因此，它们的盐具有较高的热稳定性(参见 14.9.2 硫酸盐部分)。它们的卤化物和硫酸盐加热很难分解。碳酸盐中，只有碳酸锂在 1543 K 下分解为氧化锂和二氧化碳。硝酸盐不稳定，加热易分解：

$$4LiNO_3 \xrightarrow{973\ K} 2Li_2O + 4NO_2\uparrow + O_2\uparrow$$

$$2NaNO_3 \xrightarrow{1003\ K} 2NaNO_2 + O_2\uparrow$$

$$2KNO_3 \xrightarrow{943\ K} 2KNO_2 + O_2\uparrow$$

18.3.4.5 溶解性

碱金属的盐类一般都易溶于水，仅有少数盐类微溶或难溶于水。卤化锂中，除 LiF 难溶于水外，其他锂的卤化物都有很好的溶解性，这是由于锂离子和氟离子的半径相差较小。锂的弱酸盐溶解度也较小，如 Li_2CO_3、Li_3PO_4 等。除锂外，其他碱金属的盐类多为离子型化合物，易溶于水，仅有少数含大阴离子的盐难溶于水，如 $KClO_4$、$K_4[PtCl_6]$、$Rb_2[SnCl_6]$ 等。

碱土金属的盐类中，多数铍盐易溶，镁盐有部分易溶，而钙、锶、钡的盐类则多难溶于水。随着原子半径的增大，硫酸盐和铬酸盐的溶解度递减，氟化物的溶解度递增。铍盐和可溶性钡盐均有毒。

18.3.4.6 带结晶水的能力

碱金属离子和碱土金属离子的有效核电荷低，水合能力弱，使得其盐类在结晶析出时不容易带着水分子一起析出，因此，其盐类相对不容易带结晶水。

碱金属离子从 Li^+ 到 Cs^+，半径逐渐增大，有效核电荷越来越低，水合能力越来越弱，其盐类越来越难以形成结晶水。研究表明，几乎所有锂盐都带结晶水，75%的钠盐带结晶水，25%的钾盐带结晶水，铷和铯的盐类带结晶水的百分比更低。

具体来说，碱金属的卤化物大多无水；硝酸盐中只有锂可形成结晶水（$LiNO_3 \cdot H_2O$、$LiNO_3 \cdot 3H_2O$）；硫酸盐中只有锂（$Li_2SO_4 \cdot H_2O$）和钠（$Na_2SO_4 \cdot 10H_2O$）可形成结晶水；碳酸盐中除锂外，其他碱金属离子都能形成结晶水，见表 18－11。

表 18－11 碱金属的碳酸盐结晶水数

碱金属的碳酸盐	Na_2CO_3	K_2CO_3	Rb_2CO_3	Cs_2CO_3
结晶水数	1、7、10	1、5	1、5	3、5

相较于碱金属离子，碱土金属离子的有效核电荷更高，水合能力更强，形成结晶水的能力更强。大多数碱土金属离子的盐类都带结晶水。

形成结晶水的能力还体现在无水盐的吸湿性上。形成结晶水的能力越强，无水盐的吸湿性越强。例如，钠盐和钾盐的许多性质都非常相似，但是钠离子半径更小，有效核电荷更高，水合能力更强，所以钠盐的吸湿性更强。这使得分析实验中许多标准试剂都是钾盐，如邻苯二甲酸氢钾、重铬酸钾、四草酸钾、酒石酸氢钾、磷酸二氢钾等，而钠盐标准试剂就少很多。

18.3.4.7 重要的盐类

1. 卤化物

氯化钠和氯化钾是最常见的碱金属卤化物，世界各地都有巨大的天然矿床，开采技术和提纯技术都比较成熟。氯化钠除供食用和医用外，还是重要的化工原料，可制备 NaOH、Cl_2、Na_2CO_3 和 HCl 等，与冰混合可作制冷剂。氯化钾主要用于无机工业，是制造各种钾盐如 KOH、KSO_4、KNO_3、$KClO_3$ 等的基本原料；医药工业用作利尿剂及防治缺钾症的药物。此外，其还用于制造枪口或炮口的消焰剂、钢铁热处理剂，以及照相等。

碱土金属卤化物中，铍的半径小，电荷高，所以其卤化物除 BeF_2 为离子型外，其他主要是共价型。

氯化镁是典型的离子型化合物，工业中是重要的无机原料，用于生产碳酸镁、氢氧化镁、氧化镁等镁产品，也用作防冻剂的原料，还是很重要的建筑原料。工业上用下列方法制 $MgCl_2$：

$$MgO+C+Cl_2 \xrightarrow{\triangle} MgCl_2+CO$$

通常情况下，氯化镁以 $MgCl_2 \cdot 6H_2O$ 的形式存在，加热水解：

$$MgCl_2 \cdot 6H_2O \xrightarrow{>408\ K} Mg(OH)Cl+HCl+5H_2O$$

$$Mg(OH)Cl \xrightarrow{770\ K} MgO+HCl$$

要得到无水 $MgCl_2$，必须在干燥的 HCl 气流中加热 $MgCl_2 \cdot 6H_2O$ 使其脱水。

天然氯化钙通常与大量氯化镁混在一起。分离过程的第一步是将复盐溢晶石 $2MgCl_2 \cdot CaCl_2 \cdot 12H_2O$ 沉积出来。这种天然物质大多用于肮脏道路上的防尘和使土壤稳定化，少量用于消除矿井中的尘埃。

$CaCl_2$ 是由索尔维法制造纯碱的副产物精制得到的，生成一吨纯碱就有多于一吨的氯化钙产生。总反应如下：

$$CaCO_3+2NaCl \xlongequal{} Na_2CO_3+CaCl_2$$

其中，真正生产氯化钙的一步是：

$$Ca(OH)_2+2NH_4Cl \xlongequal{} CaCl_2+2NH_3+2H_2O$$

纯的氯化钙则由大理石溶于盐酸制得：

$$CaCO_3+2HCl \xlongequal{} CaCl_2+H_2O+CO_2\uparrow$$

氯化钙的主要用途是将它加到混凝土混合物中，使混凝土在初凝时可以较快凝结，以提高强度。尤其是冬天，混凝土中更需要加入氯化钙以加速凝固。

氯化钙在水中的溶解度见表 18－12。

表 18－12　氯化钙在水中的溶解度

温度/℃	−54.9	0	10	20	40	60	100	260
溶解度/(g/100)	42.5	60	65	75	115	137	159	347

因此，氯化钙溶液可以作为冷冻工厂的传热剂，或用来融化道路上的冰和雪，防止公路、街道的冻结。在较高温度下，氯化钙溶液可作为热浴溶剂，也可用于防火。

氯化钙有四种水合物，其中最重要的是 $CaCl_2 \cdot 6H_2O$ 和 $CaCl_2 \cdot 2H_2O$。由于无水氯化钙水合为 $CaCl_2 \cdot 6H_2O$ 是强烈放热反应（−90.8 kJ/mol），所以被广泛用作干燥剂。

2. 碳酸盐

碱金属碳酸盐是一类结晶良好的白色固体，它们易溶于水，能生成多种完全确定的水合物。碳酸钠俗称苏打或纯碱，是一种重要的碱金属碳酸盐。它的水溶液因水解而呈碱性，在实验室中可用来调节溶液的酸度。

碳酸钠是一种重要的化工原料，广泛用于医药(医疗上用于治疗胃酸过多)、造纸、冶金、玻璃、纺织、染料工业及有色金属的冶炼中，它是制备其他钠盐或碳酸盐的原料，还用作食品工业的发酵剂。其制备方法为索尔维(Solvay)法：

$$CaCO_3+2NaCl=\!=\!=Na_2CO_3+CaCl_2$$

碱土金属碳酸盐广泛分布于自然界中，是制备碱土金属及其化合物的原料。碳酸钙是重要的碱土金属碳酸盐，无水碳酸钙为无色斜方晶体，加热到 1000 K 转变为方解石。$CaCO_3\cdot 6H_2O$ 为无色单斜晶体，难溶于水，易溶于酸和氯化铵溶液，用于制备二氧化碳、发酵粉和涂料等。

3. 硫酸盐

碱金属硫酸盐有两类：一类是中性硫酸盐 M_2SO_4(M 代表碱金属元素)，其水溶液呈中性；另一类是酸式盐 $MHSO_4$，因HSO_4^-有较强的电离性，故其盐溶液呈强酸性。碱金属硫酸盐最简单的制备方法是用硫酸与碱金属氢氧化物或碳酸盐反应：

$$H_2SO_4+MOH=\!=\!=MHSO_4+H_2O$$

$$MHSO_4+MOH=\!=\!=M_2SO_4+H_2O$$

$$H_2SO_4+M_2CO_3=\!=\!=M_2SO_4+CO_2+H_2O$$

十水合硫酸钠 $Na_2SO_4\cdot 10H_2O$ 俗称芒硝，是一种较好的相变储热材料的主要成分，白天它吸收太阳能而熔融，夜间冷却结晶释放出热能。无水硫酸钠(Na_2SO_4)俗称元明粉，大量用于玻璃、造纸、陶瓷等工业中，也用于制备 Na_2S 和 $Na_2S_2O_3$。

碱土金属硫酸盐已被广泛研究，主要研究的不再是阳离子和阴离子，而是它们的盐类水合物和配合物的生成。

$CaSO_4\cdot 2H_2O$ 俗称生石膏，加热到 393 K，部分脱水成熟石膏($CaSO_4\cdot\frac{1}{2}H_2O$)。熟石膏与水混合成糊状后放置一段时间会变成二水合盐，逐渐硬化并膨胀，故用以制模型、塑像、粉笔和石膏绷带等。把石膏加热到 773 K 以上，得无水石膏，它不能与水化合。当温度再高时，硫酸钙分解为 $xCaSO_4\cdot yCaO$，称为水凝石膏，与水凝固，用作建筑材料。

$MgSO_4\cdot 7H_2O$ 俗称泻盐，为无色斜方晶体，加热发生如下反应：

$$MgSO_4\cdot 7H_2O\xrightarrow{350\ K}MgSO_4\cdot H_2O\xrightarrow{520\ K}MgSO_4$$

硫酸镁易溶于水，微溶于醇，不溶于乙酸和丙酮，用作媒染剂、泻盐、造纸、纺织、肥皂、陶瓷和油漆工业。

硫酸钡的主要矿石是重晶石，它常与其他矿石共生在一起，是钡化合物的主要来源。$BaSO_4$是正交晶体，在 1589℃熔融而分解，在水中溶解度非常小，所以无毒。对误食 Ba^{2+} 化合物中毒者，应立即服用 $NaSO_4$溶液，使 Ba^{2+} 转化为 $BaSO_4$沉淀。$BaSO_4$溶于浓硫酸生成酸式盐，加水稀释时又会生成 $BaSO_4$沉淀。$BaSO_4$常用作不透明对照介质(俗称钡餐)，供 X 射线透视肠胃之用，还作为止泻和缓冲粉末。重晶石粉末因其难溶和密度大而大量用于钻井泥浆加重剂，以防止油、气井的井喷。

4. 硝酸盐

碱金属硝酸盐是熔点较低的盐类，只要温度不超过分解温度，常用它作融盐浴和传热介质。硝酸钾是重要的硝酸盐，其在空气中不吸潮，在加热时有强氧化性，因此可用来做火药。硝酸钾还是含氮、钾的优质化肥。

碱土金属硝酸盐都可用硝酸与碳酸盐或氧化物作用制取，它们在水中的溶解度随温度的升高而明显增大。硝酸镁可用作化学试剂和催化剂；硝酸钡和硝酸锶用于制造烟火，能分别发出绿色和红色的焰火。

18.3.5　配合物

碱金属离子因电荷少，半径大，接受电子的能力差，一般很难形成配合物。只有与配位能力较强的螯合剂作用，才能形成螯合物或大环配合物。碱土金属离子的电荷密度高，具有比碱金属离子强的接受电子的能力，能形成各种配合物。Be^{2+} 的半径最小，是较强的电子对接受体，能形成较多的配合物，如 $[BeF_3]^-$、$[BeF_4]^{2-}$、$[Be(OH)_4]^{2-}$ 及螯合物等。镁的重要配合物是叶绿素，为镁的卟啉化合物，结构如下：

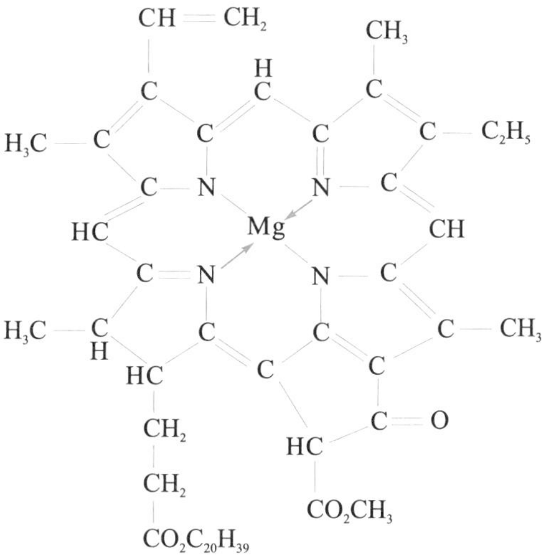

Ca^{2+} 能与 NH_3 形成不太稳定的氨合物；与配位能力较强的螯合剂如乙二胺四乙酸(EDTA)则形成稳定的螯合物，常用于滴定分析。锶和钡的配合物较少。

习　题

1. 解释碱金属和碱土金属在同一族从上到下、同一周期从左到右的下列性质的递变情况：离子半径、电离能、离子水合能，并说明原因。

2. 写出锂、钠、钾在氧气中燃烧的化学反应方程式，并写出这些氧化产物与水的反应方程式。

3. 鉴别下列物质：

（1）碳酸钙和草酸钙。

（2）碳酸钠和碳酸氢钠。

（3）硫酸钙和氢氧化钙。

（4）氢氧化钠和氢氧化钡。

4. 某固体混合物中可能含有碳酸镁、硫酸钠、硝酸钡、硝酸银和硫酸铜。此固体溶于水后得无色溶液和白色沉淀。无色溶液与盐酸无反应，其焰色反应呈黄色；白色沉淀溶于稀盐酸并放出无色气体。试判断此混合物的组成，说明原因，写出相关反应方程式。

5. A、B、C、D分别是硫酸铝、硫酸亚铁、氢氧化钠和氯化钡四种物质中的一种。将D溶液滴加到B溶液中，有白色沉淀生成，继续滴加，沉淀消失；将D溶液加入A溶液中，无明显现象。试判断A、B、C、D各是什么，并写出相关反应方程式。

第 19 章　铜族元素和锌族元素

铜族元素包括铜(Cu)、银（Ag)、金(Au)、轮(Rg)，位于元素周期表第ⅠB族，其原子价电子构型通式为$(n-1)d^{10}ns^1$，其中铜、银、金总称为“货币金属”，轮为人工合成的放射性化学元素。锌族元素包括锌(Zn)、镉(Cd)、汞(Hg)、鎶(Cn)，位于元素周期表第ⅡB族，其原子价电子构型通式为$(n-1)d^{10}ns^2$，鎶为人工合成的放射性化学元素。铜族元素和锌族元素属于 ds 区。

ds 区元素常被拿来与 s 区元素进行对比，原因在于它们的原子核外有相同的外层电子结构。

铜族元素与第ⅠA族的碱金属元素最外电子层结构相同，均只有 1 个 s 电子。但是由于次外层不同，所以原子的性质差异较大。更重要的是，碱金属元素价电子只有ns^1电子，而铜族元素价电子除ns^1电子外，还有$(n-1)d$电子，导致其性质相差很多。如果铜族元素与碱金属元素失去ns^1电子均形成+1 氧化态离子，但由于离子电子构型不同，碱金属离子是 8 电子构型，铜族离子是 18 电子构型，因此其性质也存在差异。总而言之，铜族元素与碱金属元素的性质相去甚远。

作为对比，锌族元素与第ⅡA族的碱土金属元素最外电子层结构相同，均有两个 s 电子。更重要的是，锌族元素和碱土金属元素的价电子也相同，都只有ns^2电子，这使得锌族元素和碱土金属元素在性质上有一些相似之处(相对铜族元素与碱金属元素而言)，尤其是在物理性质方面。

本章讨论铜(Cu)、银(Ag)、金(Au)和锌(Zn)、镉(Cd)、汞(Hg)。

19.1　铜族元素

19.1.1　铜族元素的通性

铜族元素的重要性质见表 19−1。

表 19－1　铜族元素的重要性质

铜族元素	铜	银	金
原子序数	29	47	79
价电子构型	$3d^{10}4s^1$	$4d^{10}5s^1$	$5d^{10}6s^1$
电负性	1.90	1.93	2.54
原子半径/pm	117	134	134
M^+ 离子半径/pm	96	126	137
M^{2+} 离子半径/pm	72	89	85(M^{3+})
第一电离能/$kJ \cdot mol^{-1}$	746	731	890
第二电离能/$kJ \cdot mol^{-1}$	1958	2074	1980
M^+ 水合热/$kJ \cdot mol^{-1}$	−582	−485	644
M^{2+} 水合热/$kJ \cdot mol^{-1}$	−2121	—	—

铜、银、金的元素电势图如图 19－1 所示。

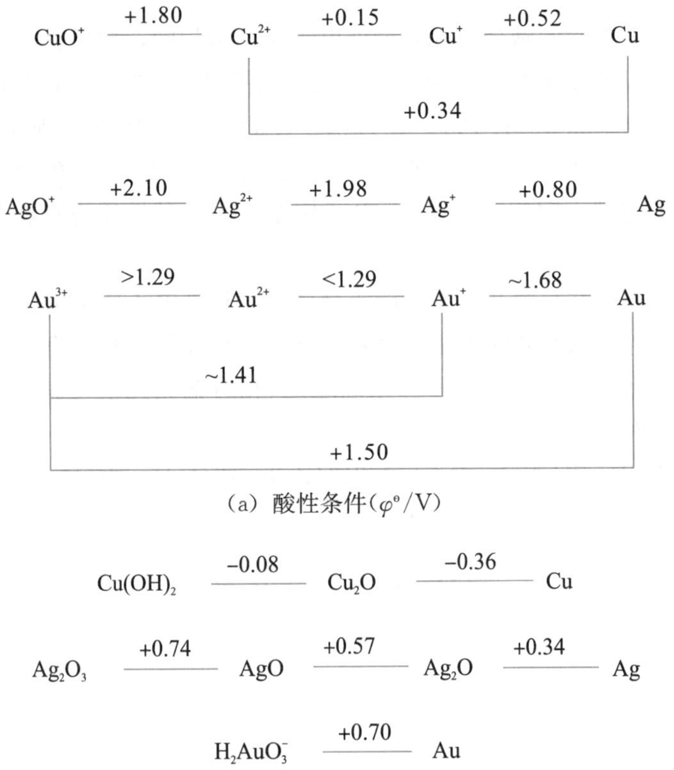

CuO^+ —(+1.80)— Cu^{2+} —(+0.15)— Cu^+ —(+0.52)— Cu

Cu^{2+} —(+0.34)— Cu

AgO^+ —(+2.10)— Ag^{2+} —(+1.98)— Ag^+ —(+0.80)— Ag

Au^{3+} —(>1.29)— Au^{2+} —(<1.29)— Au^+ —(~1.68)— Au

Au^{3+} —(~1.41)— Au^+

Au^{3+} —(+1.50)— Au

(a) 酸性条件($\varphi^\ominus$/V)

$Cu(OH)_2$ —(−0.08)— Cu_2O —(−0.36)— Cu

Ag_2O_3 —(+0.74)— AgO —(+0.57)— Ag_2O —(+0.34)— Ag

$H_2AuO_3^-$ —(+0.70)— Au

(b) 碱性条件($\varphi^\ominus$/V)

图 19－1　铜、银、金的元素电势图

铜族元素的性质与其次外层全充满的 d 电子密切相关。

铜族元素的次外层全充满的d电子屏蔽能力弱，有效核电荷较大，使得铜族元素电离能很高，化学活性较低。因为有效核电荷大，对配体提供的电子对有较强的吸引力，所以铜族元素形成配合物的能力很强。且从d区到铜族元素次外层d轨道刚填满而不太稳定，因此$(n-1)$d电子可以参与成键，能形成高于+1的氧化态。M^{+}、M^{2+}、M^{3+}分别属于18电子构型和(9−17)电子构型，极化能力和变形性都很强，所以其化合物的共价性较强。

19.1.2　单质的性质

1. 物理性质

铜族元素的重要物理性质见表19−2。

表19−2　铜族元素的重要物理性质

铜族元素	铜	银	金
颜色	紫红色	白色	黄色
熔点/K	1356	1235	1337
沸点/K	2840	2485	3353
固体密度/$g\cdot cm^{-3}$	8.92	10.5	19.3
硬度(金刚石=10)	3	2.7	2.5
导电性(Hg=1)	57	59	40
导热性(Hg=1)	51	57	39

铜、银、金的颜色十分有特征。铜呈紫红色，银呈白色，金呈黄色。所以根据它们的特征颜色和光泽分别称为紫铜、白银和黄金。

因为次外层d轨道全充满，能带宽，能带内能级多，电子多，电子跃迁很容易，所以铜族元素的导电性和导热性优良。在所有金属中，银的导电性居第一位，铜仅次于银。铜族元素都是面心立方紧密堆积结构，有较多的滑移面，故有良好的延展性和可塑性。如1 g金可以碾压成只有230个原子、厚约1.0 m^2的薄片，可以拉制成直径为20 μm、长达165 m的金线。

铜族元素能与许多金属形成广泛的系列合金。其中，铜的合金品种最多，如黄铜(Cu 60%，Zn 40%)、青铜(Cu 80%，Sn 15%，Zn 5%)、白铜(Cu 50%～70%，Ni 13%～15%，Zn 13%～25%)等。长期以来，这些合金获得了广泛应用。

2. 化学性质

铜、银、金不活泼，且化学活泼性逐渐降低。这种活泼性的递变与主族金属活泼性的递变相反，是副族金属的通性。副族金属活泼性的递变可以通过热力学数据进行解释(参见18.2.2)。如铜族元素失去一个电子成为M^{+}的$\Delta_r H^\circ$数据见表19−3。

表 19—3 铜族元素的化学性质

铜族元素	铜	银	金
升华能/$kJ \cdot mol^{-1}$	331	284	385
电离能/$kJ \cdot mol^{-1}$	746	731	890
水合能/$kJ \cdot mol^{-1}$	−582	−485	−644
$\Delta_r H^\ominus/kJ \cdot mol^{-1}$	495	530	631
$\varphi^\ominus/V$	0.521	0.799	1.68

室温时，在纯净的干燥空气中，铜、银、金都很稳定，但在红热条件下，铜形成Cu_2O。在含有CO_2的潮湿空气中放久后，铜的表面会生成绿色的碱式碳酸铜（“铜绿”的主要成分，没有保护内层金属的能力，是“秦俑”的绿色颜料）：

$$2Cu+O_2+H_2O+CO_2 = Cu_2(OH)_2CO_3$$

铜还可以被硫和卤素腐蚀。银对硫及其化合物更敏感，这是银器暴露在含有这些物质的空气中会产生一层黑色Ag_2S而使金属失去光泽的主要原因。

$$4Ag+O_2+2H_2S = 2Ag_2S+2H_2O$$

在类似的环境中，铜生成碱式硫酸铜的绿色锈斑。金是其中唯一不与硫直接反应的金属。

根据活泼性，铜、银、金不能置换酸中的H^+释放氢气。但是，在空气中溶于酸溶液的情况下，Cu、Ag很缓慢地溶于稀HCl：

$$2Cu+4HCl+O_2 = 2CuCl_2+2H_2O$$

$$4Ag+4HCl+O_2 = 4AgCl\downarrow+2H_2O \quad (HBr、HI)$$

Cu和Ag溶于热的浓H_2SO_4、HNO_3。

$$Cu+4HNO_3(浓) = Cu(NO_3)_2+2NO_2\uparrow+2H_2O$$

$$3Cu+8HNO_3(稀) = 3Cu(NO_3)_2+2NO\uparrow+4H_2O$$

$$Cu+2H_2SO_4(浓) \xrightarrow{\triangle} CuSO_4+SO_2\uparrow+2H_2O$$

$$2Ag+2H_2SO_4(浓) \xrightarrow{\triangle} Ag_2SO_4+SO_2\uparrow+2H_2O$$

利用铜族金属离子的配位能力，在能生成配离子的环境中，Cu、Ag、Au具有特殊的溶解性。

$$2Cu+O_2+8NH_3+2H_2O = 2Cu(NH_3)_4^{2+}+4OH^-$$

$$4Cu+O_2+8CN^-+2H_2O = 4Cu(CN)_2^-+4OH^- \quad (Ag、Au)$$

$$2Cu+8HCl(浓) \xrightarrow{\triangle} 2H_3[CuCl_4]+H_2\uparrow$$

$$Au+4HCl+HNO_3 = HAuCl_4+NO\uparrow+2H_2O$$

19.1.3 铜族元素的重要化合物

铜族元素的氧化态有+1、+2、+3，分别对应三种阳离子M^+、M^{2+}、M^{3+}。铜、银、金的主要氧化数各不相同，铜为+2，银为+1，金为+3。Cu 的+1 氧化态在固态时较为常见，大量的+1 氧化态的化合物存在于自然界中，如辉铜矿(Cu_2S)、赤铜矿(Cu_2O)等。在水溶液中，$Cu^+_{(aq)}$不稳定，酸性条件下完全歧化：

$$2Cu^+ \xlongequal{} Cu^{2+} + Cu$$

上述反应 $K=10^6$(298 K)，故可溶性的 Cu(+1)化合物溶于水即歧化成 Cu^{2+} 和 Cu。Cu(+1)在溶液中只能以难溶盐或稳定配合物的形式存在。

铜、银、金的离子分别是 18 电子构型和(9−17)电子构型，极化作用显著，同类型化合物有明显的性质递变。因为极化能力强，常见的盐都含有结晶水。

19.1.3.1　氧化物和氢氧化物

铜的氧化物有两种：黄色或红色的 Cu_2O 和黑色的 CuO。

在高温下，金属铜在空气或 O_2 中受热生成红色 Cu_2O。通常用煅烧硝酸铜或碱式碳酸铜的方法制备 CuO。

银和金对氧的亲和力较低，因而其氧化物的热稳定性不如铜的氧化物。Ag_2O 是一种暗棕色沉淀，它是将碱加到可溶性 Ag (+1)盐中制得的。

$$Ag^+ + OH^- \xlongequal{} AgOH(白色)\downarrow \longrightarrow Ag_2O(暗棕色)\downarrow$$

Ag_2O 很容易被还原成金属银，若加热到 160℃以上便分解成单质。强氧化剂(如 $S_2O_8^{2-}$)与 Ag_2O 或别的 Ag(+1)化合物作用，可以生成化学计量为 AgO 的黑色氧化物。研究表明，AgO 含有两种类型的银离子(+1、+3)，可表示为 $Ag^{I}Ag^{III}O_2$。

碱与 Au(+3)水溶液作用产生一种沉淀，它可能是 $Au_2O_3 \cdot xH_2O$。这种沉淀脱水后变成棕色的 Au_2O_3，这是金的唯一经确认的氧化物。若加热到 160℃以上，Au_2O_3 便分解。

在 Cu(+1)和 Ag(+1)盐的溶液中加入 NaOH 时，先生成相应的氢氧化物，随后立即脱水变成相应的氧化物 M_2O。这说明 CuOH 和 AgOH 都很不稳定。利用分别溶于 90% 酒精的 $AgNO_3$ 和 KOH 在低于 228 K 的温度下小心进行反应，能得到白色 AgOH。

将碱加入 Cu(+2)的水溶液中，可得到浅蓝色的 $Cu(OH)_2$沉淀：

$$Cu^{2+} + 2OH^- \xlongequal{} Cu(OH)_2\downarrow$$

$Cu(OH)_2$ 可以溶于酸，也可以溶于浓碱而得到深蓝色的 $[Cu(OH)_4]^{2-}$ 溶液，所以 $Cu(OH)_2$具有两性。

$$Cu(OH)_2 + 2OH^- \xlongequal{} [Cu(OH)_4]^{2-}$$

由肼或糖还原 Cu(+2)盐的碱性溶液产生红色的 Cu_2O，分析化学上利用该反应测定醛，医学上用该反应检查糖尿病。

$$2[Cu(OH)_4]^{2-} + CH_2OH(CHOH)_4CHO \xlongequal{} Cu_2O\downarrow + 4OH^- + CH_2OH(CHOH)_4COOH + 2H_2O$$

$Cu(OH)_2$极易受热分解。但 CuO 对热很稳定，只有温度超过 1273 K 时才会分解生成 Cu_2O：

$$4CuO \xrightarrow{\triangle} 2Cu_2O + O_2\uparrow$$

因此高温时，Cu_2O 比 CuO 稳定。CuO 在高温时可作为有机物的氧化剂，使气态有

机物氧化成 CO_2 和 H_2O。

19.1.3.2 硫化物

铜、银、金+1 价的硫化物比较稳定，均为黑色或接近黑色。

Cu_2S 是铜在硫蒸气或 H_2S 气中经强热形成的。在硫酸铜溶液中，加入 $Na_2S_2O_3$ 溶液共热也能生成 Cu_2S 沉淀：

$$2Cu^{2+}+2S_2O_3^{2-}+2H_2O = Cu_2S\downarrow+S\downarrow+2SO_4^{2-}+4H^+$$

在分析化学中常利用该反应除去铜。

Ag_2S 很容易由单质合成，或者由 H_2S 与金属银或与 Ag(+1)水溶液作用而得到。H_2S 与 Au(+1)水溶液作用便沉淀出 Au_2S。将 H_2S 通入 $AuCl_3$ 的无水乙醚冷溶液，可以得到 Au_2S_3，Au_2S_3 遇水很快被还原成 Au(+1)或 Au。

Cu_2S 和 Ag_2S 的溶解度在 Cu(+1)和 Ag(+1)盐中是最小的，但均能溶于热、浓硝酸或氰化物溶液中：

$$3Cu_2S+16HNO_3(浓)\xrightarrow{\triangle}6Cu(NO_3)_2+3S\downarrow+4NO\uparrow+8H_2O$$

$$3Ag_2S+8HNO_3(浓)\xrightarrow{\triangle}6AgNO_3+3S\downarrow+2NO\uparrow+4H_2O$$

$$M_2S+4CN^- = 2[M(CN)_2]^-+S^{2-} \quad (M=Cu、Ag)$$

CuS 是在 H_2S 通入 Cu^{2+} 的水溶液中时以黑色胶状沉淀析出的。CuS 不溶于稀酸，只能溶于热、稀硝酸或浓氰化钠溶液：

$$3CuS+2NO_3^-+8H^+\xrightarrow{\triangle}3Cu^{2+}+2NO\uparrow+3S\downarrow+4H_2O$$

$$2CuS+10CN^- = 2[Cu(CN)_4]^{3-}+2S^{2-}+(CN)_2\uparrow$$

19.1.3.3 卤化物

1. 铜的卤化物

铜能够形成两种价态的卤化物：卤化铜 CuX_2(F、Cl、Br)和卤化亚铜 CuX(Cl、Br、I)。没有 CuI_2 的原因在于 I^- 有较强的还原能力；难以形成 CuF 的原因在于 F 的电负性非常大，有很强的氧化能力。

CuX_2 和 CuX 按 F、Cl、Br、I 的顺序，极化作用增强，表现在共价性增强，颜色加深，溶解度降低。

CuX 的制备反应如下：

$$2Cu^{2+}+2X^-+SO_2+2H_2O\xrightarrow{\triangle}2CuX\downarrow+4H^++SO_4^{2-} \quad (X=Cl^-、Br^-)$$

$$2Cu^{2+}+2X^-+Sn^{2+} = 2CuX\downarrow+Sn^{4+} \quad (X=Cl^-、Br^-)$$

$$2Cu^{2+}+4I^- = 2CuI\downarrow+I_2$$

$$Cu^{2+}+Cu+2Cl^- = 2CuCl\downarrow\xrightarrow{浓\ HCl}HCuCl_2\xrightarrow{H_2O}CuCl\downarrow$$

CuX 都不溶于水，溶解度随 Cl、Br、I 的顺序减小，拟卤化亚铜也是如此。

常见离子的溶度积见表 19－4。

表 19－4　常见离子的溶度积

物质	Cl^-	Br^-	I^-	SCN^-	CN^-
K_{sp}	1.2×10^{-6}	5.2×10^{-9}	1.1×10^{-12}	4.8×10^{-15}	3.2×10^{-20}

CuX 可通过与 X^- 形成配离子而使溶解度增大，但增大程度有限。

$$CuX+(n-1)X^- \rightleftharpoons CuX_n^{1-n} \qquad (n=2,\ 3,\ 4)$$

当 $n=2$ 时，K 值分别为 6.6×10^{-2}(Cl)、4.6×10^{-3}(Br)、6.3×10^{-4}(I)。

CuX 中较为重要的是 CuCl。CuCl 的盐酸溶液可以吸收 CO 气体，生成氯化羰基铜：

$$CuCl+CO+H_2O \longrightarrow Cu(CO)Cl\cdot H_2O$$

$Cu(CO)Cl\cdot H_2O$ 是一个二聚体：

OC　　　Cl　　　CO
　　Cu　　　Cu
H_2O　　　Cl　　　OH_2

过量 CuCl 溶液对 CO 的吸收几乎是定量的，所以此反应可用以测定气体混合物中 CO 的含量。

白色的 CuF_2 是离子型化合物，具有畸变的金红石结构。无水 $CuCl_2$ 和 $CuBr_2$ 的共价性逐渐增强，并且颜色逐渐加深，分别为棕色和黑色。

无水 $CuCl_2$ 具有聚合链式结构，由平面型 CuX_4 单元共用相对的棱所组成，如图19－2所示。

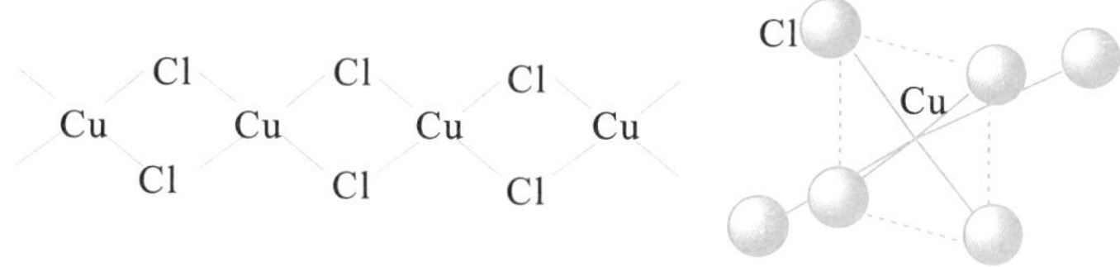

图 19－2　无水 $CuCl_2$ 的结构

水合氯化铜($CuCl_2\cdot 2H_2O$)是蓝色晶体，结构与无水氯化铜($CuCl_2$)相似。差异是围绕铜原子的四方平面顶点分别是两个氯原子(两个 Cu—Cl 键)和两个羟基(两个 Cu—OH 键)。

水合氯化铜($CuCl_2\cdot 2H_2O$)受热时按下式分解：

$$2CuCl_2\cdot 2H_2O \xrightarrow{\triangle} Cu(OH)_2\cdot CuCl_2+2HCl$$

要得到无水的 $CuCl_2$，需要在 HCl 气流中加热。受热温度应低于 773 K，否则会分解：

$$2CuCl_2 \xrightarrow{773\ K} 2CuCl+Cl_2$$

$CuCl_2$ 在水溶液中存在平衡：

$$Cu(H_2O)_4^{2+}(蓝色) \xrightarrow{Cl^-} CuCl_2(绿色) \xrightarrow{Cl^-} CuCl_4^{2-}(黄绿色)$$

因此，很浓的 $CuCl_2$ 溶液为黄绿色，浓溶液为绿色，稀溶液为蓝色。

2. 银的卤化物

F→I，AgX 极化作用增强，表现出典型的性质递变：共价性增强、颜色加深、溶解度降低、晶格构型变化等(详见 2.5.2)。

卤化银中，只有 AgF 是可溶的、典型的离子型化合物，而 AgCl、AgBr、AgI 在水中都不溶，且依顺序溶解度降低。

氟化银是唯一能形成结晶水的银盐：$AgF \cdot 4H_2O$。通常由于阳离子体积较小，水合能力强于体积较大的阴离子，所以盐有结晶水通常是由于阳离子。但是 Ag^+ 电荷低，半径大，水合能力弱，所以银盐一般没有结晶水。$AgF \cdot 4H_2O$ 有结晶水是因为 F^- 离子半径小，具有一定的水合能力。

AgX 的制备方法是将 X^- 加入 $AgNO_3$ 或其他可溶性 Ag(+1)化合物的溶液中沉淀出 AgX。

$$Ag^+ + X^- = AgX\downarrow$$

制备 AgF 的方法是将 AgO 溶解在氢氟酸中，蒸发溶液直到形成固体结晶。

AgX 最重要的性质是对光的敏感性(AgF 只对紫外线敏感)，使其见光易分解：

$$2AgX \xrightarrow{h\nu} 2Ag + X_2$$

作用机理：具有一定能量的光子撞在 AgX 颗粒上，卤素离子受到激发并将其电子投入导带，电子迅速通过导带到达颗粒表面，并在颗粒表面游离出银原子：

$$X^- + h\nu \longrightarrow X + e^-$$

$$Ag^+ + e^- \longrightarrow Ag$$

AgBr 对光特别敏感，被广泛用于胶片摄影。

早在 1871 年，就已经出现了将用溴化银感光材料涂制的干版用于现代照相术，之后通过透明软片涂上胶质溴化银“乳剂”得到胶片成为更好的选择。

胶片在照相机中曝光后，其上的 AgBr 分解成银晶核：

$$AgBr \xrightarrow{h\nu} Ag + Br$$

胶片上哪一部分感光强，哪一部分的 AgBr 分解更显著，哪一部分的银晶核就更多，哪一部分也就更黑。其影像称为“潜影”。

照相机中拍摄完成的胶片需要在暗房中处理制作成底片。显影是将胶片上含有的银晶核进一步还原为银，使用的还原剂称为显影液，如对苯二酚。

$$HO-C_6H_4-OH + 2AgBr + 2OH^- = 2Ag + O{=}C_6H_4{=}O + 2H_2O + 2Br^-$$

显影之后，为避免胶片上没有感光的 AgBr 进一步被还原，需要将所有剩余下来的 AgBr 溶解掉，这样胶片上的影像将会固定下来，这一过程叫定影。相应的试剂称为定影液，如硫代硫酸钠。

$$AgBr + 2S_2O_3^{2-} = Ag(S_2O_3)_2^{3-} + Br^-$$

定影完成后，胶片变成底片，是一张影像与实物在明暗度上刚好相反的“负像”。最后，将底片放在印相纸上方，经过曝光、显影、定影就能得到印有“正像”的照片。

世界上第一张银版人物照片(1838年)，由发明银版照相(感光物质是碘化银)的路易斯·达盖尔(Louis Jacques Mand Daguerre)拍摄，这部作品叫作《巴黎寺院街》。

随着数码摄影的普及，近两百年历史的胶片摄影在短短十几年间从人们的视野中迅速消失。现代文明的车轮滚滚向前，曾经的辉煌成为过去，更加灿烂的未来正在召唤。

3. 金的卤化物

金能够形成+1、+3、+5多种氧化态的卤化物。典型的是三卤化物 AuF_3、$AuCl_3$ 或 $AuBr_3$。未分离出纯净的 AuI_3，这应该和 I^- 的还原性有关。

$AuCl_3$、$AuBr_3$ 可以由单质直接反应制成，都是红棕色固体，在固态和气态都呈平面双聚结构。Au_2Cl_6 的结构如图19－3所示。

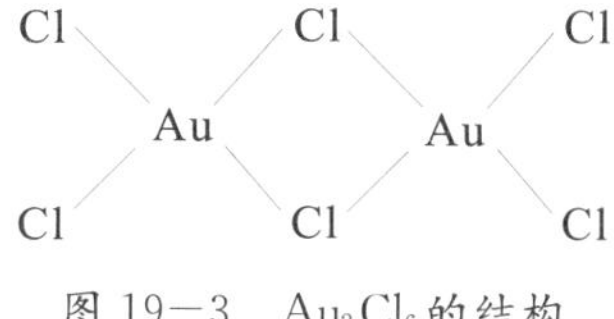

图19－3　Au_2Cl_6 的结构

受热时，Au_2Cl_6 和 Au_2Br_6 都失去卤素先形成一卤化物，最后变成金属金。

用 F_2 或 BrF_3 处理 Au_2Cl_6 可以获得 AuF_3。AuF_3 是橙色固体，由平面正方型 AuF_4 单元组成，每个 AuF_4 与毗邻的两个 AuF_4 单元分别共用顺位上的氟原子，从而形成一种螺旋形链状结构，如图19－4所示。

Au 像 Cu 一样只能形成三种一卤化物：AuCl、AuBr 和 AuI。与难以形成 CuF 相同，没有 AuF，原因在于 F 的电负性非常大，有很强的氧化能力。

Au 能够与 F 形成 AuF_5。AuF_5 是不稳定的，常分解成 AuF_3。

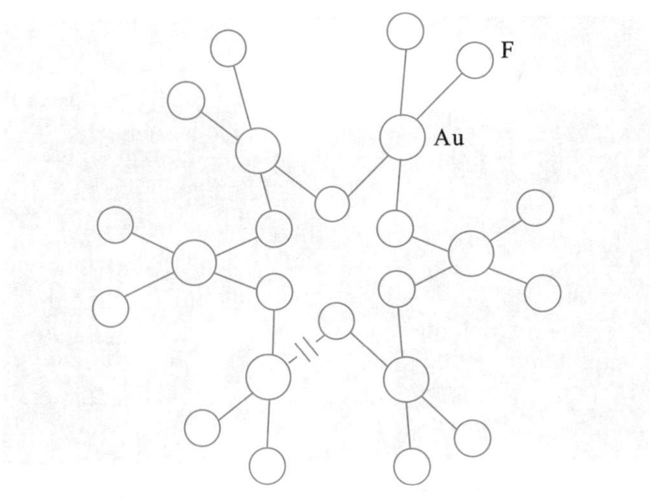

图 19－4　AuF_3的螺旋形链状结构

19.1.3.4　几种重要的盐

1. 硫酸铜

无水硫酸铜为白色粉末，不溶于乙醇和乙醚，但吸水性很强，吸水后即显蓝色。可利用此性质检验或除去乙醇、乙醚等有机溶剂中的微量水分。无水硫酸铜加热到 923 K 时即可失去 SO_3，生成 CuO：

$$CuSO_4 \xrightarrow{923\ K} CuO + SO_3 \uparrow$$

硫酸铜的水溶液由于 Cu(＋2)水解而显酸性。所以配制铜盐溶液时，常加入少量相应的酸以防止其水解。

硫酸铜的水合物 $CuSO_4 \cdot 5H_2O$ 为蓝色斜方晶体，俗称蓝矾或胆矾。可用热、浓硫酸溶解铜，或在氧气存在时用热、稀硫酸溶解铜制得：

$$Cu + 2H_2SO_4(浓) \xrightarrow{\triangle} CuSO_4 + SO_2 \uparrow + 2H_2O$$

$$2Cu + 2H_2SO_4(稀) + O_2 \xrightarrow{\triangle} 2CuSO_4 + 2H_2O$$

在 $CuSO_4 \cdot 5H_2O$ 晶体中，四个水分子呈平面正方形包围 Cu(＋2)，两个来自 SO_4^{2-} 的氧原子稍远些，从而构成一个拉长了的八面体。第五个水分子以氢键连在两个配位水和硫酸根离子之间。因此，$CuSO_4 \cdot 5H_2O$ 可写成 $[Cu(H_2O)_4]SO_4 \cdot H_2O$，其结构如图 19－5所示。

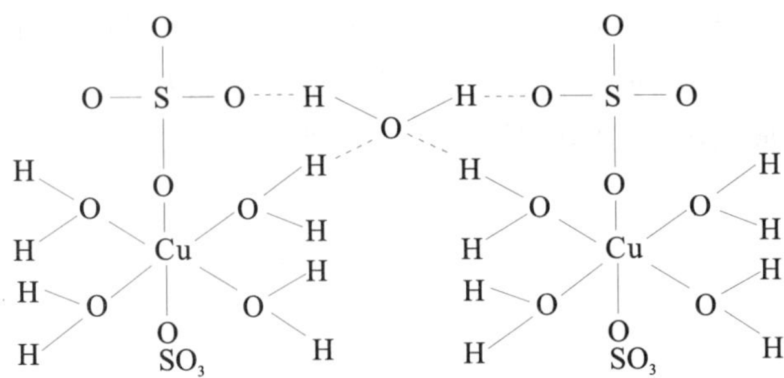

图 19－5　$CuSO_4 \cdot 5H_2O$ 的结构

可以看出，$CuSO_4 \cdot 5H_2O$ 的 5 个水分子有三种结合方式：与 Cu^{2+} 单键结合的 2 个水分子；既与 Cu^{2+} 有单键结合，又与另一个水分子有氢键结合的 2 个水分子；与 SO_4^{2-} 和水分子有 4 个氢键结合的 1 个水分子。这种结合方式的不同在 $CuSO_4 \cdot 5H_2O$ 受热时体现得非常明显。$CuSO_4 \cdot 5H_2O$ 先失去 Cu^{2+} 的两个只有配位键结合的水，生成三水合物，再失去 Cu^{2+} 右边的两个既有配位键又有氢键的水分子，得到一水合物，最后在大约 200℃以上失去以四个氢键结合的水，得到白色的无水硫酸铜。

$$CuSO_4 \cdot 5H_2O \xrightarrow{375\ K} CuSO_4 \cdot 3H_2O \xrightarrow{386\ K} CuSO_4 \cdot H_2O \xrightarrow{531\ K} CuSO_4$$

五水硫酸铜广泛用于电镀工艺，可作为保护农作物（如马铃薯）的杀虫剂（玻尔多液）及净化水的除藻剂。它还是生产其他大多数铜化合物的起始物料。

2. 硝酸银

硝酸银是一种最重要的试剂。其制法是将银溶于硝酸，经蒸发并结晶得到。

$$Ag + 2HNO_3(浓) = AgNO_3 + NO_2\uparrow + H_2O$$

$$3Ag + 4HNO_3(稀) = 3AgNO_3 + NO\uparrow + 2H_2O$$

由于原料中含有杂质铜，所以产品中将含有硝酸铜。根据硝酸盐的热分解温度不同，将混合物中硝酸银溶解后过滤除去氧化铜，重结晶后便可得到纯的硝酸银。

$$2AgNO_3 \xrightarrow{713\ K} 2Ag + 2NO_2\uparrow + O_2\uparrow$$

$$2Cu(NO_3)_2 \xrightarrow{473\ K} 2CuO + 4NO_2\uparrow + O_2\uparrow$$

硝酸银见光易分解，因而硝酸银晶体或溶液应保存在棕色瓶中。硝酸银是一种中强氧化剂（Ag^+/Ag：$\varphi^\ominus = 0.799\ V$），能被一些中强或强还原剂还原成单质银。

$$2AgNO_3 + H_3PO_3 + H_2O = H_3PO_4 + 2Ag + 2HNO_3$$

$$2NH_2OH + 2AgBr = N_2\uparrow + 2Ag\downarrow + 2HBr + 2H_2O$$

$$5N_2H_4 + 4Ag^+ = N_2\uparrow + 4Ag\downarrow + 4N_2H_5^+$$

室温下，许多有机物都能将硝酸银还原成黑色银粉。例如，皮肤或布与硝酸银接触后都会变黑。由于硝酸银对有机组织有破坏作用，因此，10%的硝酸银溶液在医药上可用作消毒剂和腐蚀剂。大量的硝酸银用于制造照相底片上的卤化银。此外，硝酸银还是一种重要的分析试剂，其氨溶液可以检验许多有机还原剂，如醛类、糖类和某些酸类。

19.1.3.5　配合物

1. +1 氧化态的配合物

Cu(+1)、Ag (+1)和 Au (+1)都是 d^{10} 结构，都是抗磁性和无色的，都可以形成配合物，配位数分别可以达到 2、3、4。

Cu (+1)离子在水溶液中形成的配合物的常见配位数是 2 和 4，如直线型的 $[CuCl_2]^-$ 和四面体型的 $[Cu(CN)_4]^{3-}$、$[Cu(py)_4]^+$ 等。此外，Cu(+1)也有少量固态时的三配位离子。如固态 $K[Cu(CN)_2]$ 中形成配位数是 3 的平面三角形 $Cu(CN)_3$ 单元结合成的聚合链，在 $Na_2[Cu(CN)_3] \cdot 3H_2O$ 中有单个的平面型阴离子 $[Cu(CN)_3]^{2-}$，如图 19-6 所示。

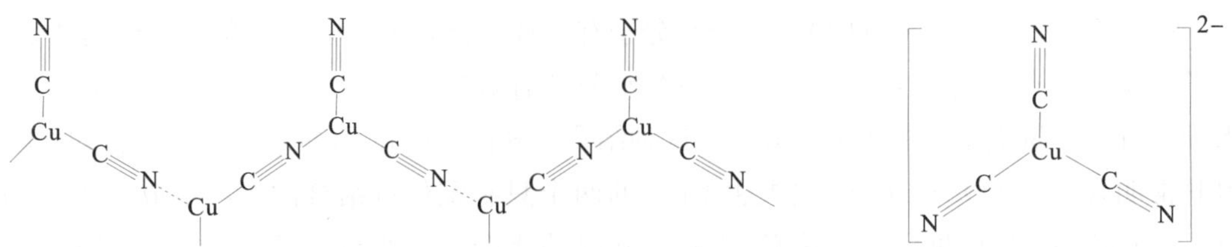

图 19－6　$K[Cu(CN)_2]$ 中的螺旋形聚合链(左)和 $Na_2[Cu(CN)_3]\cdot 3H_2O$ 中的单体(右)

Ag(+1)的典型配位数为 2。例如，$[Ag(NH_3)_2]^+$、$[Ag(S_2O_3)_2]^{3-}$。$[Ag(CN)_2]^-$ 是直线型配合物，而 $[Ag(SCN)_2]^-$ 是非直线型配合物，这主要是由于 S 的 sp^3 杂化使其成锯齿形结构，在 Ag(+1)原子周围也有轻度弯曲，如图 19－7 所示。

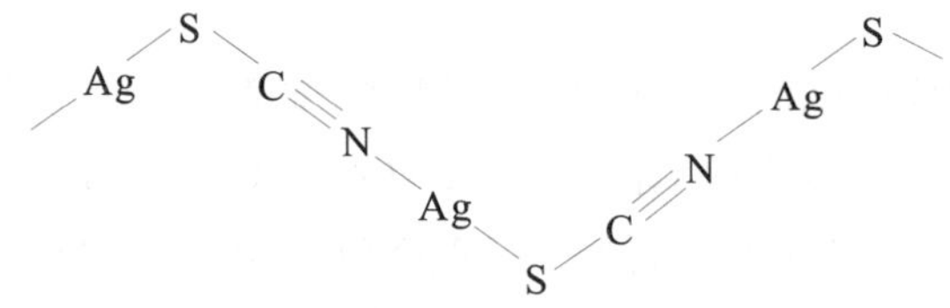

图 19－7　$[Ag(SCN)_2]^-$ 的锯齿形结构

多齿配体与 Ag(+1)形成配位数高于 2 且非直线型的配合物，如近乎四面体型的联膦和联胂配合物 $[Ag(L-L)_2]^+$。Ag(+1)的四配位还存在于四聚的膦卤化物和胂卤化物 $[Ag(XL)]_4$ 中。

Au(+1)也易形成二配位的配合物，其中 $[Au(CN)_2]^-$ 具有较大的技术价值。但其极易氧化，也易歧化为 Au(+3)和 Au，对水不稳定。

2. +2 氧化态的配合物

Cu(+2)最常见的配合物的配位数为 4、5 或 6，这与水合离子 $Cu(H_2O)_6^{2+}$ 的结构密切相关，$Cu(H_2O)_6^{2+}$ 的结构为变形的八面体，如图 19－8 所示。

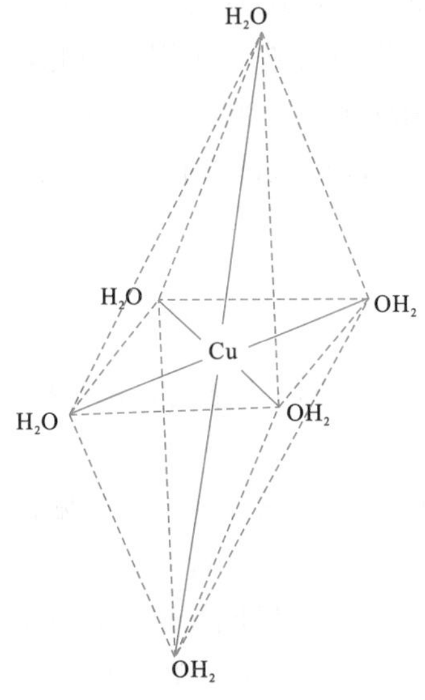

图 19－8　$Cu(H_2O)_6^{2+}$ 的结构

当 $Cu(H_2O)_6^{2+}$ 与其他配合剂相遇时，有两种情况：

其一，如果是在水溶液中，一般而言，单齿配体只能取代四个短键结合的水分子，因此，水合离子也常写成 $Cu(H_2O)_4^{2+}$。例如：

$$Cu(H_2O)_6^{2+} \xrightarrow{NH_3} [Cu(H_2O)_2(NH_3)_4]^{2+}$$

$$Cu(H_2O)_4^{2+} \xrightarrow{NH_3} [Cu(NH_3)_4]^{2+}$$

$Cu(H_2O)_4^{2+}$ 及其相应的配位数为 4 的配离子可以描述为平面正方形结构（dsp^2 杂化）。当配合剂是配位能力很强的多齿配体（螯合剂）时，可以取代全部六个水分子，形成配位数是 6 的配离子。例如：

$$Cu(H_2O)_6^{2+} \xrightarrow{en} [Cu(en)_3]^{2+}$$

其二，如果是在非水溶液中，则单齿配体也可以得到配位数为 6 的配离子。例如在液氨中：

$$Cu^{2+} \xrightarrow{NH_3} [Cu(NH_3)_6]^{2+}$$

常见的配合物有 $[Cu(NH_3)_4]^{2+}$、CuX_4^{2-}（无 $CuI_4{}^{2-}$）以及 $Cu(CN)_4^{2-}$。其中 $Cu(CN)_4^{2-}$ 不稳定易分解，原因在于 Cu^{2+} 的氧化性和 CN^- 的还原性：

$$Cu^{2+} \xrightarrow{CN^-} Cu(CN)_2\downarrow(\text{棕黄}) \xrightarrow{CN^-} Cu(CN)_4^{2-} \rightarrow (CN)_2 + Cu(CN)_4^{3-}$$

若 CN^- 不过量，$Cu(CN)_2$ 也会分解：

$$2Cu(CN)_2 = (CN)_2\uparrow + 2CuCN\downarrow(\text{白色})$$

CuCN 沉淀一样在 CN^- 过量时生成配离子：

$$CuCN \xrightarrow{CN^-} Cu(CN)_4^{3-}$$

铜的四氨合物在氨水中重结晶时，得到蓝紫色的五氨合物，但第五个氨很容易失去。

Ag(+2)和 Au(+2)的配合物很少，是强氧化剂。

3. +3 氧化态的配合物

Cu(+3)和 Ag(+3)的配合物较罕见，而+3 是 Au 最常见的氧化态。获得 Au(+3)的途径是将金溶解在王水中，或将化合物 Au_2Cl_6 溶解在浓 HCl 中，蒸发得到黄色的 $HAuCl_4 \cdot 4H_2O$，由此可以制得许多含有平面正方形离子 $[AuCl_4]^-$ 的盐。也可以制得其他平面正方形离子 $[AuX_4]^-$，如 $X = F^-$、Br^-、I^-、CN^-、SCN^- 及 $NO_3{}^-$。其中，$[Au(NO_3)_4]^-$ 需特别留意，因为它是少数硝酸根作为单齿配体的可靠证据之一。

19.2　锌族元素

19.2.1　锌族元素的通性

锌族元素的某些性质列于表 19−5 中。

表 19-5 锌族元素的某些性质

锌族元素	锌	镉	汞
原子序数	30	48	80
价电子构型	$3d^{10}4s^2$	$4d^{10}5s^2$	$5d^{10}6s^2$
电负性	1.6	1.7	1.9
原子半径/pm	125	148	144
M^{2+}离子半径/pm	74	97	110
第一电离能/kJ·mol^{-1}	906.1	868	1007
第二电离能/kJ·mol^{-1}	1733	1631	1810
第三电离能/kJ·mol^{-1}	3833	3616	3300

锌族元素没有证实过有高于+2的氧化态，这是因为锌族元素的$(n-1)$d轨道电子不参与成键，这是锌族与铜族的最大区别。

锌族元素的+1氧化态没有简单的M^+离子（M^+歧化或强还原性），其存在形式为双聚或多聚离子：M_2^{2+}或M_n^{2+}（$n=3\sim6$），即M^+—M^+、M^+—M—…—M^+。对Zn、Cd、Hg而言，仅有Hg_n^{2+}（多是Hg_2^{2+}），极少为Cd_2^{2+}，Zn_2^{2+}更罕见。因此，一般认为Zn、Cd没有变价，只有Hg有+1氧化态。

锌族元素的M^{2+}、M_2^{2+}都是18电子构型离子，具有很强的极化能力和变形性，因此，其化合物的共价性较强。

19.2.2 单质的性质

1. 物理性质

锌族元素的某些物理性质见表19-6。

表 19-6 锌族元素的某些物理性质

锌族元素	锌	镉	汞
熔点/K	692.58	593.9	234.16
沸点/K	1180	1038	629.58
M^{2+}水合热/kJ·mol^{-1}	−2060.6	−1824.2	−1849.7
升华热/kJ·mol^{-1}	131	112	61.9
气化热/kJ·mol^{-1}	116	100	58.6
密度(25℃)/g·cm^{-3}	7.14	8.65	13.534 (l)

由于锌族元素的价电子少且成对，故金属键弱，其中，Hg的$6s^2$电子相对最难参与形成金属键，金属键最弱。因此，Zn、Cd、Hg的熔点和沸点都比较低，汞是唯一在室温下为液态的金属。不仅如此，Hg还是唯一的除稀有气体外蒸气几乎全部为单原子的单质。Hg易挥发，蒸气压相当大（25℃时为0.25 Pa），而且有毒。Hg的$6s^2$电子的惰性还

使得液态汞的电阻率特别高，用作电学测量标准[国际欧姆的定义：0℃和760 mmHg(101.325 kPa)时，横截面积为 1 mm^2、长度为 106.300 cm、质量为 14.4521 g 的水银柱的电阻是 1 Ω]。

锌、镉、汞都能形成多种合金。锌的合金包括各种黄铜，具有相当大的商业价值。汞的合金称为汞齐，某些汞齐(如钠汞齐和锌汞齐)是重要的还原剂。在很多情况下，汞齐的生成热都比较高，并且具有一定的化学计量组成(如 $NaHg_2$)。重金属较易形成汞齐，而较轻的第一过渡系金属(锰和铜除外)则不溶于汞，所以可用铁制容器储存汞。

2. 化学性质

Zn 和 Cd 的化学性质相似，而与 Hg 差别很大。

依 Zn、Cd、Hg 的顺序，金属活泼性递减。锌族元素失去 2 个电子成为 M^{2+} 的 $\varphi^\ominus$ 数据见表 19－7。

表 19－7　锌族元素 $\varphi^\ominus$ 值理论计算

锌族元素	锌	镉	汞
升华能/kJ·mol^{-1}	131	112	62
(I_1+I_2)/kJ·mol^{-1}	2639	2499	2817
水合能/kJ·mol^{-1}	－2060.6	－1824.2	－1849.7
$\Delta_r H^\ominus$/kJ·mol^{-1}	709.4	786.8	1031.2
$\varphi^\ominus$/V	－0.763	－0.403	＋0.85

汞的活泼性很差，$6s^2$ 电子很难参与成键，被称为惰性电子对(参见 15.1)，汞的电子层结构的外三层电子数为 32、18、2($4s^2 4p^6 4d^{10} 4f^{14} 5s^2 5p^6 5d^{10} 6s^2$)，理论上认为这是一种封闭的饱和结构，很稳定。因此，有称汞为惰性金属一说。

锌和镉在潮湿的空气中很快变暗，并在受热时与氧、硫、磷及卤素化合。汞也与这些元素(磷除外)反应。汞与氧的反应只有在 573 K 以上时才比较明显；但在 670 K 以上时，HgO 又分解为单质。

$$2Hg+O_2 \xrightarrow{573\sim630\ K} 2HgO$$

非氧化性酸可以溶解锌和镉，并释放氢。锌和镉与氧化性酸反应比较复杂，例如与硝酸反应产生氮的各种氧化物，具体产物视酸的浓度及温度而定。汞对非氧化性酸不活泼，但可溶于浓硝酸或热的浓硫酸而形成 Hg (＋2)盐及氮的氧化物或硫的氧化物。汞与稀硝酸缓慢地反应，产生 $Hg_2(NO_3)_2$(参见 15.4.3)。

锌能溶于强碱形成锌酸根离子 $[Zn(OH)_4]^{2-}$：

$$Zn+2OH^-+2H_2O = [Zn(OH)_4]^{2-}+H_2\uparrow$$

由于镉酸根离子 $[Cd(OH)_4]^{2-}$ 极微弱的稳定性，故镉与强碱不起作用。

与铜族元素相似，锌族元素在能形成配离子的环境中也具有特殊的溶解性。例如：

$$Zn+4NH_3+2H_2O = Zn(NH_3)_4^{2+}+2OH^-+H_2\uparrow$$

19.2.3 锌族元素的化合物

锌族元素 M^{2+} 是 d^{10} 结构，没有成单电子，M_2^{2+} 因为双聚也没有成单电子，因此，M^{2+} 和 M_2^{2+} 均无色，且锌族元素化合物都具有抗磁性。M^{2+} 是 18 电子构型，极化能力和变形性都非常强，按照 Zn^{2+}、Cd^{2+}、Hg^{2+} 的顺序，半径逐渐增大，变形性增强，极化作用增强，使得其同类型化合物按此顺序共价性逐渐增强、颜色加深、溶解度降低。因为极化能力强，其常见盐都含有结晶水。

锌族元素的重要化合物是氧化物和氢氧化物、硫化物、卤化物、配合物。

19.2.3.1 氧化物和氢氧化物

1. 氧化物

锌族元素的氧化物均是共价化合物，其核间距与共价半径之和接近。

锌、镉、汞都能形成正常的氧化物 MO。锌和镉在空气中燃烧或将碳酸盐、硝酸盐进行热分解可以形成 ZnO 和 CdO；HgO 通过 $Hg(NO_3)_2$的热分解和将碱加入 Hg(+2)的水溶液中沉淀制备。

$$MCO_3 \xlongequal{\triangle} MO + CO_2\uparrow \quad (M=Zn、Cd)$$

$$2Hg(NO_3)_2 \xlongequal{\triangle} 2HgO(红色) + 4NO_2\uparrow + O_2\uparrow$$

$$Hg^{2+} + 2OH^- \xlongequal{} HgO(黄色) + H_2O$$

ZnO 常温时为白色，加热时则变为黄色。CdO 制备过程依加热情况不同，从黄绿色过渡到棕褐色最后近乎黑色。HgO 在加热条件下制备得到红色，常温下制备得到黄色。

同一种化合物因为制备条件或环境不同而颜色各异通常是由晶格缺陷导致的，也可能是由晶体颗粒大小不同导致的。例如，ZnO 加热时，氧从晶格中逸出，导致锌原子过量形成晶格缺陷。在 ZnO 中掺杂过量 0.02%～0.03%的金属锌，可以得到一系列颜色(如黄色、绿色、棕色、红色)的 ZnO。CdO 的颜色不同同样是因为晶格缺陷(参见 4.2.3)。HgO 的颜色不同是由颗粒大小不同导致的，黄色的颗粒较小，红色的颗粒较大。

ZnO 是两性的，它溶于酸形成 Zn(+2)盐，溶于碱形成锌酸盐如 $[Zn(OH)_4]^{2-}$。CdO 的碱性比 ZnO 强，易溶于酸，但几乎不溶于碱。

2. 氢氧化物

在 Zn^{2+}、Cd^{2+} 的水溶液中加入碱，得到白色的胶状沉淀 $M(OH)_2$：

$$M^{2+} + 2OH^- \xlongequal{} M(OH)_2\downarrow \quad (M=Zn、Cd)$$

$Hg(OH)_2$由于分解迅速，因此在溶液中得不到。

$Zn(OH)_2$易溶于过量强碱生成锌酸根离子 $[Zn(OH)_4]^{2-}$：

$$Zn(OH)_2 + 2OH^- \xlongequal{} [Zn(OH)_4]^{2-}$$

$Cd(OH)_2$与碱生成的配离子 $[Cd(OH)_4]^{2-}$ 极不稳定，因此其两性极微弱，一般认为它不具两性。

$Zn(OH)_2$和 $Cd(OH)_2$均易溶于过量的浓氨水形成相应的氨配离子：

$$Zn(OH)_2 + 4NH_3 \xlongequal{} [Zn(NH_3)_4]^{2+} + 2OH^-$$

$$Cd(OH)_2+4NH_3 = [Cd(NH_3)_4]^{2+}+2OH^-$$

19.2.3.2 硫化物

向 Zn^{2+}、Cd^{2+}、Hg^{2+} 的溶液中通入 H_2S，均会生成相应的硫化物沉淀。极化作用使这些硫化物的性质递变，按 ZnS、CdS、HgS 的顺序极化作用增强。K_{sp} 从 Zn^{2+} 到 Hg^{2+} 依次减小，并且颜色也按此顺序加深：ZnS(白)、CdS(黄)、HgS(黑)。K_{sp} 越小，溶解它们需要的酸越强。ZnS 溶于稀盐酸，不溶于醋酸；CdS 溶于浓盐酸、浓硫酸，以及热、稀硝酸；HgS 是金属硫化物中溶解度最小的一个，不溶于浓硝酸，只能溶于王水或 Na_2S 溶液(参见 9.3.1)。

$$3HgS+12HCl+2HNO_3 = 3H_2[HgCl_4]+3S\downarrow+2NO\uparrow+4H_2O$$

$$HgS+Na_2S = Na_2[HgS_2]$$

“偃月炉中烹玉蕊，朱砂鼎里结金花。”(宋，白玉蟾《赠赵翠云》)。辰砂，硫化汞天然矿石，因产自湖南辰溪而得名，因其大红色特征，也称为朱砂、丹砂、赤丹等。

19.2.3.3 卤化物

锌、镉形成一种卤化物 MX_2，汞形成两种卤化物 Hg_2X_2、HgX_2。由于极化作用，F→I，Hg_2X_2、MX_2 的共价性增强，性质呈现递变规律。氟化物的极化作用微弱，是离子化合物，其他卤化物则具有明显的共价特征。

氯化锌可以通过直接反应(干法)或锌溶于盐酸(湿法)制备。湿法得到的氯化锌含结晶水，受热分解，需要在 HCl 气流中加热才能得到无水盐。

$$ZnCl_2\cdot H_2O = Zn(OH)Cl+HCl\uparrow$$

水解是氯化锌最重要的性质。

$$Zn^{2+}+H_2O \rightleftharpoons Zn(OH)^++H^+$$

不仅如此，氯化锌的浓溶液中还能生成配合酸：

$$Zn^{2+}+2Cl^-+H_2O \rightleftharpoons H[ZnCl_2(OH)]$$

因此，浓度较大的 $ZnCl_2$ 溶液酸度较大。例如，6 mol·L^{-1} 的 $ZnCl_2$ 溶液 pH=1，能

溶解一些金属氧化物。如作为焊药清除金属表面的氧化物，而不损害金属表面，水分蒸发后，熔化的盐覆盖在金属表面使之不再氧化，能保证焊接金属的直接接触。

$$FeO+2H[ZnCl_2(OH)] \longequal Fe[ZnCl_2(OH)]_2+H_2O$$

HgX_2(X=Cl、Br、I) 为共价型化合物，其晶体为分子型晶体，熔点低，易挥发。

$HgCl_2$是直线型分子 Cl—Hg—Cl，加热易升华，也称为升汞。利用此性质可以制备 $HgCl_2$：

$$HgSO_4(s)+2NaCl \xrightarrow{\triangle} HgCl_2+Na_2SO_4$$

利用 $HgCl_2$加热易升华，可将 $HgCl_2$从反应物中分离出来。

$HgCl_2$微溶于冷水，在热水中溶解度显著增大。能溶于过量 Cl^-溶液中：

$$HgCl_2+2Cl^- \rightleftharpoons HgCl_4^{2-}$$

$HgCl_2$是弱电解质，在水溶液中难以电离：$K_1^\ominus=3.2\times10^{-7}$，$K_2^\ominus=1.8\times10^{-7}$。

$HgCl_2$在水溶液中有一定程度的水解：

$$Cl—Hg—Cl+HO—H \rightleftharpoons Cl—Hg—OH+HCl$$

$HgCl_2$在液氨中则发生氨解：

$$Cl—Hg—Cl+NH_4—NH_2 \rightleftharpoons Cl—Hg—NH_2\downarrow+NH_4Cl$$

酸性条件下，$HgCl_2$具有一定的氧化能力。

$$2Hg^{2+}+2e^- = Hg_2^{2+} \qquad \varphi^\ominus=+0.920\ V$$

$HgCl_2$ 与 Sn^{2+}反应，可鉴定 Sn^{2+}及 Hg^{2+}。涉及反应如下：

$$2HgCl_2+SnCl_2 = SnCl_4+Hg_2Cl_2(\text{白色})\downarrow$$

$SnCl_2$过量时：

$$Hg_2Cl_2+SnCl_2 = SnCl_4+2Hg(\text{黑色})\downarrow$$

以产生的白色沉淀逐渐变灰最终变黑的实验现象来鉴定 Sn^{2+}和 Hg^{2+}(参见 16.9.2)。

在 Hg^{2+}的溶液中，加入适量 I^-生成红色 HgI_2沉淀，I^-过量时，HgI_2沉淀溶解生成无色配离子 $[HgI_4]^{2-}$：

$$Hg^{2+}+2I^- = HgI_2\downarrow \xrightarrow{I^-} [HgI_4]^{2-}$$

$K_2[HgI_4]$ 和 KOH 的混合溶液称为奈斯勒试剂，若溶液中有微量的 NH_4^+ 存在，加几滴奈斯勒试剂则产生特殊的红色沉淀：

$$NH_4Cl+2K_2[HgI_4]+4KOH = Hg_2NI\cdot H_2O\downarrow+KCl+7KI+3H_2O$$

此反应较灵敏，常用来鉴定 NH^+。

Hg_2Cl_2因味略甜而俗称甘汞，是微溶于水的白色粉末，无毒，无味。Hg_2Cl_2见光易分解：

$$Hg_2Cl_2 \xrightarrow{\text{光}} HgCl_2+Hg$$

上述反应其实是 Hg_2Cl_2的歧化分解。

考察水溶液中 Hg^{2+}和 Hg_2^{2+} 的转化：

$$2Hg^{2+}+2e^- = Hg_2^{2+} \qquad \varphi^\ominus=+0.920\ V$$

$$Hg_2^{2+}+2e^- = 2Hg(l) \qquad \varphi^\ominus=+0.789\ V$$

上述电极电势数据表明，Hg_2^{2+} 不歧化，Hg^{2+} 和 Hg 可以反歧化：

$$Hg+Hg^{2+} \rightleftharpoons Hg_2^{2+} \quad K=63.59$$

由于 K 值不大，上述反应可逆程度大。只要能够使上述平衡中的 Hg^{2+} 浓度减小(如让 Hg^{2+} 沉淀或生成较稳定的配离子)，平衡就会逆向，Hg_2^{2+} 将歧化分解。例如，Hg^{2+} 在氨中生成沉淀 $Hg(NH_2)Cl$，则 Hg_2^{2+} 在氨水中歧化：

$$Hg_2Cl_2+2NH_3 = Hg(NH_2)Cl\downarrow(\text{白色})+Hg\downarrow(\text{黑色})+NH_4Cl$$

该反应可用来检验 Hg_2^{2+}。

在能够生成难溶 Hg^{2+} 盐或较稳定的 Hg^{2+} 配合物的试剂中均可以发生 Hg_2^{2+} 的歧化。例如：

$$Hg_2^{2+}+H_2S = HgS\downarrow+Hg\downarrow+2H^+$$

$$Hg_2^{2+}+2OH^- = HgO\downarrow+Hg\downarrow+H_2O$$

$$Hg_2^{2+}+2CN^- = Hg(CN)_2(aq)+Hg$$

$$Hg_2^{2+}+4I^- = HgI_4^{2-}\downarrow+Hg\downarrow$$

$$Hg_2Cl_2+2HCl(\text{浓}) = H_2[HgCl_4]+Hg\downarrow$$

以上反应是 Hg_2^{2+} 盐为最稳定的不溶性盐且很少有 Hg_2^{2+} 的稳定配合物的原因。

19.2.3.4　配合物

锌族元素的原子或离子作为中心原子形成配合物的能力很强，但弱于铜族元素。原因有二：其一，M^{2+} 是 d^{10} 结构，难以形成内轨型配合物；其二，次外层 d 电子不参与成键，不能形成反馈键，因此没有羰基、亚硝基、烯烃类配合物。

锌族元素 M^{2+} 能和卤素离子(氟离子除外)、NH_3、SCN^-、CN^- 等形成四配位的配合物(四面体型)，其中以 CN^- 的配合物最稳定。当配体一定时，由于 Hg^{2+} 的半径较大，极化作用较强，故 Hg^{2+} 的配合物比 Zn^{2+} 和 Cd^{2+} 稳定得多。

Zn^{2+}、Cd^{2+}、Hg^{2+} 与 Cl^-、Br^-、I^- 形成的配合物的稳定性按 Cl^-、Br^-、I^- 的顺序增加，此递变顺序与 d 区金属离子相反。Zn^{2+}、Cd^{2+} 的配合物稳定性差，Hg^{2+} 的配合物稳定性较好。

配离子的组成与配体的浓度有密切关系。例如，在 $1.0\ mol \cdot L^{-1}$ Cl^- 溶液中，Hg^{2+} 主要以 $[HgCl_4]^{2-}$ 存在，而在 $0.10\ mol \cdot L^{-1}$ Cl^- 溶液中，$HgCl_2$、$[HgCl_3]^-$ 和 $[HgCl_4]^{2-}$ 的浓度大致相等。

Hg_2^{2+} 形成配合物的倾向较小。

习　题

1. 解释下列现象，并写出相应反应方程式。

(1) 铜器在潮湿空气中会慢慢生成一层铜绿。

(2) 银制器皿日久表面会逐渐变黑。

(3) 金溶于王水。

(4) 焊接铁皮时，用浓 $ZnCl_2$ 溶液能清除铁皮表面的氧化物。

(5) 将 SO_2 通入 $CuSO_4$ 和 NaCl 的浓混合溶液中，有白色的沉淀析出。

(6) $HgCl_2$ 溶液在有 NH_4Cl 存在时，加入 NH_3 得不到白色沉淀 $HgNH_2Cl$。

2. 试用简便的方法分离下列混合离子：

(1) Zn^{2+} 和 Mg^{2+}　　(2) Hg^{2+} 和 Hg_2^{2+}

(3) Zn^{2+} 和 Al^{3+}　　(4) Ag^+ 和 Hg_2^{2+}

3. 有一白色硫酸盐 A，溶于水后，加入 NaOH 得浅蓝色沉淀 B，加热 B 变成黑色物质 C。C 可溶于 H_2SO_4 溶液，向其中逐滴加入 KI 溶液，先有棕褐色沉淀 D 析出，后又变成红棕色溶液 E 和白色沉淀 F。判断 A、B、C、D、E、F 各为何物，写出有关反应式。

4. AgCl、CuCl 和 Hg_2Cl_2 都是难溶于水的白色粉末，通过简单的实验区分它们。

5. 在无色溶液 A 中加入 NaOH 产生棕黑色沉淀 B，加入 NaH_2PO_4 产生黄色沉淀 C。将 B 溶于 HNO_3，再滴加 NaCl 溶液，过程中先产生白色沉淀 D，将 D 放入 $Na_2S_2O_3$ 溶液中，则 D 溶解为无色溶液 E。判断 A、B、C、D、E 各为何物，写出有关反应式。

6. 选用合适的配位剂分别将下列物质溶解，并写出相关的反应方程式。

(1) CuCl　　(2) $Cu(OH)_2$　　(3) AgBr　　(4) $Zn(OH)_2$

(5) CuS　　(6) HgS　　(7) HgI_2　　(8) $Cd(OH)_2$

7. 在 Ag^+ 溶液中加入少量 $Cr_2O_7^{2-}$，再加入适量 Cl^-，最后加入足够量的 $S_2O_3^{2-}$，预测每一步有何现象出现，写出相关离子反应式。

8. 在 $HgCl_2$ 溶液和 Hg_2Cl_2 溶液中分别加入氨水，各生成什么产物？写出相关反应方程式。

第 20 章　过渡元素

元素周期表 d 区元素常被称为过渡元素。所谓过渡，是指从 s 区元素典型的离子型化合物向 p 区元素典型的共价型化合物的过渡。目前对过渡元素的划分有三种：①具有部分充填的 d 或 f 电子的元素，包括ⅢB～Ⅷ族元素(长周期)。②价电子具有部分充填的 d 或 f 电子的元素，包括ⅢB～ⅠB 元素。③在 s、p 区间的完整过渡，包括ⅢB～ⅡB 元素。这三种人为的划分都有一定的理由，区别只是在于铜族元素和锌族元素是否划入过渡元素。本书采用第一种划分方式，但考虑到元素价电子相同会导致性质相似，因此铜族元素和 d 区元素显然具有更多的相似之处。过渡元素都是金属，也称为过渡金属。根据电子结构的特点，过渡元素又可分为外过渡元素(d 区元素)及内过渡元素(f 区元素)两大组。f 区元素的电子层结构和性质有其特殊之处，将在第 21 章单独讨论。就 d 区元素来说，第四周期的过渡元素称为第一过渡系元素，第五周期的过渡元素称为第二过渡系元素，第六周期的过渡元素称为第三过渡系元素。

20.1　d 区元素的基本性质

d 区元素原子的价电子构型通式为 $(n-1)d^{1\sim9}ns^{1\sim2}$。$(n-1)d^{1\sim9}ns^2$ 是符合构造原理的充填，$(n-1)d^5ns^1$ 是符合洪特规则特例的情况，主要发生在铬分族。

过渡元素 $(n-1)$d 轨道与 ns 轨道的能量相近，使次外层 d 电子可以全部(d 轨道半满及半满之前)或部分(d 轨道半满之后)参与成键，这是过渡元素与其他元素的最大区别。

d 区元素的性质大多与其 d 电子有关。

1. 氧化态

由于 d 区元素 d 电子可以参与成键，所以 d 区元素有多种氧化态。由于外层 s 电子和次外层 d 电子可以逐个失去，因此，氧化态变化值为 1(与主族元素的氧化态变化值一般为 2 相区别)。第一过渡系元素的常见氧化态见表 20－1。

表 20－1 第一过渡系元素的常见氧化态

族数	ⅢB	ⅣB	ⅤB	ⅥB	ⅦB	Ⅷ		
元素符号	Sc	Ti	V	Cr	Mn	Fe	Co	Ni
价电子层结构	$3d^1 4s^2$	$3d^2 4s^2$	$3d^3 4s^2$	$3d^5 4s^1$	$3d^5 4s^2$	$3d^6 4s^2$	$3d^7 4s^2$	$3d^8 4s^2$
常见氧化态	+3	+2 +3 +4	+2 +3 +5	+2 +3 +6	+2 +4 +6 +7	+2 +3 (+6)	+2 +3	+2 (+3)

由表 20－1 可见，从左至右，第一过渡系元素氧化态随着参与成键的 d 电子数的增多而增多，且最高价态(族价)增大。但是当 d 电子超过半满，成对 d 电子难以成键(难以克服电子成对能)，元素氧化态会逐渐减少。第二、第三过渡系元素氧化态的变化情况与第一过渡系元素相似。

2. d 区元素水合离子的颜色

d 区元素水合离子的特征颜色为晶体场理论提供了充分的证据。d 区元素中有成单 d 电子的水合离子吸收了部分可见光，在分裂的 d 轨道中发生 d－d 跃迁，使其水合离子显色，无成单 d 电子的水合离子则无色(参见 3.3.2)。d 区部分水合离子的颜色与 d 轨道上未成对 d 电子数的关系见表 20－2。

表 20－2 部分 d 区元素水合离子的颜色

d 电子数	水合离子的颜色			
0	Sc^{3+}(无色)	Ti^{4+}(无色)	La^{3+}(无色)	
1	Ti^{3+}(紫红色)	V^{4+}(蓝色)		
2	Ni^{2+}(绿色)	V^{3+}(绿色)	Ti^{2+}(褐色)	
3	Cr^{3+}(紫色)	Co^{3+}(桃红色)	V^{2+}(紫色)	Co^{2+}(粉红色)
4	Fe^{2+}(淡绿色)	Cr^{2+}(蓝色)	Mn^{3+}(红色)	
5	Mn^{2+}(淡红色)	Fe^{3+}(淡紫色)		

3. 配位性

d 区元素阳离子是(9－17)电子构型的中心离子，配位能力相对最强(参见 10.3.1)。形成配合物是 d 区元素阳离子的主要性质之一，对第Ⅷ族离子而言，由于具有成对 d 电子，形成配合物的能力非常强，且配合物很稳定。

4. d 区金属单质的物理性质

第一过渡系元素的物理性质见表 20－3。

表 20－3　第一过渡系元素的物理性质

第一过渡系元素	Sc	Ti	V	Cr	Mn	Fe	Co	Ni
熔点/K	1814	1933	2163	2130	1517	1808	1768	1728
沸点/K	3109	3560	3653	2945	2235	3023	3143	3003
密度/$g \cdot cm^{-3}$	3.0	4.5	6.2	7.2	7.4	7.9	8.9	8.9
汽化热/$kJ \cdot mol^{-1}$	337.8	427.6	458.6	344.3	226		377	370.4
熔化热/$kJ \cdot mol^{-1}$	14.1	15.5	17.6	14.6	12.1		16.2	17.5

相对其他区金属元素，d 区金属元素由于 d 电子参与成键，成键电子较多，金属键强，由此导致过渡金属元素的一系列物理性质特点：熔点高，沸点高，密度、硬度较大，延展性好等。

5. d 区金属元素单质的化学性质

d 区金属元素单质的化学活泼性变化不如 s 区金属元素单质显著。第一过渡系元素的活泼性见表20－4。

表 20－4　第一过渡系元素的活泼性

第一过渡系元素	Sc	Ti	V	Cr	Mn	Fe	Co	Ni
第一电离能/$kJ \cdot mol^{-1}$	631	658	650	653	717	759	758	737
第二电离能/$kJ \cdot mol^{-1}$	1235	1310	1414	1592	1509	1561	1646	1753
第三电离能/$kJ \cdot mol^{-1}$	2389	2652	2828	2987	3248	2957	3232	3393
电负性 χ_P	1.3	1.5	1.6	1.6	1.5	1.8	1.9	1.9
$\varphi^{\ominus}(M^{2+}/M)/V$	—	−1.63	−1.13	−0.90	−1.18	−0.44	−0.28	−0.26
$\varphi^{\ominus}(M^{3+}/M)/V$	−2.08	−1.21	−0.88	−0.74	−0.28	−0.04	+0.42	—

同周期过渡元素随着原子序数的增加，活泼性递减。但是，Mn^{2+} 的活泼性很强，原因在于锰易于失去两个电子成为相对稳定的半满结构(第一、第二电离能相对较小)。

同族过渡元素随着原子序数的增加，活泼性降低，这是副族元素的通性。同族第一过渡系元素与第二、三过渡系元素的性质相差较多，第二、三过渡系元素性质相近。如 Cr、Mo、W 性质相近，这与 ds 区元素性质的相似性不同。

d 区金属单质的活泼性使得 d 区元素具有较高的催化活性，原因在于 d 区元素原子的电子容易失去、容易得到，或容易由一个能级跃迁至另一个能级，从而起到传递电子的作用。例如，V_2O_5 催化 SO_2 氧化的反应：

$$O_2 + 2SO_2 \xlongequal{\text{催化剂}} 2SO_3$$

有如下反应机理：

$$O_2 + 4V(+4) \xlongequal{} 2O^{2-} + 4V(+5)$$

$$2SO_2 + 4V(+5) + 2O^{2-} \xlongequal{} 4V(+4) + 2SO_3$$

6. d区元素氧化物的酸碱性

由于同周期过渡元素随着原子序数的增加，金属性降低(活泼性递减)，故其最高氧化态的氧化物(氢氧化物)按此顺序碱性降低、酸性增强，表现为从碱到酸的变化，见表20－5。

表20－5　同周期过渡元素氧化物的酸碱性

Sc_2O_3	TiO_2	V_2O_5	CrO_3	Mn_2O_7
强碱性	两性	两性偏酸性	酸性	强酸性

同族过渡元素随着原子序数的增加，当氧化态相同时，氧化物(氢氧化物)的酸性减弱、碱性增强，见表20－6。

表20－6　周族过渡元素氧化物的酸碱性

H_2CrO_4	H_2MoO_4	H_2WO_4
中强酸	弱酸性	两性偏酸性

对于同一元素的不同氧化态，随着氧化态的升高，氧化物(氢氧化物)的酸性增强、碱性降低，见表20－7。

表20－7　不同氧化态锰氧化物的酸碱性

MnO	Mn_2O_3	MnO_2	MnO_3	Mn_2O_7
碱性	弱碱性	两性	酸性	强酸性

表20－7中不同氧化态锰氧化物酸碱性的变化是由于其水合物中非羟基氧的数目减少。

20.2　钛族

20.2.1　概述

第ⅣB族元素又称为钛副族，包括钛(Ti)、锆(Zr)、铪(Hf)和铲(Rf)四种。钛在地壳中含量丰富，丰度约为0.63%(质量百分比)，在所有元素中丰度居第10位。地壳中，钛的矿石主要有钛铁矿($FeTiO_3$)和金红石(TiO_2)。前者以黑色砂矿广布在海滩上，是钛的主要资源；后者较为少见，澳大利亚和塞拉利昂有其工业开采。除此以外，钛也存在于几乎所有生物、岩石、水体及土壤中。锆和铪分别为第二、三过渡系元素，都是稀有金属。锆在地壳中的丰度为0.0025%，主要矿石为锆英石($ZrSiO_4$)和斜锆石(ZrO_2)。铪在地壳中的丰度为(1.0×10^{-4})%。

铲是104号元素，为人造放射性元素，自然界中不存在。已知最稳定同位素为^{267}Rf，半衰期约为 1.3 h。

钛族元素的基本性质见表 20−8。

表 20−8　钛族元素的基本性质

钛族元素	Ti	Zr	Hf
原子序数	22	40	72
价电子构型	$3d^2 4s^2$	$4d^2 5s^2$	$5d^2 6s^2$
原子半径/pm	147	160	159
M^{4+} 离子半径/pm	68	80	79
第一电离能/kJ·mol^{-1}	658	660	654
第二电离能/kJ·mol^{-1}	1310	1267	1438
第三电离能/kJ·mol^{-1}	2652	2218	—
电负性 χ_P	1.5	1.4	1.3
熔点/K	1933	2125±2	2500±20
沸点/K	3560	4650	4875
汽化热/kJ·mol^{-1}	425±11	567	571±25
原子化热/kJ·mol^{-1}	469±4	612±11	611±17
熔化热/kJ·mol^{-1}	18.8	19.2	25

钛族元素原子价电子构型通式为$(n-1)d^2 ns^2$。价电子如果都成键，将是较为稳定的全空状态 d^0结构，因此，钛族元素的最稳定氧化态是+4。由于 M(+4)电荷高，极化能力强，因此，钛族元素 M(+4)化合物主要是共价化合物。钛族元素也有+3 氧化态，该氧化态还原能力较强。+2 氧化态的钛族元素较为少见，易于被氧化。

受到镧系收缩的影响，锆和铪的原子半径和离子半径都非常接近，由此导致锆和铪的性质非常相似，难以分离。

钛的元素电势图如图 20−1 所示。

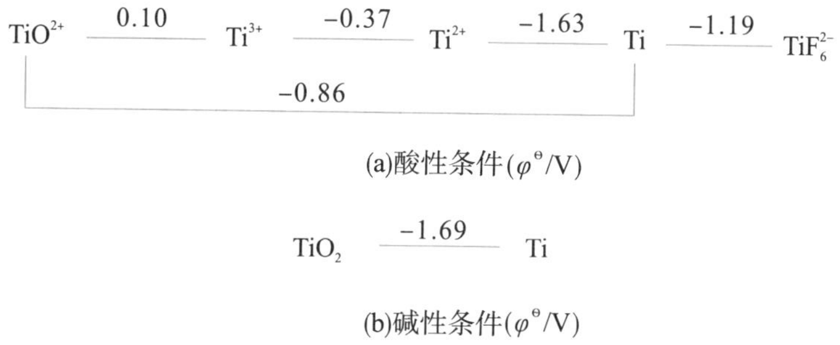

$$TiO^{2+} \xrightarrow{0.10} Ti^{3+} \xrightarrow{-0.37} Ti^{2+} \xrightarrow{-1.63} Ti \xrightarrow{-1.19} TiF_6^{2-}$$

$$TiO^{2+} \xrightarrow{-0.86} Ti$$

(a)酸性条件($\varphi^\ominus$/V)

$$TiO_2 \xrightarrow{-1.69} Ti$$

(b)碱性条件($\varphi^\ominus$/V)

图 20−1　钛的元素电势图

20.2.2 钛

20.2.2.1 单质的性质和制备

1. 通性

价电子构型：$3d^2 4s^2$。

氧化态：−1、0、+1、+2、+3、+4。

主要氧化态有+2、+3、+4。+4 氧化态是常见的稳定氧化态，所有低价氧化态都有转变成+4 氧化态的趋势。−1、0、+1 氧化态非常不稳定，只能以稳定配合物(螯合物、羰基配合物、原子簇合物等)的形式个别存在。随着原子序数的增大，低价化合物的稳定性依次减弱，高价化合物的稳定性依次增强。

2. 物理性质

钛是银白色的金属，密度为 4.54 g·cm^{-3}，在过渡金属中最小。钛的重量轻，强度高，具金属光泽，机械强度大，有良好的抗腐蚀性能。相比广泛使用的金属材料钢和铝，钛比钢轻(钢的密度为 7.9 g·cm^{-3})，机械强度与钢相似。铝虽轻(密度为 2.7 g·cm^{-3})，但机械强度较小。钛兼具钢和铝的优点。因此，钛是航空机械、发动机、舰船、军械兵器等的重要构建材料。同时，它也是用于制造防腐设备的优良材料。

3. 化学性质

钛非常活泼，常态下其表面会生成致密的氧化膜，因而非常稳定。高温下，其才能显示活泼性，这是过渡元素的通性。

钛能与大多数非金属反应。钛的粉末状单质能吸附氢气，其产物为 $MH_{(1.7\sim2.0)}$。因此，在氢气参与的有机反应中，钛是最常见的催化剂。

溶解性：钛不与冷的无机酸及热的碱反应，但能溶于浓、热的无机酸和一些有机酸。对钛族元素而言，HF 是最好的溶剂，这是因为 F^- 的配位能力能促进其溶解。

$$2Ti+6HCl(浓)\xrightarrow{\triangle}2TiCl_3+3H_2\uparrow$$

$$2Ti+3H_2SO_4(浓)\xrightarrow{\triangle}Ti_2(SO_4)_3+3H_2\uparrow$$

$$Ti+6HF=\!=\!=H_2TiF_6+2H_2\uparrow$$

4. 制备

钛在工业上难以提炼。由于钛能与 C 形成稳定化合物，因此，不能用 C 还原。同时，由于高温下钛能与 O_2、N_2生成化合物，故也不能高温冶炼。目前，工业上对钛的冶炼流程如下：

$$钛铁矿(FeTiO_3)\xrightarrow{H_2SO_4}Ti(SO_4)_2、TiOSO_4(杂质：铁的硫酸盐)\xrightarrow{冷却}Ti(SO_4)_2、TiOSO_4$$

$$\xrightarrow{水解}H_2TiO_3\xrightarrow{\triangle}TiO_2\xrightarrow{C、Cl_2}TiCl_4\xrightarrow{Mg}Ti$$

粗钛精矿经重选、磁选、电选、浮选等联合工艺进行精选，得到的钛精矿石与浓硫酸反应：

$$FeTiO_3+2H_2SO_4=\!=\!=TiOSO_4+FeSO_4+2H_2O$$

向上述所得固体产物中加水、铁屑，并冷却，使 $FeSO_4 \cdot 7H_2O$ 在低温下结晶。过滤、稀释并加热，使 $TiOSO_4$ 水解得到 H_2TiO_3，再加热得到 TiO_2。

$$TiOSO_4 + 2H_2O \xrightarrow{\triangle} H_2TiO_3 + H_2SO_4$$

$$H_2TiO_3 \xrightarrow{\triangle} TiO_2 + H_2O$$

该反应得到的 TiO_2 的纯度大于 97%，可直接用作钛白原料等。以上工艺又叫酸浸法，该生产过程将产生大量的废稀硫酸，在经济上有优势。

要将 TiO_2 转化为 $TiCl_4$，由于之前所述种种原因，目前主要采用氯化法：将 TiO_2（也可用 $FeTiO_3$）与焦炭混合，并通入氯气，在加热条件下制得 $TiCl_4$。反应如下：

$$TiO_2(s) + 2Cl_2(g) + 2C(s) \xrightarrow{1173\ K} TiCl_4(l) + 2CO(g)$$

$$2FeTiO_3(s) + 7Cl_2(g) + 6C(s) \xrightarrow{1173\ K} 2TiCl_4(l) + 2FeCl_3(s) + 6CO(g)$$

在氩气氛中，将装有镁的反应器加热到 1023～1123 K，此时逐滴加入 $TiCl_4$，然后缓慢升温至 1453 K。待加完 $TiCl_4$ 后，冷却，用水和稀盐酸浸出氯化镁和金属镁，即得海绵状钛，再用真空熔化成钛锭。反应为

$$TiCl_4 + 2Mg \xrightarrow{1220\sim1420\ K} Ti + 2MgCl_2$$

上述还原镁的方法称为镁还原法（又称为克劳尔法），于 1940 年由卢森堡科学家克劳尔（W. J. Kroll）提出。目前，用熔盐电解二氧化钛制备金属钛成为最新的方法。国内外的科研机构和实验室已经开发了十几种熔盐电解法制备钛的新技术。

钛被广泛应用于多个领域。最新研究发现，人体中含有一定的钛元素，钛元素会刺激吞噬细胞，加强免疫作用，因此，不少实验室正致力于生物钛的开发和应用。

20.2.2.2　钛的重要化合物

钛的化合物中以 +4 氧化态最稳定，低价氧化态不稳定。

Ti(+4) 为 d^0 结构，相应的离子无色，抗磁性。由于 Ti 难以失去 4 个电子，Ti(+4) 的化合物都是共价型的（TiO_2 例外）。由于其强烈的极化作用，水溶液中的简单离子 M^{4+} 易水解，以钛氧基（钛酰基）TiO^{2+} 的形式存在：

$$Ti^{4+} + H_2O \rightleftharpoons TiO^{2+} + 2H^+$$

钛氧基 TiO^{2+} 常以链状聚合形式 $(TiO)_n^{2n+1}$ 存在。如固态 $TiOSO_4 \cdot H_2O$ 中钛氧基（TiO^{2+}）的链状聚合如图 20－2 所示。

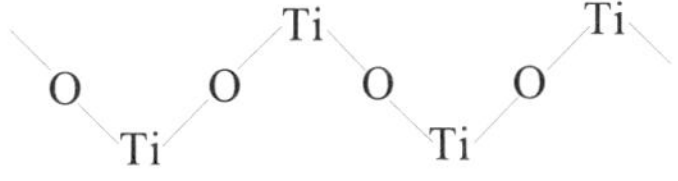

图 20－2　钛氧基（TiO^{2+}）的链状聚合

Ti(+3) 为 d^1 结构，顺磁性，水合离子 $Ti(H_2O)_6^{3+}$ 为紫红色，具有一定的还原性能。TiO^{2+}/Ti^{3+}：$\varphi^\ominus = 0.1\ V$。

Ti(+2) 很不稳定，是强还原剂，能还原水。已知的少数几种 Ti(+2) 化合物仅以固态形式存在。

下面讨论一些 Ti(+4)、Ti(+3)的主要化合物。

1. Ti(+4)化合物

(1) 氧化物。

自然界中，TiO_2有三种结晶变体：金红石、锐钛矿、板钛矿，以金红石最常见。在每一种变体中，钛原子都是被六个几乎等距离的氧原子在八面体六个顶点方向配位(参见4.2.2)。

TiO_2为白色粉末，不溶于水和稀酸，能溶于氢氟酸和热的浓硫酸。

$$TiO_2+6HF=H_2[TiF_6]+2H_2O$$

$$TiO_2+H_2SO_4=TiOSO_4+H_2O$$

金红石的光学性能优异，对可见光有很高的折射率，其细小颗粒散射光的能力也很强，且有很强的遮盖力。工业上把以金红石晶型 TiO_2为主要成分的白色颜料称为钛白粉，是现今世界上性能最好的一种白色颜料，广泛应用于涂料、塑料、造纸、印刷油墨、化纤、橡胶、化妆品等工业。同时，TiO_2有较好的紫外线掩蔽作用，常作为防晒剂掺入纺织纤维中，超细的二氧化钛粉末也被加入防晒霜膏中制成防晒化妆品。

(2) 钛酸和钛酸盐。

在钛盐溶液中加碱可得到新沉淀的 TiO_2的水合物，称为 α 型钛酸 $TiO_2 \cdot xH_2O$ [H_4TiO_4或 $Ti(OH)_4$]。α 型钛酸显两性，溶于稀酸和浓碱。

$$TiO_2 \cdot xH_2O+2H^+=TiO^{2+}+(1+x)H_2O$$

$$TiO_2 \cdot xH_2O+2NaOH=Na_2TiO_3 \cdot xH_2O(\text{偏钛酸盐})+H_2O$$

若将钛氧基(TiO^{2+})盐煮沸，可得到 β 型钛酸。β 型钛酸呈化学惰性。

α 型钛酸与强碱反应得到的碱金属偏钛酸盐含有结晶水。无水偏钛酸盐可由 TiO_2与碳酸盐一起熔融制得，例如：

$$TiO_2+BaCO_3=BaTiO_3+CO_2\uparrow$$

钛酸钡溶于浓硫酸、盐酸及氢氟酸，不溶于热的稀硝酸、水和碱。它是一种强介电化合物材料，具有高介电常数和低介电损耗，是电子陶瓷中使用最广泛的材料之一，被誉为“电子陶瓷工业的支柱”。

除 $BaTiO_3$外，钛酸盐都不含有独立的 TiO_4^{4-}。它们都是聚合型的混合金属氧化物，已知的两种化合物形式：偏钛酸盐 $M_2^{I}TiO_3$ 和 $M^{II}TiO_3$，正钛酸盐 $M_4^{I}TiO_4$ 和 $M_2^{II}TiO_4$。

(3) 卤化物。

Ti(+4)的卤化物 TiX_4(X=Cl、Br、I)为四面体共价型的单分子化合物。TiX_4没有氧化性和还原性。

制备：直接将 Ti 与卤素反应或卤化物相互转化。

$$Ti+2X_2=TiX_4$$

$$TiCl_4+4HF=TiF_4+4HCl \quad (\text{HBr 同})$$

此外，还有许多其他的制备方法。如前面提到过制备纯钛过程中利用钛铁矿制备 $TiCl_4$，利用 TiO_2和氯化剂(如 $COCl_2$、CCl_4等)反应等。

TiX_4在水中易水解，在潮湿空气中冒出白烟，即二氧化钛的水合物。

$$TiX_4 \xrightarrow{H_2O} TiOX_2 \xrightarrow{H_2O} TiO_2 \cdot xH_2O$$

$$TiCl_4 + H_2O \rightleftharpoons TiOCl_2 + 2HCl$$

$$TiOCl_2 + (1+x)H_2O \rightleftharpoons TiO_2 \cdot xH_2O + 2HCl$$

总反应为

$$TiCl_4 + (2+x)H_2O \rightleftharpoons TiO_2 \cdot xH_2O + 4HCl$$

注意，如果溶液中有一定量的盐酸，$TiCl_4$ 只发生部分水解，产物为氯化酰钛（$TiOCl_2$）。

Ti(+4)的卤化物和硫酸盐都易形成配合物，它们可以包含 5、6、7、8 配位的钛原子。配位反应为

$$TiX_4 \xrightarrow{HX} TiX_6^{2-}$$

配离子稳定性为 $TiF_6^{2-} > TiCl_6^{2-} > TiBr_6^{2-}$，该递变顺序与 ds 区 AgX_n^{1-n}、HgX_4^{2-} 的递变顺序相反。

卤化物中较重要的是 $TiCl_4$。$TiCl_4$ 具有一定的还原性，固态时或溶液中都可以被还原。如在灼热的管式电炉中被氢气还原得到粉末状的紫色 $TiCl_3$，在溶液中被锌还原可析出紫色晶体 $TiCl_3 \cdot 6H_2O$。

$$2TiCl_4 + H_2 = 2TiCl_3 + 2HCl$$

$$2TiCl_4 + Zn = 2TiCl_3 + ZnCl_2$$

紫色晶体 $TiCl_3 \cdot 6H_2O$ 可以写成配合物形式 $[Ti(H_2O)_6]Cl_3$，经过无水乙醚处理并通氯化氢至饱和，可在乙醚层得到其异构体 $[Ti(H_2O)_5Cl]Cl_2 \cdot H_2O$（绿色）。

2. Ti(+3)化合物

早在 1954 年，通过 HF 与金属钛反应就制得了三氟化钛：

$$2Ti + 6HF \longrightarrow 2TiF_3 + 3H_2$$

三氯化钛和三溴化钛一般是用氢还原相应的四卤化物来制备的。另一种制备方法是用金属钛还原 TiX_4（X=Cl、Br、I），例如：

$$3TiCl_4 + Ti \longrightarrow 4TiCl_3$$

三卤化钛都是有颜色的晶状固体。$TiCl_3$ 有 α、β、γ、δ 四种变体，以紫色的 α-变体最为常见。

Ti^{3+} 是一个强还原剂，极易被空气或水氧化：

$$TiO_2 + 4H^+ + e^- = Ti^{3+} + 2H_2O \qquad \varphi^\ominus = 0.10\ V$$

在强酸性介质中，Ti(+4)可被活泼金属还原为 Ti(+3)。在分析化学中，利用这一性质可测定溶液中钛的含量：在含 Ti(+4)的硫酸溶液中加入铝片，将 TiO^{2+} 还原为 Ti^{3+}，再用 $FeCl_3$ 标准溶液滴定，KSCN 溶液作指示剂，当 $FeCl_3$ 过量，溶液立即变成红色 $[FeNCS]^+$，即反应已达到终点。反应如下：

$$3TiO^{2+} + Al + 6H^+ = 3Ti^{3+} + Al^{3+} + 3H_2O$$

$$Ti^{3+} + Fe^{3+} + H_2O = TiO^{2+} + Fe^{2+} + 2H^+$$

在有机化学中，利用 Ti^{3+} 的强还原性可将硝基化合物还原为胺，以此测定硝基化合物的含量。

$$6Ti^{3+} + RNO_2 + 4H_2O = 6TiO^{2+} + RNH_2 + 6H^+$$

20.2.3 锆和铪

锆和铪的性质非常相似。

锆和铪的制备方法基本相同。锆的制备流程如下：

$$ZrSiO_4(\text{锆矿石}) \xrightarrow{C} ZrC \xrightarrow{C、Cl_2} ZrCl_4 \xrightarrow{Mg} Zr(\text{粗}) \xrightarrow{I_2} ZrI_4 \xrightarrow{1673\ K} Zr$$

锆和铪都为银白色金属，在高温下很活泼，可以通过直接化合生成二元化合物，如 MO_2、MX_4、MC、MN、MB_2 等。

锆和铪的主要氧化态是+4，其化合物主要有氧化物、卤化物和氢氧化物。由于+4 氧化态是 d^0 结构，因此，它们的盐几乎无色。

锆和铪的主要氧化物是 MO_2。二氧化锆是白色粉末，不溶于水。已知的二氧化锆有三种多晶型变体：单斜系、四方系和立方系。二氧化锆在自然界中的存在为单斜型(斜锆石)。二氧化锆具有两性，溶于酸生成相应的盐：

$$ZrO_2 + 2H_2SO_4(\text{浓}) = Zr(SO_4)_2 + 2H_2O$$

$$Zr(SO_4)_2 + H_2O = ZrOSO_4 + H_2SO_4$$

加热蒸发可析出 $H_2[ZrO(SO_4)_2] \cdot 3H_2O$ 晶体。

二氧化锆与碱共熔可形成偏锆酸盐。

$$ZrO_2 + 2NaOH = Na_2ZrO_3 \downarrow + H_2O$$

锆盐或者偏锆酸盐都可以水解成 $ZrO_2 \cdot xH_2O$。例如：

$$ZrOCl_2 + (x+1)H_2O = ZrO_2 \cdot xH_2O + 2HCl$$

$ZrO_2 \cdot xH_2O$ 称为 α 型锆酸 H_4ZrO_4，是一种白色凝胶，酸性弱于钛酸。将其加热，则转变为 β 型锆酸 H_2ZrO_3(偏锆酸)。

锆和铪的主要卤化物 MX_4 都是结晶状固体。四氯化物由四面体分子组成，均是白色固体，遇水剧烈水解。如 $ZrCl_4$ 在潮湿的空气中：

$$ZrCl_4 + 9H_2O = ZrOCl_2 \cdot 8H_2O + 2HCl$$

$ZrOCl_2 \cdot 8H_2O$ 和 $HfOCl_2 \cdot 8H_2O$ 的溶解度在盐酸浓度小于 8 $mol \cdot L^{-1}$ 时相同；反之，锆盐的溶解度比铪盐大。无水 $ZrOCl_2$ 为白色吸水固体，其结构是由 $[ZrO]^{2+}$ 和 $[ZrOCl_4]_n^-$ 聚合离子所组成的离子型聚结体。

由于锆和铪的性质非常相似，它们的分离特别困难。在自然界中，铪常与锆共生，正常情况下，锆中总会含有 0.5%～2.0%的铪。由于铪很容易吸收中子，可以作原子反应堆的控制棒材料(参见 22.2.2)，因此，随着原子能技术的发展，对锆和铪大规模的分离需求日益增加。目前，以离子交换、色层分离和溶剂萃取等为主要新分离技术。离子交换法是利用锆和铪的配离子如 ZrF_6^{2-}、HfF_6^{2-} 与阴离子树脂结合的能力不同，再用酸混合溶液(如 HF 和 HCl)作淋洗剂，使这两种配离子先后被淋洗下来，以达到分离的目的。

大多数分离方法都是利用锆和铪化合物之间反应平衡常数的微小差异实现的，但也有利用反应速率不同来分离锆和铪的报道。如 Clark 等报道，$ZrCl_4$ 和 $HfCl_4$ 与联二肼反应生成 $MCl_4 \cdot$ 联肼的反应速率有显著差异，从而可实现锆和铪的分离。

除此以外，分离锆和铪的方法还有锆铪火法分离。该法利用锆、铪氯化物蒸气压的差异，在高温或高压下进行分离。

20.3　钒族

20.3.1　概述

第ⅤB族元素又称为钒副族元素，包括钒(V)、铌(Nb)、钽(Ta)和𬭊(Db)四种。钒在地壳中的丰度为0.015%，超过铜、铅、锌等，占第22位。在过渡元素中，排在铁、钛、锰、锌之后，位居第5。铌和钽在地壳中的丰度分别为0.002%和(2.5×10^{-4})%。钒、铌、钽均为亲石元素。亲石元素是指元素离子的最外层多具有8个电子层结构，其氧化物的形成热大于氧化铁的形成热，主要富集于地壳及酸碱性岩中，也称为造岩元素。岩石中几乎都有钒的存在，分布分散。自然界中不存在游离的钒，通常钒与其他金属原矿结合成复合矿物而存在。铌和钽在自然界中经常共生在一起，仅含铌或者钽的矿物尚未发现。这是因为两者的原子半径基本相同。𬭊于1967年由苏联科学家用^{15}N粒子束轰击^{249}Cf制得，是放射性人造金属元素，为纪念杜布纳实验室(the Dubna Laboratory)而命名。

钒族元素的性质见表20—9。

表20—9　钒族元素的性质

钒族元素	V	Nb	Ta
原子序数	23	41	73
价电子构型	$3d^3 4s^2$	$4d^4 5s^1$	$5d^3 6s^2$
金属半径/pm	134	146	146
熔点/K	2163	2741±10	3269
沸点/K	3653	5015	5698±100
密度(20℃)/g·cm^{-3}	6.11	8.57	16.65
第一电离能/kJ·mol^{-1}	650	664	761
第二电离能/kJ·mol^{-1}	1414	1382	1563
第三电离能/kJ·mol^{-1}	2828	2416	—
电负性 χ_P	1.6	1.6	1.5
电阻率(20℃)/mÙ·cm^{-1}	~25	~12.5	12.4
汽化热/kJ·mol^{-1}	459.7	680.2	758.2
原子化热/kJ·mol^{-1}	510±29	724	782±6
熔化热/kJ·mol^{-1}	17.5	26.8	24.7

除 Nb 外，钒族元素原子价电子构型通式为 $(n-1)d^3ns^2$。价电子数比钛族元素多一个，氧化态范围更广，最高氧化态可以达到+5。因为成键电子数比钛族元素多一个，且半径更小，因此，钒族元素的金属键比钛族元素更强。由表 20－9 可知，钒族元素的某些物理性质如熔点、沸点、熔化热等相较于钛族元素更高，这是因为钒族元素的金属键更强。金属钒、铌、钽都具有体心立方晶格。

同样受到镧系收缩的影响，铌、钽的原子半径和离子半径都非常接近，由此导致铌和钽的性质非常相似，难以分离。

钒、铌、钽的元素电势图如图 20－3 所示。

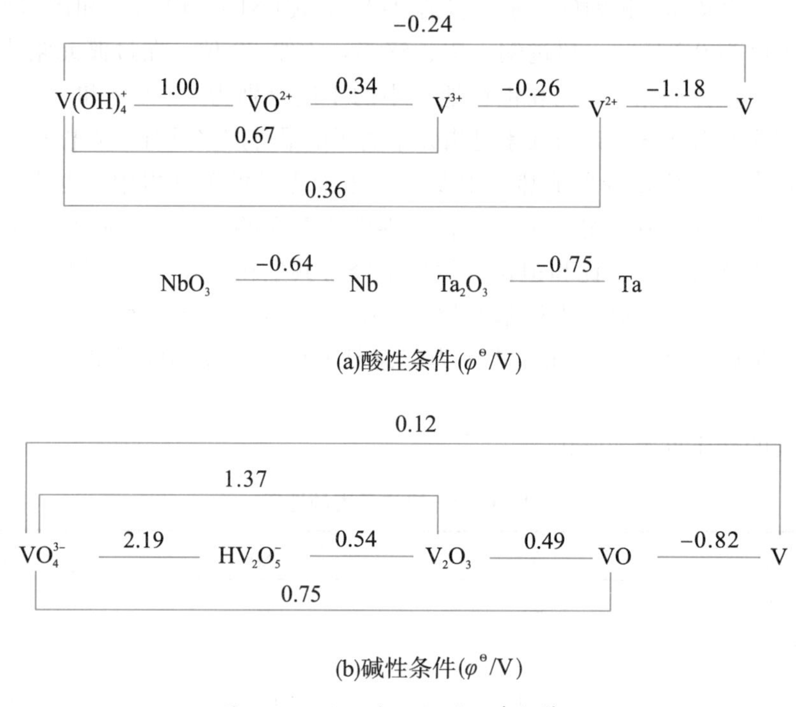

(a)酸性条件($\varphi^\ominus$/V)

(b)碱性条件($\varphi^\ominus$/V)

图 20－3　钒、铌、钽的元素电势图

20.3.2　钒

20.3.2.1　单质的性质

价电子构型：$3d^34s^2$。

氧化态：－1、0、+1、+2、+3、+4、5。

常见氧化态是+2、+3、+4、+5。在强酸性介质中，+2、+3 氧化态具有还原性，+4 氧化态相对较稳定，+5 氧化态具有氧化性。

低价氧化态－1、0、+1 不稳定，存在于稳定配合物(螯合物、羰基配合物、原子簇合物等)中。

单质钒呈灰白色，具有金属光泽。纯钒硬度低，具有延展性，能被加工成箔。金属钒主要用于制造合金和特种钢。

常态下，纯金属钒由于生成致密氧化膜而稳定。高温(温度高于 573 K)下，单质钒活泼，能与大多数非金属反应，如与氢气、氮气、氟、碳及烃类反应生成相应的化合物。钒对水、硫酸、盐酸和稀碱都有较好的抗腐蚀性。钒能溶于氢氟酸和氧化性酸(浓硫酸、硝酸等)。

$$2V+12HF = 2H_3[VF_6]+3H_2\uparrow$$

$$V+4NO_3^-+6H^+ = VO^{2+}+4NO_2\uparrow+3H_2O$$

钒与浓硝酸及王水作用时生成正钒酸(H_3VO_4)。

工业上制备金属钒可以用焦炭还原五氧化二钒。

$$5C+2V_2O_5 \xrightarrow{Al，高温} 4V+5CO_2\uparrow$$

也可以通过铝热还原法将五氧化二钒还原。

$$10Al+3V_2O_5 \xrightarrow{高温} 6V+5Al_2O_3$$

20.3.2.2　钒的重要化合物

钒的稳定氧化态是+2、+3、+4、+5。溶液中对应的离子是 $V(H_2O)_6^{2+}$(紫色)、$V(H_2O)_6^{3+}$(绿色)、VO^{2+}(蓝色)、VO_2^+(黄色)。其中，V(+4)、V(+5)由于电荷高，半径小，在水溶液中强烈水解。

$$V^{4+}+H_2O = VO^{2+}+2H^+$$

$$V^{5+}+2H_2O = VO_2^++4H^+$$

因此，在水溶液中，V(+4)、V(+5)只能以氧基盐的形式存在。VO_2^+ 的黄色是极化导致电子吸收可见光后在 V、O 原子间迁移的结果。

1. 氧化物

钒可以形成多种氧化态氧化物，其中 V_2O_5 较为常见。

钒在适量 O_2 中燃烧，可分别得到各种氧化物：

$$V \xrightarrow{O_2} V_2O_3 \xrightarrow{O_2} VO_2 \xrightarrow{O_2} V_2O_5$$

钒酸盐热分解可以得到 V_2O_5。如偏钒酸铵的热分解：

$$2NH_4VO_3 = V_2O_5+2NH_3\uparrow+H_2O$$

加稀硫酸到 NH_4VO_3 溶液中可得到砖红色的 V_2O_5 沉淀，三氯氧钒与水作用也可制得 V_2O_5。工业上一般由各种钒矿石作为原料制备 V_2O_5。

V_2O_5 的晶体结构为层状，在同一层上，钒原子与五个氧原子形成五个 V—O 键。V—O 结合方式有三种：其一，钒原子结合端基氧原子(键长 154 pm，相当于 V═O 双键)；其二，两个钒原子结合一个桥基氧原子(键长 177 pm)；其三，三个钒原子结合一个桥基氧原子(两个 V—O 键键长均为 188 pm，另一个为 204 pm)。若从另一层引入第六个氧原子，则 V—O 距离为 281 pm，如图 20－4 所示。

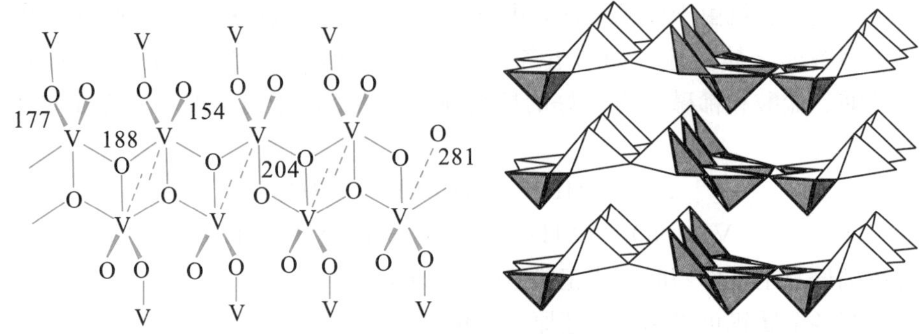

图 20-4 V_2O_5的晶体结构

V_2O_5呈橙黄色至深红色间的一系列颜色，微溶于水(溶解度为0.07 g·L^{-1})，生成淡黄色酸性溶液，能使石蕊试纸变红。

V_2O_5的化学性质主要表现为两性和氧化性。

V_2O_5两性偏酸性。

$$V_2O_5+6OH^- \rightleftharpoons 2VO_4^{3-}+3H_2O \quad (pH \geqslant 13)$$

$$V_2O_5+2H^+ \rightleftharpoons 2VO_2^+ +H_2O \quad (pH \leqslant 1)$$

酸性条件下，VO_2^+/VO^{2+}：$\varphi^\ominus=1.0$ V，V_2O_5是中等强度的氧化剂，能氧化盐酸、草酸、H_2S、Fe^{2+}等还原剂。

$$V_2O_5+6HCl(浓) = 2VOCl_2+Cl_2\uparrow+3H_2O$$

$$VO_2^+ +Fe^{2+}+2H^+ = VO^{2+}+Fe^{3+}+H_2O$$

$$2VO_2^+ +H_2C_2O_4+2H^+ \xrightarrow{\triangle} 2VO^{2+}+2CO_2\uparrow+2H_2O$$

V_2O_5与氢溴酸或氢碘酸反应，可被还原为V^{3+}。例如：

$$VO_2^+ +2I^- +4H^+ = V^{3+}+I_2+2H_2O$$

若遇强还原剂，V_2O_5则被还原成V^{2+}。例如：

$$VO_2^+(黄色) \xrightarrow{Zn} VO^{2+}(蓝色) \xrightarrow{Zn} V(H_2O)_6^{3+}(绿色) \xrightarrow{Zn} V(H_2O)_6^{2+}(紫色)$$

$$8H^+ +2VO_2^+ +3Zn = 2V^{2+}+3Zn^{2+}+4H_2O$$

五氧化二钒广泛用于冶金、化工等行业，主要用于冶炼钒铁。其次是用作有机化工的催化剂，即触媒。

2. 钒酸盐和多钒酸盐

前面已介绍，在pH≥13的溶液中，V_2O_5溶解成VO_4^{3-}；在pH≤1的溶液中，V_2O_5溶解成VO_2^+。那么在pH=1～13的溶液中，V_2O_5会怎样?

VO_4^{3-}有很强的聚合能力，在pH=1～13的溶液中，$VO_4{}^{3-}$随pH值的不同可聚合形成一系列多酸。

当pH<13时，VO_4^{3-}发生聚合：

$$2VO_4^{3-}(淡黄色)+2H^+ \rightleftharpoons 2[HVO_4]^{2-} \rightleftharpoons V_2O_7^{4-}(二钒酸根)+H_2O$$

当pH=8.4时，$V_2O_7^{4-}$发生聚合：

$$3V_2O_7^{4-}+6H^+ \rightleftharpoons 2V_3O_9^{3-}(三钒酸根)+3H_2O$$

当 pH=3～8 时，$V_3O_9^{3-}$ 发生聚合：

$$10V_3O_9^{3-}+12H^+ \rightleftharpoons 3V_{10}O_{28}^{6-}\text{(十钒酸根，深红色)}+6H_2O$$

当 pH<3 时：

$$V_{10}O_{28}^{6-}+H^+ \rightleftharpoons HV_{10}O_{28}^{5-} \rightleftharpoons H_2V_{10}O_{28}^{4-}$$

当 pH=2 时：

$$H_2V_{10}O_{28}^{4-}+4H^+ \rightleftharpoons 5V_2O_5\downarrow+3H_2O$$

当 pH=1 时：

$$V_2O_5+2H^+ \rightleftharpoons 2VO_2^++H_2O$$

可以看出，在 pH=1～13 的溶液中，V(+5)有不同的存在形式。其在不同 pH 值的溶液中的主要存在形式为：当 pH≥13 时，VO_4^{3-}；当 8.4<pH<13 时，$V_2O_7^{4-}$；当 pH=8.4 时，$V_3O_9^{3-}$；当 3<pH<8.4 时，$V_{10}O_{28}^{6-}$；pH=2 时，V_2O_5；当 pH≤1 时，VO_2^+。如图 20－5 所示。

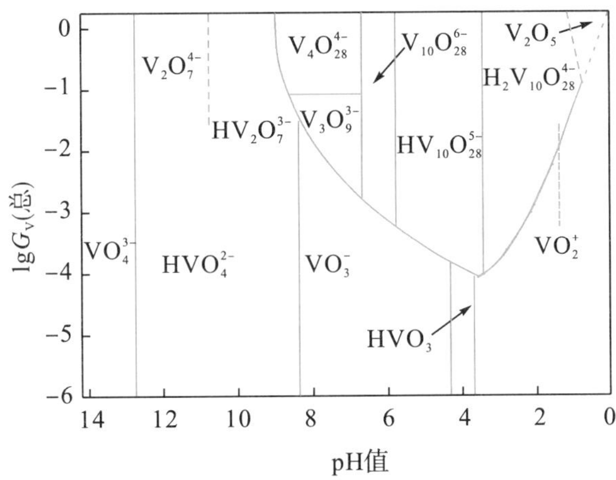

图 20－5　不同 pH 值溶液中钒的离子状态图(298.3 K)

在钒酸根随着酸度的增大而聚合转变成十钒酸的过程中，聚合能力增强，颜色加深，钒氧比 V∶O 增大。

VO_4^{3-} 聚合形成多酸，可看成是酸根中的 V—O 键键能较低，易于断裂，O 原子被另一个酸根取代。不仅如此，VO_4^{3-} 中的 O 原子还可被其他阴离子取代。如强酸性条件下：

$$6H^++VO_4^{3-}+H_2O_2 \rightleftharpoons V(O_2)^{3+}\text{(过氧钒阳离子，红棕色)}+4H_2O$$

弱酸、弱碱、中性条件下：

$$VO_4^{3-}+2H_2O_2 \rightleftharpoons VO_2(O_2)_2^{3-}\text{(二过氧钒酸根阴离子，黄色)}+2H_2O$$

上述两个取代可用一个平衡表示：

$$VO_2(O_2)_2^{3-}+6H^+ \rightleftharpoons [V(O_2)]^{3+}+H_2O_2+2H_2O$$

此反应可作为鉴定钒的比色测定。

钒酸盐包括正钒酸盐(VO_4^{3-})、焦钒酸盐($V_2O_7^{4-}$)、偏钒酸盐(VO_3^-)及多钒酸盐$[V_nO_{3n+1}^{(n+2)-}]$。其中，偏钒酸盐最稳定；焦钒酸盐次之；正钒酸盐比较少，极易水解。

将 V_2O_5 与碱金属碳酸盐熔融，可得到碱金属正钒酸盐 $M_3^IVO^4$ 或 $3M_2^IO\cdot V_2O_5$。最

常见的钠盐是 $Na_3VO_4 \cdot 12H_2O$。

金属钒酸盐是一类优良的功能材料。除作为良好的基质材料广泛应用于荧光及激光材料领域外，还可作为锂离子电池的阴极材料。

20.3.3 铌和钽

工业上，制备铌和钽的方法相似，主要有碳热还原法、钠热还原法、熔盐电解法等。主要涉及下列过程：

$$矿石+碱\xrightarrow{共熔}多铌(钽)酸盐\xrightarrow{稀酸蒸煮}Nb_2O_5(Ta_2O_5)\xrightarrow{Na或C还原}Nb(Ta)$$

钽和铌的分离方法有很多，主要有离子交换法、精馏法、选择氯化法、分级结晶法和溶剂萃取法等。

早期的分离方法是分步结晶法。利用氟钽酸钾（K_2TaF_7，难溶）和氟氧铌酸钾（$K_3NbOF_5 \cdot 2H_2O$，可溶）在适当浓度的氢氟酸中溶解度的不同，使钽盐和铌盐先后结晶，再进行重结晶可得到较纯的产品。该法步骤烦琐，已被溶剂萃取法取代。

溶剂萃取法使用广泛，常用的萃取剂为甲基异丁基酮(MIBK)、磷酸三丁酯（TBP)、仲辛醇和乙酰胺等，又称为有机溶剂萃取法。例如，钽的化合物可被甲基异丁基酮从稀HF溶液中萃取出来；增加水溶液相的酸度可使铌的化合物被萃取到新的有机相中，以达到分离的目的。

铌和钽的+5氧化态化合物最稳定，较低氧化态的简单化合物较少，主要形成金属原子簇化合物。

Nb和Ta在空气中加热生成 Nb_2O_5 和 Ta_2O_5。

$$4M+5O_2 \overset{\triangle}{=\!=\!=} 2M_2O_5 \quad (M=Nb、Ta)$$

Nb_2O_5 和 Ta_2O_5 的标准摩尔生成焓放热非常多（Nb_2O_5：$-1845\ kJ \cdot mol^{-1}$，Ta_2O_5：$-2046\ kJ \cdot mol^{-1}$），因此非常稳定。Nb_2O_5 和 Ta_2O_5 均为白色粉末，难溶于水，二者溶于HF和熔融的碱，所以均为两性氧化物。

$$M_2O_5+10HF = 2MF_5+5H_2O \quad (M=Nb、Ta)$$

$$M_2O_5+2NaOH \xrightarrow{共熔} 2NaMO_3+H_2O \quad (M=Nb、Ta)$$

M_2O_5(M=Nb、Ta)与许多金属的氧化物、氢氧化物或碳酸盐一起熔融，生成正酸盐。在中性或酸性溶液中，正酸盐迅速水解，生成具有强烈吸附性的白色凝胶状氢氧化物。在中性或碱性溶液中生成沉淀 $M_2O_5 \cdot xH_2O$ 或 $(M_2O_5 \cdot xH_2O)_n$。铌酸和钽酸在水溶液中可形成同多酸阴离子 $(M_mO_n)^{2n-5m}$。与钒酸相似，随溶液pH值的改变，多酸阴离子发生聚合和质子化作用，组成也随之改变。

金属单质Nb和Ta与卤素X(X=F、Cl、Br、I)高温加热即可制得它们的五卤化物，其为共价分子型化合物，多具有挥发性。$TaCl_5$ 与 Ta_2O_5 在高温下生成氯氧化钽：

$$3TaCl_5+Ta_2O_5 \xrightarrow{高温} 5TaOCl_3$$

Nb和Ta在低氧化态时形成大量的原子簇化合物。原子簇化合物是分子中含有两个及以上金属原子且直接键合形成金属—金属键(M—M键)，具有多面体结构的多核配位化合物，简称簇合物。第二、三过渡系元素处于较低氧化态（+2、+1、0 或负）时较易形成簇合物。Nb 和 Ta 与卤素原子形成的原子簇化合物主要由含 M_6X_{12}或 M_6X_8的结构单元构成。每个结构单元中金属与金属原子间以金属键结合，六个金属原子构成一个八面体。M_6X_{12}单元中，M_6构成的八面体的每条棱上有一个卤素原子作桥式联结两个金属原子，如图 20－6 所示。M_6X_{12}单元可按一定方式构成 M_6X_{14}、M_6X_{15}等。

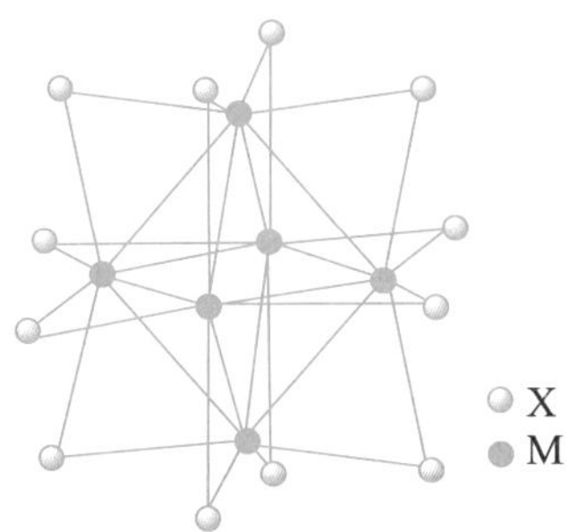

图 20－6　在 M_6X_{14}中的 $[M_6X_{12}]^{n+}$单元结构

M_6X_8单元是在 M_6构成的八面体的每个三角形平面上由一个卤素原子作桥式联结三个金属原子。

20.4　铬族

20.4.1　概述

铬族元素处于元素周期表第ⅥB 族，又称为铬副族元素，包括铬(Cr)、钼(Mo)、钨(W)和𬭳(Sg)四种。铬在地壳中的丰度为 0.0083%，占第 21 位。自然界中，铬主要以铬铁矿的形式存在。铬铁矿是铬和铁的氧化物形成的矿物，其化学成分可以表示为 $FeCr_2O_4$。铬铁矿成分中的铁常可部分被镁置换，当以 Mg 为主时，则称为镁铬铁矿($MgCr_2O_4$)。钼和钨的丰度分别为(1.1×10^{-4})%和(1.3×10^{-4})%。钼和钨一度被列为“稀有元素”，1962 年被纠正为“丰产元素”。钼的主要矿物是辉钼矿(MoS_2)，钨的主要矿物是黑钨矿[(Fe，Mn)WO_4]或白钨矿($CaWO_4$)。

铬族元素的性质见表 20－10。

表 20－10　铬族元素的性质

铬族元素	Cr	Mo	W
原子序数	24	42	74
价电子构型	$3d^5 4s^1$	$4d^5 5s^1$	$5d^4 6s^2$
原子半径/pm	128	139	139
熔点/K	2130	2890	3683±20
沸点/K	2945	4885	5933

续表20—10

铬族元素	Cr	Mo	W
密度(20℃)/g·cm^{-3}	7.2	10.22	19.30
第一电离能/kJ·mol^{-1}	653	685	770
第二电离能/kJ·mol^{-1}	1592	1558	1708
第三电离能/kJ·mol^{-1}	2987	2621	—
电负性 χ_P	1.6	1.8	1.7
电阻率(20℃)/mÙ·cm	13	~5	~5
汽化热/kJ·mol^{-1}	342±6	590±21	824±21
原子化热/kJ·mol^{-1}	397±3	664±13	849±13
熔化热/kJ·mol^{-1}	21±2	28±3	35

铬族元素有 6 个价电子，都可以参与成键，最高氧化态为+6。和钛族元素、钒族元素相似，它们的低氧化态(+1、0、−1、−2)只能在某些配合物(螯合物、羰基配合物、原子簇合物等)中出现。

同样受到镧系收缩的影响，钼、钨的原子半径和离子半径都非常接近，导致钼和钨的性质非常相似，难以分离。

铬、钼、钨的元素电势图如图 20−7 所示。

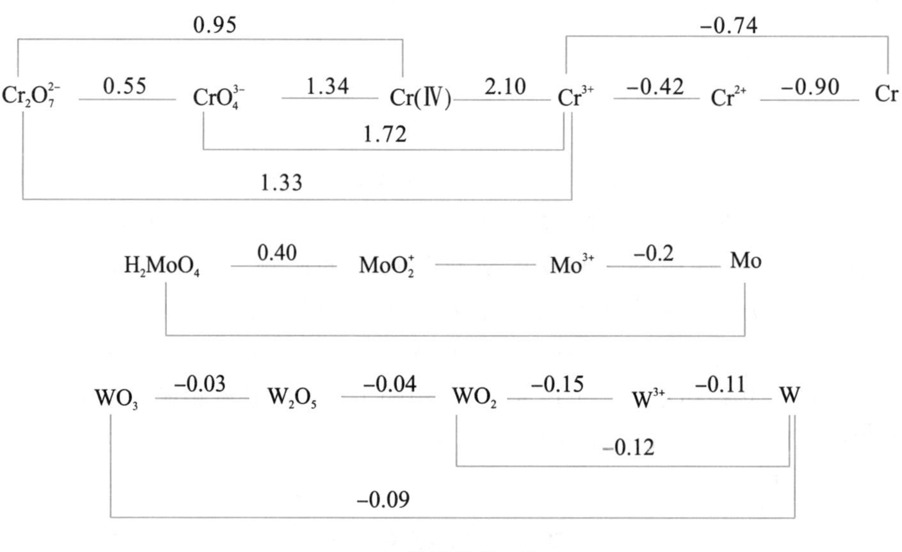

(a)酸性条件($\varphi^\ominus$/V)

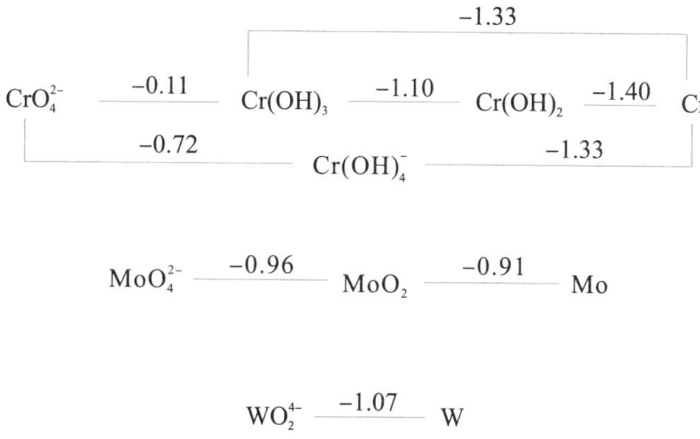

$$\mathrm{CrO_4^{2-}} \xrightarrow{-0.11} \mathrm{Cr(OH)_3} \xrightarrow{-1.10} \mathrm{Cr(OH)_2} \xrightarrow{-1.40} \mathrm{Cr}$$

$\mathrm{Cr(OH)_3} \xrightarrow{-1.33} \mathrm{Cr}$

$\mathrm{CrO_4^{2-}} \xrightarrow{-0.72} \mathrm{Cr(OH)_4^-} \xrightarrow{-1.33} \mathrm{Cr}$

$$\mathrm{MoO_4^{2-}} \xrightarrow{-0.96} \mathrm{MoO_2} \xrightarrow{-0.91} \mathrm{Mo}$$

$$\mathrm{WO_2^{4-}} \xrightarrow{-1.07} \mathrm{W}$$

(b)碱性条件($\varphi^\ominus$/V)

图 20—7　铬、钼、钨的元素电势图

20.4.2　铬

20.4.2.1　单质的性质和用途

价电子构型：$3d^5 4s^1$。

典型的过渡金属氧化态，包括−2、−1、0、+1、+2、+3、+4、+5、+6。常见的稳定氧化态有+2、+3、+6。

低价氧化态(−2、−1、0、+1)极少，不稳定，仅以稳定的羰基配合物的形式存在，如 $Cr(CO)_6$、$Na_2[Cr(CO)_5]$ 等。

铬、钼、钨都是银白色、有光泽的金属。在 20℃时，铬是体心立方结构，约 1840℃时转变为面心立方结构。铬是硬度最大的金属。纯铬有延展性，含杂质的铬硬而脆。铬具有很高的耐腐蚀性，在空气中，即便是在赤热的状态下，氧化也很慢。铬不溶于水，将其镀在金属上可起保护作用。在合金钢中加入铬，可提高硬度等机械性能及耐腐蚀性。

和钛、钒相似，常温下，铬易于生成致密氧化膜而稳定。铬在高温下活泼，能与大多数非金属直接反应。

Cr 溶于盐酸、硫酸、氢卤酸，难溶于硝酸(硝酸使其钝化)。

$$Cr+2HCl = CrCl_2+H_2\uparrow$$

$$4CrCl_2+4HCl+O_2 = 4CrCl_3+2H_2O$$

$$2Cr+6H_2SO_4 = Cr_2(SO_4)_3+3SO_2\uparrow+6H_2O$$

$$2Cr+12HF = 2H_3[CrF_6]+3H_2\uparrow$$

20.4.2.2　铬的化合物

Cr 常见的稳定氧化态有+2、+3、+6。

Cr(+2)：$Cr(H_2O)_6^{2+}$，蓝色，是还原剂。

Cr(+3)：$Cr(H_2O)_6^{3+}$，紫色，是最稳定也最重要的氧化态，呈氧化还原惰性。

比较第四周期过渡金属的三价阳离子的氧化还原性：

$$Ti^{3+}、V^{3+}、Cr^{3+}、Mn^{3+}、Fe^{3+}、Co^{3+}$$

从左至右，还原能力减弱，氧化能力增强。即 Ti^{3+}、V^{3+} 表现出还原性；Mn^{3+}、Fe^{3+}、Co^{3+} 表现出氧化性；Cr^{3+} 处在还原性向氧化性过渡之间，呈氧化还原惰性。

Cr（+6）：由于电荷高，半径小，在固态时以橙红色的 CrO_3 的形式存在。在水溶液中强烈水解。

$$2Cr^{6+}+7H_2O = Cr_2O_7^{2-}+14H^+$$

因此，在水溶液中，Cr（+6）只能以酸根（酸性：$Cr_2O_7^{2-}$，碱性：CrO_4^{2-}）的形式存在。CrO_4^{2-} 的黄色、$Cr_2O_7^{2-}$ 的橙色是极化导致电子吸收可见光后在 Cr、O 原子间迁移的结果。比较 TiO^{2+}（无色）、VO_2^+（黄色）、$Cr_2O_7^{2-}$（橙色）的颜色可以看出，极化增强，颜色加深。

1. 铬(+3)的化合物

(1) 三氧化二铬和氢氧化物。

三氧化二铬晶体结构与 $\alpha-Al_2O_3$ 相似，为浅绿色至深绿色固体，灼热时变为棕色，冷却后变为绿色。

三氧化二铬的制备方法有很多，金属铬在氧气中燃烧、重铬酸铵分解、重铬酸钾被硫黄还原等都可制得 Cr_2O_3。

$$(NH_4)_2Cr_2O_7 \xrightarrow{\triangle} Cr_2O_3+N_2\uparrow+4H_2O$$

$$K_2Cr_2O_7+S = K_2SO_4+Cr_2O_3$$

三氧化二铬微溶于水，显两性。

$$Cr_2O_3+3H_2SO_4 = Cr_2(SO_4)_3+3H_2O$$

$$Cr_2O_3+2NaOH \xrightarrow{\triangle} 2NaCrO_2+H_2O$$

经过灼烧的 Cr_2O_3 晶型致密，不溶于酸，性质比较稳定，常作绿色颜料，俗称铬绿。可用熔融法使它变为可溶性的盐。如 Cr_2O_3 与焦硫酸钾在高温下反应：

$$Cr_2O_3+3K_2S_2O_7 = Cr_2(SO_4)_3+3K_2SO_4$$

Cr_2O_3 主要用于冶炼金属铬和碳化铬材料，也可作为有机化学合成的催化剂。

向 Cr(+3)的溶液中加入适量 NaOH，生成灰蓝色的胶状沉淀 $Cr_2O_3 \cdot nH_2O$，通常也写成 $Cr(OH)_3$。

$$Cr_2(SO_4)_3+6NaOH = 2Cr(OH)_3\downarrow+3Na_2SO_4$$

$Cr(OH)_3$ 与 $Al(OH)_3$ 一样，也显两性，存在如下转换关系：

$$Cr^{3+} \xrightarrow{H^+} Cr_2O_3 \cdot nH_2O \xrightarrow{OH^-} CrO_2^-$$

在浓度为 0.1 mol·L^{-1} 的 Cr^{3+} 溶液中，当 pH=4.9 时，$Cr(OH)_3$ 沉淀开始出现；当 pH=6.8 时，沉淀完全；当 pH=12 时，溶液中开始出现绿色的 CrO_2^-；直至 pH 值为 15，沉淀完全转换为 CrO_2^-。

(2) 铬(+3)盐和亚铬酸盐。

硫酸铬是最重要的铬盐，由三氧化二铬与冷硫酸反应制得：

$$Cr_2O_3+3H_2SO_4 = Cr_2(SO_4)_3+3H_2O$$

从溶液中得到的盐含结晶水 $Cr_2(SO_4)_3 \cdot nH_2O$（$n=18$，6）。结晶水程度不同，颜色也不同。$Cr_2(SO_4)_3 \cdot 18H_2O$ 是紫色，$Cr_2(SO_4)_3 \cdot 6H_2O$ 是绿色，无水 $Cr_2(SO_4)_3$ 是棕红色。含结晶水的硫酸铬可溶于水，无水 $Cr_2(SO_4)_3$ 则不溶。

硫酸铬常用于制铬钒[$MCr(SO_4)_2 \cdot 12H_2O$]，M 是碱金属离子、铵根离子等。如铬钾钒[$K_2SO_4 \cdot Cr_2(SO_4)_3 \cdot 24H_2O$]的制备：

$$K_2Cr_2O_7+H_2SO_4+3SO_2 = K_2SO_4 \cdot Cr_2(SO_4)_3+H_2O$$

酸性溶液中，Cr^{3+} 的还原能力很弱（$Cr_2O_7^{2-}/Cr^{3+}$：$\varphi^{\ominus}=1.33$ V），需要加入强氧化剂才能使 Cr^{3+} 被氧化成 $Cr_2O_7^{2-}$。

$$2Cr^{3+}+3S_2O_8^{2-}+7H_2O \xrightarrow{Ag^+} Cr_2O_7^{2-}+6SO_4^{2-}+14H^+$$

$$10Cr^{3+}+6MnO_4^-+11H_2O \xrightarrow{\triangle} 5Cr_2O_7^{2-}+6Mn^{2+}+22H^+$$

利用 Cr^{3+} 与过硫酸铵的反应可检验废水中的 Cr^{3+}。

Cr^{3+} 在强碱性溶液中以亚铬酸盐的形式存在。

$$Cr^{3+} \xrightarrow{OH^-} CrO_2^-$$

碱性溶液中，亚铬酸根具有较强的还原能力（CrO_4^{2-}/CrO_2^-：$\varphi^{\ominus}=-0.13$ V），因此，还原性是亚铬酸盐最重要的性质。在碱性溶液中，Cr^{3+} 易于被氧化，生成 CrO_4^{2-}。例如：

$$2[Cr(OH)_4]^-+3H_2O_2+2OH^- = 2CrO_4^{2-}+8H_2O$$

（3）配合物。

$Cr(H_2O)_6^{3+}$ 的水分子易被其他配合剂取代，一般情况下，配位数为 6。Cr^{3+} 的配位能力很强，表现在两个方面：①配位体多；②几何异构体多。

例如，将 $Cr(H_2O)_6^{3+}$ 置于液氨体系中[若加入氨水，得到的是 $Cr(OH)_3$ 沉淀]：

$$Cr(H_2O)_6^{3+}(\text{紫色}) \xrightarrow{NH_3} Cr(NH_3)_2(H_2O)_4^{3+}(\text{紫红色}) \xrightarrow{NH_3} Cr(NH_3)_3(H_2O)_3^{3+}(\text{浅红色})$$
$$\xrightarrow{NH_3} Cr(NH_3)_4(H_2O)_2^{3+}(\text{橙红色}) \xrightarrow{NH_3} Cr(NH_3)_5(H_2O)^{3+}(\text{橙黄色}) \xrightarrow{NH_3} Cr(NH_3)_6^{3+}(\text{黄色})$$

随着水分子逐个被取代，配离子的颜色逐渐向长波方向移动。这种现象可以用晶体场理论解释，即由于光谱化学序列 $NH_3>H_2O$，NH_3 是强场，H_2O 是弱场，$Cr(NH_3)_6^{3+}$ 的 d 轨道分裂能大于 $Cr(H_2O)_6^{3+}$，因此，前者实现 d－d 跃迁需要吸收的能量大于后者，所以 $Cr(NH_3)_6^{3+}$ 吸收波长较短的深色光，而透过波长较长的浅色光(参见 3.3.2)。

2. 铬(＋6)的化合物

六价铬的化合物是一种强氧化剂。由于 Cr^{6+} 比同周期的 Ti^{4+}、V^{5+} 的正电荷高，半径更小，因此，不存在简单的 Cr^{6+}。铬(＋6)的化合物中比较重要的是三氧化铬(CrO_3)和重铬酸钾($K_2Cr_2O_7$)。

（1）氧化物。

三氧化铬(CrO_3)为暗红色或暗紫色斜方结晶。将重铬酸盐用浓硫酸脱水，即制得三氧化铬，反应式如下：

$$2H_2SO_4+Na_2Cr_2O_7 \longrightarrow 2CrO_3+2NaHSO_4+H_2O$$

三氧化铬溶于水生成铬酸，是铬酸酐。

$$CrO_3+H_2O \xlongequal{} H_2CrO_4$$

三氧化铬不稳定，受热易分解：

$$CrO_3 \xrightarrow{\triangle} Cr_3O_8 \xrightarrow{\triangle} Cr_2O_5 \xrightarrow{\triangle} CrO_2 \xrightarrow{\triangle} Cr_2O_3$$

三氧化铬遇酒精、苯等有机物能发生燃烧或爆炸。

$$3C_2H_5OH+2CrO_3+3H_2SO_4 \longrightarrow 3CH_3CHO+Cr_2(SO_4)_3+6H_2O$$

CrO_3用于生产铬的化合物，还用于木材防腐、电镀等。

（2）铬酸。

铬酸是强酸，强度与硫酸相近：$K_{a1}^{\ominus}=4.1$，$K_{a2}^{\ominus}=10^{-5.9}$。

CrO_4^{2-} 的 Cr—O 键强于 VO_4^{3-} 的 V—O 键，因此，CrO_4^{2-} 不能像 VO_4^{3-} 那样脱水形成多种多酸。在酸性条件下，其能形成二多酸，俗称重铬酸。

$$2CrO_4^{2-}(\text{黄色})+2H^+ \rightleftharpoons 2HCrO_4^- \rightleftharpoons Cr_2O_7^{2-}(\text{橙红色})+H_2O \quad K=4.2\times10^{14}$$

酸、碱可以移动上述平衡。酸性溶液中，铬(+6)主要以 $Cr_2O_7^{2-}$ 的形式存在；碱性溶液中，铬(+6)主要以 CrO_4^{2-} 的形式存在。

某些能与 CrO_4^{2-} 形成沉淀的离子也能移动上述平衡。如酸性溶液中：

$$2M^{2+}+Cr_2O_7^{2-}+H_2O \rightleftharpoons 2MCrO_4\downarrow+2H^+ \quad (M=Ba、Pb)$$

$$4Ag^++Cr_2O_7^{2-}+H_2O \rightleftharpoons 2Ag_2CrO_4\downarrow+2H^+$$

酸性条件下，$Cr_2O_7^{2-}$ 是强氧化剂($Cr_2O_7^{2-}/Cr^{3+}$：$\varphi^{\ominus}=1.33$ V)。重铬酸盐是实验室最常见也最重要的氧化剂之一。典型反应如下：

$$Cr_2O_7^{2-}+4H_2O_2+2H^+ \xlongequal{} 2CrO_5+5H_2O$$

$$Cr_2O_7^{2-}+3SO_3^{2-}+8H^+ \xlongequal{} 2Cr^{3+}+3SO_4^{2-}+4H_2O$$

$$Cr_2O_7^{2-}+6Cl^-+14H^+ \xlongequal{} 2Cr^{3+}+3Cl_2\uparrow+7H_2O$$

$$K_2Cr_2O_7+6FeSO_4+7H_2SO_4 \xlongequal{} 3Fe_2(SO_4)_3+K_2SO_4+Cr_2(SO_4)_3+7H_2O$$

利用重铬酸盐的强氧化性，将重铬酸钾的饱和溶液与浓硫酸混合可制成铬酸洗液，具有强氧化性和去污能力。

常见的铬酸盐是其钾盐和钠盐；常见的重铬酸盐也是其钾盐和钠盐。

20.4.3 钼和钨

钼和钨的原子半径相近，性质相似，但这两种元素的差异性要大于钛族的锆和铪以及钒族的铌和钽，因此，分离相对不太困难。

钼的冶炼主要以辉钼矿(MoS_2)为原料，过程如下：

$$MoS_2 \xrightarrow{\text{高温，}O_2} MoO_3 \xrightarrow{\text{氨水}} (NH_4)_2MoO_4 \xrightarrow{HCl} H_2MoO_4 \xrightarrow{\triangle} MoO_3 \xrightarrow{H_2} Mo$$

将 MoS_2 精矿进行焙烧去硫，制得工业级 MoO_3，用氨水浸取制得钼酸铵，酸化得到钼酸沉淀，再加热钼酸使其分解得到三氧化钼，后者通入氢气气流加热至熔点得到钼块。

$$2MoS_2+7O_2 \xlongequal{} 2MoO_3+4SO_2$$

$$MoO_3+2NH_3+H_2O \xlongequal{} (NH_4)_2MoO_4$$

$$(NH_4)_2MoO_4+2HCl \xlongequal{} H_2MoO_4\downarrow+2NH_4Cl$$

$$H_2MoO_4 \xlongequal{} MoO_3+H_2O$$

$$MoO_3+3H_2 = Mo+3H_2O$$

钨的冶炼主要以黑钨矿(主要成分为 $FeWO_4$、$MnWO_4$)为原料，通过碱熔法转变成钨酸钠，然后酸化得到钨酸沉淀，再加热得到三氧化钨，最后被还原成单质。

$$4FeWO_4+4Na_2CO_3+O_2 = 4Na_2WO_4+2Fe_2O_3+4CO_2$$

$$6MnWO_4+6Na_2CO_3+O_2 = 6Na_2WO_4+2Mn_3O_4+6CO_2$$

$$Na_2WO_4+2HCl = H_2WO_4\downarrow+2NaCl$$

$$H_2WO_4 = WO_3+H_2O$$

$$WO_3+3H_2 = W+3H_2O$$

MoO_3 为正交晶系，是由含有畸变的 MoO_6 八面体单元构成的层状结构。WO_3 由 WO_6 八面体通过共用顶角氧原子构成无限的三维空间结构。

MoO_3 为白色固体，加热变黄，WO_3 是黄色粉末。它们都是难溶于水的酸性氧化物，能缓慢地溶于氨水或浓碱溶液。

$$MoO_3+2NH_3+H_2O = (NH_4)_2MoO_4$$

$$MoO_3+2NaOH = Na_2MoO_4+H_2O$$

三氧化钼主要用作制取金属钼及钼化合物，在石油工业中可用作催化剂。三氧化钨主要用于煅烧还原生产钨粉和碳化钨粉，进而用于生产硬质合金产品。

钼酸、钨酸都是指它们的三氧化物的水合形式，其盐中仅有碱金属、铵、镁及铊的盐是可溶的。MoO_4^{2-} 的氧化性远不如 Cr(+6)强，WO_4^{2-} 则更弱。在酸性溶液中，强还原剂能将 H_2MoO_4 还原为 Mo^{3+}。如在浓盐酸溶液中，向 $(NH_4)_2MoO_4$ 中加入锌，可依次得到钼蓝[Mo(+6)和 Mo(+5)混合态氧化物]、红棕色的 MoO_2^+，再得到绿色的 $[MoOCl_5]^{2-}$，最终得到棕色的 $MoCl_3$：

$$2MoO_4^{2-}+Zn+8H^+ = 2MoO_2^++Zn^{2+}+4H_2O$$

$$2MoO_4^{2-}+Zn+12H^++10Cl^- = 2[MoOCl_5]^{2-}+Zn^{2+}+6H_2O$$

$$2MoO_4^{2-}+3Zn+16H^++6Cl^- = 2MoCl_3+3Zn^{2+}+8H_2O$$

MoO_4^{2-} 和 WO_4^{2-} 比 CrO_4^{2-} 更容易形成同多酸和杂多酸。将钼酸盐或钨酸盐的水溶液酸化，阴离子 MoO_4^{2-}、WO_4^{2-} 会发生缩聚作用，可形成 $[Mo_2O_7]^{2-}$、$[Mo_3O_{10}]^{2-}$、$[Mo_7O_{24}]^{6-}$ 或 $[HW_6O_{21}]^{5-}$、$[W_{12}O_{41}]^{10-}$ 等一系列同多酸阴离子。随着酸度增大，同多酸的聚合度也增大。

例如，将钼酸盐水溶液酸化至 pH<6，可得到七聚的同钼酸：

$$7[MoO_4]^{2-}+8H^+ = [Mo_7O_{24}]^{6-}+4H_2O$$

若酸度继续增加，当 pH=2～3 时，则生成 $\beta-[Mo_8O_{26}]^{4-}$ 和 $[Mo_{36}O_{112}(H_2O)]^{8-}$ 阴离子。直至 pH<1，生成 $MoO_3\cdot 2H_2O$ 水合物。

钼多酸阴离子的基本结构单元都是 MoO_6 八面体。七钼酸盐是最主要的钼同多酸盐，工业上称为仲钼酸盐。七钼酸根阴离子 $[Mo_7O_{24}]^{6-}$ 由七个 MoO_6 八面体共用棱边构成，如图 20-8 所示。

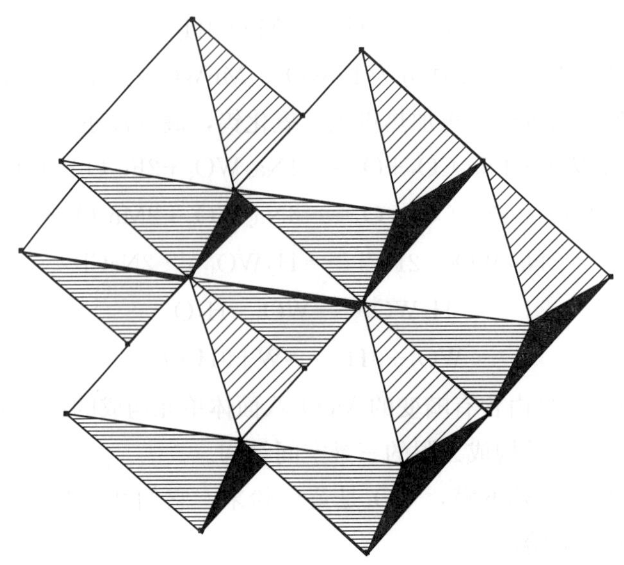

图 20-8　七钼酸根阴离子 $[Mo_7O_{24}]^{6-}$ 的结构

将正钨酸盐酸化，得到的最重要的化合物是仲钨酸盐，溶解度低于正钨酸盐。

正钼酸根和钨酸根也易于形成杂多酸。将钼酸铵和磷酸盐的溶液进行酸化，得到黄色沉淀 12-磷钼酸铵，它是制得的第一个杂多酸盐。

$$12MoO_4^{2-}+3NH_4^++PO_4^{3-}+24H^+ = (NH_4)_3[PMo_{12}O_{40}]\cdot 6H_2O+6H_2O$$

与 Nb、Ta 相似，Mo、W 等第二、三过渡系金属较易形成簇合物。Mo、W 的簇合物具有特殊催化活性、生物活性和导电性能。

20.5　锰族

20.5.1　概述

锰族元素处于元素周期表第ⅦB 族，包括锰(Mn)、锝(Tc)、铼(Re)和𨨏(Bh)四种。𨨏是 20 世纪 80 年代合成的人造放射性元素，命名为 Bohrium，以纪念丹麦物理学家尼尔斯·玻尔。

锰在地壳中的丰度为 0.1%，占第 12 位，过渡元素中仅次于铁和钛，排第 3。锰广泛分布在自然界中，重要矿石为氧化物和碳酸盐。氧化物常见的有软锰矿(MnO_2)、黑锰矿(Mn_3O_4)；碳酸盐有菱锰矿($MnCO_3$)。

锝和铼非常稀少，且发现较晚。锝是通过人工生产的方法制得的第一个新元素，为放射性元素；铼是最后一个发现的天然元素，丰度仅为 $(7.0\times10^{-8})\%$。

锰族元素的基本性质见表 20-11。

表 20－11　锰族元素的基本性质

锰族元素	Mn	Tc	Re
原子序数	25	43	75
价电子构型	$3d^5 4s^2$	$4d^5 5s^2$	$5d^5 6s^2$
原子半径/pm	117	127	123
熔点/K	2130	2445	3453
沸点/K	2945	5150	5900
密度(20℃)/g·cm^{-3}	7.2	11.50	21.02
第一电离能/kJ·mol^{-1}	717	702	760
第二电离能/kJ·mol^{-1}	1509	1472	1602
第三电离能/kJ·mol^{-1}	3248	2850	—
电负性 χ_P	1.5	1.9	1.9
电阻率(20℃)/mU·cm	13	—	19.3
汽化热/kJ·mol^{-1}	226	550	—
原子化热/kJ·mol^{-1}	281	660	—
熔化热/kJ·mol^{-1}	12.1	24	—

锰的价电子构型为 $3d^5 4s^2$。价电子数达到 7 个，导致其氧化数范围是所有元素中最广的，包括从－3 到＋7 的十一种氧化态：－3、－2、－1、0、＋1、＋2、＋3、＋4、＋5、＋6、＋7。低价氧化态(－3、－2、－1、0、＋1)不稳定，只能以稳定配合物的形式存在。Mn 的常见氧化态是＋2、＋3、＋4、＋6、＋7，重要氧化态是＋2、＋4、＋7。

20.5.2　锰

20.5.2.1　单质的性质和用途

1. 物理性质

锰族元素的金属键很强，但相比于铬族的六个成键电子，锰族由于 d 电子半满，可提供出来形成金属键的电子少于铬族(仅次于铬族)，因此，锰族金属键稍弱于铬族。

锰为银白色金属，质坚而脆。锰有四种同素异形体：α－锰(体心立方)、β－锰(立方体)、γ－锰(面心立方)和 δ－锰(体心立方)。其中 α－锰最稳定，具有体心立方结构。锰主要用在钢铁工业中钢的脱硫和脱氧，也作为合金的添加料以提高钢的强度、硬度、弹性极限、耐磨性和耐腐蚀性等。在钢中加入 2.5%～3.5%的锰制得的低锰钢脆得像玻璃，一敲就碎；在钢中加入 13%以上的锰制成的高锰钢既坚硬又富有韧性。

2. 化学性质

常温下，锰能形成致密氧化膜，能稳定存在。高温下，锰能与大多数的非金属反应。

Mn 很活泼，能缓慢溶于水：

$$Mn+2H_2O = Mn(OH)^2+H_2\uparrow$$

Mn 也溶于酸：

$$Mn+2H^+ = Mn^{2+}+H_2\uparrow$$

3. 制备

工业上可以用通直流电电解硫酸锰溶液的方法制备金属锰，阴极板析出金属锰，阳极板析出氧气。

$$2MnSO_4+2H_2O \xrightarrow{电解} 2Mn\downarrow+2H_2SO_4+O_2\uparrow$$

实验室可以用火法冶炼制备金属锰，火法冶炼包括硅还原法(电硅热法)和铝还原法(铝热法)。硅还原法应用比较广泛，采用硅与锰矿熔炼，MnO_2 在高温下分解为 Mn_3O_4，再用 Si 置换分解并还原为金属锰。

$$2Mn_3O_4+Si \xrightarrow{高温} 6MnO+SiO_2$$

$$2MnO+Si \xrightarrow{高温} 2Mn+SiO_2$$

上述反应属可逆反应，需添加石灰使 SiO_2 造渣，使反应向右进行。

20.5.2.2 锰的元素电势图和吉布斯自由能—氧化态图

锰的氧化态范围广，它的元素电势图如图 20－9 所示。

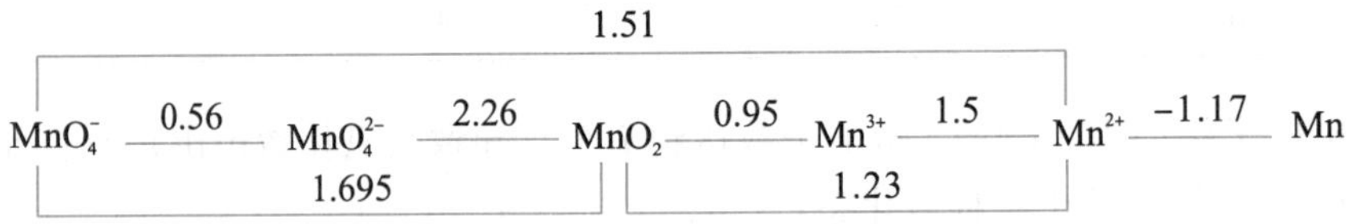

(a)酸性条件($\varphi^\ominus$/V)

MnO_4^- 0.56 MnO_4^{2-} 0.62 MnO_2 −0.2 $Mn(OH)_3$ 0.1 $Mn(OH)_2$ −1.55 Mn

0.6 −0.05

(b)碱性条件($\varphi^\ominus$/V)

图 20－9 锰的元素电势图

锰的吉布斯自由能—氧化态图如图 20－10 所示。

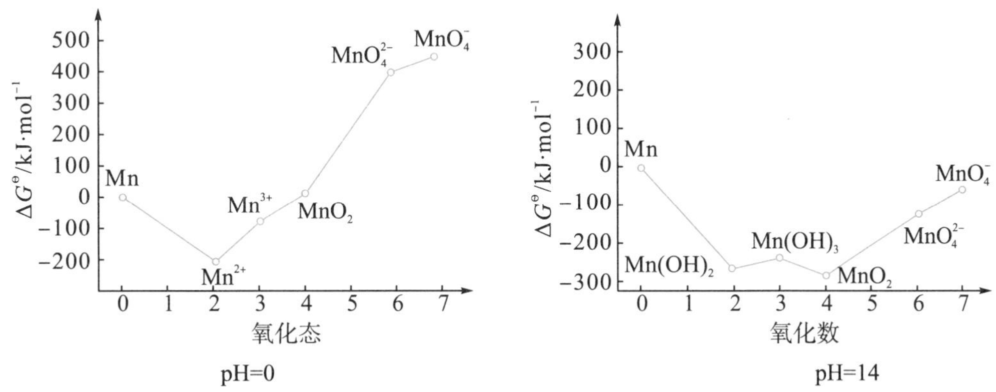

图 20－10　锰的吉布斯自由能—氧化态图

由图 20－10 可知，酸性条件下，Mn^{2+}最稳定；碱性条件下，MnO_2最稳定。

酸性条件下，MnO_4^{2-} 和 Mn^{3+}将歧化：

$$3MnO_4^{2-}+4H^+ = 2MnO_4^- + MnO_2\downarrow + 2H_2O \quad K=3.16\times10^{57}$$

$$2Mn^{3+}+2H_2O = Mn^{2+}+MnO_2+4H^+$$

酸性条件下，MnO_2位于 MnO_4^- 和 Mn^{2+}连线的下方，则 MnO_4^- 和 Mn^{2+}在酸性条件下可以发生反歧化反应：

$$2MnO_4^-+3Mn^{2+}+2H_2O = 5MnO_2+4H^+$$

碱性条件下，MnO_4^{2-} 和 $Mn(OH)_3$将歧化：

$$3MnO_4^{2-}+2H_2O \rightleftharpoons 2MnO_4^- + MnO_2+4OH^- \qquad K\approx1$$

$$2Mn(OH)_3 = Mn(OH)_2+MnO_2+2H_2O$$

碱性条件下，MnO_4^{2-} 歧化程度不明显，故 MnO_4^{2-} 在碱性条件下可存在。而Mn(+3)在酸性或碱性条件下都有显著的歧化，故 Mn(+3)在水中不存在。

上述内容参见 11.7。

20.5.2.3　锰的重要化合物

锰的主要氧化态有+2、+4、+6、+7，其对应的主要存在形式如下：

锰(+2)：$3d^5$ 结构，有成单电子，有磁性，水合离子 $Mn(H_2O)_6^{2+}$ 为淡红色(参见 3.3.2)。

锰(+4)：唯一重要的存在形式为 MnO_2，黑色粉末。

锰(+6)：由于电荷高，半径小，在水溶液中强烈水解。

$$Mn^{6+}+4H_2O = MnO_4^{2-}+8H^+$$

因此，在水溶液中，Mn (+6)只能以锰酸根的形式存在。

Mn(+6)为 $3d^1$结构，有成单电子，深绿色，有磁性。

锰(+7)：由于电荷高，半径小，在水溶液中强烈水解。

$$Mn^{7+}+4H_2O = MnO_4^-+8H^+$$

因此，在水溶液中，Mn (+7)只能以高锰酸根的形式存在。

Mn(+7)为 $3d^0$结构，无成单电子，抗磁性，由于极化而显紫色。比较 TiO^{2+}(无色)、

VO_2^+（黄色）、$Cr_2O_7^{2-}$（橙色）、MnO_4^-（紫色）的颜色可以看出，极化增强，颜色加深。

1. 锰(+2)化合物

锰(+2)在酸性溶液中以 $Mn(H_2O)_6^{2+}$ 的形式存在，简写为 Mn^{2+}。Mn^{2+} 价电子层具有 $3d^5$ 的半充满结构，很稳定。其电极电势也可说明，MnO_4^-/Mn^{2+} 的 $\varphi^\ominus=1.51$ V，表明 Mn^{2+} 很难被氧化。只有在浓度很高的酸性热溶液中，强氧化剂如 $NaBiO_3$、$(NH_4)_2S_2O_8$、PbO_2、Cl_2 等才能将 Mn^{2+} 氧化为 MnO_4^-。例如：

$$2Mn^{2+}+5BiO_3^-+14H^+ \xlongequal{} 2MnO_4^-+5Bi^{3+}+7H_2O$$

$$2Mn^{2+}+5S_2O_8^{2-}+8H_2O \xrightarrow{Ag^+} 2MnO_4^-+10SO_4^{2-}+16H^+$$

上述反应可以定性地鉴定 Mn^{2+}。但要注意，反应中 Mn^{2+} 的量都不能太大，以免导致生成的 MnO_4^- 和 Mn^{2+} 发生反歧化反应：

$$2MnO_4^-+3Mn^{2+}+2H_2O \xlongequal{} 5MnO_2+4H^+$$

锰(+2)在碱性条件下以 $Mn(OH)_2$ 白色胶状沉淀的形式存在，易被氧化。电对 $MnO_2/Mn(OH)_2$ 的 $\varphi^\ominus=-0.05$ V，可见 $Mn(OH)_2$ 能被溶解在溶液中的 O_2 氧化，颜色变深。

$$2Mn(OH)_2+O_2 \xlongequal{} 2MnO(OH)_2$$

锰(+2)在酸性条件下稳定，在碱性条件下易被氧化，与铬(+3)相似。

锰(+2)盐皆易溶于水，除碳酸锰、磷酸锰、硫化锰微溶于水。

最常见的锰(+2)盐是硫酸锰($MnSO_4$)，它是锰(+2)盐中最稳定的。制备硫酸锰的方法有很多，常见的如二氧化锰与浓硫酸作用：

$$2MnO_2+2H_2SO_4(浓) \xlongequal{} 2MnSO_4+2H_2O+O_2\uparrow$$

从水溶液中析出带结晶水的硫酸锰($MnSO_4\cdot 7H_2O$)，加热依次得到的含 5、4、1 个结晶水的盐，最终得到白色无水盐：

$$MnSO_4\cdot 7H_2O \xrightarrow{282\ K} MnSO_4\cdot 5H_2O \xrightarrow{299\ K} MnSO_4\cdot 4H_2O \xrightarrow{300\ K} MnSO_4$$

2. 锰(+4)化合物

锰(+4)化合物中最重要的是二氧化锰(MnO_2)，为黑色粉末，不溶于水。二氧化锰在酸性条件下是强氧化剂(MnO_2/Mn^{2+}：$\varphi^\ominus=1.208$ V)，在碱性条件下具有一定的还原能力(MnO_4^{2-}/MnO_2：$\varphi^\ominus=0.60$ V)。如制备氯气：

$$MnO_2+4HCl(浓) \xrightarrow{\triangle} MnCl_2+Cl_2\uparrow+2H_2O$$

MnO_2 与 KOH 隔绝空气共熔，可得到亚锰酸钾。

$$MnO_2+2KOH \xlongequal{} K_2MnO_3+H_2O$$

MnO_2 与 KOH 若不隔绝空气，或有氧化剂存在，则得到绿色的锰酸钾。

$$2MnO_2+4KOH+O_2 \xlongequal{熔融} 2K_2MnO_4+2H_2O$$

$$3MnO_2+6KOH+KClO_3 \xlongequal{熔融} 3K_2MnO_4+KCl+3H_2O$$

3. 锰(+6)化合物和锰(+7)化合物

锰(+6)化合物主要是锰酸盐。锰酸根离子(MnO_4^{2-})为深绿色，在 pH<14 的溶液中 MnO_4^{2-} 强烈歧化：

$$3MnO_4^{2-} + 4H^+ \xlongequal{} 2MnO_4^- + MnO_2 \downarrow + 2H_2O$$

该反应的 $K=3.16\times10^{57}$，歧化反应程度很大。MnO_4^{2-} 仅存在于 pH≥14 的溶液中。锰酸钾可以用 $KMnO_4$ 和 KOH 在无 CO_2 的水溶液中制备：

$$4KMnO_4 + 4KOH \xlongequal{} 4K_2MnO_4 + O_2 \uparrow + 2H_2O$$

Mn(+7)化合物主要是高锰酸盐。高锰酸根离子(MnO_4^-)为紫色。X 射线结构分析表明，MnO_4^- 与 VO_4^{3-}、CrO_4^{2-} 结构一样，为规则四面体。其最重要的盐是 $KMnO_4$，它是一个重要的氧化剂，常在分析化学中使用。

$KMnO_4$ 的性质主要表现在以下几个方面。

(1) 不稳定性。

固体 $KMnO_4$ 受热分解：

$$2KMnO_4 \xlongequal{} K_2MnO_4 + MnO_2 + O_2 \uparrow$$

$KMnO_4$ 溶液也易分解：

$$4MnO_4^- + 4H^+ \xlongequal{} 4MnO_2 \downarrow + 3O_2 \uparrow + 2H_2O$$

光会催化溶液中的分解反应。因此，$KMnO_4$ 溶液应避光保存。

(2) 氧化性。

$KMnO_4$ 溶液在不同酸度环境下的氧化能力不同，被还原产物也不同。

①酸性条件下，$KMnO_4$ 是强氧化剂，电对 MnO_4^-/Mn^{2+} 的 $\varphi^\ominus=1.51$ V，这是 $KMnO_4$ 最重要的性质。例如：

$$2MnO_4^- + 6H^+ + 5H_2C_2O_4 \xlongequal{} 2Mn^{2+} + 10CO_2 \uparrow + 8H_2O$$

酸性条件下，MnO_4^- 被还原的反应有两点需讨论：其一，Mn^{2+} 催化该反应，使得反应速度开始时较慢，然后迅速加快；其二，若 MnO_4^- 过量，则 MnO_4^- 将与 Mn^{2+} 发生反歧化反应：

$$2MnO_4^- + 3Mn^{2+} + 2H_2O \xlongequal{} 5MnO_2 + 4H^+$$

通常应避免 MnO_4^- 过量。

分析化学中可以应用 $KMnO_4$ 在酸性条件下的强氧化性做定量分析。例如，$KMnO_4$ 分别与 Fe^{2+}、H_2O_2 发生氧化还原反应：

$$MnO_4^- + 5Fe^{2+} + 8H^+ \xlongequal{} Mn^{2+} + 5Fe^{3+} + 4H_2O$$

$$2MnO_4^- + 5H_2O_2 + 6H^+ \xlongequal{} 2Mn^{2+} + 5O_2 + 8H_2O$$

②近中性(中性、弱酸性、弱碱性)条件下，$KMnO_4$ 是弱氧化剂，电对 MnO_4^-/MnO_2 的 $\varphi^\ominus=0.59$ V，只有较强的还原剂才能还原 $KMnO_4$。例如：

$$2MnO_4^- + H_2O + I^- \xlongequal{} 2MnO_2 + IO_3^- + 2OH^-$$

③碱性条件下，$KMnO_4$ 是弱氧化剂，电对 MnO_4^-/MnO_4^{2-} 的 $\varphi^\ominus=0.58$ V，同样只有较强的还原剂才能还原 $KMnO_4$。例如：

$$2MnO_4^- + SO_3^{2-} + 2OH^- \xlongequal{} 2MnO_4^{2-} + SO_4^{2-} + H_2O$$

工业上制备 $KMnO_4$，首先用 KOH、$KClO_3$ 将含 60% MnO_2 的矿石转化为 K_2MnO_4，再用铂作阴极电解氧化 K_2MnO_4 生成 $KMnO_4$。

$$3MnO_2 + 6KOH + KClO_3 \xrightarrow{\text{熔融}} 3K_2MnO_4 + KCl + 3H_2O$$

$$2K_2MnO_4+2H_2O \xrightarrow{电解} 2KMnO_4+2KOH+H_2\uparrow$$

也可以将电解改为用强氧化剂来氧化。例如：

$$2MnO_4^{2-}+Cl_2 = 2MnO_4^-+2Cl^-$$

实验室制取 $KMnO_4$ 也可用 PbO_2 或 $NaBiO_3$ 等强氧化剂氧化锰(+2)盐。例如：

$$5PbO_2+2Mn(NO_3)_2+6HNO_3 = 2HMnO_4+5Pb(NO_3)_2+2H_2O$$

$KMnO_4$ 应用在多个领域。在化学品生产中，广泛作为氧化剂，如用作制糖精、维生素 C、异烟肼及安息香酸的氧化剂；在医药上，用作防腐剂、消毒剂、除臭剂及解毒剂；在水质净化及废水处理中，用作水处理剂；在气体净化中，用于除痕量硫、砷、磷、硅烷、硼烷及硫化物；在采矿冶金方面，用于从铜中分离钼，从锌和镉中除杂，以及用作化合物浮选的氧化剂；此外，还用作漂白剂、防毒面具的吸附剂、木材及铜的着色剂等。

Mn(+7)化合物除了高锰酸盐外还有 Mn_2O_7。在 $KMnO_4$ 晶体上滴加浓硫酸，可得到绿色的油状物 Mn_2O_7。反应如下：

$$2KMnO_4+H_2SO_4(浓) = K_2SO_4+2HMnO_4$$

$$2HMnO_4 = Mn_2O_7+H_2O$$

Mn_2O_7 是极强的氧化剂，常温下爆炸分解：

$$2Mn_2O_7 = 4MnO_2+3O_2$$

$$Mn_2O_7 = 2MnO_2+O_3$$

故 Mn_2O_7 应在 273 K 以下保存。

Mn_2O_7 溶于冷水可得 $HMnO_4$：

$$Mn_2O_7+H_2O = 2HMnO_4$$

$HMnO_4$ 只存在于溶液中，浓度超过 20%即分解。

20.5.3 锝和铼

20.5.3.1 单质

锝是人造元素，主要来源于 ^{235}U 和 ^{239}Pu 的裂变产物，约占产物的 6%。铼主要来自辉钼矿等伴生矿物中。焙烧辉钼矿精矿时，具有挥发性的 Re_2O_7 聚集在烟尘和烟道气中。将 Re_2O_7 依次进行如下反应，可制得纯度为 99.98%的金属铼：

$$Re_2O_7+H_2O = 2HReO_4$$

$$HReO_4+KCl = KReO_4+HCl$$

$$2HReO_4+7H_2S = Re_2S_7+8H_2O$$

$$Re_2S_7+28H_2O_2+16NH_3\cdot H_2O = 2(NH_4)ReO_4+7(NH_4)_2SO_4+36H_2O$$

$$2(NH_4)ReO_4+7H_2 \xrightarrow{973K} 2Re+2NH_3+8H_2O$$

锝和铼都是银灰色、有光泽的金属。锝具有高超导跃迁温度。铼的熔点非常高，仅次于碳(3550℃)和钨(3400℃)，用于制作高温电偶(Pt−Re 等)及加(脱)氢反应中的催化剂等。

锝和铼的化学性质很相似，活泼性不如锰。在空气或氧气中，高温加热两者，均生

成挥发性氧化物 M_2O_7（M=Tc、Re）。锝和铼分别在氟中燃烧都会生成一系列氟化物的混合物，如 TcF_5 和 TcF_6、ReF_6 和 ReF_7。锝和铼也能与氯气发生反应，铼还能和溴化合生成 Re_2Br_{10}。

溶解性：锝和铼能溶于氧化性酸（硝酸、浓硫酸），但不溶于氢卤酸。

$$3M+7HNO_3 = 3HMO_4+7NO\uparrow+2H_2O \quad (M=Tc、Re)$$

20.5.3.2　氧化物和含氧酸盐

常见的锝和铼的氧化物有 Tc_2O_7、TcO_2 和 Re_2O_7、ReO_3、ReO_2。它们的二氧化物都很稳定。单质 Tc 在过量氧气中高温（673 K）燃烧时会得到浅黄色 Tc_2O_7 固体。值得注意的是，Tc_2O_7 固体能导电，液体却不导电；Re_2O_7 与之相反。Tc_2O_7 的结构如图 20－11 所示。Tc_2O_7 中 Tc—O—Tc 链是直线，其中的氧被两个 TcO_4 四面体共用。Tc 和端基氧原子的平均键长为 167.3 pm，Tc 与桥基氧原子的键长为 184.0 pm。

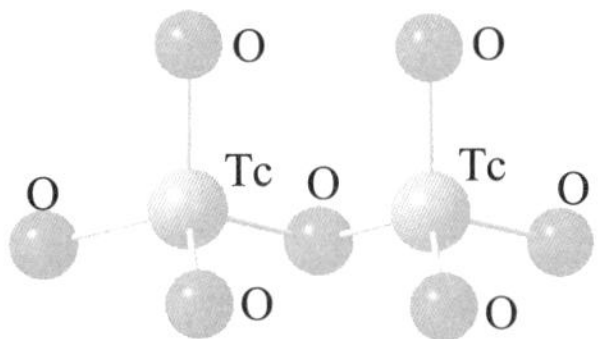

图 20－11　Tc_2O_7 的结构

Re 或 ReO_2 与氧气在强热下都能生成 Re_2O_7。若氧的分压较低，可在过程中见到红色的 ReO_3 生成。Re_2O_7 的结构由 ReO_4 四面体和 ReO_6 八面体共顶点交替无限地排列而成，如图 20－12 所示。

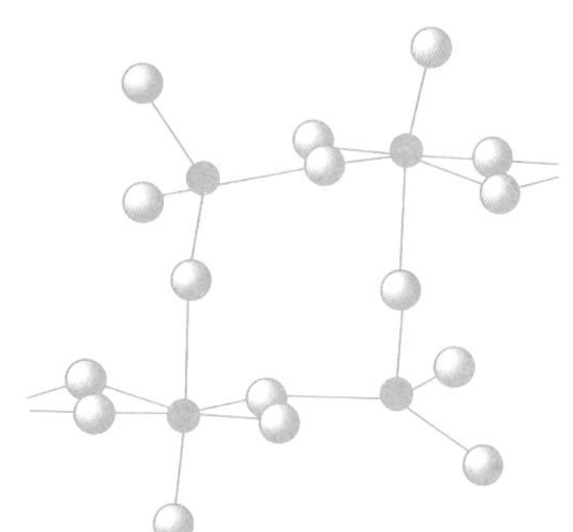

图 20－12　Re_2O_7 的结构（铼实心球、氧空心球）

Tc_2O_7 溶于水后形成无色的高锝酸，显酸性。

$$Tc_2O_7+H_2O = 2HTcO_4$$

Tc_2O_7 能直接和氢氧化钠发生酸碱中和反应，生成高锝酸钠。

$$Tc_2O_7+2NaOH = 2NaTcO_4+H_2O$$

Re_2O_7 溶于水能生成 $HReO_4$。

20.5.3.3 配合物

锝和铼都能显著地形成配合物。其中，铼的配合物具有以下特点：①易形成高配位数的配合物；②易形成原子簇合物；③易形成羰基配合物。

铼形成的原子簇合物中常有新的成键类型。如 $[Re_2Cl_8]^{2-}$ 的成键情况如下（图 20－13）：

Re^{3+}：$5d^4 6s^0 6p^0$。

Re^{3+} 与 Cl^- 结合：两个 Re^{3+} 空的价电子轨道 $5d_{x^2-y^2}$、6s、6p 分别以 dsp^2 杂化形成 8 个杂化轨道，分别与 8 个 Cl^- 形成配键。

Re^{3+} 与 Re^{3+} 结合：两个 Re^{3+} 的 4 个 d 电子（d_{z^2}、d_{xy}、d_{yz}、d_{xz}）彼此形成四重键：σ 键（d_{z^2}）、π 键（d_{yz}）、π 键（d_{xz}）、δ 键（d_{xy}，原子轨道以面对面的方式成键）。

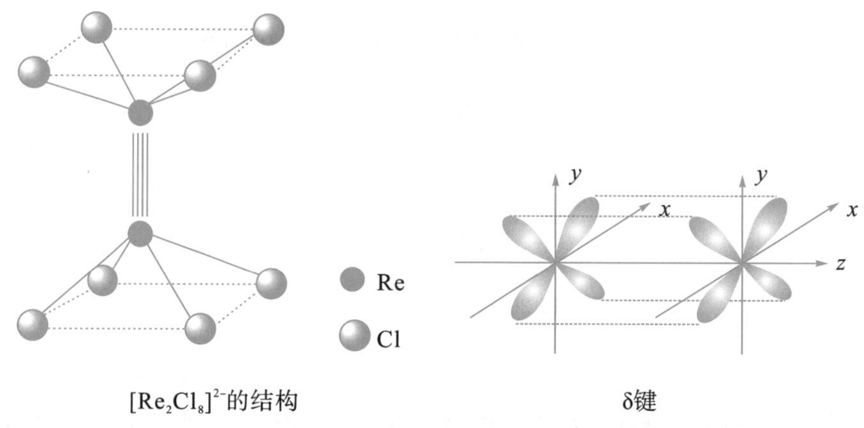

图 20－13　$[Re_2Cl_8]^{2-}$ 的结构及 δ 键

四重键的生成使得 Re 与 Re 之间的键距很短（224 pm），键能很大（300～500 kJ·mol^{-1}），故 $[Re_2Cl_8]^{2-}$ 能稳定存在。

20.6 铁系元素

元素周期表第Ⅷ族元素共计九个元素，其中第四周期元素铁（Fe）、钴（Co）、镍（Ni）称为铁系元素，它们在性质上有很多相似之处。

20.6.1 概述

铁在地壳中的丰度为 4.65%，仅次于氧、硅、铝，位居第四。铁元素分布广泛，主要以化合物的形式出现，单质铁极为少见。常见的铁矿石有赤铁矿（Fe_2O_3，含铁量可达 70%）、磁铁矿（Fe_3O_4）、菱铁矿（$FeCO_3$）、黄铁矿（FeS_2）等。钴在地壳中的丰度为 0.001%，主要矿物为铜钴矿。镍在地壳中的丰度为 0.016%，占第 24 位。镍矿主要为三种类型：硫化物矿、氧化物和硅酸盐矿、砷化物矿。

铁系元素的基本性质见表 20－12。

表 20－12　铁系元素的基本性质

铁系元素	Fe	Co	Ni
原子序数	26	27	28
价电子构型	$3d^6 4s^2$	$3d^7 4s^2$	$3d^8 4s^2$
原子半径/pm	117	116	115
熔点/K	1808	1768	1726
沸点/K	3023	3143	3005
密度(20℃)/$g \cdot cm^{-3}$	7.9	8.9	8.9
第一电离能/$kJ \cdot mol^{-1}$	759	758	737
第二电离能/$kJ \cdot mol^{-1}$	1561	1646	1753
第三电离能/$kJ \cdot mol^{-1}$	2957	3232	3393
电负性 χ_P	1.8	1.9	1.9
$\varphi^\ominus(M^{2+}/M)/V$	−0.44	−0.28	−0.26
$\varphi^\ominus(M^{3+}/M)/V$	−0.04	+0.42	—
导电性*	17	24	24
汽化热/$kJ \cdot mol^{-1}$	340±13	382	375±17
原子化热/$kJ \cdot mol^{-1}$	398±17	425±17	429±13
熔化热/$kJ \cdot mol^{-1}$	13.8	16.3	17.5

注：* 导电性以银的导电性为 100 作标准。

对于一般的过渡元素，最外层 s 电子数和次外层 d 电子数的加和为其最高氧化数，但铁系元素例外。Fe、Co、Ni 都不可能把全部 d 电子用于成键，这是因为一旦 d 电子成对，d 电子的成键能力会大大降低，结果就是 d 电子不能全部参与成键。这导致铁系元素的氧化数有两个特点：其一，相比于锰族，氧化态范围减小；依 Fe、Co、Ni 的顺序，氧化态范围减小。其二，最高氧化数降低，相比于锰族，最高氧化数降低；依 Fe、Co、Ni 的顺序，最高氧化数降低。

Fe 的氧化数为−2、0、+1、+2、+3、+4、+5、+6。

铁原子有一对 d 电子难以成键，其最高氧化数只能达到+6。其低价氧化态(−2、0、+1)很不稳定，只能以稳定配合物的形式存在；高价氧化态(+4、+5、+6)非常稀少，极不稳定。Fe 的主要氧化态为+2、+3，都很稳定，两者稳定性的接近程度超过其他元素。

Co 的氧化数为−1、0、+1、+2、+3、+4、+5。

钴原子有两对 d 电子难以成键，其最高氧化数只能达到+5。其低价氧化态(−1、0、+1)很不稳定，只能以稳定羰基配合物的形式存在；高价氧化态(+4、+5)非常稀少，极不稳定。Co 的主要氧化态为+2、+3，+2 氧化态很稳定，+3 氧化态稳定性稍差。

Ni 的氧化数为−1、0、+1、+2、+3、+4。

镍原子有三对 d 电子难以成键，其最高氧化数只能达到+4。唯一重要且稳定的氧化态是+2。其高价氧化态(+3、+4)极不稳定；低价氧化态(−1、0、+1)很不稳定，只能以稳定羰基配合物的形式存在。

因为 Fe、Co、Ni 的 d 电子不能全部参与成键，故与第四周期的其他过渡元素相比，很难形成像 VO_4^{3-}、CrO_4^{2-}、MnO_4^- 那样的含氧酸根。Fe 虽能形成高铁酸根(FeO_4^{2-})，但很不稳定，是强氧化剂。而 Co、Ni 还未发现有类似的含氧酸根离子。

Fe、Co、Ni 常见氧化态对应的离子形成配合物的能力很强，其中以 Co 最突出。Co 能形成配阴离子、配阳离子、配位分子等配合物，数目特别多。

铁系元素电势图如图 20−14 所示。

$$FeO_4^{2-} \xrightarrow{2.20} Fe^{3+} \xrightarrow{0.77} Fe^{2+} \xrightarrow{-0.48} Fe$$

$$CoO_2 \xrightarrow{1.42} Co^{3+} \xrightarrow{1.82} Co^{2+} \xrightarrow{-0.28} Co$$

$$NiO_2 \xrightarrow{1.68} Ni^{2+} \xrightarrow{-0.23} Ni$$

(a)酸性条件($\varphi^\ominus$/V)

$$FeO_4^{2-} \xrightarrow{0.72} Fe(OH)_3 \xrightarrow{-0.56} Fe(OH)_2 \xrightarrow{-0.89} Fe$$

$$CoO_2 \xrightarrow{0.62} Co(OH)_3 \xrightarrow{0.17} Co(OH)_2 \xrightarrow{-0.72} Co$$

$$Ni(OH)_4 \xrightarrow{0.60} Ni(OH)_3 \xrightarrow{0.48} Ni(OH)_2 \xrightarrow{-0.72} Ni$$

(b)碱性条件($\varphi^\ominus$/V)

图 20−14 铁系元素电势图

1. 物理性质

铁系元素单质都是具有金属光泽的白色金属。钴略带灰色。它们的密度都比较大，熔点也比较高。它们的熔点随原子序数的增加而降低，这与参与形成金属键的 3d 轨道电子数按 Fe、Co、Ni 的顺序依次减少、金属键依次减弱有关。钴比较硬而脆，铁和镍却有很好的延展性。铁系元素最突出的性质是具有铁磁性，是良好的磁性材料。

2. 化学性质

铁、钴、镍都是中等活泼的金属，活泼性按顺序递减。它们在常态下较稳定，高温下可与大多数非金属反应。例如：

$$M+S = MS \quad (M=Fe、Co、Ni)$$

$$2Fe+3Cl_2 = 2FeCl_3$$

$$M+Cl_2 = MCl_2 \quad (M=Co、Ni)$$

$$3Fe+4H_2O \xrightarrow{高温} Fe_3O_4+4H_2\uparrow$$

3. $Fe-H_2O$ 体系的电势—pH 图

$Fe-H_2O$ 体系的电势—pH 图如图 20－15 所示。

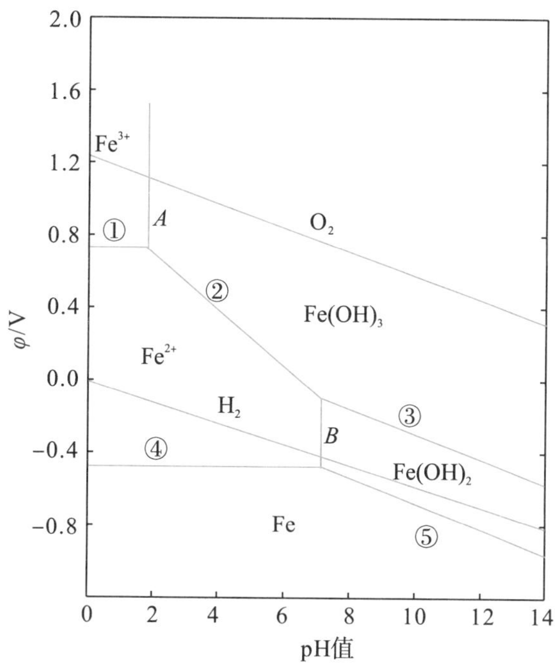

图 20－15　$Fe-H_2O$ 体系的电势—pH 图

电势—pH 图中，氧化剂高于 O_2 线，可氧化水放出 O_2；还原剂低于 H_2 线，可还原水放出 H_2；还原剂低于 O_2 线，可被水溶液中溶解的 O_2 氧化(参见 11.6.2)

图 20－15 中，线 A、B 分别代表 Fe(+3)和 Fe(+2)在水溶液中随酸度变化其存在形式的变化。

$$Fe^{3+}+3OH^{-}=\!=\!=Fe(OH)_3\qquad K_{sp}=4.0\times10^{-38}$$

当溶液中 Fe^{3+} 的浓度为 0.01 时，生成 $Fe(OH)_3$ 沉淀时对应的 pH=2.2。pH=2.2 在图 20－15 中表现为线 A。pH<2.2，Fe(+3)的主要存在形式为 Fe^{3+}；pH>2.2，Fe(+3)的主要存在形式为 $Fe(OH)_3$。

$$Fe^{2+}+2OH^{-}=\!=\!=Fe(OH)_2\qquad K_{sp}=8.0\times10^{-16}$$

当溶液中 Fe^{2+} 的浓度为 0.01 时，生成 $Fe(OH)_2$ 沉淀时对应的 pH=7.5。pH=7.5 在图 20－15中表现为线 B。pH<7.5，Fe(+2)的主要存在形式为 Fe^{2+}；pH>7.5，Fe(+2)的主要存在形式为 $Fe(OH)_2$。

由此，电对 Fe(+3)/ Fe(+2)在溶液中随酸度变化其存在形式的变化可通过图 20－15 中的线①Fe^{3+}/ Fe^{2+}、线②$Fe(OH)_3$/ Fe^{2+}、线③$Fe(OH)_3$/ $Fe(OH)_2$ 体现出来。

线①低于 O_2 线，表明在 pH<2.2 的酸性条件下，Fe^{2+} 能被溶液中的 O_2 氧化成 Fe^{3+}。

$$4Fe^{2+}+O_2+4H^{+}=\!=\!=4Fe^{3+}+2H_2O$$

线②低于 O_2 线，表明当 pH=2.2～7.5 时，Fe^{2+} 能被溶液中的 O_2 氧化成 $Fe(OH)_3$。

$$4Fe^{2+}+O_2+10H_2O=\!=\!=4Fe(OH)_3+8H^{+}$$

线③低于 O_2 线，表明当 pH>7.5 时，$Fe(OH)_2$ 能被溶液中的 O_2 氧化成 $Fe(OH)_3$。

$$4Fe(OH)_2+O_2+2H_2O=\!=\!=4Fe(OH)_3$$

同样，电对 Fe(+2)/Fe 在溶液中随酸度变化其存在形式的变化可通过线④Fe^{2+}/ Fe、线⑤$Fe(OH)_2$/ Fe 体现出来。

线④低于 H_2 线，表明 Fe 在酸性溶液中可溶于水，置换出 H_2。

$$Fe+2H^+=\!=\!=Fe^{2+}+H_2\uparrow$$

线⑤低于 H_2 线，表明当 pH>7.5 时，Fe 也可溶于水，置换出 H_2。

$$Fe+2H_2O=\!=\!=Fe(OH)_2+H_2\uparrow$$

可见图 20-15 中，在线①和线 A 围成的左上区域，铁的存在形式是 Fe^{3+}；在线 A、线②和线③围成的右上区域，铁的存在形式是 $Fe(OH)_3$；在线①、线②、线 B 和线④围成的左中区域，铁的存在形式是 Fe^{2+}；在线③、线 B 和线⑤围成的右中区域，铁的存在形式是 $Fe(OH)_2$；在线④、线⑤围成的下边区域，铁的存在形式是 Fe。

如果在图 20-15 中添加 I_2/I^- 的电势—pH 线（$\varphi^\ominus=0.535$ V），将会看到 Fe(+3)/Fe(+2)与 I_2/I^- 相互转换的四种可能性：

其一，当 pH<2.2 时，I_2/I^- 的电势—pH 线低于线①，这表明：

$$2Fe^{3+}+2I^-=\!=\!=2Fe^{2+}+I_2$$

其二，当 pH=2.2~3 时，I_2/I^- 的电势—pH 线低于线②，这表明：

$$2Fe(OH)_3+2I^-+6H^+=\!=\!=2Fe^{2+}+I_2+6H_2O$$

其三，当 pH=3~7.5 时，I_2/I^- 的电势—pH 线高于线②，这表明：

$$2Fe^{2+}+I_2+6H_2O=\!=\!=2Fe(OH)_3+2I^-+6H^+$$

其四，当 pH>7.5 时，I_2/I^- 的电势—pH 线高于线③，这表明：

$$2Fe(OH)_2+2OH^-+I_2=\!=\!=2Fe(OH)_3+2I^-$$

20.6.2 铁系元素的重要化合物

Fe、Co、Ni 的常见氧化态对应的都是简单离子：$Fe(H_2O)_6^{2+}$（浅绿色）、$Fe(H_2O)_6^{3+}$（淡紫色，因水解而显黄棕色）、$Co(H_2O)_6^{2+}$（粉红色）、$Ni(H_2O)_6^{2+}$（亮绿色）。无论是酸性还是碱性条件，还原能力均为 $Fe^{2+}>Co^{2+}>Ni^{2+}$，氧化能力为 Co(+3)>Fe^{3+}。

20.6.2.1 氧化物和氢氧化物

1. 氧化物

在隔绝空气的条件下加热铁、钴、镍的二价草酸盐，可得到对应的氧化物。加热钴、镍的二价氢氧化物，也可得到相应的氧化物。

$$MC_2O_4=\!=\!=MO+CO+CO_2\quad(M=Fe、Co、Ni)$$

$$M(OH)_2=\!=\!=MO+H_2O\quad(M=Co、Ni)$$

FeO(黑色)、CoO(灰绿色)、NiO(暗绿色)都是碱性氧化物，难溶于水，溶于酸。FeO 溶于酸后，Fe^{2+} 不稳定，被缓慢氧化成 Fe^{3+}。

$$4Fe^{2+}+O_2+4H^+=\!=\!=4Fe^{3+}+2H_2O$$

M_2O_3常通过下列反应制备：

$$2Fe(OH)_3 \xrightarrow{\triangle} Fe_2O_3 + 3H_2O$$

$$6CoCO_3 + O_2 \xrightarrow{\triangle} 2Co_3O_4 + 6CO_2$$

Co_3O_4的组成为$Co_2O_3 \cdot CoO$(部分CoO被氧化)。纯Ni_2O_3未得到。

Fe_2O_3(砖红色)、Co_3O_4(黑色)都是碱性氧化物，难溶于水，溶于酸。由于Co_2O_3的氧化性，其溶于酸得到的是二价盐。

$$2M_2O_3 + 4H_2SO_4 = 4MSO_4 + O_2\uparrow + 4H_2O$$

铁混合价态氧化物四氧化三铁（Fe_3O_4）可以通过多种方法制得，如以铁在氧气中加热或水蒸气通过赤热的铁，FeO被部分氧化成Fe_2O_3或Fe_2O_3部分热分解成FeO等。

$$3Fe + 2O_2 \xrightarrow{\triangle} Fe_3O_4$$

$$3Fe + 4H_2O \xrightarrow{\triangle} Fe_3O_4 + 4H_2$$

$$6FeO + O_2 \xrightarrow{\triangle} 2Fe_3O_4$$

$$6Fe_2O_3 \xrightarrow{\triangle} 4Fe_3O_4 + O_2$$

Fe_3O_4 不溶于水，溶于酸(天然的Fe_3O_4不溶于酸溶液)。

$$Fe_3O_4 + 8HCl = FeCl_2 + 2FeCl_3 + 4H_2O$$

Fe_3O_4是优良的磁性和导电材料。我国早在公元前4世纪就发现了天然磁铁矿(Fe_3O_4)。指南针的发明正是利用了这种天然磁铁矿的磁性。

2. 氢氧化物

Fe、Co、Ni的二价氢氧化物的制备反应如下：

$$M^{2+} + 2OH^- = M(OH)_2\downarrow \qquad (M=Fe、Co、Ni)$$

$Fe(OH)_2$为白色，$Co(OH)_2$为粉红色，$Ni(OH)_2$为浅绿色。对于$Fe(OH)_2$，上述过程应控制溶液无氧，否则由于$Fe(OH)_2$不稳定，可被溶液中的O_2迅速氧化成$Fe(OH)_3$；$Co(OH)_2$也可以缓慢地被氧化。

$$4M(OH)_2 + O_2 + 2H_2O = 4M(OH)_3 \qquad (M=Fe、Co)$$

$Ni(OH)_2$不被氧化。

Fe、Co、Ni的三价氢氧化物的制备除Fe^{3+}与碱反应外，更主要的是利用$M(OH)_2$的还原能力来制备。

$$Fe^{3+} + 3OH^- = Fe(OH)_3\downarrow$$

$$4Fe(OH)_2 + O_2 + 2H_2O = 4Fe(OH)_3\downarrow$$

$$2M(OH)_2 + ClO^- + H_2O = 2M(OH)_3\downarrow + Cl^- \qquad (M=Co、Ni)$$

其他碱性条件下的氧化剂如Br_2等也常用到。

$Fe(OH)_3$为棕红色，$Co(OH)_3$为棕色，$Ni(OH)_3$为黑色。新生成的沉淀结构疏松，体积庞大；而放置是使沉淀致密的过程，致密的沉淀相对呈化学惰性。新生成的$Fe(OH)_3$略显两性偏碱性，溶于浓的强碱：

$$Fe(OH)_3 + OH^- \rightleftharpoons FeO_2^-(铁酸根) + 2H_2O$$

$Co(OH)_3$、$Ni(OH)_3$与酸反应得到二价盐。例如：

$$4M(OH)_3+4H_2SO_4 = 4MSO_4+O_2\uparrow+10H_2O \quad (M=Co、Ni)$$

$$2M(OH)_3+6HCl = 2MCl_2+Cl_2\uparrow+6H_2O \quad (M=Co、Ni)$$

20.6.2.2 盐

1. 氧化态为+2 的盐

Fe、Co、Ni 的二价离子在溶液中都是水合的：$M(H_2O)_6^{2+}$，因此从溶液中结晶出来的盐一般都含结晶水。例如：

$$MSO_4 \cdot 7H_2O \quad (M=Fe、Co、Ni)$$

$$M(NO_3)_2 \cdot 6H_2O \quad (M=Fe、Co、Ni)$$

含结晶水的盐与无水盐在颜色上有差异。阴离子无色时，Fe 的无水盐一般为白色，Co 的无水盐一般为蓝色，Ni 的无水盐一般为黄色。

溶解性：强酸盐一般易溶于水，弱酸盐一般难溶于水。

水解性：可溶性盐都有微弱的水解。

$$M^{2+}+H_2O \rightleftharpoons M(OH)^{+}+H^{+} \quad (M=Fe、Co、Ni)$$

(1) 硫酸亚铁。

常见的制备反应：

$$Fe+H_2SO_4 = FeSO_4+H_2\uparrow \quad (实验室)$$

$$2FeS_2(黄铁矿)+7O_2+2H_2O = 2FeSO_4+2H_2SO_4 \quad (工业)$$

得到绿色的含结晶水的盐 $FeSO_4 \cdot 7H_2O$，俗称绿矾。受热可得到无水盐。若强热则分解：

$$2FeSO_4 \xrightarrow{\triangle} Fe_2O_3+SO_2\uparrow+SO_3\uparrow$$

硫酸亚铁具有还原性。固态硫酸亚铁表面易被氧化成黄褐色的碱式硫酸铁，因此，绿色的硫酸亚铁晶体放置过久会发黄。

$$4FeSO_4+O_2+2H_2O \xrightarrow{\triangle} 4Fe(OH)SO_4$$

硫酸亚铁溶于水得到的 Fe^{2+} 也容易被溶解在溶液中的 O_2 氧化。

$$4Fe^{2+}+O_2+4H^{+} = 4Fe^{3+}+2H_2O$$

因此，保存硫酸亚铁目前有两种方法：

其一，固态时保存，把硫酸亚铁制成复盐硫酸亚铁铵$(NH_4)_2SO_4 \cdot FeSO_4 \cdot 6H_2O$(俗称摩尔盐)。

$$FeSO_4+(NH_4)_2SO_4+6H_2O = (NH_4)_2Fe(SO_4)_2 \cdot 6H_2O$$

摩尔盐的稳定性强于绿矾，可以放置较长时间。这是因为绿矾 $FeSO_4 \cdot 7H_2O$ 晶体中水的结合与五水硫酸铜相似，Fe^{2+} 离子配位结合六个水分子，还有一个只有氢键结合的水，这个只有氢键结合的水在空气中易于断开其中的一个或几个氢键，使得硫酸亚铁晶体结构出现破损，表面出现空隙，氧气分子易于进入，进而发生氧化作用；而摩尔盐$(NH_4)_2SO_4 \cdot FeSO_4 \cdot 6H_2O$ 晶体中六个水分子都是配键结合的，没有氢键结合的，晶体表面难以出现空隙，氧气分子难以进入，因此氧化作用难以发生。另外，$FeSO_4 \cdot 7H_2O$

在环境湿度小时会被风化，也是相同原因。

其二，溶液中保存，加入铁单质，达到短期保存 Fe^{2+} 的目的。

$$2Fe^{3+}+Fe = 3Fe^{2+}$$

利用 Fe^{2+} 的还原性，$FeSO_4$ 常作还原剂。如以下两个反应为分析化学中的常见反应：

$$6FeSO_4+K_2Cr_2O_7+7H_2SO_4 = Cr_2(SO_4)_3+3Fe_2(SO_4)_3+K_2SO_4+7H_2O$$

$$10FeSO_4+2KMnO_4+8H_2SO_4 = 5Fe_2(SO_4)_3+K_2SO_4+2MnSO_4+8H_2O$$

(2) 硫酸镍(+2)和硫酸钴(+2)。

金属镍、钴分别与硫酸和硝酸一起反应，或者将氧化物(+2)或碳酸盐(+2)溶于稀硫酸中，都可以制得镍和钴的硫酸盐。

$$2Ni+2HNO_3+2H_2SO_4 = 2NiSO_4+NO_2\uparrow+NO\uparrow+3H_2O$$

$$NiO+H_2SO_4 = NiSO_4+H_2O$$

$NiSO_4 \cdot 7H_2O$ 是绿色晶体，$CoSO_4 \cdot 7H_2O$ 是红色晶体。硫酸镍和硫酸钴可以和碱金属或铵的硫酸盐形成复盐。

(3) 二氯化钴和二氯化镍。

二氯化钴和二氯化镍分别为最常见的钴盐和镍盐，制备反应有干法和湿法两种。

$$M+Cl_2 = MCl_2 \quad (M=Co、Ni)$$

$$M+2HCl = MCl_2+H_2\uparrow \quad (M=Co、Ni)$$

湿法制备的盐含结晶水：$CoCl_2 \cdot nH_2O$、$NiCl_2 \cdot nH_2O$。

$CoCl_2 \cdot nH_2O$ 随结晶水的不同，颜色也不同，见表 20－13。

表 20－13　含不同结晶水的 $CoCl_2 \cdot nH_2O$ 对应的颜色

n	6	4	2	1.5	1	0
颜色	粉红色	红色	红紫色	暗紫红	蓝紫色	蓝色

$NiCl_2 \cdot nH_2O$ 中的 n 值分别有 7、6、4、2，其颜色都是绿色；无水盐是黄褐色。

2. 氧化态为+3 的盐

Fe(+3)盐能稳定存在；Co(+3)盐数目少，且仅为固态；Ni(+3)盐尚未制得。

(1) Fe(+3)盐。

Fe(+3)盐对应的离子在溶液中水合：$Fe(H_2O)_6^{3+}$，淡紫色。

水解：一般能看到的 Fe^{3+} 的溶液是黄棕色、红棕色，这是因为 $Fe(H_2O)_6^{3+}$ 在溶液中强烈水解。化学过程可表示如下：

$$[Fe(H_2O)_6]^{3+}+H_2O = [Fe(H_2O)_5OH]^{2+}+H_3O^+$$

$$[Fe(H_2O)_5OH]^{2+}+H_2O = [Fe(H_2O)_4(OH)_2]^{+}+H_3O^+$$

$$[Fe(H_2O)_4(OH)_2]^{+}+H_2O = [Fe(H_2O)_3(OH)_3]\downarrow+H_3O^+$$

此过程水解产物复杂，还涉及各种类型的缩合反应：

$$[Fe(H_2O)_6]^{3+}+[Fe(H_2O)_5OH]^{2+} = [(H_2O)_5Fe—OH—Fe(H_2O)_5]^{5+}+H_2O$$

$$2[Fe(H_2O)_6]^{3+}+2H_2O = [(H_2O)_4Fe—(OH)_2—Fe(H_2O)_4]^{4+}+2H_3O^+$$

上述双聚体结构如图 20－16 所示。

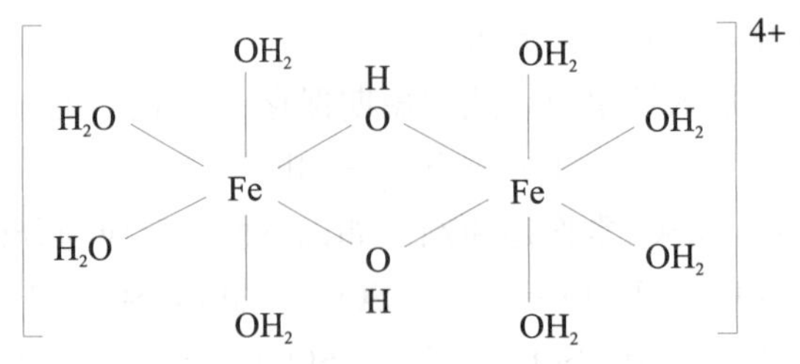

图 20—16 双聚体结构

随着水解的进行，溶液颜色逐渐由 $Fe(H_2O)_6^{3+}$ 的淡紫色变为黄色、黄棕色、红棕色，最终生成红棕色胶状沉淀 $Fe_2O_3 \cdot nH_2O$，习惯写成 $Fe(OH)_3$。

加热可促进 $[Fe(H_2O)_6]^{3+}$ 的水解，加酸可抑制水解。工业上利用 Fe^{3+} 水解除去杂质铁，方法是让杂质 Fe^{2+} 氧化成 Fe^{3+}，在 pH=1.6～1.8，温度为 358～368 K 时，Fe^{3+} 水解析出黄铁矾黄色晶体（避免水解生成沉淀速度慢、过滤困难的胶状沉淀$Fe_2O_3 \cdot nH_2O$）。

$$3Fe_2(SO_4)_3+6H_2O \xlongequal{} 6Fe(OH)SO_4+3H_2SO_4$$

$$4Fe(OH)SO_4+4H_2O \xlongequal{} 2Fe_2(OH)_4SO_4+2H_2SO_4$$

$$2Fe(OH)SO_4+2Fe_2(OH)_4SO_4+Na_2SO_4+2H_2O \xlongequal{} Na_2Fe_6(SO_4)_4(OH)_{12}\downarrow+H_2SO_4$$

氧化性：酸性条件下，Fe^{3+} 是中等强度的氧化剂，Fe^{3+}/Fe^{2+}：$\varphi^\ominus=0.77$ V。

还原性：碱性条件下，FeO_2^- 具有一定的还原能力，FeO_4^{2-}/FeO_2^-：$\varphi^\ominus=0.72$ V。强氧化剂可以将 FeO_2^- 氧化成高铁酸根离子。例如：

$$2FeO_2^-+2OH^-+3ClO^- \xlongequal{} 2FeO_4^{2-}+H_2O+3Cl^-$$

较为重要的 Fe(+3)盐是 $FeCl_3$，为共价型化合物，蒸气状态时是双聚分子(与 Al_2Cl_6 成键相同)。

(2) Co(+3)盐。

Co(+3)盐在溶液中不存在简单离子 Co^{3+}，这是因为其具有强氧化性，Co^{3+}/Co^{2+}：$\varphi^\ominus=1.84$ V。Co^{3+} 在水溶液中会氧化水：

$$4Co^{3+}+2H_2O \xlongequal{} 4Co^{2+}+4H^++O_2\uparrow$$

Co(+3)可以配合物的方式存在于水溶液中，如 $Co(NH_3)_6^{3+}$、$Co(CN)_6^{3-}$ 等。常见的 Co(+3)盐如硫酸盐、卤化物等都不稳定，易分解。

3. 配合物

铁系元素都是配合物很好的形成体。重要的配合物有氨配合物、硫氰配合物、氰配合物以及羰基配合物。

(1) 氨配合物。

Fe、Co、Ni 形成氨配合物的情况各异。

Fe^{3+}、Fe^{2+}：在水溶液中由于强烈水解而不与氨形成配合物。它们与氨反应的产物都是氢氧化物。

$$Fe^{2+}\xrightarrow{过量NH_3}Fe(OH)_2\longrightarrow Fe(OH)_3$$

$$Fe^{3+}\xrightarrow{过量NH_3}Fe(OH)_3$$

在无水状态下可能得到 Fe^{2+} 的氨配合物，但遇水即水解。

$$FeCl_2+6NH_3 = [Fe(NH_3)_6]Cl_2$$

$$[Fe(NH_3)_6]Cl_2+6H_2O = Fe(OH)_2\downarrow +4NH_3\cdot H_2O+2NH_4Cl$$

Co^{2+}、Ni^{2+}：遇氨形成配合物。

$$M \xrightarrow{NH_3} 碱式盐\downarrow \xrightarrow{过量NH_3} M(NH_3)_6^{2+} \qquad (M=Co^{2+}、Ni^{2+})$$

其中，$Co(NH_3)_6^{2+}$ 不稳定，易被溶解在水中的 O_2 氧化。

$$4Co(NH_3)_6^{2+}+O_2+2H_2O = 4Co(NH_3)_6^{3+}+4OH^-$$

可见，在水溶液中，Co^{3+} 不稳定，Co^{2+} 稳定；形成配合物之后，Co(+3)配合物稳定，Co(+2)配合物不稳定。电极电势数值可以证明这种稳定性差异。

$$Co^{3+}/Co^{2+}：\varphi^\ominus=1.84\ V$$

$$Co(NH_3)_6^{3+}/Co(NH_3)_6^{2+}：\varphi^\ominus=0.1\ V$$

$$Co(CN)_6^{3-}/Co(CN)_6^{4-}：\varphi^\ominus=-0.83\ V$$

形成配合物之后，Co(+3)/Co(+2)的电极电势显著降低。这种电极电势数值的变化反映了 Co^{3+} 和 Co^{2+} 形成的配合物的稳定性差异，Co^{3+} 形成的配合物的稳定性远远高于 Co^{2+} 形成的配合物。部分配合物的 $K_{稳}$ 数值如下：

$$Co^{3+}+6NH_3 = Co(NH_3)_6^{3+} \qquad K_{稳}=1.6\times10^{35}$$

$$Co^{2+}+6NH_3 = Co(NH_3)_6^{2+} \qquad K_{稳}=1.3\times10^{5}$$

$$Co^{3+}+6CN^- = Co(CN)_6^{3-} \qquad K_{稳}=1.0\times10^{64}$$

$$Co^{2+}+6CN^- = Co(CN)_6^{4-} \qquad K_{稳}=1.3\times10^{19}$$

正是因为 Co^{3+} 形成的配合物的 $K_{稳}$ 远大于 Co^{2+} 形成的配合物，所以 Co(+3)/Co(+2)的电极电势显著降低(参见 11.5.3)。也正是因为 Co^{3+} 和 Co^{2+} 与 CN^- 形成配合物的 $K_{稳}$ 差异相对更大，所以其电极电势显著降低。

Co^{3+} 和 Co^{2+} 形成的配合物的稳定性差异可以从它们与 NH_3、CN^- 形成内轨型配合物的成键来理解。Co^{3+} 是 $3d^6$ 结构，3d 电子重排之后，空出两个 3d 轨道，然后通过 d^2sp^3 杂化轨道成键，因为没有成单电子，化学活性降低。Co^{2+} 是 $3d^7$ 结构，3d 电子在激发一个到外层轨道后，重排空出两个 3d 轨道，然后通过 d^2sp^3 杂化轨道成键，由于外层轨道上有一个成单电子，因此易于失去，从而显示出较强的还原性。如图 20－17 所示。

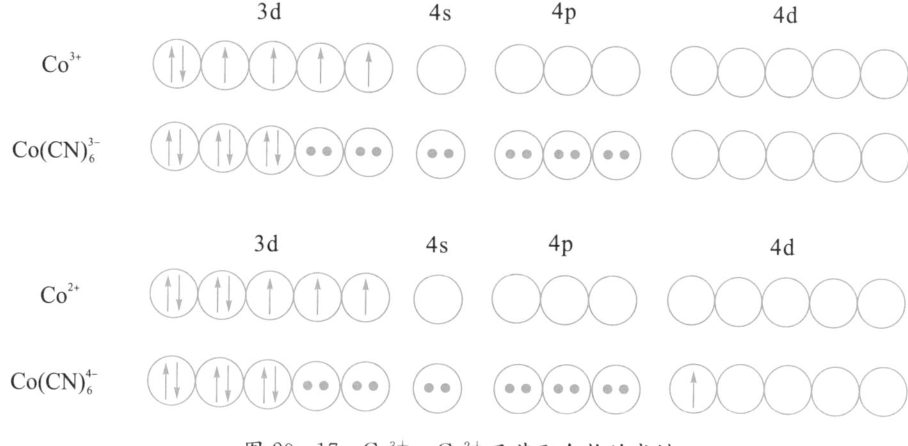

图 20－17　Co^{3+}、Co^{2+} 及其配合物的成键

$Ni(NH_3)_6^{2+}$ 能稳定存在。Ni^{2+} 为 $3d^8$ 结构，以外层 4s、4p、4d 空轨道通过 sp^3d^2 杂化轨道成键，有两个成单 d 电子。

（2）硫氰配合物。

Fe^{3+} 的硫氰配合物较重要。酸性条件下：

$$Fe^{3+} + nSCN^- \rightleftharpoons Fe(SCN)_n^{3-n}\text{（血红色）} \qquad (n=1\sim6)$$

n 值的大小随 SCN^- 离子浓度发生变化，SCN^- 离子浓度越大，n 值越大，颜色越深。这是鉴定 Fe^{3+} 的反应。

上述反应必须是非氧化性的酸性条件，因为碱分解产物，氧化性的酸会氧化 SCN^-。

$$Fe(SCN)_n^{3-n} + 3OH^- = Fe(OH)_3 + nSCN^-$$

$$13NO_3^- + 3SCN^- + 10H^+ = 3SO_4^{2-} + 3CO_2\uparrow + 16NO\uparrow + 5H_2O$$

此外，Co^{2+} 的硫氰配合物也较为重要。

$$Co^{2+} + 4SCN^- \rightleftharpoons Co(SCN)_4^{2-}\text{（蓝色）}$$

利用其颜色可将其用于比色分析。

（3）氰配合物。

Fe、Co、Ni 形成氰配合物的情况各异。

Fe^{3+}、Fe^{2+}：氰配合物的制备过程如下：

$$Fe^{2+} \xrightarrow{KCN} Fe(CN)_2\downarrow \xrightarrow{KCN} K_4[Fe(CN)_6]$$

$$2K_4[Fe(CN)_6] + Cl_2 = 2K_3[Fe(CN)_6] + 2KCl$$

亚铁氰化钾 $K_4[Fe(CN)_6]$ 晶体是黄色的，俗称黄血盐。铁氰化钾 $K_3[Fe(CN)_6]$ 晶体是深红色的，俗称赤血盐。亚铁氰化钾和铁氰化钾分别与 Fe^{3+}、Fe^{2+} 反应生成蓝色沉淀：

$$4Fe^{3+} + 3[Fe(CN)_6]^{4-} = Fe_4[Fe(CN)_6]_3\downarrow\text{（普鲁士蓝）}$$

$$3Fe^{2+} + 2[Fe(CN)_6]^{3-} = Fe_3[Fe(CN)_6]_2\downarrow\text{（藤氏蓝）}$$

这分别是鉴定 Fe^{3+} 和 Fe^{2+} 的反应。

藤氏蓝(Turnbull's blue)经过放置，内外界离子发生氧化还原反应，进而转变成普鲁士蓝(Prussian blue)。

$$Fe^{2+} + [Fe(CN)_6]^{3-} = Fe^{3+} + [Fe(CN)_6]^{4-}$$

普鲁士蓝以两种形式存在：一种不溶，$Fe_4[Fe(CN)_6]_3 \cdot xH_2O$；另一种可溶，$M^+Fe^{3+}[Fe^{2+}(CN)_6]_3 \cdot yH_2O$。普鲁士蓝的结构如图 20－18 所示。

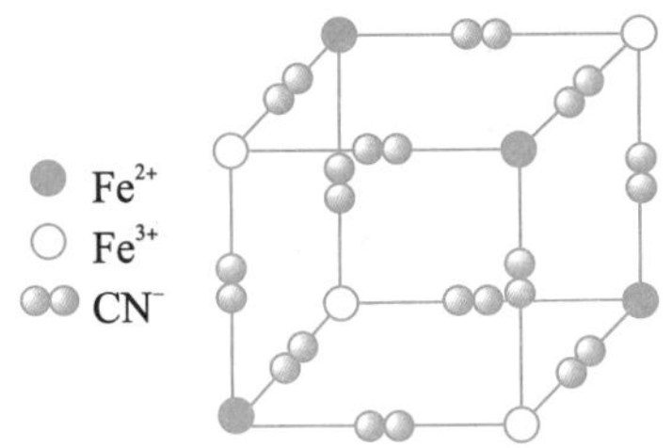

图 20－18　普鲁士蓝的结构

Fe^{3+}、Fe^{2+} 交替出现于立方体的顶角，CN^- 出现于立方体的棱边，M^+ 和 H_2O 交替出现于立方体的中心。

Co^{2+}、Ni^{2+}：氰配合物的制备过程如下：

$$Co^{2+} + 6CN^- \xlongequal{} Co(CN)_6^{4-}$$

$$Ni^{2+} + 4CN^- \xlongequal{} Ni(CN)_4^{2-}$$

$Co(CN)_6^{4-}$ 还原能力强，受热时能够置换水中的氢原子释放出氢气。

$$2Co(CN)_6^{4-} + 2H_2O \xlongequal{} 2Co(CN)_6^{3-} + 2OH^- + H_2\uparrow$$

$Ni(CN)_4^{2-}$ 的成键：Ni^{2+}($3d^8$)取 dsp^2 杂化(平面正方形)，在平面上形成 Π_9^8 键。

(4) 羰基配合物。

羰基 CO 分子具有空的反键 π 分子轨道，是 π－酸配位体。与中心离子形成配合物时，除了正常 σ 配键外，还可以与中心离子的成对 d 电子形成反馈 π 配键(参见 3.3.1)。反馈 π 配键的形成降低了中心离子上负电荷的积累，促进了 σ 配键的形成，其结果比单独形成一种键时强得多，从而增强了配合物的稳定性。由于形成羰基配合物需要中心离子具有成对 d 电子，而 d 区金属的低氧化态容易具有成对 d 电子，所以易于形成羰基配合物。相对而言，第Ⅷ族元素易于提供成对 d 电子，易于形成羰基配合物。

羰基配合物作为一类特殊配合物，具有以下四个特点：

①在羰基配合物中一般存在反馈 π 配键。

②中心原子表现为低氧化态。常见的氧化态为－2、－1、0、＋1 等。例如 $HCo(CO)_4$、$Fe(CO)_5$、$NaH[Fe(CO)_4]$ 等。

③羰基配合物的熔沸点一般比常见的相应金属化合物低，受热易分解。这是因为一般金属化合物属于离子晶体的范畴，而羰基配合物属于分子晶体的范畴。例如：

$$Fe(CO)_5 \xrightarrow{473\sim523\ K} Fe + 5CO$$

利用羰基配合物受热易分解的性质，可以制备纯净金属。

④对于单核羰基配合物，一般而言，中心原子的价电子轨道全部充满电子，即 $(n-1)d^{10}ns^2np^6$ 全充满，符合 18 电子规则。18 电子规则是指金属中心离子与配体成键时倾向于使中心离子的九条价轨道：5 条 $(n-1)$d 轨道、1 条 ns 轨道、3 条 np 轨道全部充满电子，达到与同周期稀有气体原子相同的电子结构，以使配合物最稳定。18 个电子有中心离子自己的价电子，同时也有来自配体提供的电子。例如：

$Fe(CO)_5$：中心原子价电子 8＋配体提供电子 2×5＝18

$Cr(CO)_6$：中心原子价电子 6＋配体提供电子 2×6＝18

$Ni(CO)_4$：中心原子价电子 10＋配体提供电子 2×4＝18

$Co(CO)_4^-$：中心离子价电子 9＋配体提供电子 2×4＋负电荷 1＝18

$Fe(CO)_4^{2-}$：中心离子价电子 8＋配体提供电子 2×4＋负电荷 2＝18

极个别单核羰基配合物例外。例如：

$V(CO)_6$：中心原子价电子 5＋配体提供电子 2×6＝17

铁系元素的配合物中，钴的配合物有其特殊性。钴的配合物的异构体多，且各种异构体都有。例如，$Co(NH_3)_4Cl_2^+$ 的几何异构(顺、反)，$Co(en)_3^{3+}$ 的旋光异构，$Co(NO_2)(NH_3)_5^{2+}$ 的键合异构(配位原子分别为 NO_2^- 中的 N、O，前者黄色，后者红色)。

20.7 铂系元素

元素周期表第Ⅷ族元素除铁系元素外，其余六个元素为第五周期的钌(Ru)、铑(Rh)、钯(Pd)和第六周期的锇(Os)、铱(Ir)、铂(Pt)，它们称为铂系元素。虽然铂系元素与铁系元素同处一族，但两系元素的性质大不相同。

20.7.1 概述

铂系元素在地壳中的储量很低，分布分散，丰度低，性质稳定。它们微量存在于矿石中，主要来源于硫化铜镍矿中。铂系金属在自然界里常共生共存，它们彼此之间广泛存在类质同象置换现象，从而形成一系列类质同象混合晶体。因资源与产量比金、银少得多，铂系金属又称为“稀有贵金属”。铂系元素的性质见表20－14。

表20－14 铂系元素的性质

铂系元素	Ru	Rh	Pd	Os	Ir	Pt
原子序数	44	45	46	76	77	78
价电子构型	$4d^7 5s^1$	$4d^8 5s^1$	$4d^{10} 5s^0$	$5d^6 6s^2$	$5d^7 6s^2$	$5d^9 6s^1$
原子半径/pm	125	125	128	126	127	130
熔点/K	2583	2239±3	1825	3318±30	2683	2045
沸点/K	4173	4000±100	3413	5300±100	4403	4100±100
密度(20℃)/$g \cdot cm^{-3}$	12.4	12.4	12.0	22.57	22.4(17℃)	21.5
电离能/$kJ \cdot mol^{-1}$	711	720	805	840	880	870
电负性χ_P	2.2	2.2	2.2	2.2	2.2	2.2
$\varphi^\ominus(M^{2+}/M)$/V	0.45	0.6	0.9	0.9	1.0	1.2
最高氧化数	+Ⅷ	+Ⅵ	+Ⅳ	+Ⅷ	+Ⅵ	+Ⅵ
晶格结构	密集六方晶格	面心立方晶格	面心立方晶格	密集六方晶格	面心立方晶格	面心立方晶格
汽化热/$kJ \cdot mol^{-1}$	—	531.4	372.4	—	—	510.4
熔化热/$kJ \cdot mol^{-1}$	≈25.5	≈21.8	17.2	≈26.8	27.6	21.8

由表20－14可知，铂系元素的物理性质有很多相似之处，特别体现在横项的各数据上。它们的变化规律及特点体现在以下几个方面：

(1) 按密度分类。

铂系元素根据密度大小可分为两组。Ru、Rh、Pd的密度约为12 $g \cdot cm^{-3}$，称为轻铂系元素；Os、Ir、Pt的密度约为22 $g \cdot cm^{-3}$，称为重铂系元素。

（2）原子半径。

铂系元素的原子半径相差不大，主要是镧系收缩的原因。

（3）价电子构型。

由铂系元素的价电子构型可见，只有 Os 和 Ir 正常排布，最外层为 ns^2；Ru、Rh、Pt 为 ns^1；Pd 为 ns^0，即 ns 电子易于转移到 $(n-1)$d 轨道使其趋于或达到全满。每组元素中的三种原子，从左至右，最外层电子从最外层转入次外层的趋势逐渐增强。

（4）稳定氧化态。

铂系元素的氧化态变化和铁系元素相似。每组元素原子的最高氧化数从左至右逐渐降低。其稳定氧化态如下：

Ru：+4；Rh：+3；Pd：+2

Os：+6；Ir：+3、+4；Pt：+2、+4

20.7.2　单质

20.7.2.1　性质

1. 物理性质

铂系元素熔点高、强度大、电热性稳定；除了锇和钌为钢灰色外，其余均为银白色。铂系金属对气体的吸附能力很强，这使得它们对气相反应有很高的催化能力。同时，其机械加工性能好。Os 是已知密度最大的金属。

2. 化学性质

化学惰性是铂系金属的显著特点。常态下稳定，高温下活泼。

（1）溶解性。

铂系元素对酸的稳定性是所有金属中最强的。

Pd 溶于浓硝酸和热的浓硫酸：

$$Pd+4HNO_3(浓) = Pd(NO_3)_2+2NO_2\uparrow+2H_2O$$

Pt、Pd 可溶于王水：

$$3Pt+18HCl+4HNO_3 = 3H_2PtCl_6+4NO\uparrow+8H_2O$$

Os、Ir、Ru、Rh 即使在王水中也不能溶解。

铂系金属在有氧化剂存在的条件下与碱一起熔融，都可以转变成可溶性的化合物。

$$2Ru+2KOH+4KNO_3 = 2K_2RuO_4+H_2O\uparrow+4NO\uparrow+K_2O$$

（2）配位能力强。

20.7.2.2　用途、提炼和分离

从硫化铜镍矿中提取铂系金属是主要途径。将矿石粉碎后，经浮选、磁选分离后，高温氧化，通过电解精炼、萃取、沉淀、分离、灼烧等手段可得到铂系金属。

在铂族元素的分离富集中，采用溶剂萃取技术，选择合适的有机萃取剂把铂系元素萃取在有机层，将大量基体留在水相中，从而达到分离富集的效果。常见的萃取体系有：金与铂系元素的分离，钯的选择性萃取，铂与钯、铑、铱的分离，铑、铱的分离等。

溶剂萃取技术可以有效地分离富集铂系元素，但是没有一种萃取体系可以同时分离富集所有铂系元素。目前，将溶剂萃取技术与离子交换技术相结合，可以克服溶剂萃取污染严重、离子交换树脂合成困难等缺点，成为一种铂系元素分析中的新型分离富集方法。

铂系金属的主要用途为制造催化剂。如炼油工业中的铂重整工艺使用铂系催化剂；氨氧化制硝酸时，使用铂铑合金网作催化剂。

20.7.3 氧化物和含氧酸盐

铂系元素的氧化物主要有 RuO_2（蓝黑色）、RuO_4（桔黄色）、Rh_2O_3（棕褐色）、RhO_2（黑色）、PdO（黑色）、OsO_4（浅黄色）、OsO_2（深褐色）、IrO_2（黑色）、PtO_2（褐色）。除了 Pd 、Ru 和 Os，其余铂系元素氧化物均为 MO_2（+4）氧化物。大部分氧化物在一定条件下可直接与氧气化合制得。PtO_2 的制备方法如下：

$$PtCl_4 \xrightarrow{OH^-} PtO_2 \cdot nH_2O \xrightarrow{\triangle} PtO_2$$

RuO_4 和 OsO_4 是易挥发的剧毒共价化合物。它们都是四面体分子构型，均微溶于水，易溶于 CCl_4。RuO_4 不能由单质直接化合制得，要先制得橙色的钌酸盐，再在酸性条件下与氯酸钠反应制得：

$$Ru + 3Na_2O_2 = Na_2RuO_4 + 2Na_2O$$

$$3Na_2RuO_4 + NaClO_3 + 3H_2SO_4 = 3RuO_4 + NaCl + 3Na_2SO_4 + 3H_2O$$

RuO_4 氧化能力极强，能氧化浓盐酸和稀盐酸。加热温度达到 370 K 以上时，爆炸生成 RuO_2 和 O_2：

$$2RuO_4 + 16HCl = 2RuCl_3 + 8H_2O + 5Cl_2\uparrow$$

$$RuO_4 \xrightarrow{370\ K} RuO_2 + O_2\uparrow$$

将铂系元素或其氧化物在碱性条件下与盐反应，可得到相应的含氧酸盐：

$$Ru + 3KNO_3 + 2KOH \xrightarrow{熔融} K_2RuO_4 + 3KNO_2 + H_2O$$

$$RuO_2 + KNO_3 + 2KOH \xrightarrow{熔融} K_2RuO_4 + KNO_2 + H_2O$$

PdO 是唯一稳定的钯氧化物，在高于 870℃时分解成 Pd 和 O_2。

IrO_2 能溶于浓 HCl：

$$IrO_2 + 6HCl(浓) = H_2[IrCl_6] + 2H_2O$$

20.7.4 卤化物

铂系元素的卤化物主要有以下几种：

七氟化物：仅有 OsF_7。

六氟化物：MF_6（M=Ru、Rh、Os、Ir、Pt）。

五卤化物：$(MF_5)_4$（M=Ru、Rh、Os、Ir、Pt）；$OsCl_5$。

四卤化物：MF_4；$OsCl_4$，$PtCl_4$；$OsBr_4$，$PtBr_4$；PtI_4。

三卤化物：MX_3（M=Ru、Rh、Os、Ir）；

二卤化物：PdF_2；MX_2（M=Ru、Pd、Pt，X=Cl、Br、I）；OsI_2。

铂系元素的卤化物有以下几点值得注意：

（1）Os 的卤化物最为丰富，氧化态从+2 到+7。

（2）六氟化物都具有很强的反应活性和腐蚀性。其中 PtF_6（气态和液态呈暗红色，固态呈黑色）是已知最强的氧化剂之一，它能氧化 O_2 和 Xe。

$$PtF_6+O_2 = O_2^+PtF_6^- \text{（六氟合铂酸氧，深红色）}$$

$$PtF_6+Xe = Xe^+PtF_6^- \text{（六氟合铂酸氙，橙黄色）}$$

$Xe^+PtF_6^-$ 的诞生，象征着稀有气体不再是惰性气体，这是化学史上的一个转折。

（3）铂系元素的五氟化物都是四聚体，如图 20－19 所示。配位数为 6，4 个 MF_6 共用 4 个顶点 F 形成环状。

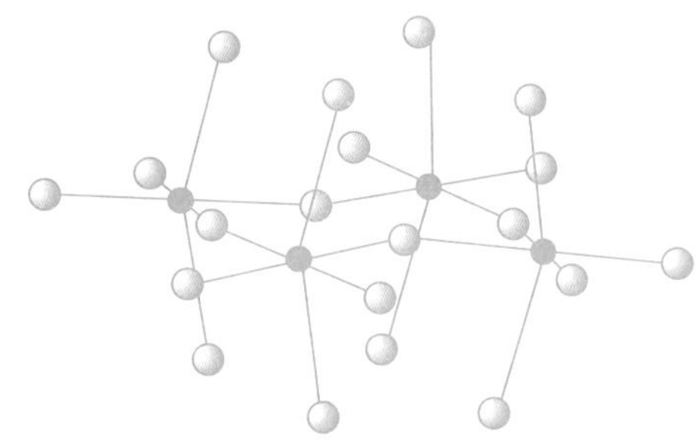

图 20－19　Ru 和 Os 的四聚五氟化物（实心球是 Ru 和 Os，空心球是 F）

$(MF_5)_4$ 也具有很强的反应活性，易水解，易歧化。

$$(PtF_5)_4 = 2PtF_6+2PtF_4$$

（4）铂系元素均能形成 MF_4，Pt 能形成四种四卤化物。

（5）铂系元素除 Pd 和 Pt 外，其余都可以和卤素直接形成稳定的三卤化物。

（6）由于合成条件不同，$PdCl_2$ 有 $\alpha-PdCl_2$ 和 $\beta-PdCl_2$ 两种结构（图 20－20）。在 $\alpha-PdCl_2$ 或 $\beta-PdCl_2$ 的结构中，Pd 都是四配位的平面正方形构型，都为抗磁性。

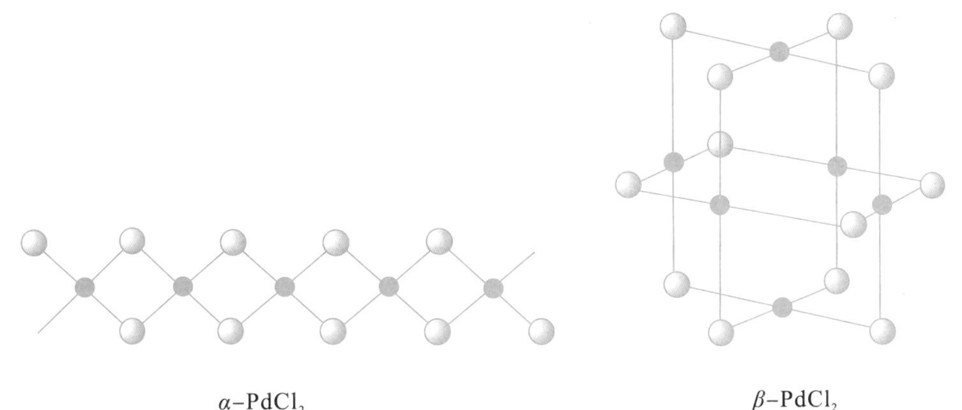

图 20－20　$\alpha-PdCl_2$ 和 $\beta-PdCl_2$ 的结构（实心球是 Pd，空心球是 Cl）

（7）$PtCl_4$ 溶于碱可得 $Pt(OH)_4$，后者显两性。

$$PtCl_4+4NaOH = Pt(OH)_4\downarrow+4NaCl$$

$$Pt(OH)_4+6HCl = H_2PtCl_6+4H_2O$$

$$Pt(OH)_4+2NaOH \xlongequal{} Na_2[Pt(OH)_6]$$

20.7.5 配合物

铂系金属离子含有多个 d 电子，因而可与许多配体形成配合物，如卤素配合物；氨配合物，特别是易与 π 酸配位体及不饱和烯、炔配体配位。

1. 卤素配合物

常见的铂系元素的卤素配合物有 H_2PtCl_6、M_2PtCl_6。制备过程如下：

$$Pt \xrightarrow{Cl_2,\ 523\sim573\ K} PtCl_4 \xrightarrow{HCl} H_2PtCl_6$$

$$PtCl_4+2HCl \xlongequal{} H_2PtCl_6\text{(氯铂酸)}$$

将某些金属阳离子溶于氯铂酸，可得到相应的氯铂酸盐：

$$2MCl+H_2PtCl_6 \xlongequal{} M_2PtCl_6+2HCl\ (M=K^+、Na^+、Rb^+、Cs^+、NH_4^+)$$

M_2PtCl_6除钠盐易溶外，其余都是难溶于水的黄色晶体，可用于鉴定 K^+、Na^+、Rb^+、Cs^+、NH_4^+ 等离子。

2. 氨配合物

氧化态为+2 的 Pd 离子、Pt 离子均是 d^8 电子构型，它们可形成配位数为 4，具有平面正方形结构的配合物。

$$PdCl_2+2NH_3 \xlongequal{} [PdCl_2(NH_3)_2] \qquad \text{(反磁性)}$$

$$PtCl_2+2NH_3 \xlongequal{} [PtCl_2(NH_3)_2] \qquad \text{(黄色)}$$

研究得最多的是二氯二氨合铂(Ⅱ)的两种异构体：顺铂和反铂。顺铂(Cisplatin)为目前常用的金属铂类络合物，具有抗瘤谱广、对乏氧细胞有效的特点，对多种实体肿瘤均有效，如睾丸肿瘤、乳腺癌、肺癌、头颈部癌、卵巢癌、骨肉瘤及黑色素瘤等，为当前联合化疗中最常用的药物之一。

3. 羰基配合物

羰基配体与铂系元素能形成许多稳定的羰基配合物，如单核的 $[Pd(CO)_4]$、$[Ru(CO)_5]$、$[Os(CO)_5]$ 以及双核的 $[Rh_2(CO)_8]$、$[Os_2(CO)_9]$ 等。

4. 乙烯配合物

蔡斯盐 $K[PtCl_3(C_2H_4)]\cdot H_2O$ 是人们制得的第一个不饱和烃与金属形成的配合物，其成键详见 3.3.1。

除 Pt(+2)外，Pd(+2)、Ru(0)、Ru(+1)均易形成乙烯配合物。

习 题

1. 解释下列关于钛的一系列实验现象，写出相关反应方程式：打开 $TiCl_4$溶液，瓶塞会冒白烟；向 $TiCl_4$溶液中加入浓盐酸和金属锌时，溶液变成紫色；继续缓慢地加入氢氧化钠至溶液呈碱性，析出紫色沉淀；沉淀过滤后，先用硝酸，然后用稀碱溶液处理，得到白色沉淀。

2. 根据实验现象，写出反应方程式。

(1) 重铬酸铵加热时如同火山爆发。

(2) 酸性条件下，用锌还原重铬酸根时，溶液的颜色变化为橙色、绿色、蓝色、绿色。

(3) 五氧化二钒在酸性条件下被锌还原，溶液的颜色变化为黄色、蓝色、绿色、紫色。

(4) 向重铬酸钾溶液中加入二氯化钡溶液生成黄色沉淀，将沉淀溶解在浓盐酸中得到绿色溶液。

(5) 在硝酸酸化的二氯化锰溶液中加入铋酸钠，溶液变成紫红色后又消失。

(6) 将 H_2S 通入 H_2SO_4 酸化的 $K_2Cr_2O_7$ 溶液中，溶液的颜色由橙变绿，同时有乳白色沉淀析出。

(7) 在 $FeCl_3$ 溶液中通入 H_2S，有乳白色沉淀析出。

(8) 在二氯化钴粉红色溶液中加入浓盐酸后变成蓝色溶液，再加浓氨水，先生成蓝绿色沉淀，继续加浓氨水并通入空气，最终变成棕黄色溶液。

(9) 向硫酸镍溶液中缓慢加入氨水，先生成浅绿色沉淀，然后沉淀溶解成绿色溶液。

3. 铬的某化合物 A 是溶于水的橙红色固体，将 A 用浓盐酸处理，产生黄绿色刺激性气体 B，生成暗绿色溶液 C。在 C 中加入 KOH 溶液，先生成蓝色沉淀 D，继续加入过量 KOH 溶液则沉淀消失，变成绿色溶液 E。在 E 中加入 H_2O_2 加热，则生成黄色溶液 F，F 用稀酸酸化，又变为原来的化合物 A 的溶液。问 A、B、C、D、E、F 各是什么物质？写出每一步变化的反应方程式。

4. 有一锰的化合物，它是不溶于水且很稳定的黑色粉末状物质 A，该物质与浓硫酸反应得到淡红色溶液 B，且有无色气体 C 放出。向 B 溶液中加入强碱得到白色沉淀 D。此沉淀易被空气氧化成棕色 E。若将 A 与 KOH、$KClO_3$ 一起混合熔融可得绿色物质 F。将 F 溶于水并通入 CO_2，则溶液变成紫色 G，且又析出 A 。试问 A、B、C、D、E、F、G 各为何物？并写出相应的方程式。

5. 用反应方程式说明下列关于铁的一系列实验现象：绝对无氧条件下，向含有 Fe^{2+} 的溶液中加入 NaOH 溶液后，生成白色沉淀，随后逐渐成红棕色；过滤后的沉淀溶于盐酸得到黄色溶液；向黄色溶液中加几滴 KSCN 溶液，立即变为血红色，再通入 SO_2，则红色消失；向红色消失的溶液中滴加 $KMnO_4$ 溶液，其紫色会褪去，然后加入黄血盐溶液时，生成蓝色沉淀。

6. 解释下列问题：

(1) 钴(+3)盐不稳定而其配离子稳定，钴(+2)盐则相反。

(2) 当 Na_2CO_3 溶液与 $FeCl_3$ 溶液反应时，为什么得到的是氢氧化铁而不是碳酸铁？

(3) 为什么不能在水溶液中由 Fe^{3+} 盐和 KI 制得 FeI_3？

(4) Fe 与 Cl_2 可得到 $FeCl_3$，而 Fe 与 HCl 作用只得到 $FeCl_2$。

(5) $CoCl_2$ 与 NaOH 作用所得沉淀久置后再加浓 HCl 有氯气产生。

7. 金属 M 溶于稀 HCl 生成 MCl_2，其磁矩为 5.0 B. M. 。在无氧条件下，MCl_2 与

NaOH 作用产生白色沉淀 A，接触空气逐渐变成红棕色沉淀 B，灼烧时 B 变成红棕色粉末 C。C 经不完全还原，生成黑色的磁性物质 D。B 溶于稀 HCl 生成溶液 E。E 能使 KI 溶液氧化出 I_2，若在加入 KI 前先加 NaF，则不会析出 I_2。若向 B 的浓 NaOH 悬浮液中通氯气，可得紫红色溶液 F，加入 $BaCl_2$ 时就析出红棕色固体 G。G 是一种很强的氧化剂。试确认 M 及由 A 到 G 所代表的化合物，写出反应方程式。

第 21 章　镧系元素和锕系元素

镧系元素和锕系元素位于元素周期表 f 区，其价电子构型通式为$(n-2)f^{1\sim14}(n-1)d^{0\sim2}ns^2$。因为其价电子填入内层$(n-2)$f 能级，所以也称为内过渡元素，以区别于 d 区过渡元素。镧系元素（Lanthanides，Ln)位于元素周期表中第六周期ⅢB 族，包括原子序数 57～71 号总计 15 种元素，也称为 4f 内过渡元素。锕系元素(Actinides，An) 位于元素周期表中第七周期ⅢB 族，包括原子序数 89～103 号总计 15 种元素，也叫作 5f 内过渡元素。

第ⅢB 族中的钇(Y)在性质上与 Ln 相似，根据 IUPAC 推荐，把它们列在一起，统称稀土元素(Rare Earth Elements)，用符号 RE 表示。

21.1　镧系元素

镧系元素包括 15 种元素：镧(La)、铈(Ce)、镨(Pr)、钕(Nd)、钷(Pm)、钐(Sm)、铕(Eu)、钆(Gd)、铽(Tb)、镝(Dy)、钬(Ho)、铒(Er)、铥(Tm)、镱(Yb)、镥(Lu)。

21.1.1　镧系元素的通性

镧系元素的性质见表 21－1。

表 21－1　镧系元素的性质

元素符号	原子序数	价电子构型	原子半径/pm	Ln^{3+}半径/pm	Ln^{3+}的颜色	Ln^{3+}未成对电子数	氧化数
La	57	$5d^1 6s^2$	169	106.1	无色	$0(4f^0)$	+3
Ce	58	$4f^1 5d^1 6s^2$	165	103.4	无色	$1(4f^1)$	+3、+4
Pr	59	$4f^3 6s^2$	164	101.3	绿	$2(4f^2)$	+3、+4
Nd	60	$4f^4 6s^2$	164	99.5	淡红	$3(4f^3)$	+3
Pm	61	$4f^5 6s^2$	163	97.9	粉红、黄	$4(4f^4)$	+3
Sm	62	$4f^6 6s^2$	162	96.4	黄	$5(4f^5)$	+3、+2

续表21－1

元素符号	原子序数	价电子构型	原子半径/pm	Ln^{3+}半径/pm	Ln^{3+}的颜色	Ln^{3+}未成对电子数	氧化数
Eu	63	$4f^7 6s^2$	185	95	无色	$6(4f^6)$	+3、+2
Gd	64	$4f^7 5d^1 6s^2$	162	93.8	无色	$7(4f^7)$	+3
Tb	65	$4f^9 6s^2$	161	92.3	无色	$6(4f^8)$	+3、+4
Dy	66	$4f^{10} 6s^2$	160	90.8	无色	$5(4f^9)$	+3、+4
Ho	67	$4f^{11} 6s^2$	158	89.4	粉红、黄	$4(4f^{10})$	+3
Er	68	$4f^{12} 6s^2$	158	88.1	淡红	$3(4f^{11})$	+3
Tm	69	$4f^{13} 6s^2$	158	86.9	绿	$2(4f^{12})$	+3、+2
Yb	70	$4f^{14} 6s^2$	170	85.8	无色	$1(4f^{13})$	+3、+2
Lu	71	$4f^{14} 5d^1 6s^2$	158	84.8	无色	$0(4f^{14})$	+3

1. 电子层结构

镧系元素的电子层结构有两类：$4f^n 6s^2$、$4f^{n-1} 5d^1 6s^2$。后一种属特殊，包括四种元素：La($5d^1 6s^2$)、Ce($4f^1 5d^1 6s^2$)、Gd($4f^7 5d^1 6s^2$)、Lu($4f^{14} 5d^1 6s^2$)。洪特规则可解释这些结构，元素原子核外电子排布趋于全空、半满、全满的为较稳定结构。

2. 氧化态

镧系元素的特征氧化态是+3。镧系金属在气态时失去 2 个 s 电子和 1 个 d 电子或 2 个 s 电子和 1 个 f 电子所需的电离能比较低(即第一、第二、第三电离能之和较小)，所以一般能形成稳定的+3 氧化态。

其他的氧化态主要为+2 和+4，只表现在少数几个元素中。如 Ce（+4）：$4f^1 \rightarrow 4f^0$；Pr（+4）：$4f^3 \rightarrow 4f^2$；Tb（+4）：$4f^8 \rightarrow 4f^7$；Yb（+2）：$4f^{14}$ 保持；Sm（+2）：$4f^6$ 保持；Eu（+2）：$4f^7$保持。这些+2 和+4 氧化态都可以用洪特规则来解释。

但也有洪特规则不能解释的，如 Nd：$4f^4$保持，这是因为元素的原子成键时有其他因素的影响，如电离势、升华热、水合热等。

3. 原子半径和离子半径

镧系元素的原子半径和相同氧化态的离子半径随原子序数的增加而缓慢减小，见表 21－1、图 21－1。例外是 Eu($4f^7 6s^2$)、Yb($4f^{14} 6s^2$)，这是因为其 $4f^7$ 半满或 $4f^{14}$ 全满的稳定电子层结构，使得 f 电子难以参与形成金属键，金属键较弱。

由表 21－1 可得出，从 La 到 Lu，原子半径平均减小约 1 pm，减小的幅度非常小，这就是所谓的“镧系收缩”：镧系元素的原子半径和离子半径随原子序数的增加而缓慢减小的现象。镧系收缩的最主要原因是电子充填在$(n-2)$f 内层，屏蔽效应显著，导致有效核电荷增加程度非常小(详见 1.7.1)。镧系收缩是元素周期表中的一个重要现象。

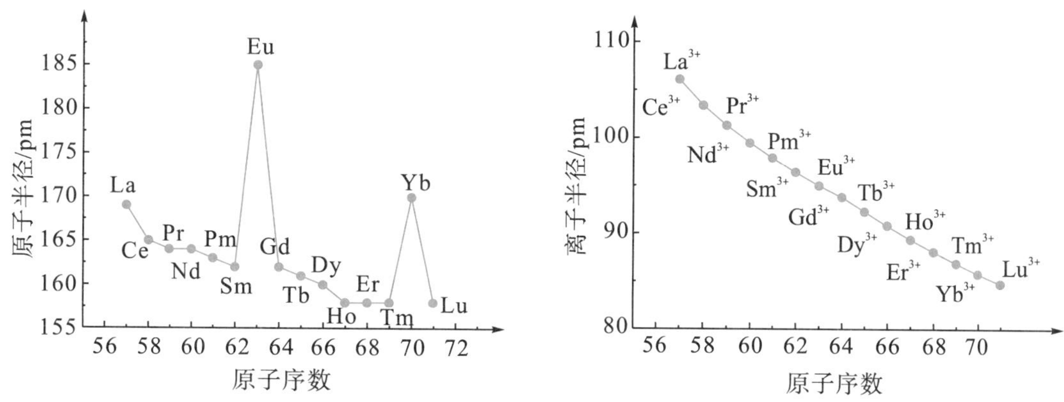

图 21－1　镧系元素的原子半径、离子半径和原子序数的关系

镧系收缩的后果表现在以下两个方面：

(1) 由于镧系元素的原子半径随原子序数的增加而减小的程度非常小，因此，镧系元素彼此之间原子半径相似，进而导致其性质相似，容易共生，很难分离。

(2) 由于镧系元素有 15 种，所以镧系元素上面的元素钇（Y）的离子半径与镧系元素中的 Ho、Er 的离子半径相近，性质相似。

有一种观点认为，虽然镧系元素的原子半径平均减小不足 1 pm，但是经过镧系 15 个元素半径减小的积累，在第六周期ⅢB 一个空格内半径减小幅度达到 11 pm，由此，导致镧系元素之后的第六周期元素的原子半径减小，即第六周期ⅣB～ⅡB 的过渡元素原子半径减小。但是，镧系元素之后的第六周期ⅣB～ⅡB 过渡元素原子半径减小其实是原子半径同周期递变的结果，与 15 个镧系元素的积累在第六周期ⅢB 一个空格内半径减小幅度大是没有必然联系的。考察镧系元素在第六周期ⅢB 空格前一个元素钡(198 pm)和后一个元素铪(144 pm)的原子半径相差 54 pm，再对比第五周期锶(191 pm)和锆(145 pm)的原子半径相差 46 pm，以及第四周期钙(174 pm)和钛(132 pm)的原子半径相差 42 pm，就会发现这种观点其实是比较牵强的。

由图 21－1 还可以发现，原子半径不如离子半径缩小的程度大。这是因为镧系元素原子的电子比离子多一层，它的最外层是 $6s^2$，4f 居于第二内层，它对原子核的屏蔽接近 100％，因此镧系元素原子半径收缩的效果就不突出。

Ln^{3+} 离子半径这种单向而有规律的、幅度不大的收缩，除使其性质相似外，还使其性质变化呈现规律性和连续性。例如，随着原子序数的增大，镧系元素的碱性依次减弱，形成氢氧化物沉淀的 pH 值降低，盐类溶解度一般增大，二元化合物中共价成分增加，配位数减小，配合物稳定性增强，等等。可以利用这些性质上的差异对稀土元素进行分离。

4. 离子的颜色

多数 Ln^{3+} 有成单的 f 电子，吸收可见光，发生 f 轨道上的跃迁(f－f 跃迁)，从而使镧系金属离子显颜色，见表 21－1。

其他离子如 La^{3+}($4f^0$) 和 Lu^{3+}($4f^{14}$)不发生 f－f 跃迁，为无色；Ce^{3+}($4f^1$)接近全空，Gd^{3+}($4f^7$)、Tb^{3+}($4f^8$) 半满和 Eu^{3+}($4f^6$)接近半满，Yb^{3+}($4f^{13}$) 接近全满，它们的结构相

对稳定，难以吸收可见光发生 f－f 跃迁，因而显示无色或浅色。

5. 镧系元素离子和其化合物的磁性

与 d 区金属离子磁性只与成单电子数有关相区别，f 区金属离子在计算磁矩时必须同时考虑电子自旋和轨道运动两方面。这是因为镧系元素 4f 电子位于内层，受外电场的作用较小，轨道运动对磁矩的贡献并没有被周围配位原子电场的作用抑制。由于未成对电子多，加上轨道磁矩对磁性的贡献，镧系元素及其化合物具有很好的磁性，可作良好的磁性材料。由表 21－1 可知，除 $4f^0$（La^{3+}）、$4f^{14}$（Lu^{3+}）无未成对电子，都是反磁性外，$4f^{1\sim13}$ 构型的离子都是顺磁性的，且 Gd、Tb、Dy、Er、Tm 为铁磁性物质。

21.1.2 镧系元素的单质

镧系元素是典型的金属元素。

镧系元素的标准电极电势见表 21－2。由 Ln^{3+}/Ln 的电极电势可以看出，镧系金属很活泼，活泼性仅次于碱金属和碱土金属。随着核电荷数增大，镧系金属活泼性递减，还原能力降低。

由表 21－2 中 Ln^{3+}/Ln^{2+} 及 Ln^{4+}/Ln^{3+} 的电极电势还可以发现，Ln^{2+} 具有强还原性，Ln^{4+} 有强氧化性，Ln^{3+} 的还原能力很弱。

表 21－2 镧系元素的标准电极电势（单位：V）

镧系元素	$\varphi^\ominus(Ln^{3+}/Ln)$	$\varphi^\ominus(Ln^{2+}/Ln)$	$\varphi^\ominus(Ln^{3+}/Ln^{2+})$	$\varphi^\ominus(Ln^{4+}/Ln^{3+})$
La	－2.522			
Ce	－2.483			+1.61
Pr	－2.462	－2.0		+2.28
Nd	－2.431	－2.1		
Pm	－2.423	－2.2		
Sm	－2.414	－2.68	－1.15	
Eu	－2.407	－2.812	－0.429	
Gd	－2.397			
Tb	－2.391			
Dy	－2.353	－2.2		
Ho	－2.319	－2.1		
Er	－2.296	－2.0		
Tm	－2.278	－2.4		
Yb	－2.267	－2.76	－1.21	
Lu	－2.255			

镧系金属单质发生反应一般生成氧化数为+3 的化合物，且化合物生成的键以离子键为主。典型反应如下：

与大部分非金属作用，如卤素单质(X_2)、O_2、H_2、S_3、N_2(1273 K 以上)、C 等反应。

$$2Ce+3Cl_2 \xrightarrow{\triangle} 2CeCl_3$$

$$Ce+O_2 \xrightarrow{\triangle} CeO_2$$

$$Ce+H_2 \xrightarrow{\triangle} CeH_2$$

镧系金属遇到冷水缓慢作用，与热水作用较快，可置换出氢气。

$$2La+6H_2O \xrightarrow{\triangle} 2La(OH)_3+3H_2\uparrow$$

与酸反应时，镧系金属能和盐酸、硝酸和稀硫酸等反应溶解，而难溶于浓硫酸，微溶于氢氟酸和磷酸，因为在其表面会形成难溶的氟化物和磷酸盐薄膜。

$$2La+6HCl\,(aq) = 2LaCl_3+3H_2\uparrow$$

镧系金属与过渡金属形成的合金是重要的储氢材料，如 1 g $LaNi_5$ 合金在几个大气压下就可以吸收 100 多毫升氢气，减压时放出氢气。

21.1.3　镧系元素的重要化合物

21.1.3.1　三价化合物

1. 氧化物和氢氧化物

氧化物 Ln_2O_3 的制备：

$$4Ln+3O_2 \xrightarrow{\triangle} 2Ln_2O_3$$

$$2Ln(NO_3)_3 \xrightarrow{\triangle} Ln_2O_3+6NO_2\uparrow+3/2O_2\uparrow$$

$$Ln_2(CO_3)_3 \xrightarrow{\triangle} Ln_2O_3+3CO_2\uparrow$$

$$Ln_2(C_2O_4)_3 \xrightarrow{\triangle} Ln_2(CO_3)_3+3CO \xrightarrow{\triangle} Ln_2O_3+3CO_2\uparrow+3CO\uparrow$$

性质：难溶于水，碱性氧化物。在酸中的溶解性与金属离子半径以及生成氧化物时的灼烧温度有关。金属离子半径减小，溶解性随之减弱。经过高温灼烧的 Ln_2O_3 相对致密，在强酸中的溶解性较差；灼烧温度较低时，其溶解性较好。

$$Ln_2O_3+6H^+ = 2Ln^{3+}+3H_2O$$

固态时可吸收空气中的水和二氧化碳：

$$Ln_2(CO_3)_3\text{或}\ Ln(OH)CO_3 \xrightarrow{CO_2} Ln_2O_3 \xrightarrow{H_2O} Ln_2O_3\cdot nH_2O$$

氢氧化物 $Ln(OH)_3$ 的制备：

$$Ln^{3+}+3OH^- = Ln(OH)_3\downarrow$$

性质：$Ln(OH)_3$ 难溶于水。从 $La(OH)_3$ 到 $Lu(OH)_3$，因 Ln^{3+} 半径逐渐减小，离子势增大，碱性减弱。其中，$Yb(OH)_3$ 和 $Lu(OH)_3$ 显出微弱的两性。

将 $Ln(OH)_3$ 加热，可以得到脱水的氢氧化物 $LnO(OH)$，温度若进一步升高，则生成 Ln_2O_3。

$$2Ln(OH)_3 \xrightarrow{\triangle} Ln_2O_3 + 3H_2O$$

2. 盐类

Ln 的盐类性质相似，但在部分盐的溶解性上表现出差异（表 21－3）。据此，把镧系金属分成两组：铈组（La、Ce、Pr、Nd、Sm、Eu、Gd、Pm）、钇组（Y、Tb、Dy、Ho、Er、Tm、Yb、Lu），分组依据见 21.2.1。

表 21－3　不同盐类在水中的溶解情况

阴离子	铈组（$Z=57\sim62$）	钇组（$Z=39$，$63\sim71$）
Cl^-、Br^-、I^-、NO_3^-、ClO_4^-、BrO_3^-	溶	溶
F^-、OH^-、PO_4^{3-}、CO_3^{2-}	不溶	不溶
$C_2O_4^{2-}$	不溶，不溶于过量 $C_2O_4^{2-}$	不溶，溶于过量 $C_2O_4^{2-}$
NO_3^-（碱式盐）	适当溶	微溶
SO_4^{2-}	不溶于 M_2SO_4	溶于 M_2SO_4

Ln^{3+} 与弱碱性阴离子（如 Cl^-、Br^-、I^-、NO_3^-、ClO_4^- 等）生成的盐在水中是强电解质；当阴离子为强碱性（如 CN^-、S^{2-}、NO_2^-、OCN^-、N_3^-）时，由于阴离子的强烈水解，生成碱式盐或氢氧化物的沉淀。

（1）卤化物。

制备：

$$2Ln + 3X_2 \xrightarrow{\triangle} 2LnX_3 \quad （干法）$$

$$Ln_2(CO_3)_3 或 Ln_2(C_2O_4)_3 或 Ln_2O_3 \xrightarrow{HCl} LnCl_3 \quad （湿法）$$

LnF_3 不溶于水和无机酸，这是 Ln^{3+} 的特殊性。

卤化物中较为重要的是氯化物。氯化物的性质是易溶于水，在溶液中有结晶，存在结晶水：$LnCl_3 \cdot 6H_2O$（La、Ce、Pr、Nd：$LnCl_3 \cdot 7H_2O$）。受热时分解成氧基盐：

$$LnCl_3 \cdot 6H_2O = LnOCl + 2HCl + 5H_2O$$

无水盐的制备可以是上述反应在 HCl 气氛中加热。

（2）硫酸盐。

制备：

$$Ln_2(CO_3)_3 或 Ln(OH)_3 或 Ln_2O_3 \xrightarrow{H_2SO_4} Ln_2(SO_4)_3$$

从溶液中结晶出来的硫酸盐含结晶水：$Ln_2(SO_4)_3 \cdot 8H_2O$[$Ce_2(SO_4)_3 \cdot 9H_2O$]。受热得到无水盐。

镧系硫酸盐在水中的溶解度规律性强，依 Ce、Pr、Nd、Sm、Eu 递减，依 Gd→Lu 递增。

与碱金属硫酸盐形成复盐：

$$xLn_2(SO_4)_3+yM_2SO_4+zH_2O=xLn_2(SO_4)_3\cdot yM_2SO_4\cdot zH_2O$$

式中，M为K^+、Na^+、NH_4^+；x、y、z随反应条件而变。复盐的溶解度随稀土原子序数的增大而增大，基本是钇组可溶，铈组不溶。

（3）草酸盐。

镧系元素的草酸盐是稀土化合物中应用最广和最重要的化合物之一。

制备：Ln^{3+}与草酸盐反应得到。

产物的形式随反应条件而变：复盐、正盐或二者的混合物。复盐经过硝酸处理可得正盐。从溶液中结晶出来的草酸盐含结晶水$Ln_2(C_2O_4)_3\cdot nH_2O$，$n$值一般为10，也有6、7、9、11。

性质：难溶于水，在弱酸性溶液中溶解度很小，故常用草酸使稀土元素与普通元素迅速分离。钇组元素的草酸盐可溶于草酸铵或草酸钾溶液中形成配离子：

$$Ln_2(C_2O_4)_3+3C_2O_4^{2-}=2[Ln(C_2O_4)_3]^{3-}$$

铈组元素不具有此性质。由此可分离铈组、钇组元素。

21.1.3.2　四价化合物

镧系元素具有+4价态的有Ce、Pr、Tb、Dy。其中，只有Ce^{4+}能存在于固态或溶液中，其余只能以固体的形式存在。这是因为+4价态的强氧化性，遇水强烈反应。例如：

$$4PrO_2+6H_2O=4Pr(OH)_3+O_2\uparrow$$

Ce^{4+}能存在于溶液中，加碱生成沉淀：

$$Ce^{4+}+4OH^-=CeO_2\cdot 2H_2O\downarrow$$ ［或$Ce(OH)_4$，黄色胶状］

$CeO_2\cdot 2H_2O$溶于酸，若遇还原剂则发生氧化还原反应。例如：

$$CeO_2\cdot 2H_2O+4HNO_3=Ce(NO_3)_4+4H_2O$$

$$2CeO_2\cdot 2H_2O+8HCl=2CeCl_3+8H_2O+Cl_2\uparrow$$

常见的铈盐有$Ce(SO_4)_2\cdot 2H_2O$、$Ce(NO_3)_4\cdot 3H_2O$，水解和氧化性是其主要性质。

在溶液中易于水解：

$$Ce^{4+}+H_2O=CeO^{2+}+2H^+$$

铈盐的氧化能力强，Ce^{4+}/Ce^{3+}的$\varphi^\ominus=1.72$ V（在1 mol·L^{-1}的$HClO_4$中）、1.61 V（在1 mol·L^{-1}的HNO_3中）。铈盐在酸性溶液中的强氧化性的应用很广泛。

分析化学中，利用Ce^{4+}/Ce^{3+}转化的氧化还原滴定方法叫作铈量法。

$$Ce^{4+}+Fe^{2+}\xrightarrow{H^+}Fe^{3+}+Ce^{3+}$$

21.1.3.3　二价化合物

镧系元素具有+2价态的有Sm、Eu、Yb、Tm。

镧系元素+2价态化合物较为稳定，能以简单离子的形式存在于固态或溶液中，都具有还原性，还原能力：$Sm^{2+}>Yb^{2+}>Eu^{2+}$。Sm^{2+}、Yb^{2+}在溶液中很快被氧化，甚至被结晶水氧化。

$$2Sm^{2+}+4OH^-+2H_2O=H_2+2Sm(OH)_3$$

总体而言，Ln^{2+}盐与Ba^{2+}盐性质相似。

21.1.3.4 配合物

与外过渡元素相比，镧系元素的配位能力较弱，只有一些螯合物能稳定存在。在已知的镧系元素配合物中，大部分是含氧配位体螯合物。

镧系元素形成配合物的配位原子通常是 F、O、N，这是因为 Ln^{3+}属硬酸，易与硬碱（O、F、N 作配位原子的配位体）作用，而难与软碱（CO、CN 等配位体）作用（参见8.1.3）。因而 Ln^{3+}和各配位原子的配位能力大小顺序是：O>N>S，F>Cl>Br>I。典型配体有 H_2O、ACAC（乙酰丙酮）、EDTA、2，2′－联吡啶，以及 F^-、Cl^-、NCS^-、NO_3^- 等。配合物有 $[LnX_6]^{3-}$、$[Ln(H_2O)_9]^{3+}$、$[GdCl_2(H_2O)_6]Cl$（水和氯化物的混配物）、$[Ln(bipy)_2(NO_3)_3]$、$[Ln(NCS)_6]^{3-}$等。镧系元素形成的配合物可用于高效发光材料、核工业材料、生物化学以及放射性废料处理等领域。

21.2 稀土元素

稀土元素的发现与确证经历了一段漫长而曲折的过程。从 1784 年芬兰化学家加多林(J. Godolin) 制得“钇土”，到 1945 年美国人马林斯基(J. A. Marinsky)、格兰德宁(L. E. Glendenin)和科列尔(C. D. Coryell)用离子交换法分离铀裂变产物获得最后一个稀土元素钷(Pm)，其间跨越了三个世纪，历经 160 多年。

稀土元素中“稀”的原意是稀少。稀少有两层含义：研究、了解少；含量少。但随着对稀土元素研究的深入，对其的了解越来越多，除 Pm 外，其余元素的含量并不稀少。“土”即黏土类，是指具有碱性，难溶于水，也难以熔融的物质。常见的形态是氧化物，性质与成土氧化物 SiO_2、Al_2O_3等相似。稀土元素矿藏分散、大量共生，发现和分离均很困难。所以，“稀土”的名称一直沿用至今。

稀土元素包括元素周期表中镧系元素的 15 种元素和ⅢB 族中的钇(Y)，共 16 种元素，均存在于自然界中。

21.2.1 稀土元素的分布、矿源及分组

地球上的稀土矿物通常通过火山活动形成。地球上的许多矿物质最初是在地球出现之前由超新星爆炸形成的。当地球形成时，这些矿物被整合到地球地幔最深处。随着地质构造运动，这些稀土矿物最终到达接近地表的地壳。再经历数百万年的风化过程，岩石分解成沉积物，将这些稀土矿物散布到全球各地。

20 世纪 90 年代，我国的稀土储量约占全球稀土总储量的 80%。但是，随着地球上更多的稀土矿藏被发现，稀土矿藏储量发生了较大的变化。截至 2011 年，全球范围内，美国稀土储量居世界第一，占全球稀土总储量的 40%；俄罗斯居第二，占全球稀土总储量的 30%；中国居第三，占全球稀土总储量的 23%；印度居第四，占全球稀土总储量的

7%。目前，全世界共探明稀土储量近 30000 万吨。随着人类探矿技术的提高和深入，还会有更多的稀土矿藏被发现。

稀土元素在地壳中的原子丰度极不均匀，从 La 到 Lu，元素分布呈波浪式下降，如图 21—2所示。

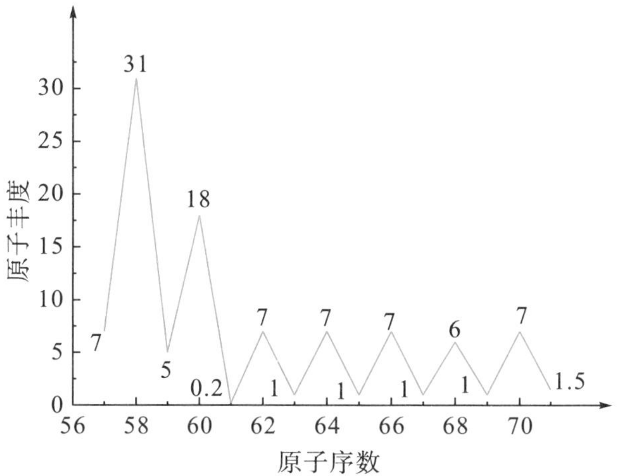

图 21—2　镧系元素原子丰度随原子序数的变化图

由图 21—2 可知，稀土元素在地壳中的原子丰度随原子序数的变化呈现奇偶变化，原子序数为偶数的含量较其相邻的奇数元素高，此结果符合奥多—哈尔根斯规则(Odd—Harkins rule)。奥多—哈尔根斯规则是对元素原子丰度呈现规律的认识：质子数为偶数的核的丰度比相邻的奇数核大。原因在于核内部质子有自旋，奇数个质子的核必有质子没有配对，它有俘获另一个质子而配对来抵消自旋的趋势，配对后的核(原子序数为偶数的核)的稳定性提高，丰度也会较大。中子也有核自旋，因此也有类似性质：中子数为偶数的核素的丰度高于中子数为奇数的核素。

稀土元素在地壳的岩石圈中分散存在。已经发现的稀土矿物有 250 种以上，按照稀土元素在自然界中存在的形态，主要有三种类型的矿源：

(1) 稀土共生构成独立的稀土元素矿物。例如，氟碳铈矿是一种 La、Ln 的氟碳酸盐，化学式为(Ce，La)CO_3F；独居石(别名磷铈镧矿、磷镧铈石)是一种 La、Th、Ln 的混合磷酸盐，化学式为 $CePO_4$ 或(Ce，La)PO_4。

(2) 以类质同晶的形式分散在方解石、磷灰石等矿物中。

(3) 呈吸附状态存在于黏土矿、云母矿等矿物中。

我国具有丰富的稀土资源，主要有三大产地：内蒙古白云鄂博、四川攀枝花、江西。其中，内蒙古白云鄂博铁—铌、稀土矿床是迄今为止独一无二的超大型稀土矿床，它以规模巨大、储量丰富、铈组稀土品位高而著称，是我国稀土矿物原料最大的生产基地。2011 年 7 月，英国《自然—地球科学》(*Nature Geoscience*)杂志网络版刊登了日本科学家加藤泰浩在太平洋海底发现大量稀土资源，可开采量约是陆地的 1000 倍的报道。随着探矿技术的提高，更多的稀土矿藏被发现是可期的。

根据稀土元素的共生关系及最早发现的铈和钇，可将稀土元素分为两组，铈组(又称为轻镧系或轻稀土)和钇组(又称为重镧系或重稀土)。

铈组：La、Ce、Pr、Nd、Sm、Eu、Gd、Pm

钇组：Y、Tb、Dy、Ho、Er、Tm、Yb、Lu

根据稀土元素硫酸复盐的溶解性，可将稀土元素分为三组。

铈组：La、Ce、Pr、Nd、Pm、Sm

铽组(中稀土)：Eu、Gd、Tb、Dy

钇组：Ho、Er、Tm、Yb、Lu、Y

21.2.2 稀土矿物的提取及稀土元素的分离

1. 稀土矿物的提取

稀土元素的离子半径、氧化态和其他性质都近似，所以在矿物中一般为共生。如果大自然变化过程(如风化作用、土壤形成、沉积效应和水解形成矿物等)有利于体积大的稀土元素离子的聚集，便得到铈族稀土矿物；如果有利于体积较小的稀土元素离子聚集，则形成钇族稀土矿物。但是大自然的富集过程不可能将它们完全分离。常见的情形是，矿物中有一两种稀土元素特别富集，并且基本是三价状态，很少有四价状态和二价状态。

虽然许多种矿物含有稀土，但只有少数可达到可采掘的储量且有经济价值。这就需要进行选矿、分解以及对混合稀土进行提取，得到稀土精矿。常用的矿物分解及提取方法有硫酸分解法、氢氧化钠分解法、碳酸钠焙烧法、萃取法等。

2. 稀土元素的分离

要从稀土精矿分解后得到的混合稀土化合物(不含非稀土元素)中分离提取出单一的纯稀土元素，在化学工艺的实现上是比较复杂和困难的。目前，稀土分离方法有很多，主要有化学方法、离子交换法、溶剂萃取法。溶剂萃取法应用最广泛，可用于每一种稀土元素的分离。离子交换法常用于高纯稀土的提取以及实验室的分析过程。化学方法则是前两者的重要补充。

化学方法分离稀土元素最典型的是氧化还原分离法。利用被分离元素氧化、还原电极电势的不同，使其被氧化或被还原后发生价态改变，再利用其不同价态在化学性质上表现出的明显差异对稀土元素进行分离和提纯。

例如，铈的氧化分离法：通过氧化剂将 Ce^{3+} 氧化为 Ce^{4+}，再利用 $Ce(OH)_4$ 沉淀($pH=0.7\sim1$)与其他三价稀土氢氧化物沉淀($pH=6\sim8$)的酸度差异，将铈从稀土元素中分离出来。如目前工业生产中广泛采用的空气氧化法，在一定条件下将 $Ce(OH)_3$ 氧化成 $Ce(OH)_4$：

$$4Ce(OH)_3+O_2+2H_2O=\!=\!=4Ce(OH)_4$$

再利用 $Ce(OH)_4$ 难溶于稀硝酸，通过控制稀硝酸的酸度($pH=2.5$)，使 $Ln(OH)_3$ 溶解，而 $Ce(OH)_4$ 仍然留在沉淀中。

其他氧化剂的使用会带来条件的一定变化，如 H_2O_2、$KMnO_4$、$(NH_4)S_2O_8$、$KBrO_3$、$NaBiO_3$ 等。

又如，钐、镱、铕的还原分离法：利用 Sm^{3+}、Eu^{3+}、Yb^{3+} 易被还原为二价离子，而

Sm^{2+}、Eu^{2+}、Yb^{2+}的碱性强于三价离子，达到分离这三种稀土元素的目的。

具体方法为：通过锌粉先将 Eu^{3+} 还原为 Eu^{2+}，再用氨水沉淀其他三价稀土，Eu^{2+} 仍留在溶液中。其反应为

$$2EuCl_3+Zn = 2EuCl_2+ZnCl_2$$

$$ReCl_3+3NH_4OH = Re(OH)_3\downarrow+3NH_4Cl$$

当溶液中的 $EuCl_2$ 含量过高或溶液 pH 值过高时，会生成 $Eu(OH)_2$ 沉淀：

$$EuCl_2+2NH_4OH = Eu(OH)_2\downarrow+2NH_4Cl$$

在溶液中常会加入 NH_4Cl，使 Eu^{2+} 生成配合物，减少 Eu^{2+} 的损失：

$$Eu(OH)_2+2NH_4Cl = [Eu(NH_3)_2(H_2O)_2]Cl_2$$

锌粉还原法是工业生产铕的常用方法。

氧化还原法分离稀土非常有效，但不适用于每一种元素。该法对分离 Ce^{4+}、Eu^{2+}、Yb^{2+}、Sm^{2+} 等可变价稀土效果好，产品纯度和收率都比较高，是目前生产上应用较广的方法之一。

离子交换法是利用离子交换剂中的可交换基团与溶液中各种离子间的交换能力的不同来对稀土元素进行分离的一种方法。20 世纪 50 年代，氨羧络合剂的使用使得离子交换法成为当时能将所有稀土元素制成高纯单一稀土化合物的唯一生产手段。

溶剂萃取法是利用各种元素在两种不互溶的液相之间的不同分配，将混合原料中的每一种元素逐一分离的方法。

目前，在生产上虽有以溶剂萃取法取代离子交换法的趋势，但在实验室中，离子交换法仍是实现精密分离的一种重要手段。

21.2.3　稀土金属配合物

稀土金属离子的特征结构是 4f 组态。我国化学家徐光宪(1920—2015)的研究表明，稀土原子的 4f 轨道基本是定域的，与配位体电子云的重叠成分很小，所以基本上不参与成键，参与成键的主要是稀土原子的 5d、6s、6p 轨道。由于处于内层的 4f 相较于外过渡金属成键困难，故稀土金属配合物的数目和种类不如 d 区过渡金属。而与碱土金属相比，稀土金属离子 Ln^{3+} 电荷更高，对配位体的吸引力更强，形成配合物的能力强于碱土金属。

目前已知的稀土配合物大部分是含氧配位体。目前已合成一系列含 C、N 和 π 键的有机和无机配合物及一系列金属有机配合物。从结构、种类来看，不仅有单、双齿配合物，还有大环配合物、多元配合物、原子簇配合物以及稀土生物配合物。

稀土金属离子与一系列无机配位体如 H_2O、OH^-、X^-、NO_3^-、SO_4^{2-} 等生成配合物，其中多数主要存在于水溶液中。典型例子如 $[RE(H_2O)_n]^{3+}$、YF_4^-、$Ln(SCN)_n^{3-n}$ ($n=1\sim4$)等。

稀土金属离子与有机含氧配位体如羧酸、羟基羧酸、β－二酮等通过氧原子键合形成稳定的配合物；与磷酸酯、烷基膦酸酯类等形成电中性络合物；与醇、醇化物和大环聚醚类形成的配合物稳定性较差，需在非水溶剂中制备。

稀土金属离子与氮的亲和力小于氧，利用具有一定极性的非水溶剂作为介质，可合

成一系列含氮配合物。如 $RECl_3 \cdot (NH_3)_n(n=1\sim6)$、$RECl_3(CH_3NH_2)_n(n=1\sim5)$等。

稀土金属离子与含氧和氮的配位体形成螯合物。配位体有氨基多酸、吡啶二羧酸、西佛碱类化合物等。

稀土金属离子还能与大环配位体生成配合物，与 S、P、As 等为配位原子的有机配位体生成配合物。

稀土与碳配位形成的配合物称为稀土金属有机化合物，主要有三类：环烯化合物，其配位体有 π 电子，并以此与金属离子成键；σ一键化合物，稀土金属与碳原子形成 σ一键配合物；羰基化合物，其中稀土金属离子既是 σ 电子的接受体，也是 π 电子的给予体，如 $RE(C_5H_5)_n$、$RE(C_5H_5)_{n-1}X$、$RE(C_5H_5)_3$等。

稀土金属离子作为硬酸与作为硬碱的氨基酸、核苷酸的羧基、磷酸基、羟基、酚羟基以及糖环羟基氧配位，形成稀土生物配合物。

21.2.4 稀土元素及其化合物的应用

稀土元素的价电子填充在$(n-2)$f 轨道，相较于元素周期表其他区的元素，稀土元素拥有最多的成单电子，因此，具有非常优异的磁、光、电性能，对改善产品性能和品种起到了巨大作用，被誉为“工业的维生素”。目前，稀土元素已广泛应用到冶金、军事、石油化工、玻璃陶瓷、农业和新材料等领域。

稀土元素在冶金工业中的用量约占稀土总用量的三分之一，主要用于钢铁工业。将稀土金属或氟化物、硅化物加入钢中，能起到精炼、脱硫、中和低熔点有害杂质的作用，改善钢的加工性能；将稀土硅铁合金、稀土硅镁合金作为球化剂生产稀土球墨铸铁，进而生产有特殊要求的复杂球铁件，被广泛用于汽车、拖拉机、柴油机等机械制造业；将稀土金属添加到钢铁、镁、铝、铜、锌、镍等有色合金中，可以改善钢材、铝合金、镁合金、钛合金等的物理化学性能，并提高合金室温及高温机械性能。高性能的稀土合金在军事领域已有广泛应用。

稀土元素可用于制造稀土分子筛，作为活性高、选择性好、抗重金属中毒能力强的催化剂取代硅酸铝催化剂应用于石油催化裂化过程。在合成氨生产过程中，用少量的硝酸稀土作助催化剂，其处理气量比镍铝催化剂大 1.5 倍。在合成顺丁橡胶和异戊橡胶的过程中，采用环烷酸稀土－三异丁基铝型催化剂，所获得的产品性能优良。

稀土元素有未充满的 4f 电子，能吸收或发射从紫外光、可见光到红外光区不同波长的光，且发射每种光区的范围小，使得稀土元素制成的各种颜料色彩更柔和、纯正，色调多样。在玻璃制造过程中添加稀土氧化物，可以得到不同用途的光学玻璃和特种玻璃，其中包括能通过红外线、吸收紫外线的玻璃，耐酸及耐热的玻璃，防 X 射线的玻璃等。在陶釉和瓷釉中添加稀土，可以减轻釉的碎裂性，并能使制品呈现不同的颜色和光泽，被广泛用于陶瓷工业。

稀土元素可以提高植物的叶绿素含量，增强光合作用，促进根系发育，增加根系对养分的吸收。稀土元素还能促进种子萌发，提高种子发芽率，促进幼苗生长。除了以上主要作用外，稀土元素还能使某些作物增强抗病、抗寒、抗旱的能力。大量研究表明，使用适当浓度的稀土元素，能促进植物对养分的吸收、转化和利用。喷施稀土可使苹果和柑橘果实中的维生素 C 含量、总糖含量、糖酸比均有所提高，促进果实着色和早熟，并可抑制储藏过程中的呼吸强度，降低腐烂率。

稀土元素在新型功能材料中的应用更加令人瞩目。目前已开发出将稀土元素应用于生产荧光材料、稀土金属氢化物电池材料、电光源材料、永磁材料、储氢材料、激光材料、超导材料、磁致伸缩材料、磁致冷材料、磁光存储材料、光导纤维材料等。

21.3　锕系元素

锕系元素的符号为 An，由组成第二内过渡系元素的 15 个元素构成锕系：锕(Ac)、钍(Th)、镤(Pa)、铀(U)、镎(Np)、钚(Pu)、镅(Am)、锔(Cm)、锫 (Bk)、锎(Cf)、锿(Es)、镄(Fm)、钔(Md)、锘(No)、铹(Lr)，其中涉及一些人名和地名。铀之后的元素称为超铀元素，都是人工合成的。在超铀元素被发现之前，锕、钍、镤、铀被分别认为是ⅢB、ⅣB、ⅤB、ⅥB 在第七周期的元素，理由是 Ac 的三价盐与 La 的三价盐类质同晶，Th 与 Zr、Hf 性质相似，U 与 Mo、W 性质相似。超铀元素被发现之后，人们根据对从 Ac 到 Lr 15 个元素的性质进行系统考察的结果确定了它们的相似性，并将它们归为一类元素。

21.3.1　锕系元素的通性

锕系元素的性质见表 21－4。

表 21－4　锕系元素的性质

元素符号	原子序数	价电子构型	原子半径/pm	An^{3+} 半径/pm	An^{3+} 的颜色	氧化数
Ac	89	$6d^1 7s^2$	189.8	111	无色	$\underline{+3}$
Th	90	$6d^2 7s^2$	179.8	108	—	(+3)、$\underline{+4}$
Pa	91	$5f^2 6d^1 7s^2$	164.2	105	—	+3、+4、$\underline{+5}$
U	92	$5f^3 6d^1 7s^2$	154.2	103	浅红色	+3、+4、+5、$\underline{+6}$
Np	93	$5f^4 6d^1 7s^2$	150.3	101	蓝紫色	+3、+4、$\underline{+5}$、+6、+7
Pu	94	$5f^6 7s^2$	152.3	100	蓝色	+3、$\underline{+4}$、+5、+6、+7
Am	95	$5f^7 7s^2$	173.0	99	粉红色－红色	(+2)、$\underline{+3}$、+4、+5、+6
Cm	96	$5f^7 6d^1 7s^2$	174.3	98.6	无色	$\underline{+3}$、+4
Bk	97	$5f^9 7s^2$	170.4	98.1	—	$\underline{+3}$、+4
Cf	98	$5f^{10} 7s^2$	169.4	97.6	—	(+2)、$\underline{+3}$
Es	99	$5f^{11} 7s^2$	169	97	—	(+2)、$\underline{+3}$
Fm	100	$5f^{12} 7s^2$	194	97	—	(+2)、$\underline{+3}$

续表21－4

元素符号	原子序数	价电子构型	原子半径/pm	An^{3+}半径/pm	An^{3+}的颜色	氧化数
Md	101	$5f^{13}7s^2$	194	96	—	(+2)、$\underline{+3}$
No	102	$5f^{14}7s^2$	194	95	—	(+2)、$\underline{+3}$
Lr	103	$5f^{14}6d^17s^2$	171	94	—	$\underline{+3}$

注：带下划线的数字表示最稳定的氧化态；(　)表示只存在固体中。

1. 价电子构型

锕系元素的价电子构型与镧系元素相似，主要有两类：$5f^n7s^2$、$5f^{n-1}6d^17s^2$，后一种属特殊。相比于镧系元素的4f、5d轨道，锕系元素的5f、6d轨道能量更相近，这是由于锕系元素的5f电子和核之间的联系较4f弱得多。因此，与镧系元素相比，锕系元素的后一种价电子构型更多。当锕系元素由中性原子变成离子时，电子填充5f层的趋势比6d层大。例如，U^{3+}的电子组态［Rn］$5f^3$就比［Rn］$5f^26d^1$的能量低。

2. 氧化态

锕系元素的氧化态不像镧系元素具有明显的相似性，这是锕系元素与镧系元素相差较大的地方。在锕系元素的前一部分Th→Am，存在多种氧化态，原因在于Th→Am的5f电子未达半满，相对较易于参与成键。与相同情况下的镧系元素相比，锕系元素的5f电子较4f电子与核的作用更弱，导致5f、6d轨道能量更相近，电子跃迁所需能量更小，电子参与成键相对更容易，因此氧化态更多。随着原子序数的增加，核电荷的升高，5f、6d轨道能量差增大，5f电子则不易失去，因此Bk后出现低氧化态。

3. 原子半径和离子半径

由表21－4可知，随着原子序数的递增，锕系元素原子半径的变化规律不明显，但An(+3)离子半径逐渐递减。离子半径的变化规律是由于核电荷增大，原子核对5f电子的吸引作用加强，从而产生了与镧系收缩一样的收缩现象，即“锕系收缩”。An的其他价态离子半径也存在锕系收缩现象。

4. 离子的颜色

An与Ln的吸收光谱相似，表现出f－f吸收的特征。多数锕系离子有成单的f电子，若吸收可见光电子，则可以显示出一定的颜色；若吸收可见光区之外的光，则无色。

5. 配位数

锕系元素在化合物中的配位数范围较其他金属离子更大，常见配位数为6或8，如三价锕系元素。正四价锕系元素的配位数为8或10。除此以外，还有7、9、11、12。特别是配位数7、9在锕系元素化合物中常见，而在别处很少见。

21.3.2 锕系元素的重要单质及化合物

锕系元素是具有银白色光泽、碱性的脆性金属，密度大。它们具有毒性和放射性，半衰期很短，因而不容易制得金属单质。化学性质比较活泼，在空气中迅速被氧化，迅速变暗。可与大多数非金属反应，也能与部分酸反应，但不与碱反应。

锕系元素的氯化物、硫酸盐、硝酸盐、高氯酸盐可溶于水，氢氧化物、氟化物、硫酸盐、草酸盐不溶于水。大多数锕系元素能形成配位化合物。

1. 钍

自然界中，钍主要以化合物的形式存在于磷酸盐(独居石)、氧化物(方钍石)及硅酸盐(钍石)中。自然界中大量存在的钍是^{232}Th。

制备：令粉末状的氧化钍与单质钙在 1000℃中发生氧化还原反应。反应如下：

$$ThO_2 + 2Ca \xrightarrow{\text{高温}} Th + 2CaO$$

Th 的熔点为 1755℃，上述反应放出的热量不足以使金属 Th 熔化。

所有钍盐都显示+4 价，在化学性质上与锆、铪相似。除惰性气体外，钍几乎能与所有非金属元素作用，生成二元化合物。钍不溶于稀酸和氢氟酸，能溶于发烟的盐酸、硫酸和王水。硝酸能使钍钝化。

钍的化合物有氢化物、氧化物、卤化物、碳酸盐、硝酸盐、硫酸盐等。这里介绍钍较重要的氧化物和硝酸盐。

氧化物：钍的氧化物中，二氧化钍(ThO_2)是唯一的化学性质较稳定的。这是因为其熔点高达 3390℃。ThO_2的化学稳定性受到原料煅烧温度的影响，温度越高，化学稳定性越好。煅烧温度低于 550℃，灼烧得到的 ThO_2能溶于含 F^- 的硝酸溶液中。

硝酸盐：硝酸钍可用于高温加热分解制得 ThO_2。硝酸钍为带结晶水的水合物，$Th(NO_3)_4 \cdot nH_2O$(n=2~6，12)，一般可分离出来的是 n=4，5，6 的水合物，均为白色晶体。$Th(NO_3)_4 \cdot nH_2O$ 在水中极易溶解，特别易溶于含氧的有机溶剂。

2. 铀

1789 年，德国化学家克拉普罗特(M. H. Klaproth)从沥青铀矿中分离出铀，以 1781 年新发现的天王星将其命名为 Uranium，元素符号为 U。铀的化学性质很活泼，所以自然界中不存在游离态的金属铀，它总是以化合状态存在，如沥青铀矿(主要成分为八氧化三铀)、品质铀矿(主要成分为二氧化铀)、铀石和铀黑等。部分铀矿物在紫外线下能发出强烈的荧光。

铀的化合物最重要的是 UO_3，溶于酸后生成铀酰离子(UO_2^{2-})；水中黄绿色的离子能与许多配位体(如 NO_3^-、SO_4^{2-})形成稳定的[$UO_2(NO_3)_2(H_2O)_4$]；在有机溶剂中可溶，用溶剂萃取法可将铀与其他元素分离。

21.3.3　锕系元素的重要配合物

锕系元素的配位化学仍显示了高配位数。如 [$Th(NO_3)_4(OPPh_3)_2$] 中 Th 的配位数为 10，四个 NO_3^- 都是双齿配位体，六个配位体围绕中心原子排布在八面体顶角，如图 21-3 所示。

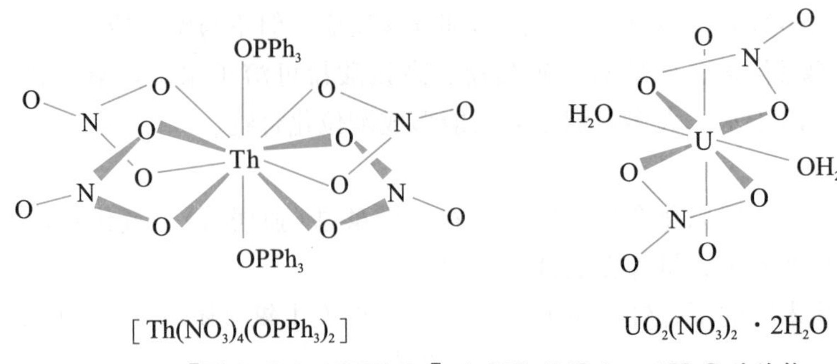

图 21－3 ［$Th(NO_3)_4(OPPh_3)_2$］和 $UO_2(NO_3)_2 \cdot 2H_2O$ 的结构

硝酸铀酰二水合物中 8 个氧原子与 U 原子配位，其中两个水分子的配位氧原子和两个 NO_3^- 的四个配位氧原子处于同一平面，OUO 轴垂直于该平面。

习 题

1. 什么叫作“镧系收缩”？讨论出现这种现象的原因和它对第六周期中镧系后面各元素的性质所产生的影响。

2. 镧系元素三价离子中，为什么 La^{3+}、Gd^{3+} 和 Lu^{3+} 等是无色，而 Pr^{3+} 和 Sm^{3+} 等却有颜色？

3. 镧系元素的特征氧化态为＋3，为什么铈、镨、铽、镝常呈现＋4 氧化态，而钐、铕、铥、镱却能呈现＋2 氧化态？

4. 锕系元素和镧系元素同是 f 区元素，为什么锕系元素的氧化态种类较镧系元素多？

第 22 章　核化学

核化学是研究原子核内部的反应、性质、结构、分离、核反应产物的鉴定和合成制备及其在化学中应用的一门化学的分支学科。

原子核由一定数目的质子和中子组成。组成原子核的质子和中子总称核子。具有特定质子数和中子数的原子核称为核素。同一元素的原子核里质子数相同，而中子数可以不同。这种质子数相同而中子数不同的核素互称同位素，在元素周期表中占同一位置。同位素的质子数和中子数之和叫质量数。核素常用$^{A}_{Z}E$表示(E 为化学元素符号，A 为质量数，Z 为质子数)，如$^{4}_{2}He$。

核反应与化学反应不同。化学反应涉及核外价电子的得失或转移，变化是在核外。而核反应涉及核内质子、中子数目的变化，核反应之后，元素的种类发生了变化。具体而言，核反应的主要特点有以下三个：

(1) 核反应常导致一种元素变为另一种元素。

(2) 核反应时伴随的能量效应比化学反应大得多。

(3) 元素的核性质不受存在状态的限制。

核反应有四大类型：放射性衰变、粒子或简单原子核轰击原子核、核裂变、核聚变。前一种是天然核素自发进行的；后三种是人工诱导引起的，也称为诱导核反应或人工核反应。

22.1　放射性衰变

22.1.1　概述

同一元素可以有许多种同位素，它们的化学性质基本相同，但核性质的差异却较大。如氢的三种核素$^{1}_{1}H(P)$、$^{2}_{1}H(D)$、$^{3}_{1}H(T)$互为同位素。前两种核素不能自发地放射出射线，称为稳定核素；后一种不稳定，它可以自发地从原子核放出电子流(称为 β 射线)，变成氦的同位素：

$$^{3}_{1}H \longrightarrow ^{3}_{2}He + ^{0}_{-1}e$$

这种核素自发地放射出射线的性质称为放射性。具有放射性的核素称为放射性核素。迄今为止已知的核素共有 2000 多种，大多数为不稳定核素，即放射性核素。研究证明，原子序数大于 83 的所有元素都具有放射性。原子序数在 83 以前的元素部分具有放射性。

放射性核素自发地发生核结构的改变(放射出射线变成另一种核素)的过程称为核衰变或放射性衰变。

上式即为核反应方程式，书写核反应方程式需要配平的是两边的质量数和质子数。

22.1.2 放射性衰变的类型

根据核素放射性衰变释放射线性质的不同，可将放射性衰变分为 α 衰变、β 衰变、γ 衰变三类。此外，还有正电子衰变和电子俘获。

1. α 衰变

放射性核素释放出 α 射线的衰变叫 α 衰变。

α 射线是 α 粒子流，α 粒子含两个质子和两个中子，表示成 ${}^{4}_{2}\alpha$。α 粒子其实就是氦核 ${}^{4}_{2}He$。例如：

$${}^{238}_{92}U \longrightarrow {}^{234}_{90}Th + {}^{4}_{2}He$$

α 衰变将导致核素的质子数减小 2 个单位，中子数减小 2 个单位。生成的新核素在元素周期表中向母核素的左边位移两格，这是 α 衰变的位移规律。

2. β 衰变

放射性核素释放出 β 射线的衰变叫 β 衰变。

β 射线是 β 粒子流，β 粒子含一个单位负电荷，质量接近 0，表示成 ${}^{0}_{-1}\beta$。β 粒子其实就是电子 ${}^{0}_{-1}e$。由于核内并无电子，因此，β 衰变是中子转变成质子时产生的，即下述过程释放出 β 射线：

$${}^{1}_{0}n \longrightarrow {}^{1}_{1}H + {}^{0}_{-1}e$$

实例如下：

$${}^{234}_{90}Th \longrightarrow {}^{234}_{91}Pa + {}^{0}_{-1}e$$

β 衰变将导致核素的中子数减小 1 个单位，质子数增加 1 个单位，质量数不变。生成的新核素的核电荷数增加 1 个单位，在元素周期表中向母核的右边位移一格，这是 β 衰变的位移规律。

3. γ 衰变

放射性核素释放出 γ 射线的衰变叫 γ 衰变。

γ 射线实际上是波长很短的电磁波，即高能光子。高能光子本身不带电，没有静止质量，表示成 ${}^{0}_{0}\gamma$。

γ 射线常伴随着 α 射线或 β 射线一起射出。γ 射线的释放将导致核的能量降低，使核更稳定。

γ 射线的释放不改变质子数和中子数，故核反应方程式中一般不写出。

4. 正电子衰变

放射性核素释放出正电子的衰变叫正电子衰变，又称为 β^+ 衰变。

正电子与电子仅电荷相反，表示成 ${}^{0}_{1}e$。

正电子衰变是随着核中质子转变成中子时发生的：

$${}^{1}_{1}H \longrightarrow {}^{1}_{0}n + {}^{0}_{1}e$$

实例如下：

$${}^{30}_{15}P \longrightarrow {}^{30}_{14}Si + {}^{0}_{1}e$$

β^+ 衰变释放正电子，导致质子数减小 1 个单位，中子数增加 1 个单位。生成的新核素的核电荷数减少 1 个单位，在元素周期表中向母核的左边位移一格，这是 β^+ 衰变的位移规律。

5. 电子俘获

电子俘获是原子核从核外的电子层俘获一个电子使质子转变成中子的过程：

$${}^{1}_{1}H + {}^{0}_{-1}e \longrightarrow {}^{1}_{0}n$$

显然这是 β 衰变的逆过程。例如：

$${}^{7}_{4}Be + {}^{0}_{-1}e \longrightarrow {}^{7}_{3}Li$$

电子俘获导致质子数减小 1 个单位，中子数增加 1 个单位。生成的新核素的核电荷数减少 1 个单位，在元素周期表中向母核的左边位移一格，这是电子俘获的位移规律。

相对而言，原子核最容易俘获离核最近的第一电子层(K 层)的电子，因此，电子俘获常称为 K 层俘获。电子俘获同时有 X 射线放出。

22.1.3 放射性衰变的半衰期

放射性核素的放射性衰变涉及一个衰变速度问题。

放射性衰变反应是一级反应。根据化学反应速率相关知识，一级反应的速率方程及半衰期计算有如下公式(参见 6.2.1)：

$$\ln \frac{c_t}{c_0} = -kt \qquad (6-6)$$

$$T_{\frac{1}{2}} = \frac{\ln 2}{k} \qquad (6-7)$$

对放射性衰变而言，半衰期是一种放射性核素衰变到原来一半数量所需的时间。对于一个特定的放射性元素，$T_{\frac{1}{2}}$ 是一个常数。常见放射性核素的半衰期见表 22－1。

表 22－1　常见放射性核素的半衰期及衰变类型

	核素	半衰期	衰变类型
天然放射性核素	${}^{238}_{92}U$	4.51×10^{9} 年	α
天然放射性核素	${}^{235}_{92}U$	7.13×10^{8} 年	α
天然放射性核素	${}^{232}_{90}Th$	1.40×10^{10} 年	α
天然放射性核素	${}^{40}_{19}K$	1.28×10^{9} 年	β
天然放射性核素	${}^{14}_{6}C$	5730 年	β
人工放射性核素	${}^{239}_{94}Pu$	24400 年	α

续表22-1

	核素	半衰期	衰变类型
人工放射性核素	${}^{137}_{55}Cs$	30.23 年	β
人工放射性核素	${}^{90}_{38}Sr$	28.1 年	β
人工放射性核素	${}^{131}_{53}I$	8.07 天	β

放射性核素的衰变速率差异很大，有的核素的半衰期短至 10^{-6} 秒，而有的核素的半衰期长达 10^{15} 年。衰变反应的半衰期不受外界条件(温度、压力等)的影响，也不受化合状态的影响。这是因为外界条件、化合状态等对核素的影响都仅限于核外，不能影响到核内的核反应。

22.1.4 天然放射系

自然界存在的放射性核素通过放射性衰变生成新的核素，如果新的核素不稳定，则会再发生放射性衰变生成另一个新的核素，如果这个核素还不稳定，则继续发生放射性衰变……直到最终生成稳定的核素为止。在这一过程中发生的一系列核反应称为放射系。

目前已知存在三个天然放射系，根据起始放射性核素的不同，分别叫作铀系、钍系、锕系。它们经过一系列的 α 衰变和 β 衰变，所产生的放射性元素逐渐趋于稳定，最终都形成稳定的核素铅。

铀系：

$$ {}^{238}_{92}U \xrightarrow{\alpha} {}^{234}_{90}Th \xrightarrow{\beta} {}^{234}_{91}Pa \xrightarrow{\beta} {}^{234}_{92}U $$

$$ {}^{238}_{93}Np \xrightarrow{\beta} {}^{238}_{94}Pu \xrightarrow{\alpha} {}^{234}_{92}U $$

$$ {}^{234}_{92}U \xrightarrow{\alpha} {}^{230}_{90}Th \xrightarrow{\alpha} {}^{226}_{88}Ra \xrightarrow{\alpha} {}^{222}_{86}Rn \xrightarrow{\alpha} {}^{218}_{84}Po $$

$$ {}^{218}_{84}Po \xrightarrow{\beta} {}^{218}_{85}At \xrightarrow{\alpha} {}^{214}_{83}Bi $$

$$ {}^{218}_{84}Po \xrightarrow{\alpha} {}^{214}_{82}Pb \xrightarrow{\beta} {}^{214}_{83}Bi $$

$$ {}^{214}_{83}Bi \xrightarrow{\beta} {}^{214}_{84}Po \xrightarrow{\alpha} {}^{210}_{82}Pb $$

$$ {}^{214}_{83}Bi \xrightarrow{\alpha} {}^{210}_{81}Tl \xrightarrow{\beta} {}^{210}_{82}Pb $$

$$ {}^{210}_{82}Pb \xrightarrow{\beta} {}^{210}_{83}Bi \xrightarrow{\beta} {}^{210}_{84}Po \xrightarrow{\alpha} {}^{206}_{82}Pb $$

钍系：

$$^{232}_{90}\mathrm{Th} \xrightarrow{\alpha} {}^{228}_{88}\mathrm{Ra} \xrightarrow{\beta} {}^{228}_{89}\mathrm{Ac} \xrightarrow{\beta} {}^{228}_{90}\mathrm{Th} \xrightarrow{\alpha} {}^{224}_{88}\mathrm{Ra} \xrightarrow{\alpha} {}^{220}_{86}\mathrm{Rn} \xrightarrow{\alpha} {}^{216}_{84}\mathrm{Po}$$

$$^{216}_{84}\mathrm{Po} \xrightarrow{\beta} {}^{216}_{85}\mathrm{At} \xrightarrow{\alpha} {}^{212}_{83}\mathrm{Bi} \qquad {}^{216}_{84}\mathrm{Po} \xrightarrow{\alpha} {}^{212}_{82}\mathrm{Pb} \xrightarrow{\beta} {}^{212}_{83}\mathrm{Bi}$$

$$^{212}_{83}\mathrm{Bi} \xrightarrow{\beta} {}^{212}_{84}\mathrm{Po} \xrightarrow{\alpha} {}^{208}_{82}\mathrm{Pb} \qquad {}^{212}_{83}\mathrm{Bi} \xrightarrow{\alpha} {}^{208}_{81}\mathrm{Tl} \xrightarrow{\beta} {}^{208}_{82}\mathrm{Pb}$$

锕系：

$$^{239}_{92}\mathrm{U} \xrightarrow{\beta} {}^{239}_{93}\mathrm{Np} \xrightarrow{\beta} {}^{239}_{94}\mathrm{Pu} \xrightarrow{\alpha} {}^{235}_{92}\mathrm{U} \xrightarrow{\alpha} {}^{231}_{90}\mathrm{Th} \xrightarrow{\beta} {}^{231}_{91}\mathrm{Pa} \xrightarrow{\alpha} {}^{227}_{89}\mathrm{Ac}$$

$$^{227}_{89}\mathrm{Ac} \xrightarrow{\alpha} {}^{227}_{90}\mathrm{Th} \xrightarrow{\beta} {}^{223}_{88}\mathrm{Ra} \qquad {}^{227}_{89}\mathrm{Ac} \xrightarrow{\beta} {}^{223}_{87}\mathrm{Fr} \xrightarrow{\alpha} {}^{223}_{88}\mathrm{Ra}$$

$$^{223}_{88}\mathrm{Ra} \xrightarrow{\alpha} {}^{219}_{86}\mathrm{Rn} \xrightarrow{\alpha} {}^{215}_{84}\mathrm{Po} \xrightarrow{\alpha} {}^{211}_{82}\mathrm{Pb} \xrightarrow{\beta} {}^{211}_{83}\mathrm{Bi}$$

$$^{211}_{83}\mathrm{Bi} \xrightarrow{\beta} {}^{211}_{84}\mathrm{Po} \xrightarrow{\alpha} {}^{207}_{82}\mathrm{Pb} \qquad {}^{211}_{83}\mathrm{Bi} \xrightarrow{\alpha} {}^{207}_{81}\mathrm{Tl} \xrightarrow{\beta} {}^{207}_{82}\mathrm{Pb}$$

随着铀之后人造核素的发现，又增加了一个镎系。它们经过衰变后最终形成稳定的核素铋-83。

镎系：

$$^{241}_{94}\mathrm{Pu} \xrightarrow{\beta} {}^{241}_{95}\mathrm{Am} \xrightarrow{\alpha} {}^{237}_{93}\mathrm{Np} \qquad {}^{237}_{92}\mathrm{U} \xrightarrow{\beta} {}^{237}_{93}\mathrm{Np}$$

$$^{237}_{93}\mathrm{Np} \xrightarrow{\alpha} {}^{233}_{91}\mathrm{Pa} \xrightarrow{\beta} {}^{233}_{92}\mathrm{U} \xrightarrow{\alpha} {}^{229}_{90}\mathrm{Th} \xrightarrow{\alpha} {}^{225}_{88}\mathrm{Ra} \xrightarrow{\beta} {}^{225}_{89}\mathrm{Ac} \xrightarrow{\alpha} {}^{221}_{87}\mathrm{Fr} \xrightarrow{\alpha} {}^{217}_{85}\mathrm{At} \xrightarrow{\alpha} {}^{213}_{83}\mathrm{Bi}$$

$$^{213}_{83}\mathrm{Bi} \xrightarrow{\beta} {}^{213}_{84}\mathrm{Po} \xrightarrow{\alpha} {}^{209}_{82}\mathrm{Pb} \qquad {}^{213}_{83}\mathrm{Bi} \xrightarrow{\alpha} {}^{209}_{81}\mathrm{Tl} \xrightarrow{\beta} {}^{209}_{82}\mathrm{Pb}$$

$$^{209}_{82}\mathrm{Pb} \xrightarrow{\beta} {}^{209}_{83}\mathrm{Bi}$$

22.2　人工核反应

人工核反应是人为实现的核反应，包括三类核反应：粒子或简单原子核轰击原子核、核裂变、核聚变。

22.2.1 粒子或简单原子核轰击原子核

用粒子或简单原子核轰击原子核导致核反应发生，这一设想最早由英国科学家卢瑟福于 1919 年实现。他用镭射出的高速 α 粒子轰击 ^{14}N，诱发了历史上第一个人工核反应：

$$^{14}_{7}N+^{4}_{2}\alpha \longrightarrow ^{17}_{8}O+^{1}_{1}H$$

进行核反应的高速粒子一般可由加速器或反应堆来得到。目前，这类核反应所用到的高速粒子有质子$^{1}_{1}H(P)$、中子$^{1}_{0}n$，简单原子核有氘核$^{2}_{1}H(D)$、氦核(α 粒子)$^{4}_{2}He$等。

例如：

$$^{35}_{17}Cl+^{1}_{0}n \longrightarrow ^{35}_{16}S+^{1}_{1}H$$

$$^{24}_{12}Mg+^{1}_{1}H \longrightarrow ^{21}_{11}Na+^{4}_{2}He$$

$$^{6}_{3}Li+^{2}_{1}H \longrightarrow ^{7}_{4}Be+^{1}_{0}n$$

这类核反应方程式可简化表示成

被轰击原子核(轰击粒子，产生的粒子)产生的原子核

则上面三个核反应分别表示成

$$^{35}_{17}Cl(n,\ P)^{35}_{16}S$$

$$^{24}_{12}Mg\ (P,\ \alpha)^{21}_{11}Na$$

$$^{6}_{3}Li(D,\ n)^{7}_{4}Be$$

若产生的原子核是自然界没有的，则该原子核称为人造同位素；若该同位素具有放射性，则称为人工放射性同位素。最早的人工合成元素是超铀元素，到 1961 年，通过高速粒子轰击较重原子核，锕系元素全部被合成。随着技术的不断进步，科学家能够加速较重的原子核去轰击重原子核，并产生更重的新原子核，发现更多的新元素。例如，科学家用氮核 N－15 核轰击锎核 Cf－249 发现了 105 号元素𨧀 Db－260：

$$^{249}_{98}Cf+^{15}_{7}N \longrightarrow ^{260}_{105}Db+4^{1}_{0}n$$

22.2.2 核裂变

核裂变是重核分裂为轻核的过程，即重原子核分裂为两个质量相近的核的过程(分裂成更多的核的概率太小)，同时释放出 2～4 个中子。

例如，$^{235}_{92}U$ 受慢中子的轰击：

$$^{235}_{92}U+^{1}_{0}n \longrightarrow ^{135}_{53}I+^{97}_{39}Y+4^{1}_{0}n$$

$$^{235}_{92}U+^{1}_{0}n \longrightarrow ^{137}_{52}Te+^{97}_{40}Zr+2^{1}_{0}n$$

$$^{235}_{92}U+^{1}_{0}n \longrightarrow ^{140}_{56}Ba+^{93}_{36}Kr+3^{1}_{0}n$$

$^{235}_{92}U$ 受慢中子轰击的裂变反应约有 35 种，上述反应只是其中三种。上述反应放出的能量很大。

研究表明，如果$^{235}_{92}U$ 每次裂变产生的 2～4 个中子经过减速又会成为慢中子，这些慢中子又能引起另外的$^{235}_{92}U$ 裂变。假设每次产生 2 个中子，它们将诱发另外两次裂变，同时产生 4 个中子，4 个中子又会诱发 4 次裂变，并产生 8 个中子，依此类推。这意味着核裂变反应一旦发生，就会非常迅速地不断进行下去，该过程称为链式裂变反应。如图 22－1 所示。

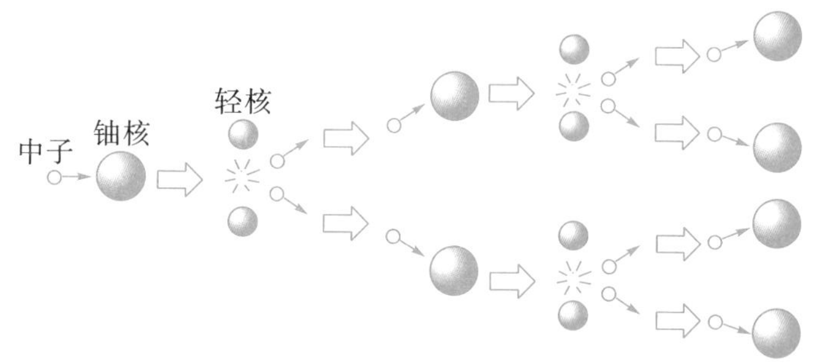

图 22-1　铀-235 的链式裂变

裂变反应产生的中子有三个方面的消耗：被其他核俘获(不产生裂变)、逸出而损耗、进行裂变。当裂变反应产生的中子在被其他核俘获和逸出而损耗之后，如果还有剩余，才可能使链式裂变反应发生。所以，链式裂变反应的发生需要一定的条件：必须保证核裂变反应产生的中子有一定的数量。这种保持链式裂变反应必需的裂变物质的量称为临界质量(或体积)。只有裂变物质的量大于临界质量时才会发生链式裂变反应；裂变物质的量小于临界质量时，不会发生链式裂变反应。

例如，${}^{235}_{92}U$ 的临界质量约为 1 kg。原子弹就是依据这一原理制造出来的。

第二次世界大战结束后，人们利用核裂变反应建造了核反应堆、核电站，迅速将原子能的利用转向和平用途。

核电站是通过人为控制核的链式裂变反应以获得核能并转化为电能的工厂。其原理说来简单，要实现人为控制裂变反应，只需实现人为控制裂变物质的质量和产生的中子数目。人为控制裂变物质的质量是把裂变物质(如浓缩铀)做成核燃料棒，通过控制插入反应体系(反应堆)的燃料棒数目来实现。人为控制中子数目的方法类似，同样是把能吸收中子的物质(如镉、银、铟等)做成控制棒，通过控制插入反应堆的控制棒数目来实现。

核电站的优点非常突出：能量高度集中，燃料费用低廉，综合经济效益好；所需燃料数量少，不受运输和储存的限制；对环境污染的程度较轻。相比于火力发电和水力发电，核能发电非常清洁，对环境友好。但是，核电站的运行也存在一些严重的问题：铀的开采和提纯并不是非常清洁的过程；核电站事故后果很严重；核废料的处理目前还没有十分理想的方法。

我国核电站的建设始于 20 世纪 80 年代中期，是继美国、英国、法国、俄罗斯、加拿大和瑞典后第七个能自行设计建造核电机组的国家。截至 2018 年年初，我国共有核电机组 56 台，其中 38 台正在运行，18 台正在建设中。

22.2.3　核聚变

轻原子核相遇时聚合为较重的原子核并放出巨大能量的过程称为核聚变反应，也称为热核反应。

由于核之间的聚合首先要让核外电子摆脱原子核的束缚，然后两个原子核才能够碰撞到一起，发生原子核的互相聚合，生成新的质量更重的原子核。中子虽然质量比较大，但是由于中子不带电，因此能够在这个碰撞过程中逃离原子核的束缚而释放出来；大量电子和中子的释放所表现出来的就是巨大的能量释放。相对而言，核聚变所放出的能量远大于核裂变。例如：

$$^{1}_{1}H+^{1}_{1}H \longrightarrow ^{2}_{1}D+^{0}_{1}e$$

$$^{2}_{1}D+^{3}_{1}T \longrightarrow ^{4}_{2}He+^{1}_{0}n$$

大爆炸理论描述的创始之初，正是有赖于大量的核聚变反应才产生了各种原子核，进而构成了物质世界(参见 1.1)。太阳上每时每刻都进行着大量氢核参与的核聚变反应，地球生命因此获得能源。

通过原子弹爆炸提供的高温高压可以实现氢核的核聚变，氢弹正是利用这一设想制造出来的。相比于核裂变，氢核的核聚变没有放射性污染，使用的材料是取自海水的氘，几乎用之不尽。目前，氢核的受控核聚变还处于研发阶段。但是显然，氢核的受控核聚变的民用将具有无限美好的前景。

22.3 核稳定理论

22.3.1 核的稳定性

研究发现，在天然及人工合成的 2000 多种核素中，大部分是不稳定的，稳定的只有约 300 种。不稳定的原子核可以发生放射性衰变，变成稳定的原子核；一些较重的不稳定核还可以自发地发生核裂变，最后变成稳定的原子核。

通过对稳定核和不稳定核的归纳、分析可以得到一些经验规律：

(1) 所有具有 84 个或多于 84 个质子的原子核是不稳定的。即原子序数为 84 的钋(Po)及其以后的元素均为放射性元素。

(2) 具有 2、8、20、28、50、82 或 126 个质子或中子的原子核，通常要比在元素周期表中与此相邻的原子核更稳定。例如，质子数为 20 的钙核有五种稳定同位素，质子数为 19 的氩核只有两种稳定同位素，而质子数为 21 的钪核只有一种稳定同位素。人们把 2、8、20、28、50、82 和 126 这些数称为幻数。对幻数的解释有赖于 1949 年德国物理学家迈耶(Maria Goeppert Mayer)夫人和简森(J. Hans. D. Jensen)等建立的原子核的壳层模型理论。该理论认为，原子核中的核子(质子和中子的统称)是分布在核内部不同的“壳”中的(就像原子核外的电子分布在核外不同的能级上一样)，不同壳之间的能量差别比较大。假如一个原子核中的质子和中子正好填满一个壳，那么这个核就最稳定，这个核将比其附近核子没有填满或超出一个壳的同位素要稳定。当质子数或中子数具有幻数 2、8、20、28、50、82 或 126 时，质子和中子正好填满不同的壳，因此，这个核就更稳定。这就像核外电子数为 2、10、18、36、54 或 86 时就具有稀有气体元素原子稳定结构一样。质子和中子的核壳层是相互独立的。因此，质子或中子可以只有其中一个为幻数，此时称为幻核；也可以两者皆是幻数，称为双幻核。

迈耶夫人因发现核壳层模型理论和对称性原理与简森共同获得1963年诺贝尔物理学奖。迈耶夫人是继居里夫人之后第二位获得诺贝尔物理学奖的女物理学家。

(3)原子核具有的质子数和中子数均为偶数时，通常较具有奇数的质子数或中子数的核更稳定一些，见表22－2。

表22－2　质子数和中子数的偶数稳定性

质子数	中子数	稳定同位素的数目
偶	偶	164
偶	奇	55
奇	偶	50
奇	奇	4

这个结论符合奥多－哈尔根斯规则(参见21.2)。

(4) 归纳稳定核中质子数和中子数的关系，可以得到稳定核的质子中子比($n:p$)，如图22－2所示。

由图22－2可以看出，随着核内质子数的增加，需要更多的中子才能使核稳定。即随着核内质子数的增加，稳定核的$n:p$值增大。对这个统计结果的解释将涉及核内中子的作用。现代物理学认为，原子核内核子之间存在着强相互作用力(核力)。由于质子具有正电荷，相互之间存在静电排斥力，而中子的存在只会增加核力，不会增加排斥力。当质子数较多时，质子间排斥力较大，这就需要更多的中子才能使核稳定。

图22－2中稳定核所在的区域称为稳定带。一个同位素若在稳定带内，则是稳定的；若在稳定带外，则是不稳定的，具有放射性，将自发进行核衰变，直到成为稳定核。位于稳定带上方的放射性核素会发生β衰变，位于稳定带下方的放射性核素会发生电子俘获或正电子衰变，而稳定带向上延续得到的更重核素则发生α衰变，这即是放射性核素

衰变的一般规律。

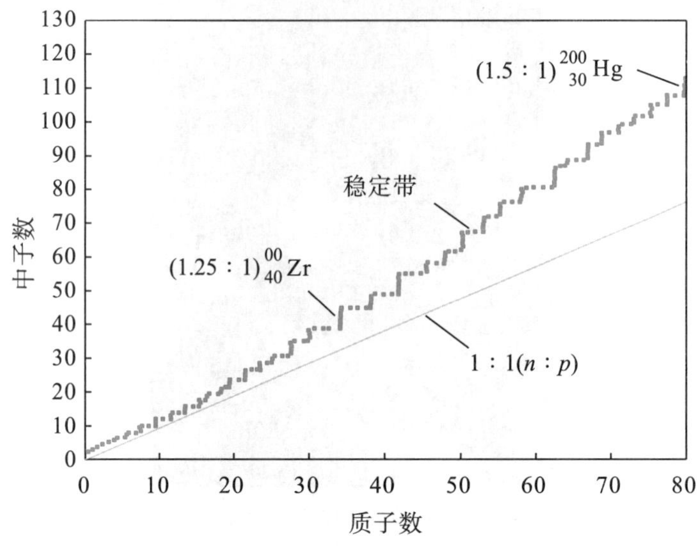

图 22—2　稳定核的质子中子比

22.3.2　核结合能和核生成能

1905 年，著名科学家阿尔伯特·爱因斯坦(Albert Einstein)提出了质能转换方程：

$$E = mc^2$$

式中，E 表示能量；m 表示质量；c 表示光速($2.998\times10^8\ \mathrm{m\cdot s^{-1}}$)。

如果一个过程涉及质量变化，则必然导致能量变化：

$$\Delta E = \Delta mc^2$$

由于光速非常大，所以质量的微小变化都将导致能量的巨大变化。

化学反应导致的质量变化非常小，以至于我们认为化学反应符合质量守恒定律。例如：

$$\mathrm{CH_4 + 2O_2 = CO_2 + 2H_2O} \quad \Delta m = -9.89\times10^{-12}\ \mathrm{kg}$$

质量的减少的确可以忽略，但是正是这么微小的质量变化导致了反应体系能量的放出，$\Delta E = \Delta mc^2 = -890\ \mathrm{kJ\cdot mol^{-1}}$。

核反应的质量变化远远大于化学反应。例如：

$$\mathrm{{}^2_1D \longrightarrow {}^1_0n + {}^1_1H} \quad \Delta m = 2.40\times10^{-6}\ \mathrm{kg}$$

质量的增加导致体系吸收能量，$\Delta E = \Delta mc^2 = 216\times10^9\ \mathrm{J\cdot mol^{-1}} = 216\ \mathrm{GJ\cdot mol^{-1}}$。考虑到膨胀功和电子能量相比核能变化($\Delta E$)可忽略，则核能变化等于内能变化或热焓变化：

$$\Delta E = \Delta U = \Delta H$$

相应可计算其他核反应的能量效应。例如：

$$\mathrm{{}^{56}_{26}Fe \longrightarrow 30{}^1_0n + 26{}^1_1H} \quad \Delta E = 4750\ \mathrm{GJ\cdot mol^{-1}}$$

核结合能：原子核分解为其组成的质子和中子所需要的能量。上面的计算表明，$^2_1$D 核的结合能为 $\Delta E = 216\ \mathrm{GJ\cdot mol^{-1}}$，$^{56}_{26}$Fe 核的结合能为 $\Delta E = 4750\ \mathrm{GJ\cdot mol^{-1}}$。

由于不同的核中核子数(等于质量数)不同，为便于比较，提出核子平均结合能的概念：

$$核子平均结合能=\frac{一个核的结合能}{核子数}$$

例如^2_1D，1 mol 原子核有 6.02×10^{23} 个原子核，而每个氘原子核有 2 个核子(1 个质子和 1 个中子)，所以每个核子的平均结合能为

$$\Delta E=\frac{216\times10^9}{2\times6.02\times10^{23}}=0.179\times10^{-12}\ J$$

$^{56}_{26}Fe$ 的核子平均结合能为

$$\Delta E=\frac{4750\times10^9}{56\times6.02\times10^{23}}=1.41\times10^{-12}\ J$$

显然，核子平均结合能越大，要破坏核需要的能量越多，则核越稳定。

与核结合能的概念相反，定义核生成能：一定数目的质子和中子形成核释放出的能量。例如：

$$30^1_0n+26^1_1H\longrightarrow{}^{56}_{26}Fe\qquad\Delta E=-4750\ GJ\cdot mol^{-1}$$

显然，对于同一原子核，核结合能等于核生成能，核子平均结合能等于核子平均生成能。

以核子平均生成能对每一种元素最稳定同位素的质量数作图，可得到核子平均生成能曲线，如图 22－3 所示。

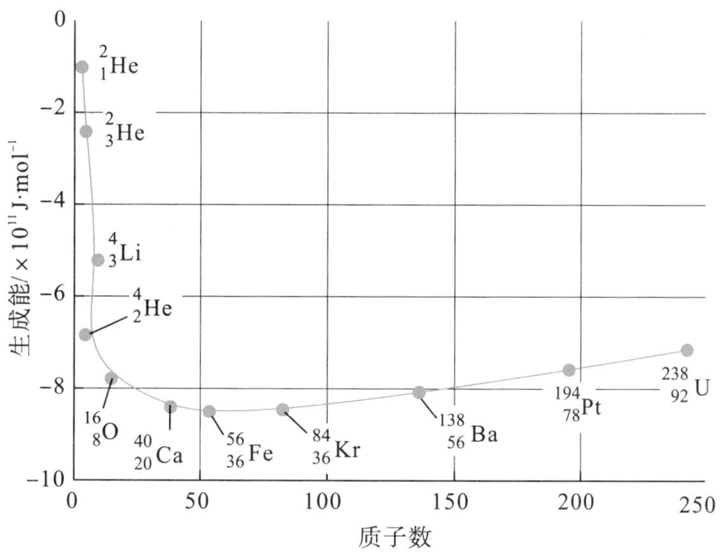

图 22－3　核子平均生成能曲线

由图 22－3 可以看出：

(1) 核子平均生成能越低，则核越稳定，即质量数约为 60 的核相对最稳定。

(2) 从核子平均生成能高的核变化到核子平均生成能低的核会释放出能量。

(3) 从核子平均生成能高的核变化到核子平均生成能低的核有两种方式，即轻核通过聚合变为重核，重核分裂为轻核。前者涉及核聚变，后者涉及核裂变。从核子平均生成能曲线(图 22－3)可知，核聚变涉及的能量变化显著大于核裂变。

22.4 元素的边界

随着人工核反应技术的成熟，越来越多的元素被人工合成，这些人造元素都是不稳定的放射性元素。对锕系元素不稳定同位素的研究表明，随着原子序数的增大，半衰期依次缩短。以元素中半衰期最长的同位素为例，铀－238 的半衰期为 4.468×10^9 年，锎－251 的半衰期为 898 年，铹－260 的半衰期仅为 3 min。而锕系元素之后，第一个超锕系元素(也称为超铹元素)铲－260 的半衰期仅为 0.3 s 左右。这是否意味着超铹元素的半衰期会延续锕系元素的规律变得越来越短，原子核也会越来越不稳定，核不稳定的极致就是不存在？会有更重的元素吗？元素的质量数会不会无限制地增加？元素的边界在哪里？

回答这样的问题，需要回到原子核的壳层模型。根据原子核的壳层模型，当质子数或中子数具有幻数 2、8、20、28、50、82 或 126 时，核会比较稳定。分别以质子数和中子数为坐标轴，再辅以核子平均结合能数值为垂直坐标，可以得到图 22－4。

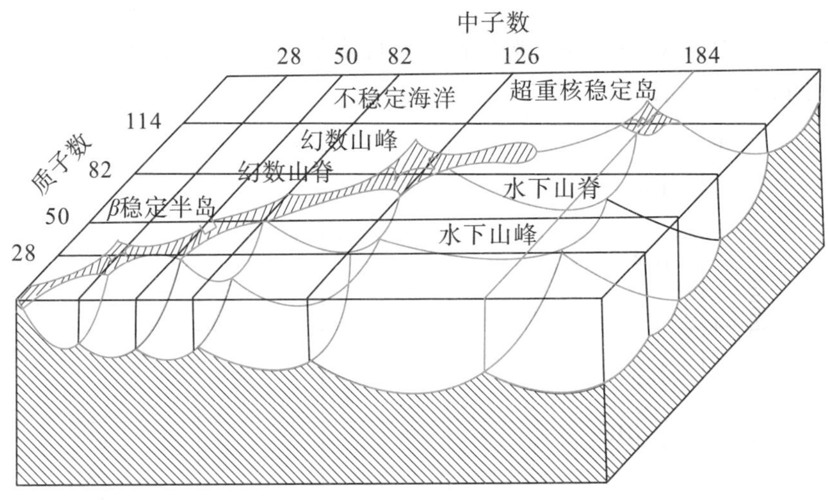

图 22－4 稳定岛理论模型

由图 22－4 可知，当质子数和中子数都为幻数 28、50、82，以及质子数为 82、中子数为 126 时，图中的相应区域出现了相对稳定的核素群，在能量轴上位置较高，分别称为 β 稳定半岛、幻数山脊和幻数山峰。其他区域的核则相对不稳定，在能量轴上位置较低，称为不稳定海洋等。科学家们推测中子存在一个可能的幻数 184，质子可能存在两个幻数 114、120。由此，在图 22－4 中质子数为 114、中子数为 184 的附近区域将出现相对稳定的核素群，称为超重核稳定岛。上述观点称为稳定岛理论，于 20 世纪 70 年代由核结构模型的研究者们提出。

随着 2015 年元素周期表第七周期的元素全部被确认发现，稳定岛理论获得了最有力的证据支持。112 号元素鿔 Cn－285 的半衰期仅为 0.24 ms，113 号元素鿭 Nh－286 的半衰期约为 20 s，114 号元素𫓧 Fl－289 的半衰期约为 66 s，115 号元素镆 Mc－288 的半衰期约为 0.2 s，116 号元素鉝 Lv－290 的半衰期约为 60 ms。

2019 年是元素周期表诞生 150 周年，联合国教科文组织将 2019 年定为国际化学元素周期表年。美国《科学》杂志网站于 2019 年 2 月 1 日发布了一段视频“周期表在哪里结束?”（Where does the periodic table end?），其中展示了一张未来的元素周期表。

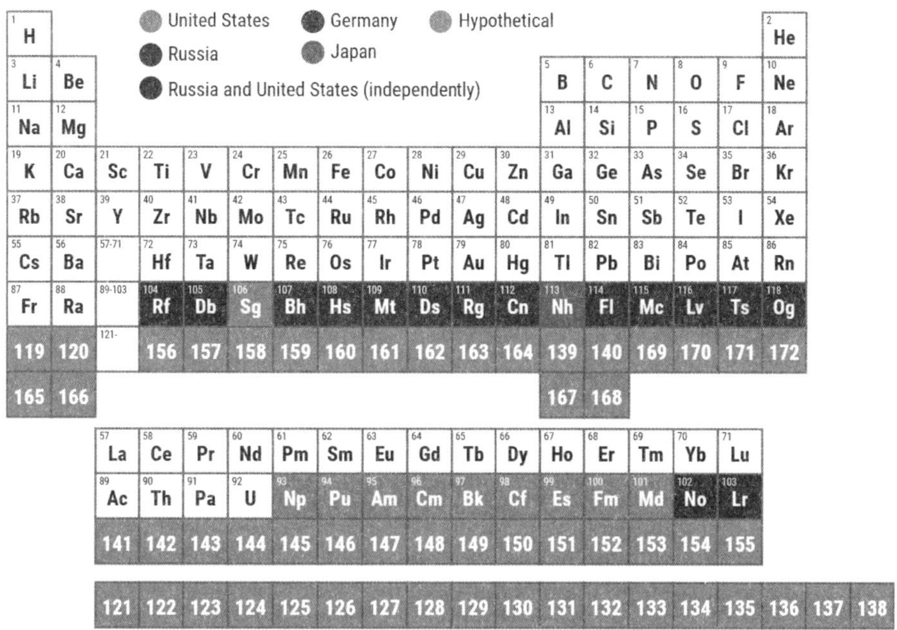

科学的发现总是令人振奋，与此同时，科学又给人类带来无限期待。接下来，这些元素会被发现或者被合成吗？不管未来的回答是肯定还是否定，有一点是我们坚信不疑的，那就是：只要人类探索不止，元素就没有边界。

习　题

1. 核反应有几种类型？简述人工核反应的各种应用。

2. 完成下列核反应方程式：

(1) ${}^{87}_{36}\mathrm{Kr} \longrightarrow {}^{0}_{-1}\mathrm{e} + $____

(2) ${}^{53}_{24}\mathrm{Cr} + {}^{4}_{2}\mathrm{He} \longrightarrow {}^{1}_{0}\mathrm{n} + $____

(3) ${}^{235}_{92}\mathrm{U} + {}^{1}_{0}\mathrm{n} \longrightarrow {}^{140}_{56}\mathrm{Ba} + $\_\_\_\_$ + 2{}^{1}_{0}\mathrm{n}$

(4) ${}^{235}_{92}\mathrm{U} \longrightarrow {}^{4}_{2}\mathrm{He} + $____

(5) ${}^{24}_{12}\mathrm{Mg} + {}^{1}_{0}\mathrm{n} \rightarrow {}^{1}_{1}\mathrm{H} + $____

3. 1941 年 Anderson 用中子轰击 ${}^{196}\mathrm{Hg}$ 和 ${}^{198}\mathrm{Hg}$，实现了把廉价的金属转变为金的梦想，前者形成了稳定的 ${}^{197}\mathrm{Au}$，后者形成核发生 β 衰变后得到 ${}^{199}\mathrm{Hg}$，写出以上三个反应式。

4. 根据核稳定理论，推测下列两个核素哪个更稳定。

(1) ${}^{14}_{6}\mathrm{C}$ 和 ${}^{14}_{7}\mathrm{N}$。

(2) $^{18}_{8}O$ 和 $^{16}_{9}F$。

5. $^{189}_{75}Re$ 的半衰期为 24 h，计算 100 g $^{189}_{75}Re$ 放置 5 天之后还剩多少克。

参考文献

[1] 宋天佑，程鹏，徐家宁，等. 无机化学 [M]. 4 版. 北京：高等教育出版社，2019.

[2] 张青莲. 无机化学丛书 [M]. 北京：科学出版社，1998.

[3] 大连理工大学无机化学教研室. 无机化学 [M]. 5 版. 北京：高等教育出版社，2006.

[4] 天津大学无机化学教研室. 无机化学 [M]. 4 版. 北京：高等教育出版社，2010.

[5] 南京大学无机及分析化学编写组. 无机及分析化学 [M]. 5 版. 北京：高等教育出版社，2015.

[6] 孟庆珍，胡鼎文，程泉寿，等. 无机化学 [M]. 北京：北京师范大学出版社，1988.

[7] 宋天佑，程鹏，王杏乔. 无机化学(上册) [M]. 北京：高等教育出版社，2004.

[8] 宋天佑，程鹏，王杏乔. 无机化学(下册) [M]. 北京：高等教育出版社，2004.

[9] 北京师范大学无机化学教研室，华中师范大学无机化学教研室，南京师范大学无机化学教研室. 无机化学(上册) [M]. 4 版. 北京：高等教育出版社，2003.

[10] 北京师范大学无机化学教研室，华中师范大学无机化学教研室，南京师范大学无机化学教研室. 无机化学(下册) [M]. 4 版. 北京：高等教育出版社，2003.

[11] 陈慧兰. 高等无机化学 [M]. 北京：高等教育出版社，2005.

[12] 钟淑琳. 高等无机化学 [M]. 成都：四川科学技术出版社，1987.

[13] 科顿，威尔金森. 高等无机化学(上册) [M]. 3 版. 兰州大学，吉林大学，等译. 北京：人民教育出版社，1980.

[14] 拉戈斯基. 现代无机化学 [M]. 孟祥胜，许炳安，译. 北京：高等教育出版社，1983.

[15] 格林伍德，厄恩肖. 元素化学 [M]. 3 版. 王曾隽，张庆芳，等译. 北京：高等教育出版社，1996.

[16] Gary L M，Donald A T. 无机化学(英文版) [M]. 北京：机械工业出版社，2012.

[17] 张祥麟，王曾隽. 应用无机化学 [M]. 北京：高等教育出版社，1992.

[18] 朱文祥，刘鲁美. 中级无机化学［M］. 北京：北京师范大学出版社，1993.

[19] 孙宏伟. 结构化学［M］. 北京：高等教育出版社，2016.

[20] 江元生. 结构化学［M］. 北京：高等教育出版社，1997.

[21] 徐志固. 现代配位化学［M］. 北京：化学工业出版社，1987.

[22] 南京大学物理化学教研室，傅献彩，沈文霞，等. 物理化学(上、下)［M］. 4版. 北京：高等教育出版社，1990.

[23] 申泮文. 近代化学导论［M］. 2版. 北京：高等教育出版社，2009.

[24] 宋天佑，徐家宁，史苏华. 无机化学习题解答［M］. 北京：高等教育出版社，2006.

[25] 竺际舜. 无机化学习题精解［M］. 北京：科学出版社，2001.

[26] 吉林大学，南开大学，广西大学，等. 无机化学习题解［M］. 长春：吉林人民出版社，1983.

[27] 杜太平，任保安. 无机化学学习辅导［M］. 西安：陕西人民教育出版社，1988.

[28] 黄孟健. 无机化学答疑［M］. 北京：高等教育出版社，1989.

[29] 浙江大学普通化学教研室. 普通化学［M］. 6版. 北京：高等教育出版社，2011.

[30] 杨晓达. 大学基础化学(生物医学类)［M］. 北京：北京大学出版社，2008.

[31] 东北师范大学. 物理化学实验［M］. 2版. 北京：高等教育出版社，2011.

[32] 沈珍，孙为银. 无机化学的研究进展［J］. 化学通报，2014，77(7)：577-585.

[33] 张凡. 21世纪无机化学的发展前景［J］. 福建教育学院学报，2004(7)：124-126.

[34] 张向宇. 实用化学手册［M］. 北京：国防工业出版社，2011.

[35] 夏玉宇. 化学实验室手册［M］. 北京：化学工业出版社，2004.

附录1 常见物质、离子的颜色

1. 盐

物质	颜色	物质	颜色	物质	颜色
Ag_3AsO_4	褐	$AgBr$	淡黄	$AgCN$	白
Ag_2CO_3	白	$Ag_2C_2O_4$	白	$AgCl$	白
Ag_2CrO_4	砖红	AgI	黄	$AgNO_2$	白
Ag_3PO_4	黄	Ag_2S	黑	$AgSCN$	白
Ag_2SO_3	白	Ag_2SO_4	白	$Ag_2S_2O_3$	白
$AlPO_4$	白	As_2S_3	黄	As_2S_5	黄
$BaCO_3$	白	BaC_2O_4	白	$BaCrO_4$	黄
$BaHPO_4$	白	$Ba_3(PO_4)_2$	白	$BaSO_3$	白
$BaSO_4$	白	$Ba_2S_2O_3$	白	BiI_3	绿黑
$BiOCl$	白	$Bi(OH)CO_3$	白	$BiONO_3$	白
$BiPO_4$	白	Bi_2S_3	棕黑	$CaCO_3$	白
CaC_2O_4	白	CaF_2	白	$CaHPO_4$	白
$Ca_3(PO_4)_2$	白	$CaSO_3$	白	$CaSO_4$	白
$CaSiO_3$	白	$CdCO_3$	白	CdC_2O_4	白
CdF_2	白	CdS	黄	$Co(OH)Cl$	蓝
CoS	黑	$CrPO_4$	灰绿	$CuBr$	白
$CuCN$	白	$CuCl$	白	$Cu_2[Fe(CN)_6]$	红棕
CuI	白	$Cu(IO_3)_2$	淡蓝	$Cu_2(OH)_2CO_3$	淡蓝(铜绿)
$Cu_3(PO_4)_2$	淡蓝	CuS	黑	Cu_2S	黑
$CuSCN$	白	$FeCO_3$	白	$FeC_2O_4 \cdot 2H_2O$	黄

续表

物质	颜色	物质	颜色	物质	颜色
$Fe_3[Fe(CN)_6]_2$	蓝	$Fe_4[Fe(CN)_6]_3$	蓝	$FePO_4$	淡黄
FeS	黑	Hg_2Cl_2	白	$HgCrO_4$	黄
HgI_2	红	Hg_2I_2	绿	$HgNH_2Cl$	白
HgS	黑	Hg_2S	黑	$Hg(SCN)_2$	白
$Hg_2(SCN)_2$	白	Hg_2SO_4	白	$KClO_4$	白
$K_2[PtCl_6]$	黄	Li_2CO_3	白	LiF	白
$MgCO_3$	白	MgC_2O_4	白	MgF_2	白
$MgHPO_4$	白	$MgNH_4PO_4$	白	$Mg_2(OH)_2CO_3$	白
$Mg_3(PO_4)_2$	白	$MnCO_3$	白	MnC_2O_4	白
$Mn_3(PO_4)_2$	白	MnS	肉色	$Na[Sb(OH)_6]$	白
$NiCO_3$	绿	$Ni_2(OH)_2SO_4$	绿	NiS	黑
$PbBr_2$	白	$PbCO_3$	白	PbC_2O_4	白
$PbCl_2$	白	$PbCrO_4$	黄	PbI_2	黄
$Pb_3(PO_4)_2$	白	PbS	黑	$PbSO_4$	白
$SbOCl$	白	Sb_2S_3	橙红	Sb_2S_5	橙
$Sn(OH)Cl$	白	SnS	棕	SnS_2	土黄
$SrCO_3$	白	SrC_2O_4	白	$Sr_3(PO_4)_2$	白
$SrSO_4$	白	$ZnCO_3$	白	$Zn_3(PO_4)_2$	白
ZnS	白				

2. 氧化物、酸、碱

物质	颜色	物质	颜色	物质	颜色
NiO	暗绿	Ni_2O_3	黑	$Ni(OH)_2$	浅绿
$Ni(OH)_3$	黑	PbO	黄	PbO_2	棕
Pb_3O_4	红	$Pb(OH)_2$	白	Sb_2O_3	白
$Sb(OH)_3$	白	SnO	黑、绿	SnO_2	白
$Sn(OH)_2$	白	$Sn(OH)_4$	白	SrO	白
$Sr(OH)_2$	白	TiO_2	白	V_2O_5	橙黄、红
ZnO	白	$Zn(OH)_2$	白		

3. 离子(水溶液中)

物质	颜色	物质	颜色	物质	颜色
Ag^+	无	$Ag(CN)_2^-$	无	$Ag(NH_3)_2^+$	无
$Ag(S_2O_3)_2^{3-}$	无	Al^{3+}	无	AlO_2^-	无
AsO_3^{3-}	无	AsO_4^{3-}	无	AsS_3^{3-}	无
AsS_4^{3-}	无	Au^{3+}	黄	$B_4O_7^{2-}$	无
Ba^{2+}	无	Be^{2+}	无	Bi^{3+}	无
Br^-	无	BrO^-	无	BrO_3^-	无
CH_3COO^-	无	$C_4H_4O_6^{2-}$	无	CN^-	无
CO_3^{2-}	无	$C_2O_4^{2-}$	无	Ca^{2+}	无
$Cd(CN)_4^{2-}$	无	$Cd(NH_3)_4^{2+}$	无	Cl^-	无
ClO^-	无	ClO_3^-	无	ClO_4^-	无
Co^{2+}	粉红	$Co(CN)_6^{3-}$	紫	$Co(NH_3)_6^{2+}$	黄
$Co(NH_3)_6^{3+}$	橙黄	$Co(SCN)_4^{2-}$	蓝	Cr^{2+}	蓝
Cr^{3+}	紫	$Cr(NH_3)_6^{3+}$	黄	CrO_2^-	绿
CrO_4^{2-}	黄	$Cr_2O_7^{2-}$	橙	Cu^{2+}	淡蓝
Cu^+	无	$CuBr_4^{2-}$	黄	$CuCl_4^{2-}$	绿
$Cu(NH_3)_2^+$	无	$Cu(NH_3)_4^{2+}$	深蓝	F^-	无
Fe^{2+}	浅绿	Fe^{3+}	淡紫色	$Fe(CN)_6^{3-}$	浅黄
$Fe(CN)_6^{4-}$	黄绿	$FeCl_6^{3-}$	黄	FeF_6^{3-}	无
$Fe(SCN)^{2+}$	血红	H^+	无	HCO_3^-	无
$HC_2O_4^-$	无	HPO_3^{2-}	无	HPO_4^{2-}	无
HSO_3^-	无	HSO_4^-	无	Hg^{2+}	无
Hg_2^{2+}	无	$HgCl_4^{2-}$	无	I^-	无
I_3^-	浅棕黄	IO_3^-	无	K^+	无
Li^+	无	Mg^{2+}	无	Mn^{2+}	肉红
MnO_4^-	紫	MnO_4^{2-}	绿	NH_4^+	无
NO_2^-	无	NO_3^-	无	Na^+	无
Ni^{2+}	绿	$Ni(CN)_4^{2-}$	黄	$Ni(NH_3)_6^{2+}$	蓝紫
OH^-	无	PO_3^-	无	PO_4^{3-}	无
$P_2O_7^{4-}$	无	Pb^{2+}	无	$PbCl_4^{2-}$	无

续表

物质	颜色	物质	颜色	物质	颜色
PbO_2^{2-}	无	S^{2-}	无	SCN^-	无
SO_3^{2-}	无	SO_4^{2-}	无	$S_2O_3^{2-}$	无
$S_2O_4^{2-}$	无	$S_4O_6^{2-}$	无	Sb^{3+}	无
SbO_3^{3-}	无	SbO_4^{3-}	无	SbS_3^{3-}	无
SbS_4^{3-}	无	SiO_3^{2-}	无	SnO_2^{3-}	无
SnO^{2-}	无	SnO_2^{2-}	无	SnS_2^{3-}	无
Sr^{2+}	无	Ti^{3+}	紫	V^{2+}	紫
V^{3+}	绿	WO_4^{2-}	无	Zn^{2+}	无
$Zn(NH_3)_4^{2+}$	无	ZnO_2^{2-}	无		

附录 2　色之属

红

《说文解字》：“赤，南方色也。”“彤，丹饰也。”“绛，浅绛也。”
《洪范五行传》：“赤者，火色也。”

鲜红　红　洋红　胭脂红　绛　朱红　品红

山茶红　粉红　浅珍珠红　玫红　桃花　浅粉红　酒红

橙

杜甫《谴意二首》：“衰年催酿黍，细雨更移橙。”
苏轼《赠刘景文》：“一年好景君须记，最是橙黄橘绿时。”

橘　柿子橙　橙　阳橙　热带橙　蜜橙　杏黄

沙棕　米　灰土　驼　椰褐　褐　咖啡

《说文解字》：“黄，地之色也。”“浅橄榄色。”
《易经》：“天玄而地黄。”
《红楼梦》：“一样雨过天青，一样秋香色。”

卡其黄　万寿菊黄　铬黄　黄　明黄　韭黄　淡黄　豆黄

绿

《说文解字》：“绿，帛青黄色也。”
《楚辞补注》：“绿叶素荣。”

孔雀绿　薄荷绿　绿　碧绿　钴绿　苔藓绿　苹果绿　嫩绿

草绿　黄绿　豆绿

青

《说文解字》："青，东方色也。"
《荀子·劝学》："青，取之于蓝，而青于蓝。"

雅青　青　薄荷青　苍　淡青

蓝

《说文解字》："蓝，染青草也。"
杜甫《冬到金华山观，因得故拾遗陈公学堂遗迹》："上有蔚蓝天。"

波斯蓝　普鲁士蓝　深蓝　蓝　钴蓝　天空蓝
蔚蓝　湖蓝　春水蓝　淡蓝　粉蓝　水蓝

紫

《说文解字》："紫，帛青赤色也。""黛，画眉也。从黑联声。"
《论语·乡党》："红紫不以为亵服。"
杜甫《古柏行》："霜皮溜雨四十围，黛色参天二千尺。"

紫黑　缬草紫　紫　明紫　淡紫红　粉紫　浅紫　紫丁香
淡紫丁

白

《史记·封禅书》："太一祝宰则衣紫及绣。五帝各如其色，日赤，月白。"
《说文解字》："西方色也。阴用事，物色白。""凡白之属皆从白。"

月白　乳白　白

灰

《说文解字》："灰，死火余烬也。"

暗灰　昏灰　灰　银灰　亮灰

黑

《说文解字》："火所熏之色也。""凡黑之属皆从黑。"
《周礼·冬官考工记》："五入为緅，七入为缁。"

黑

可见光波长

颜色	波长	频率
红色	625~740 nm	480~405 THz
橙色	590~625 nm	510~480 THz
黄色	565~590 nm	530~510 THz
绿色	500~565 nm	600~530 THz
青色	485~500 nm	620~600 THz
蓝色	440~485 nm	680~620 THz
紫色	380~440 nm	790~680 THz

（编辑：覃松、朱宇萍；制作：朱宇萍）

附录3　元素周期表

周期＼族	1 ⅠA	2 ⅡA	3 ⅢB	4 ⅣB	5 ⅤB	6 ⅥB	7 ⅦB	8 Ⅷ	9 Ⅷ	10 Ⅷ	11 ⅠB	12 ⅡB	13 ⅢA	14 ⅣA	15 ⅤA	16 ⅥA	17 ⅦA	18 0	电子层	18族电子数
1	1 H 1 2 3 氢 $1s^1$ 1.008																	2 He 3 4 氦 $1s^2$ 4.0026	K	2
2	3 Li 6 7 锂 $2s^1$ 6.94	4 Be 9 铍 $2s^2$ 9.0122											5 B 10 11 硼 $2s^22p^1$ 10.81	6 C 12 13 14 碳 $2s^22p^2$ 12.011	7 N 14 15 氮 $2s^22p^3$ 14.007	8 O 16 17 18 氧 $2s^22p^4$ 15.999	9 F 19 氟 $2s^22p^5$ 18.998	10 Ne 20 21 22 氖 $2s^22p^6$ 20.180	L K	8 2
3	11 Na 23 钠 $3s^1$ 22.990	12 Mg 24 25 26 镁 $3s^2$ 24.305											13 Al 27 铝 $3s^23p^1$ 26.982	14 Si 28 29 30 硅 $3s^23p^2$ 28.085	15 P 31 磷 $3s^23p^3$ 30.974	16 S 32 33 34 36 硫 $3s^23p^4$ 32.06	17 Cl 35 37 氯 $3s^23p^5$ 35.45	18 Ar 36 38 40 氩 $3s^23p^6$ 39.948	M L K	8 8 2
4	19 K 39 40 41 钾 $4s^1$ 39.098	20 Ca 40 42 43 44 46 48 钙 $4s^2$ 40.078(4)	21 Sc 45 钪 $3d^14s^2$ 44.956	22 Ti 46 47 48 49 50 钛 $3d^24s^2$ 47.867	23 V 50 51 钒 $3d^34s^2$ 50.942	24 Cr 50 52 53 54 铬 $3d^54s^1$ 51.996	25 Mn 55 锰 $3d^54s^2$ 54.938	26 Fe 54 56 57 58 铁 $3d^64s^2$ 55.845(2)	27 Co 59 钴 $3d^74s^2$ 58.933	28 Ni 58 60 61 62 64 镍 $3d^84s^2$ 58.693	29 Cu 63 65 铜 $3d^{10}4s^1$ 63.546(3)	30 Zn 64 66 67 68 70 锌 $3d^{10}4s^2$ 65.38(2)	31 Ga 69 71 镓 $4s^24p^1$ 69.723	32 Ge 70 72 73 74 76 锗 $4s^24p^2$ 72.630(8)	33 As 75 砷 $4s^24p^3$ 74.922	34 Se 74 76 77 78 80 82 硒 $4s^24p^4$ 78.971(8)	35 Br 79 81 溴 $4s^24p^5$ 79.904	36 Kr 78 80 82 83 84 86 氪 $4s^24p^6$ 83.798(2)	N M L K	8 18 8 2
5	37 Rb 85 87 铷 $5s^1$ 85.468	38 Sr 84 86 87 88 锶 $5s^2$ 87.62	39 Y 89 钇 $4d^15s^2$ 88.906	40 Zr 90 91 92 94 96 锆 $4d^25s^2$ 91.224(2)	41 Nb 93 铌 $4d^45s^1$ 92.906	42 Mo 92 94 95 96 97 98 100 钼 $4d^55s^1$ 95.95	43 Tc 97 98 99 锝 $4d^55s^2$ (98)	44 Ru 96 98 99 100 101 102 104 钌 $4d^75s^1$ 101.07(2)	45 Rh 103 铑 $4d^85s^1$ 102.91	46 Pd 102 104 105 106 108 110 钯 $4d^{10}$ 106.42	47 Ag 107 109 银 $4d^{10}5s^1$ 107.87	48 Cd 106 108 110 111 112 113 114 116 镉 $4d^{10}5s^2$ 112.41	49 In 113 115 铟 $5s^25p^1$ 114.82	50 Sn 112 114 115 116 117 118 119 120 122 124 锡 $5s^25p^2$ 118.71	51 Sb 121 123 锑 $5s^25p^3$ 121.76	52 Te 120 122 123 124 125 126 128 130 碲 $5s^25p^4$ 127.60(3)	53 I 127 碘 $5s^25p^5$ 126.90	54 Xe 124 126 128 129 130 131 132 134 136 氙 $5s^25p^6$ 131.29	O N M L K	8 18 18 8 2
6	55 Cs 133 铯 $6s^1$ 132.91	56 Ba 130 132 134 135 136 137 138 钡 $6s^2$ 137.33	57–71 La-Lu 镧系	72 Hf 174 176 177 178 179 180 铪 $5d^26s^2$ 178.49(2)	73 Ta 180 181 钽 $5d^36s^2$ 180.95	74 W 180 182 183 184 186 钨 $5d^46s^2$ 183.84	75 Re 185 187 铼 $5d^56s^2$ 186.21	76 Os 184 186 187 188 189 190 192 锇 $5d^66s^2$ 190.23(3)	77 Ir 191 193 铱 $5d^76s^2$ 192.22	78 Pt 190 192 194 195 196 198 铂 $5d^96s^1$ 195.08	79 Au 197 金 $5d^{10}6s^1$ 196.97	80 Hg 196 198 199 200 201 202 204 汞 $5d^{10}6s^2$ 200.59	81 Tl 203 205 铊 $6s^26p^1$ 204.38	82 Pb 204 206 207 208 铅 $6s^26p^2$ 207.2	83 Bi 209 铋 $6s^26p^3$ 208.98	84 Po 208 209 210 钋 $6s^26p^4$ (209)	85 At 210 211 砹 $6s^26p^5$ (210)	86 Rn 211 220 222 氡 $6s^26p^6$ (222)	P O N M L K	8 18 32 18 8 2
7	87 Fr 212 222 223 钫 $7s^1$ (223)	88 Ra 223 224 226 228 镭 $7s^2$ (226)	89–103 Ac-Lr 锕系	104 Rf 265 267 𬬻* $6d^27s^2$ (267)	105 Db 268 270 𬭊* $6d^37s^2$ (270)	106 Sg 269 271 𬭳* $6d^47s^2$ (269)	107 Bh 270 274 𬭛* $6d^57s^2$ (270)	108 Hs 269 270 𬭶* $6d^67s^2$ (270)	109 Mt 276 278 鿏* $6d^77s^2$ (278)	110 Ds 280 281 𫟼* $6d^87s^2$ (281)	111 Rg 281 282 𬬭* $6d^{10}7s^1$ (281)	112 Cn 283 285 鿔* $6d^{10}7s^2$ (285)	113 Nh 285 286 鿭* (286)	114 Fl 287 288 289 𫓧* $7s^27p^2$ (289)	115 Mc 288 289 290 镆* (289)	116 Lv 291 292 293 𫟷* $7s^27p^4$ (293)	117 Ts 293 294 鿬* (293)	118 Og 294 鿫* (294)	Q P O N M L K	8 18 32 32 18 8 2

镧系	57 La 138 139 镧 $5d^16s^2$ 138.91	58 Ce 136 138 140 142 铈 $4f^15d^16s^2$ 140.12	59 Pr 141 镨 $4f^36s^2$ 140.91	60 Nd 142 143 144 145 146 148 150 钕 $4f^46s^2$ 144.24	61 Pm 145 146 147 钷 $4f^56s^2$ (145)	62 Sm 144 147 148 149 150 152 154 钐 $4f^66s^2$ 150.36(2)	63 Eu 151 153 铕 $4f^76s^2$ 151.96	64 Gd 152 154 155 156 157 158 160 钆 $4f^75d^16s^2$ 157.25(3)	65 Tb 159 铽 $4f^96s^2$ 158.93	66 Dy 156 158 160 161 162 163 164 镝 $4f^{10}6s^2$ 162.50	67 Ho 165 钬 $4f^{11}6s^2$ 164.93	68 Er 162 164 166 167 168 170 铒 $4f^{12}6s^2$ 167.26	69 Tm 169 铥 $4f^{13}6s^2$ 168.93	70 Yb 168 170 171 172 173 174 176 镱 $4f^{14}6s^2$ 173.05	71 Lu 175 176 镥 $5d^16s^2$ 174.97
锕系	89 Ac 225 227 锕 $6d^17s^2$ (227)	90 Th 230 232 钍 $6d^27s^2$ 232.04	91 Pa 231 233 镤 $5f^26d^17s^2$ 231.04	92 U 233 234 235 236 238 铀 $5f^36d^17s^2$ 238.03	93 Np 236 237 镎 $5f^46d^17s^2$ (237)	94 Pu 238 239 240 241 242 244 钚 $5f^67s^2$ (244)	95 Am 241 243 镅* $5f^77s^2$ (243)	96 Cm 243 244 245 246 247 248 锔* $5f^76d^17s^2$ (247)	97 Bk 247 249 锫* $5f^97s^2$ (247)	98 Cf 249 250 251 252 锎* $5f^{10}7s^2$ (251)	99 Es 252 254 锿* $5f^{11}7s^2$ (252)	100 Fm 253 257 镄* $5f^{12}7s^2$ (257)	101 Md 258 260 钔* $5f^{13}7s^2$ (258)	102 No 255 259 锘* $5f^{14}7s^2$ (259)	103 Lr 261 262 铹* $6d^17s^2$ (262)

图例：19 K 钾 39.098 $4s^1$（39 40 41）

原子序数；元素符号（红色指放射性元素）；元素名称（标*的为人造元素）；同位素的质量数（加底线的是天然丰度最大的同位素，红色指放射性同位素）；外层电子构型；相对原子质量（加括号的是放射性元素最长寿命同位素的质量数）

金属　非金属　稀有气体　过渡元素

注：
1. 相对原子质量引自国际纯粹与应用化学联合会(IUPAC)相对原子质量表(2013)，删节至五位有效数字，末尾数的准确度加注在其后括号内。
2. 稳定元素列有其在自然界存在的同位素的质量数；放射性元素、人造元素同位素质量数的选列参考自有关文献。